Java

面向对象程序设计

AI大模型给程序员插上翅膀

苟英　郭晓惠　胡华◎编著

北京大学出版社
PEKING UNIVERSITY PRESS

内 容 提 要

随着云计算、物联网、大数据、人工智能等新一代信息技术的发展，Java 作为一种高性能、跨平台的编程语言，有着广泛的应用。本书从应用的角度详尽介绍了 Java 开发的核心技术。

全书分为 12 章，第 1 章介绍了 Java 开发环境，第 2 章介绍了 Java 编程基础，第 3 章介绍了类和对象，第 4 章介绍了继承和多态，第 5 章介绍了抽象类和接口，第 6 章介绍了 Java 常用类，第 7 章介绍了内部类和泛型，第 8 章介绍了集合容器，第 9 章介绍了 JDBC 编程，第 10 章介绍了图形用户界面设计，第 11 章介绍了多线程，第 12 章通过开发项目的方式进行实践，实现一个完整案例。

本书每章都通过故事的方式引入思政，并且从故事中引出目标任务。针对目标任务，辅以人工智能工具（ChatGPT、文心一言、讯飞星火）的帮助，得到行之有效的示例。之后对其进行知识解析，并完成上机练习。通过相关的练习巩固知识，并在合适的阶段引入一些常见的算法，加强学生的逻辑思维能力。在每章末尾有 AI 学习问答，让读者自行探索，同时加入同步训练，加强学习效果。

本书配备所有案例的源码、PPT 课件，以及重点操作的教学视频等学习资源，可作为广大职业院校相关专业的教学参考用书，也可作为 Java 编程爱好者的自学教程。

图书在版编目(CIP)数据

Java面向对象程序设计 ：AI大模型给程序员插上翅膀 / 荀英，郭晓惠，胡华编著. -- 北京 : 北京大学出版社，2024. 12. -- ISBN 978-7-301-35622-7

Ⅰ. TP312.8

中国国家版本馆CIP数据核字第2024L9A908号

书　　名 Java 面向对象程序设计：AI 大模型给程序员插上翅膀
JAVA MIANXIANG DUIXIANG CHENGXU SHEJI: AI DAMOXING GEI CHENGXUYUAN CHASHANG CHIBANG

著作责任者 荀英　郭晓惠　胡华　编著

责 任 编 辑 刘云

标 准 书 号 ISBN 978-7-301-35622-7

出 版 发 行 北京大学出版社

地　　址 北京市海淀区成府路 205 号　100871

网　　址 http://www. pup. cn　　新浪微博：@ 北京大学出版社

电 子 邮 箱 编辑部 pup7@ pup. cn　总编室 zpup@ pup. cn

电　　话 邮购部 010-62752015　发行部 010-62750672　编辑部 010-62570390

印 刷 者 北京溢漾印刷有限公司

经 销 者 新华书店

787 毫米 × 1092 毫米　16 开本　26.25 印张　704 千字

2024 年 12 月第 1 版　2024 年 12 月第 1 次印刷

印　　数 1-4000 册

定　　价 99.00 元

前言

PREFACE

为什么写这本书

随着云计算、物联网、大数据、人工智能等新一代信息技术的发展，Java 作为一种高性能、跨平台的编程语言，不仅可以与各种硬件设备进行通信，还可以在不同的操作系统上运行，同时 Java 还拥有庞大而活跃的开发社区以及丰富的开源库和框架。

人工智能是当前技术领域的热门话题，而 Java 作为一种流行的编程语言，具有广泛的应用。将人工智能与 Java 结合，可以提供一种新的编程思路和解决方案，有助于程序员更好地应对复杂的应用场景。通过在 Java 开发中引入人工智能技术，不但可以提高读者的学习兴趣，还能帮助他们借助 AI（Artificial Intelligence，人工智能）工具更好地满足用户需求。

另外，尽管市面上有许多关于 Java 编程的书籍，但大多数侧重于语言本身的特性或是特定技术栈的应用，很少有书籍从 AI 工具助力的角度出发，为学习 Java 编程提供指导。因此，我们希望通过这本书填补这一空白，为学习 Java 编程提供一个全新的视角。

本书有哪些特点

本书的特点在于通过故事引入思政和引出目标任务，使用 AI 工具辅助学习，同时注重培养读者的逻辑思维能力和解决问题的能力。本书的特点可以概括为以下几个方面。

（1）故事引入思政：每章都通过讲故事的方式进行引入。这种方式可以让读者更好地理解相关概念和理论，同时增强学习的趣味性。

（2）引出目标任务：从故事中引出目标任务，这些任务通常是与人工智能相关的编程或算法问题。通过解决实际问题，读者可以更好地理解人工智能技术的实际应用，并培养其解决实际问题的能力。

（3）AI 工具辅助学习：利用 AI 工具（如 ChatGPT、文心一言、讯飞星火等）辅助学习。这些工具可以提供有效的示例代码和解决方案，帮助读者更好地理解 Java 面向对象程序开发的原理和应用。

（4）知识解析与上机实操：对每章的知识进行详细解析，并安排上机操作，以帮助读者巩固所学知识。通过实际操作，读者可以更好地理解相关概念和理论，提高编程实践能力。

（5）引入常见算法：书中介绍了一些常见的算法，例如搜索算法、排序算法等。讲解这些算法的原理和应用，可以加强读者的逻辑思维能力，并为其后续学习和工作打下坚实的基础。

（6）AI 学习问答与同步训练：每章末尾有 AI 学习问答，让读者自行探索，以培养其独立思考和解决问题的能力。同时，加入同步训练，读者可通过完成相关练习题和项目，加强学习效果。

写给读者的学习建议

理解 Java 编程思想可以帮助我们更好地解决实际问题。但只有通过实践才能更好地理解和掌握 Java 面向对象编程的思想和技巧。Java 是一种面向对象的编程语言，理解对象的概念和 Java 中的类和对象的关系是非常重要的，同时，还需要了解 Java 中的继承、多态、抽象等概念。Java 拥有庞大的标准库，掌握这些库的使用方法可以大大提高开发效率和质量。

Java 中的异常处理机制可以帮助我们更好地处理程序中的错误，提高程序的健壮性和可靠性。多线程编程是 Java 的重要特性之一，掌握多线程编程可以帮助我们更好地利用系统资源，提高程序的性能和响应速度。

网络编程、数据库，图形用户界面都是现代应用程序中不可或缺的一部分，掌握它们可以帮助我们更好地构建网络应用程序；利用好数据库资源，提高程序的性能和可靠性，可以帮助我们更好地构建用户友好的界面。

配套资源下载说明

本书为读者提供了以下配套学习资源，读者可以下载和使用。

（1）书中所有案例源代码。方便读者参考学习、优化修改和分析使用。

（2）重点知识及相关案例的视频教程。读者可以在看书学习的同时，参考对应的视频教程，学习效果更佳。

（3）PPT 课件。本书配套 PPT 课件，方便教师教学使用。

备注：以上资源已上传至百度网盘，读者可以扫描左下二维码，关注“博雅读书社”微信公众号，找到“资源下载”栏目，输入图书 77 页的资源下载码，根据提示获取。也可以扫描右下二维码，输入代码 JA240315 免费下载获取。

作者有话说

在编写本书的过程中，我们始终坚持一种信念——技术是为了解决问题而存在的。我们希望本书不仅能够帮助读者掌握 Java 编程技能，更能够激发读者关于如何利用技术解决实际问题的思考。随着 AI 技术的不断发展，我们相信，将 AI 工具应用于学习 Java 程序开发，能够成为提升学习效率和创新能力的重要手段。让我们一起插上 AI 的翅膀，在 Java 的编程世界中飞得更高、更远。

本书由重庆商务职业学院的苟英、郭晓惠和胡华三位老师编写，重庆爱望科技有限公司的林江斌总经理为本书的编写提供了宝贵的企业需求建议和技术支持。本书作者都具备丰富的企业项目开发经验和职业教育背景，他们在目录结构和内容安排上充分对标了企业项目开发所需的技能，同时为教师提供了丰富的教学资源，切实满足了教学需求。

目录

CONTENTS

第 1 章

开启 Java 之旅：搭建 Java 开发环境

第 2 章

打下坚实基础：Java 编程基础

第 3 章 探索对象世界：类和对象

第 4 章 体验多态魅力：继承和多态

第 5 章

定义行为规范：抽象类和接口

第 6 章

精通类的使用：Java 常用类

第7章 重现类的构建：内部类和泛型

第8章 管理数据集合：集合容器

第9章 数据库连接艺术：JDBC 编程

第 10 章

打造互动界面：图形用户界面设计

第 11 章

并行编程技巧：多线程

第12章

实操演练：开发一个微考试系统

01

第 1 章

开启 Java 之旅：搭建 Java 开发环境

20 世纪 90 年代以来，随着互联网的发展，Java 作为一种跨平台的开发语言，逐渐成为 Web 应用程序开发的首选，Java 有 Java SE、Java EE、Java ME 三个版本，应用场景广泛，许多应用程序和系统都是使用 Java 开发的。如果想使用 Java 开发程序，首先需要对 Java 技术有一些了解，知道其发展历史和语言特性，然后搭建 Java 开发环境，并完成 Java 程序的编译运行。本章我们将学习 Java 开发环境的搭建。

课前思政

Java 语言之父詹姆斯·高斯林，1955 年 5 月 19 日出生于加拿大，是一位杰出的计算机科学家。1990 年，他与几位工程师合作开发了一种名为“Oak”的编程语言，旨在为家用电器市场的软硬件产品提供支持。然而，在 1994 年的机顶盒平台投标中，Oak 未能胜出，项目几近夭折，许多团队成员被调往其他项目。

正如古代寓言所言：“塞翁失马，焉知非福。”在挫折中成长，在失败中前进，正是这一精神推动着高斯林。1994 年底，他抓住互联网和浏览器迅速发展的机遇，在硅谷的“技术、教育和设计大会”上展示了 Oak 程序。1995 年 1 月，经过改进的 Oak 语言重新命名为 Java，凭借团队的不懈努力，Java 迅速崛起，成为广为人知的编程语言。

詹姆斯·高斯林的故事告诉我们，要有不怕困难、永不言败的精神，努力拼搏，定能走向成功的彼岸。

学习目标

1. 知识目标

- 了解 Java 发展历史。
- 理解 Java 程序编译运行过程。
- 熟悉 Java 开发工具。

2. 能力目标

- 能独立安装 JDK。
- 能完成 Java 环境变量配置。
- 能熟练使用 Java 开发工具。

3. 素质目标

- 培养学生学会面对困难和挫折，有坚韧不拔的意志力。
- 培养学生不怕失败和抗挫折的能力。

任务1.1 JDK安装环境

学好一门开发语言，首先要搭建好开发环境，本任务的目的是安装 JDK 环境。

AI 工具助力学习

什么是 JDK？

作为一名新手，首先要了解 JDK，可以向 AI 工具咨询，寻求帮助。下面我们向 ChatGPT 提出问题来了解 JDK。

- 提示词：什么是 JDK？
- ChatGPT 回答：

JDK 是 Java Development Kit（Java 开发工具包）的缩写。它是 Java 平台的核心工具，提供了编译、运行、调试 Java 程序所需的各种工具和库。JDK 包括 Java 编译器（javac）、Java 虚拟机（Java Virtual Machine，JVM）、Java 运行时环境（Java Runtime Environment，JRE）及 Java 类库等组件。开发者在编写 Java 程序时通常需要安装和配置 JDK。

ChatGPT 详细描述了 JDK，作为 Java 开发的环境，首先要安装 JDK。JDK 的版本比较多，需要在官网中下载，安装好 JDK 后，即可配置环境变量。

1.1.1 Java 技术的发展

在 Java 搭建环境前，我们先了解一下 Java 技术在过去的几十年里的发展和演进，经历的主要里程碑和发展阶段如下。

（1）Java 1.0（1995）：Java 首次发布，包括 Java 语言、Java 虚拟机（JVM）和核心类库。它引入了跨平台的特性，吸引了开发者的广泛关注。

（2）Java 1.2（1998）：引入了 Java 平台的企业级扩展，包括 Java Servlet、Java Server Pages（JSP）和 Enterprise JavaBeans（EJB）等技术，使得 Java 成为创建大规模企业应用的首选语言。

（3）Java 2（1998）：增加了许多新的类库和功能，特别是在图形用户界面（GUI）、网络、数据结构和输入 / 输出等方面。并发布了三个版本：Java 标准版（Java SE）、Java 企业版（Java EE）和 Java 小型版（Java ME）。

（4）Java 5（2004）：引入了许多重要的语言和库特性，如泛型、枚举、注解和并发库（java.util.concurrent 包），大大提高了开发效率和代码质量。

（5）Java 6（2006）：提供了一些性能优化和安全增强，同时增加了新的应用程序接口（Application Program Interface，API）和工具。

（6）Java 7（2011）：引入了一些新的语言特性，如 switch 语句中的字符串比较、try-with-resources 语句等。此外，还改进了 JVM 性能和编程工具。

（7）Java 8（2014）：最重要的改进是引入了函数式编程特性，包括 Lambda 表达式和 Stream API。此外，还引入了新的日期和时间 API。

（8）Java 9（2017）：引入了模块化系统（Java 平台模块系统，JPMS），使得 Java 应用程序可以更好地组织和管理。此外，还有一些其他的增强特性和改进。

（9）Java 10、11、12 和 13（2018—2019）：这些版本主要引入了一些小的语言和库特性，并进行了性能优化和改进。

（10）Java 14（2020）：引入了一些重要的语言特性，如模式匹配、记录（record）和文档注释。

针对不同的开发市场，Sun 公司（现已被甲骨文公司收购）将 Java 划分为三个技术平台，它们分别是 Java SE、Java EE 和 Java ME。

- Java SE（Java Standard Edition）：Java 标准版，是为开发普通桌面和商务应用程序提供的解决方案。Java SE 是三个平台中最核心的部分，Java EE 和 Java ME 都是从 Java SE 的基础上发展而来的，Java SE 平台中包括了 Java 最核心的类库，如集合、数据库连接及网络编程等。
- Java EE（Java Enterprise Edition）：Java 企业版，是为开发企业级应用程序提供的解决方案。Java EE 可以被看作一个技术平台，该平台用于开发、装配及部署企业级应用程序，主要包括 Servlet、JSP、JavaBean、JDBC、EJB、Web Service 等技术。
- Java ME（Java Micro Edition）：Java 小型版，是为开发电子消费产品和嵌入式设备提供的解决方案。Java ME 主要用于小型数字电子设备上软件程序的开发。例如，为家用电器增加智能化控制和联网功能，为手机增加新的游戏和通讯录管理功能。此外，Java ME 还提供了 HTTP 等高级 Internet 协议，使移动电话能以 Client/Server 方式直接访问 Internet 的全部信息，提供高效率的无线交流。

目前 Java 版本不断更新，以适应新的需求和技术趋势，保持着广泛的应用和活力。

1.1.2 Java 语言的特性

Java 语言因其简洁性、面向对象、安全性、跨平台性、支持多线程和分布性，成为当前流行和广泛应用的编程语言。

1. 简洁性

Java 语言是一种相对简单的编程语言，它通过提供最基本的方法完成指定的任务。程序设计者只需理解一些基本的概念，就可以用它编写出适用于各种情况的应用程序。Java 丢弃了 C++ 中很难理解的运算符重载、多重继承等概念，特别是 Java 语言使用引用代替指针，并提供了自动的垃圾回收机制，使程序员不必担忧内存管理。

2. 面向对象

Java 语言提供了类、接口和继承等原语，只支持类之间的单继承，但支持接口之间的多继承，并支持类与接口之间的实现机制（关键字为 implements）。Java 语言全面支持动态绑定，而 C++ 语言只对虚函数使用动态绑定。总之，Java 语言是一个纯粹的面向对象程序设计语言。

3. 安全性

Java 语言安全可靠，例如，Java 的存储分配模型可以防御恶意代码攻击。此外，Java 没有指针，因此外界不能通过伪造指针指向存储器。更重要的是，Java 编译器在编译程序时，不显示存储安排决策，程序员不能通过查看声明猜测出类的实际存储安排。Java 程序中的存储是在运行时由 Java 解释程序决定的。

4. 跨平台性

Java 通过 JVM 及字节码实现跨平台。Java 程序由 Java 编译器编译成为字节码文件（.class 文件），JVM 中的 Java 解释器会将 .class 文件翻译成所在平台上的机器码文件，执行对应的机器码文件就可以了。Java 程序只要“一次编写，就可到处运行”。

5. 支持多线程

Java 语言支持多线程。所谓多线程，可以简单理解为程序中多个任务可以并发执行。多线程在很大程度上可以提高程序的执行效率。

6. 分布性

Java 是一种分布式编程语言，支持各种层次的网络连接。它通过 Socket 类提供可靠的流式网络连接，使用户能够构建分布式的客户端和服务器应用。在这一过程中，网络成了软件应用的分布式承载工具。

1.1.3 JDK 下载及安装

JDK 包括 Java 编译器、Java 运行工具、Java 文档生成工具和 Java 打包工具等。我们可以从官方网站（https://www.oracle.com/java/technologies/downloads/）下载适合自己操作系统的 JDK 版本，如图 1.1 所示。

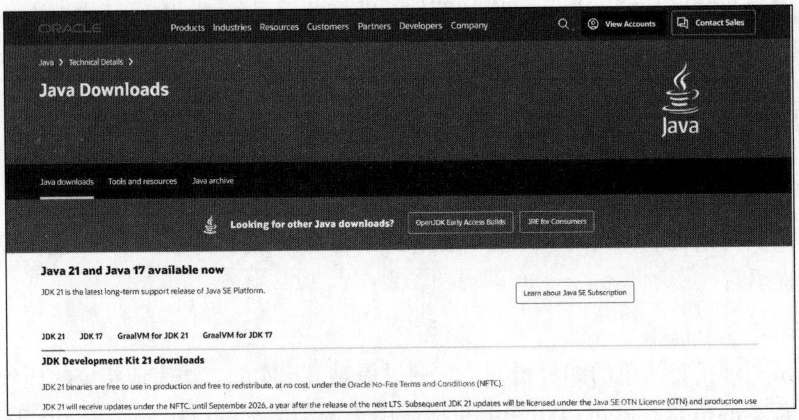

图1.1　JDK下载官网

下面我们以 JDK 21 为例介绍其下载及安装过程，具体步骤如下。

第 1 步　在 JDK 官网中选择【JDK 21】选项卡，操作系统选择【Windows】选项，并选择系统位数对应的版本，如 x64 版本，下载安装文件，如图 1.2 所示。

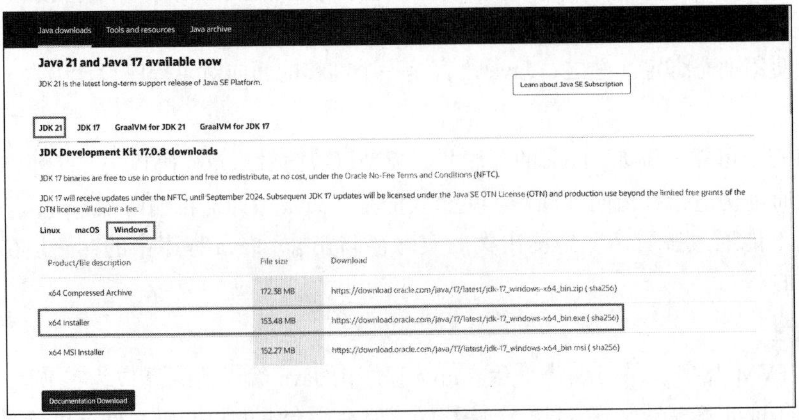

图1.2　JDK 21下载界面

第 2 步 下载完成后，在计算机磁盘中找到安装文件并双击，打开安装对话框，进入 JDK 安装向导界面，单击【下一步】按钮，如图 1.3 所示。

第 3 步 进入安装路径设置界面，如图 1.4 所示。JDK 默认安装路径为“C:\Program Files\Java\jdk-21\”，如需更改路径可单击旁边的【更改】按钮，然后单击【下一步】按钮。

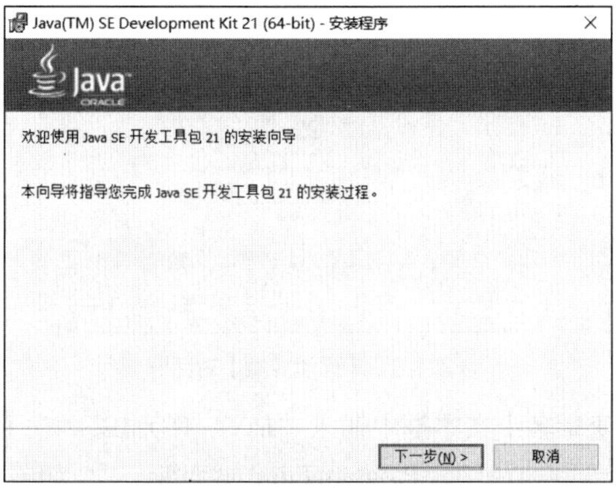

图1.3　JDK 21安装向导界面

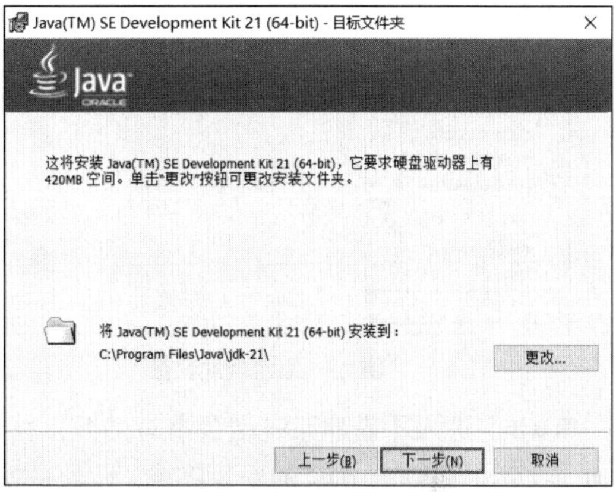

图1.4　安装路径设置界面

第 4 步 进入 JDK 安装界面，如图 1.5 所示，等待 JDK 安装完成。

第 5 步 安装完成后单击【关闭】按钮，即可完成 JDK 安装，如图 1.6 所示。

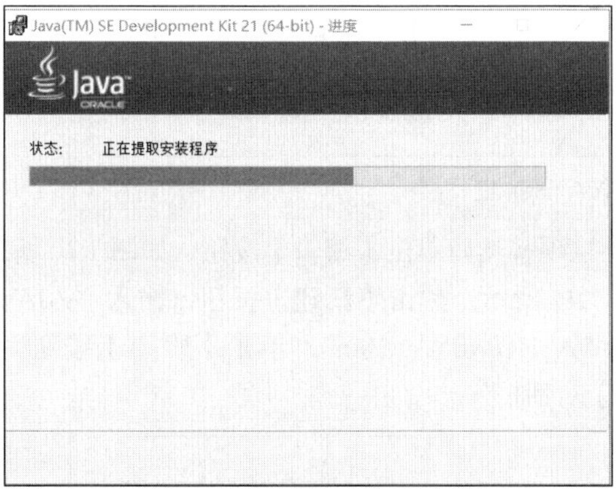

图1.5　JDK安装进度

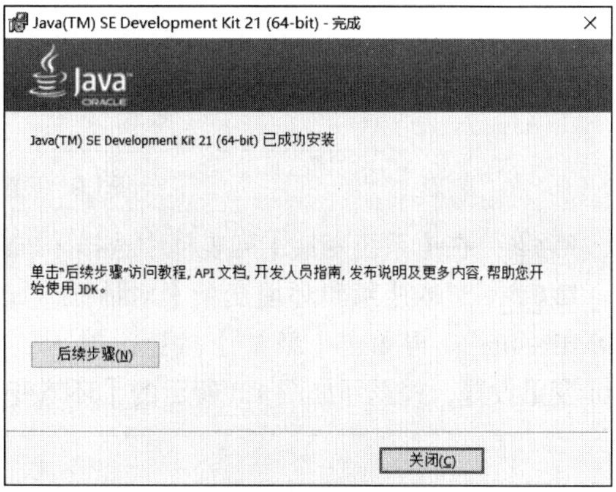

图1.6　JDK安装完成

1.1.4 Java 环境变量配置

环境变量指在操作系统中用来指定操作系统运行环境的一些参数，在系统中通常具有全局特性，系统执行应用程序时首先在 path 变量中寻找应用程序，然后执行。Java 环境变量设置后，将 javac 和 java 命令添加到 path 中，执行 javac 和 java 命令时就不需要带上很长的执行路径了。配置环境变量的步骤如下。

第 1 步 右击【此电脑】图标，在弹出的快捷菜单中选择【属性】命令，进入【系统属性】对话框，选择【高级】选项卡，单击【环境变量】按钮，如图 1.7 所示。

第 2 步 经过上步操作，进入【环境变量】对话框，单击【系统变量】列表框中的【新建】按钮，如图 1.8 所示。

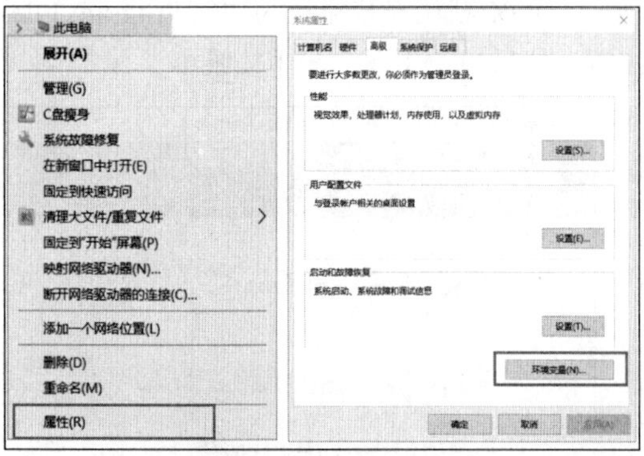

图1.7　系统属性设置

图1.8　【环境变量】对话框

第3步　进入【新建系统变量】对话框，在【变量名】文本框中输入“JAVA_HOME”，在【变量值】文本框中输入JDK的安装路径，此处是默认安装路径“C:\Program Files\Java\jdk-21”，如图1.9所示。单击【确定】按钮完成JAVA_HOME变量设置，并返回图1.8所示的【环境变量】对话框。

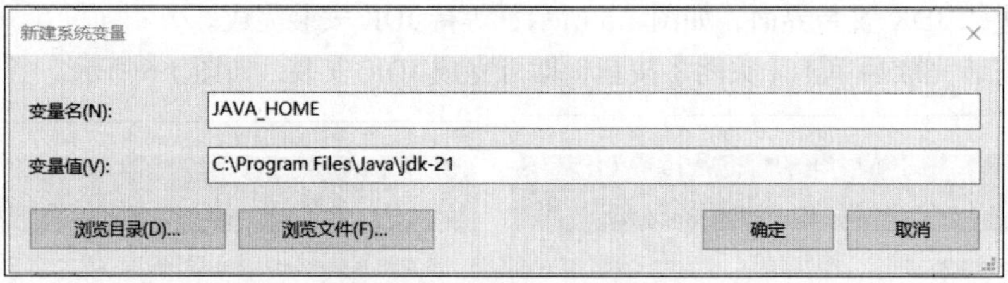

图1.9　设置JAVA_HOME

第4步　在【系统变量】列表框中选择【Path】选项，然后单击【编辑】按钮，如图1.10所示。

第5步　进入【编辑环境变量】对话框，如图1.11所示。单击【新建】按钮，输入“%JAVA_HOME%\bin”；再单击【新建】按钮，输入“%JAVA_HOME%\jre\bin”，单击【确定】按钮完成Path变量设置，并返回如图1.8所示的【环境变量】对话框。

图1.10　选择Path变量

图1.11　【编辑环境变量】对话框

第 6 步 在执行 Java 程序时，需要找到执行的 Java 程序所需要的类或者包，因此需要添加 CLASSPATH 环境变量，将 tools.jar 和 dt.jar 添加进去。添加方法是单击【环境变量】对话框中【系统变量】中的【新建】按钮，进入【新建系统变量】对话框，在【变量名】文本框中输入“CLASSPATH”，在【变量值】文本框中输入“.;%JAVA_HOME%\lib\dt.jar;%JAVA_HOME%\lib\tools.jar”，如图 1.12 所示。

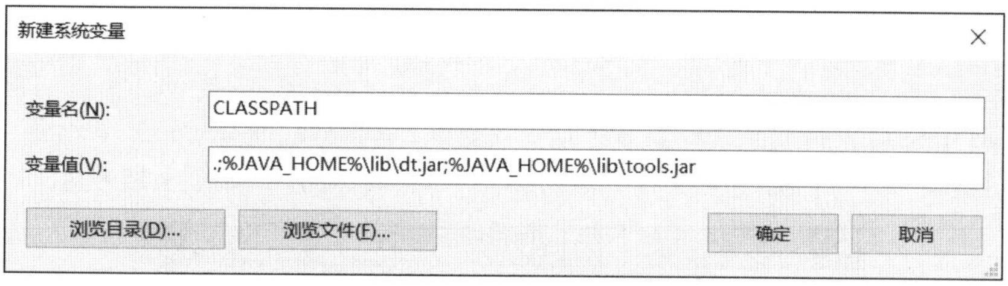

图1.12 添加CLASSPATH环境变量

第 7 步 至此，Java 环境变量设置成功。可在命令提示符下验证 Java 环境变量是否设置成功，输入 java -version，显示 JDK 版本为 21，如图 1.13 所示。

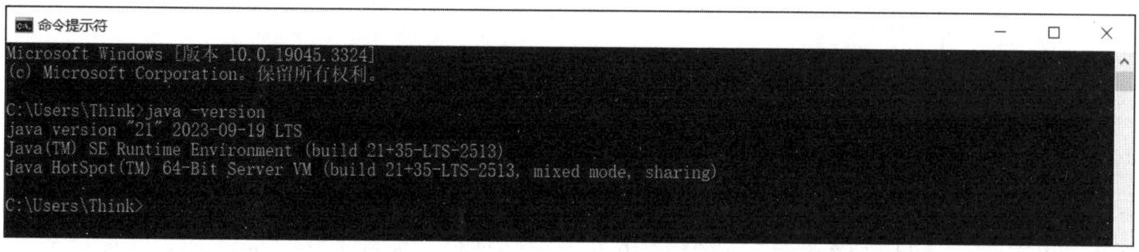

图1.13 显示JDK版本

输入 javac 命令，将会显示出参数及提示，如图 1.14 所示。

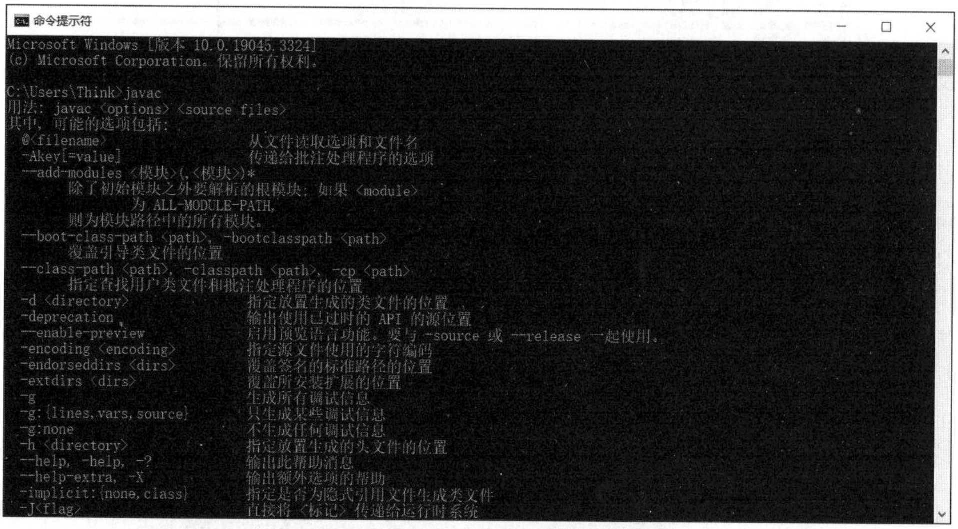

图1.14 显示javac参数

1.1.5 Java 程序的运行流程

Java 程序需要经过编译和运行两个步骤，先将后缀名为 .java 的源文件进行编译，生成后缀名

为 .class 的字节码文件，然后 Java 虚拟机将字节码文件进行解释，并将结果显示出来。下面以一个 Java 程序为例演示 Java 程序的运行流程。

上机实操　运行 .java 和 .class 文件

◆ 上机要求

编写一个 Java 程序，要求打印输出“这是第一个 Java 程序！”。

◆ 实现思路

第 1 步　在 JDK 安装目录的 bin 目录（C:\Program Files\Java\jdk-21\bin）下新建“HelloWorld.java”文件，用【记事本】程序打开文件，然后编写一段 Java 程序，如图 1.15 所示。

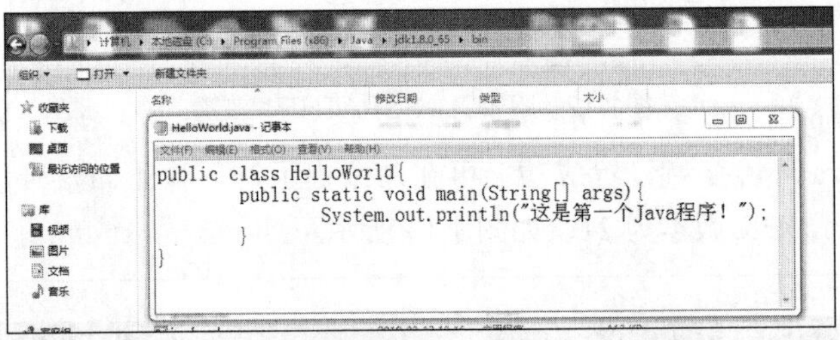

图1.15　bin目录下的HelloWorld.java文件

第 2 步　在命令提示符界面使用“javac HelloWorld.java”命令开启 Java 编译器，编译成功后在 bin 目录下会生成“HelloWorld.class”字节码文件。

第 3 步　使用“java HelloWorld”命令启动 Java 虚拟机，将编译好的 .class 文件加载到内存，进行解释执行，即可输出结果。结果如图 1.16 所示。

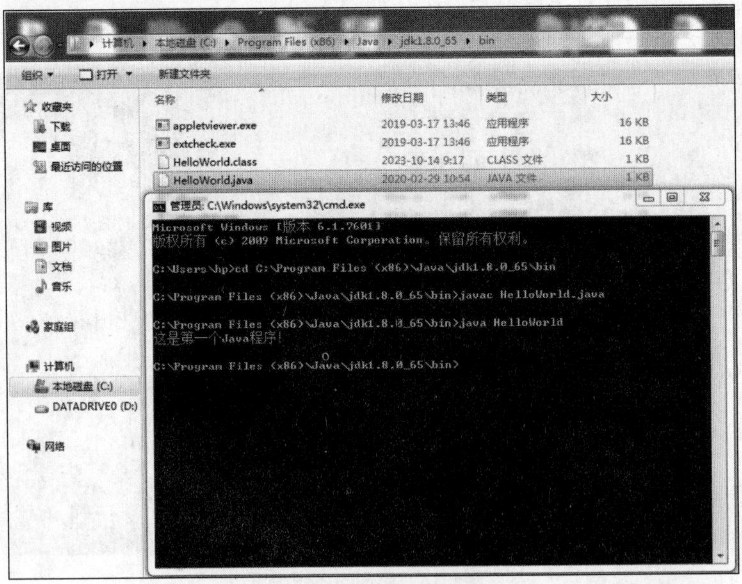

图1.16　运行结果生成顺序

◆ 参考代码

实现以上程序运行结果的代码如下，具体可参考学习资源中的“源代码 \ 第 1 章 \ 代码 1-1”。

```
public class HelloWorld {
    public static void main(String[] args) {
            System.out.println( "这是第一个 Java 程序! ");
    }
}
```

任务1.2 Java的开发工具

如果每次在记事本中编写 Java 代码，然后在 DOS 环境下调试运行，执行效率会太低。为提高编程效率和代码质量，本任务将介绍两款目前在Java开发中常用的开发工具——Eclipse和IntelliJ IDEA。

AI 工具助力学习

熟悉 Java 开发工具

开发 Java 应用程序时，选择一款好用的开发工具是相当重要的。开发者如何选择合适的开发工具来提高代码质量和效率？我们可以向 AI 工具文心一言进行提问，了解一下各种工具的特点。

- 提示词：Java 常用的开发工具有哪些？
- 文心一言回答：

Java 常用的开发工具有以下几种。

Eclipse：一款功能强大的开源集成开发环境（Integrated Development Environment，IDE），具有丰富的插件和扩展性，适用于各种 Java 应用开发。

IntelliJ IDEA：一款智能的 Java 集成开发环境，具有代码分析、自动补全、重构工具等功能，适用于大型 Java 项目开发。

NetBeans：一款完全用 Java 编写的跨平台集成开发环境，具有智能代码补全、快速导航等功能，适用于 Web 应用、移动应用等开发。

JUnit：一个 Java 编程语言的单元测试框架，用于编写和运行测试代码，帮助开发者进行代码调试和测试。

VisualVM：一个免费的 Java 虚拟机监视、分析和调试工具，可以监控 Java 应用程序的性能，并提供实时数据和可视化界面。

Gradle：一个基于 Apache Ant 和 Apache Maven 概念的项目自动化构建工具，使用一种基于 Groovy 的领域特定语言（Domain Specific Language，DSL）来声明项目设置。

文心一言列出了 Java 程序开发常用的开发工具并做了介绍，它们都是优秀的 Java 开发工具，这些开发工具都各有特点和优势，用户可以根据自己的需要和偏好进行选择。下面我们重点介绍常用的开发工具 Eclipse 和 IntelliJ IDEA。

1.2.1 安装并使用 Eclipse 开发环境

Eclipse 是一个开放源代码，基于 Java 的可扩展开发平台。Eclipse 同时支持 C++、Python 等语言，下面我们一起学习它的安装及使用。

1. Eclipse 的下载及安装

下载与安装 Eclipse 的具体步骤如下。

第 1 步 Eclipse 的官方下载地址：http://www.eclipse.org/downloads/，下载界面如图 1.17 所示。

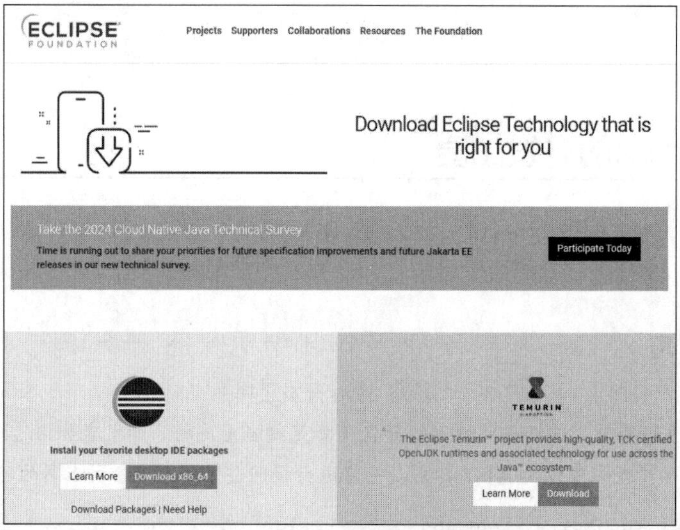

图1.17 Eclipse官网下载界面

第 2 步 单击图 1.17 中的【Download Packages】链接，进入选择下载版本界面，可根据需要选择操作系统 macOS、Windows 或 Linux 版本，如图 1.8 所示。

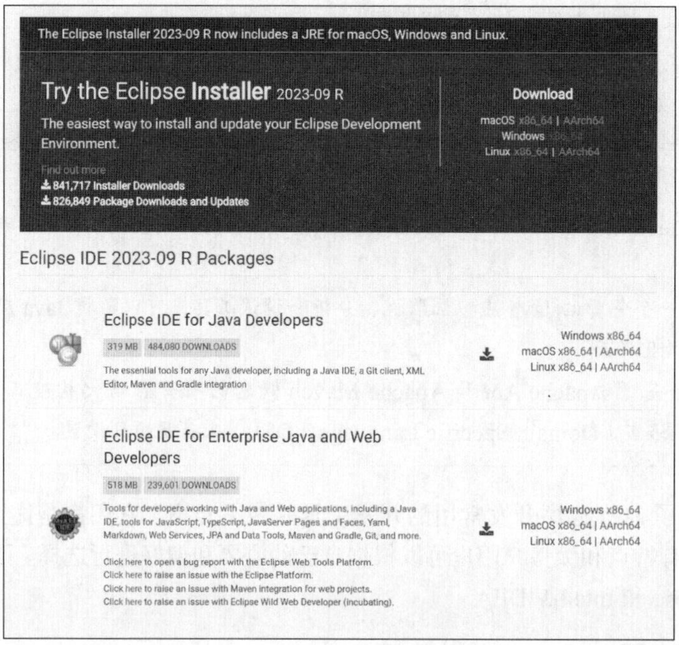

图1.18 选择下载版本界面1

第 3 步 本文以 Windows 操作系统为例，单击图 1.18 中 Windows 后的【x86_64】链接，进入下载界面，如图 1.19 所示。

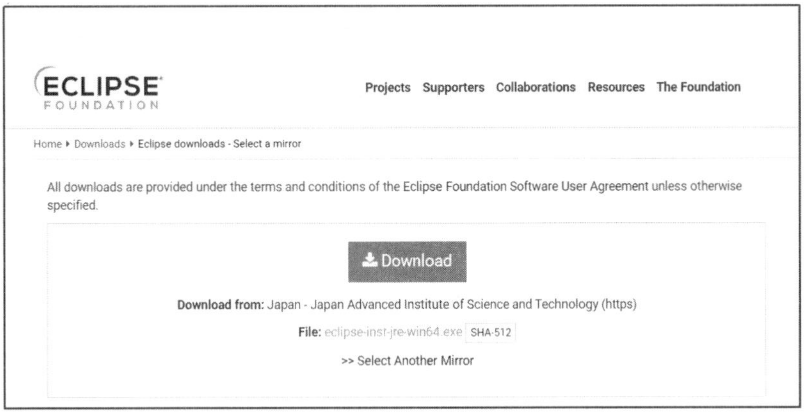

图1.19　选择下载版本界面2

第 4 步　单击【Download】按钮，进入 Eclipse 的下载界面，如图 1.20 所示。此界面包含请求客户赞助的信息，可选择赞助，也可直接单击【click here】链接下载 Eclipse。

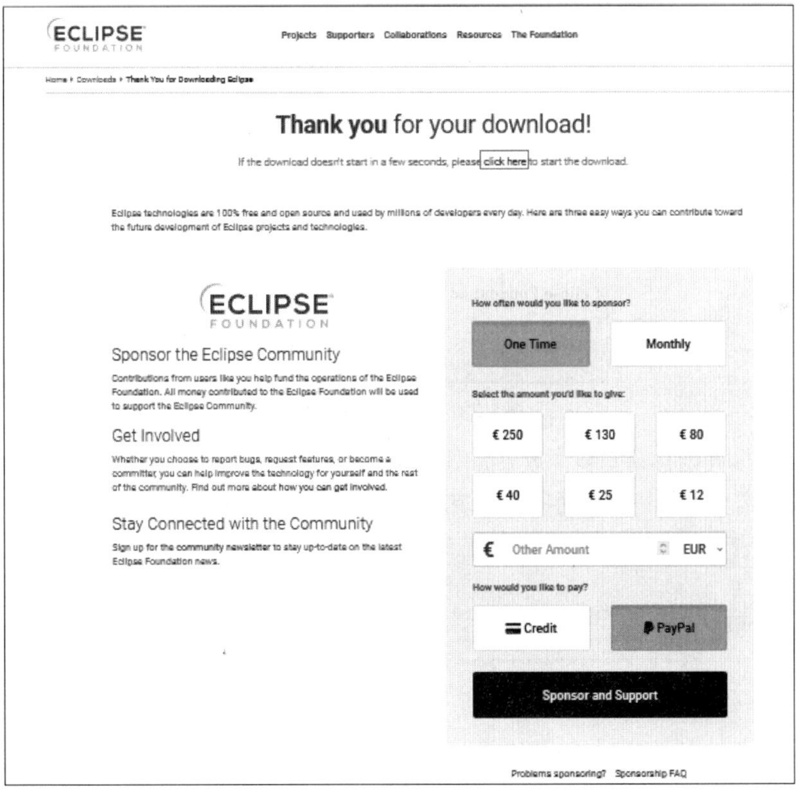

图1.20　Eclipse下载界面

第 5 步　双击下载目录中的“eclipse-inst-jre-win64.exe”文件，根据需要选择 Eclipse IDE，如图 1.21 所示。

第 6 步　在【Installation Folder】文本框中设置 Eclipse 的安装路径，然后单击【INSTALL】按钮，如图 1.22 所示。

图1.21　选择Eclipse IDE

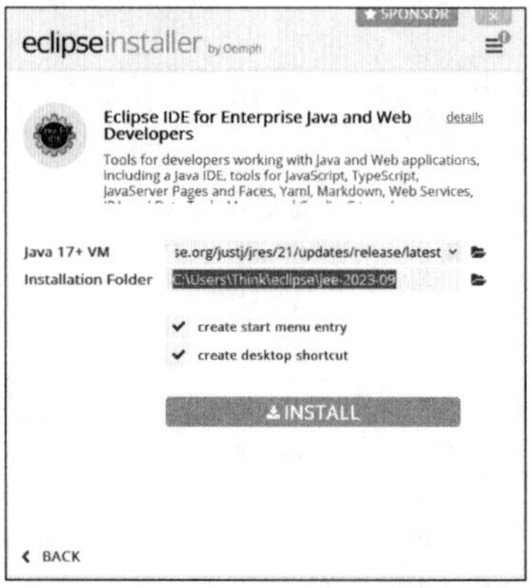

图1.22　设置Eclipse安装路径

第 7 步　进入同意安装协议界面，单击【Accept Now】按钮，如图 1.23 所示。

图1.23　允许安装协议界面

第 8 步　Eclipse 开始自动安装，效果如图 1.24 所示。

第 9 步　安装需要等待一点点时间，安装成功后如图 1.25 所示。

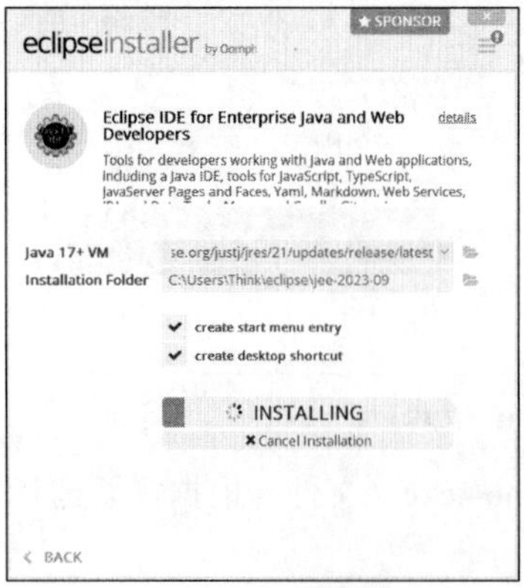

图1.24　安装界面

图1.25　安装成功

第 10 步　进入图 1.22 所示的设置安装路径界面，即可看到安装程序文件，如图 1.26 所示。

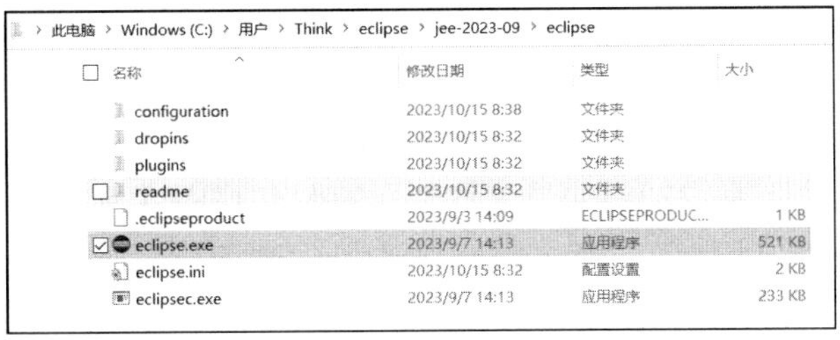

图1.26　安装程序文件

第 11 步　双击 eclipse.exe 文件，打开 Eclipse 工作路径设置界面，如图 1.27 所示，可单击【Browse...】按钮设置 Eclipse 的工作路径。如果该界面打不开，可能是 JDK 没有安装。

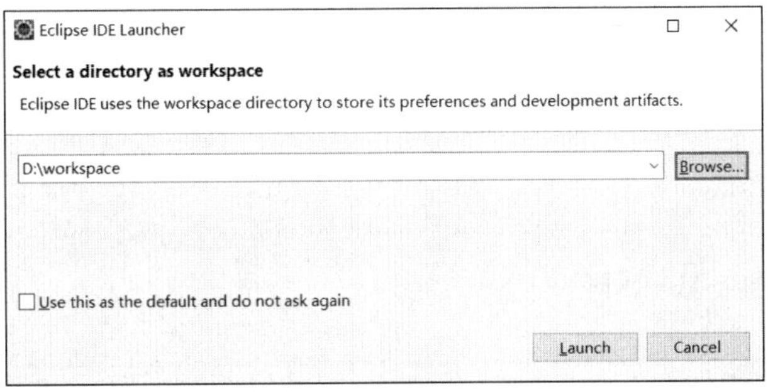

图1.27　Eclipse工作路径设置界面

第 12 步　单击【Launch】按钮，进入 Eclipse IDE 界面，至此 Eclipse 安装成功。

2. Eclipse IDE 的操作

使用 Eclipse 开发 Java 项目，要先新建项目，再创建包，然后创建类，下面介绍使用 Eclipse 的操作步骤。

第 1 步　在 Eclipse 开发界面选择【File】→【New】→【Java Project】命令，如图 1.28 所示。

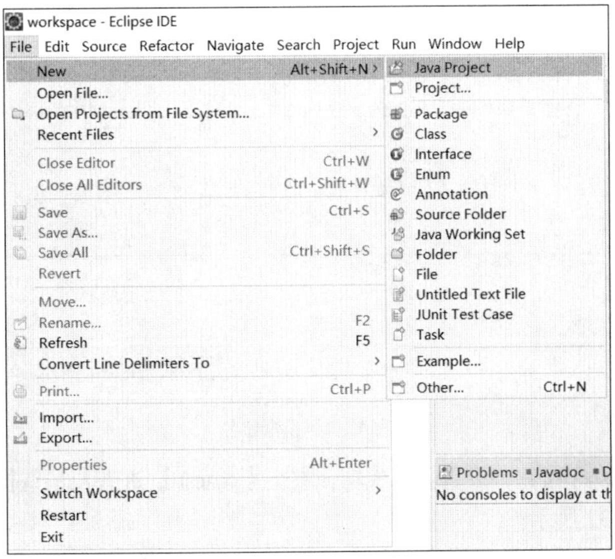

图1.28　新建Java Project

第2步 在【Project name】文本框中输入项目名称，如testproject，【JRE】和【Project layout】可按默认选择，如图1.29所示。

第3步 单击【Finish】按钮，Java项目创建成功。在【Package Explorer】选项卡中单击testproject前的展开按钮，打开项目目录，右击【src】文件夹，在弹出的快捷菜单中选择【New】→【Package】命令，如图1.30所示。

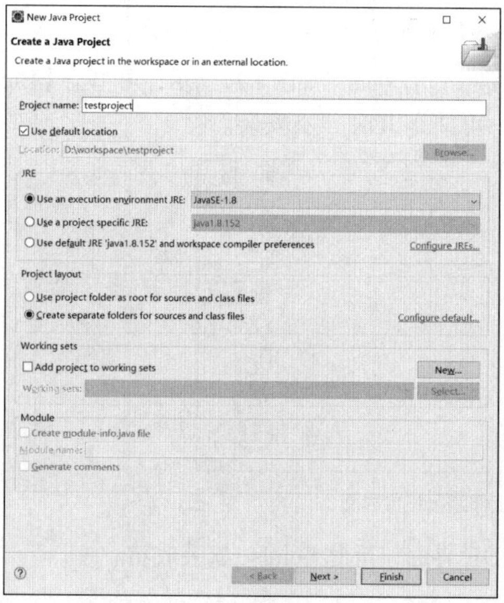

图1.29 创建项目

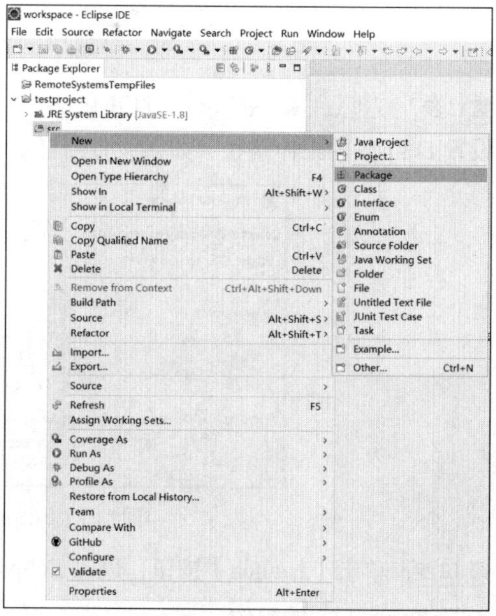

图1.30 新建包

第4步 在打开的对话框中的【Name】文本框中，输入包名"cn.test"，如图1.31所示。

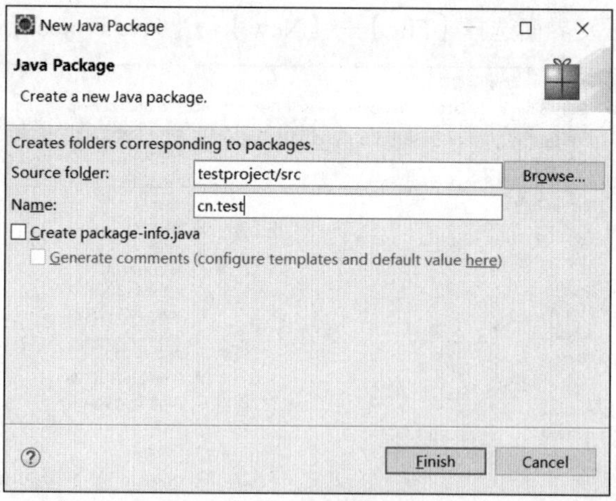

图1.31 设置包名

第5步 单击【Finish】按钮，设置包名成功。右击【cn.test】，在弹出的快捷菜单中选择【New】→【Class】命令，如图1.32所示。

第6步 在弹出的对话框中的【Name】文本框中输入类名"FirstPro"，单击【Finish】按钮，如图1.33所示。

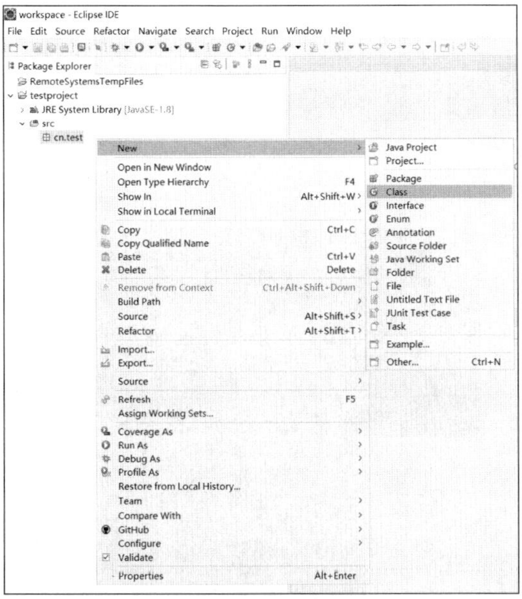

图1.32 新建类

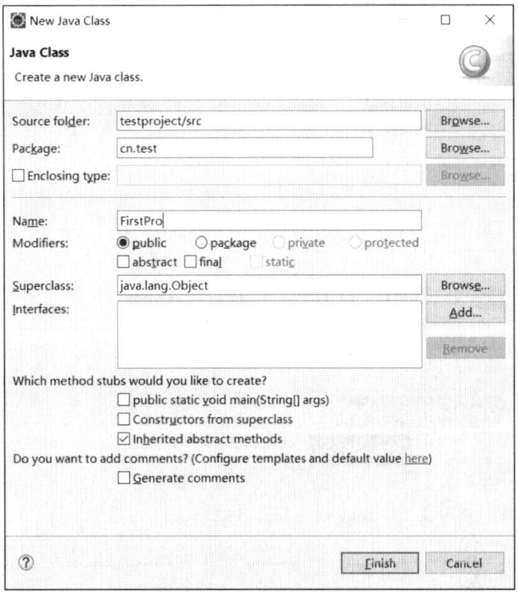

图1.33 创建类界面

至此，Java 开发环境配置成功。

1.2.2 安装并使用 IntelliJ IDEA 开发环境

IntelliJ IDEA 是 Java 编程语言的集成开发环境，在智能代码助手、代码自动提示、重构、Java EE 支持、各类版本工具（git、svn 等）、JUnit、代码分析、创新的图形用户界面（Graphical User Interface，GUI）设计等方面的功能很优秀。下面我们一起学习它的安装及使用。

1. IntelliJ IDEA 的下载及安装

第 1 步 打开 IntelliJ IDEA 官网：http://www.jetbrains.com/idea/，单击界面中的【Download】按钮，如图 1.34 所示。

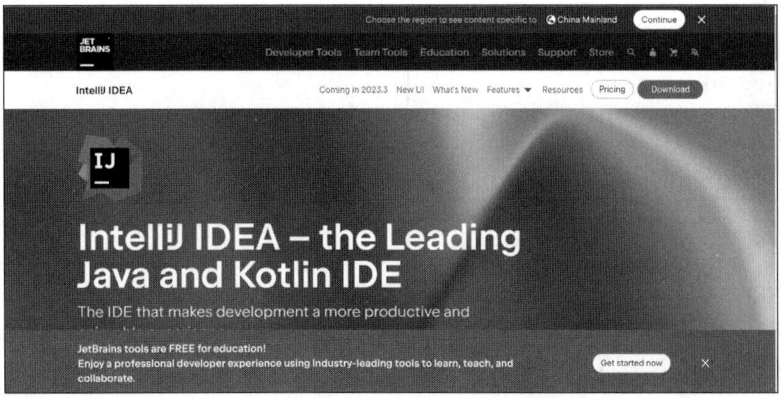

图1.34 IntelliJ IDEA官网下载界面

第 2 步 在【Download】后的下拉列表中，选择下载 .exe 或者 .zip 内容，这里选择 .exe，如图 1.35 所示。

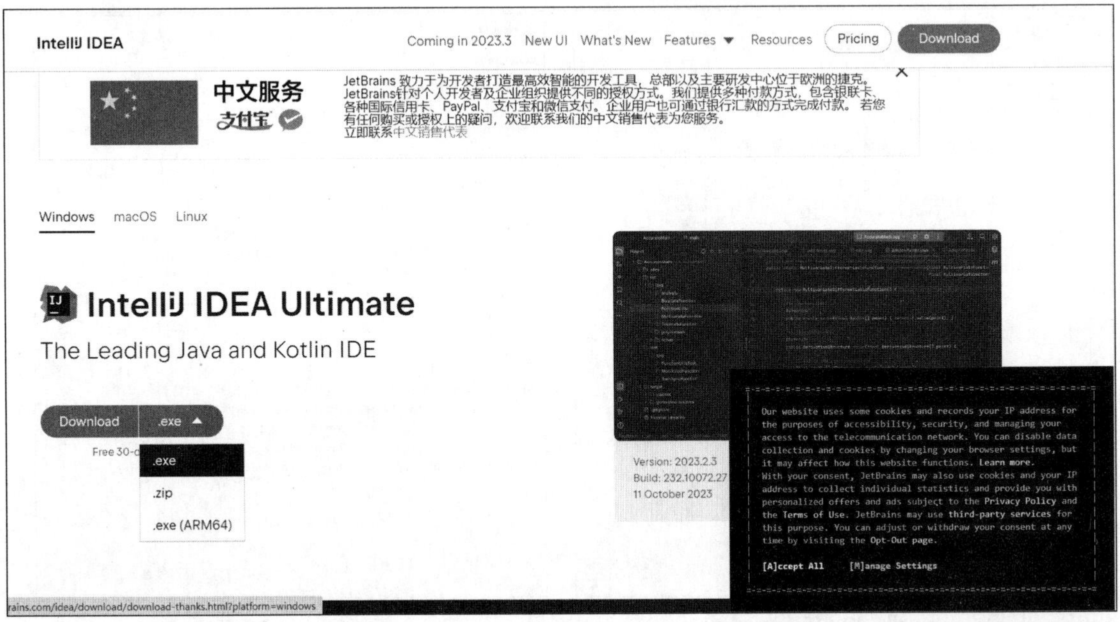

图1.35　IntelliJ IDEA下载内容

第3步　下载成功后，在下载目录中双击下载文件"ideaIU-2023.2.3.exe"，进入安装欢迎界面，单击【Next】按钮，如图1.36所示。

第4步　经过上步操作，进入路径设置对话框，在【Destination Folder】文本框中输入IntelliJ IDEA的安装路径，也可单击【Browse...】按钮选择安装路径，如图1.37所示。如果之前安装过IntelliJ IDEA，这里会提示先卸载，再安装新版本。

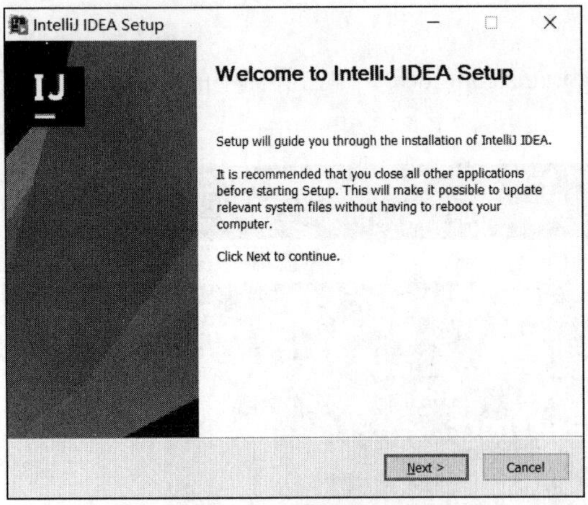

图1.36　IntelliJ IDEA开始安装界面

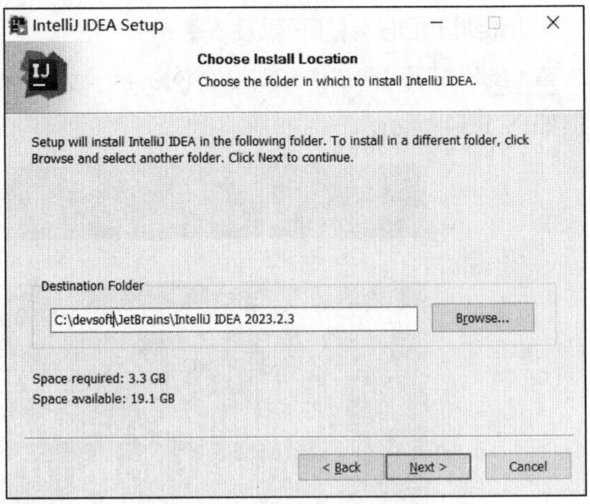

图1.37　IntelliJ IDEA安装路径

第5步　单击图1.37中的【Next】按钮，在弹出的【Installation Options】界面中选择相关配置，单击【Next】按钮，如图1.38所示。

第6步　在弹出的【Choose Start Menu Folder】界面配置开始菜单文件，单击【Install】按钮，如图1.39所示。

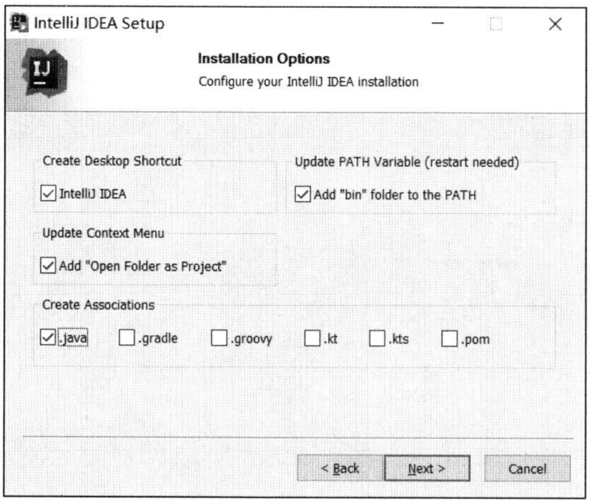

图1.38　设置安装类型

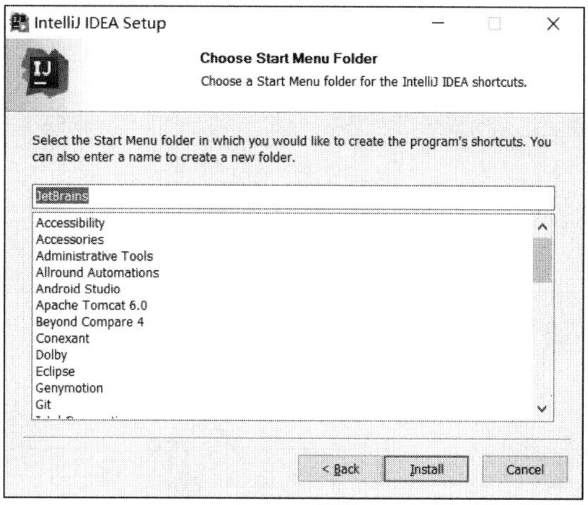

图1.39　设置开始菜单文件

第7步　经过上步操作，开始安装 IntelliJ IDEA，如图 1.40 所示。

第8步　安装完成，单击【Finish】按钮，如图 1.41 所示。

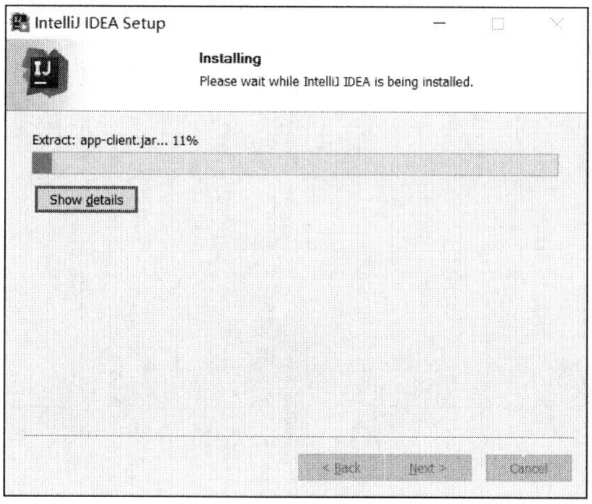

图1.40　IntelliJ IDEA正在安装界面

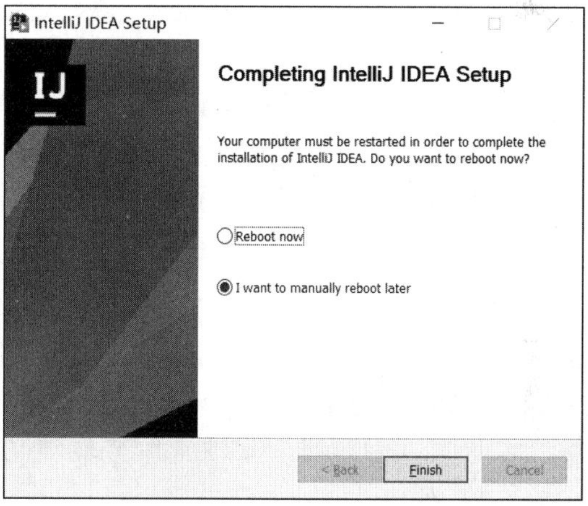

图1.41　IntelliJ IDEA安装完成

2. IntelliJ IDEA 的操作

安装好 IntelliJ IDEA 后，即可开始使用 IntelliJ IDEA 进行 Java 开发。

第1步　双击桌面上的【IntelliJ IDEA 2023.2.3】图标，或者在【开始】菜单中选择【IntelliJ IDEA 2023.2.3】命令，即可打开导入 IntelliJ IDEA 的路径界面，如图 1.42 所示。

图 1.42 中的两个参数的选项含义如下。

- Config or installation directory：配置或安装工作路径。
- Do not import settings：不用导入工作路径。

第2步　如果第一次使用，直接选中【Do not import settings】单选按钮，单击【OK】按钮，进入 IntelliJ IDEA 欢迎界面，如图 1.43 所示。

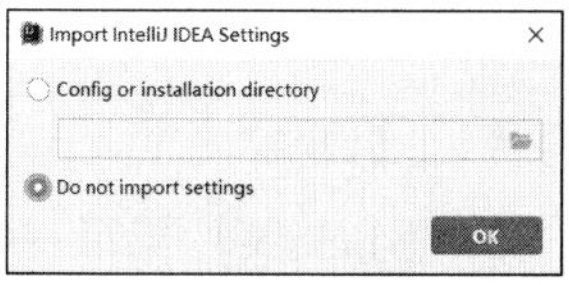

图1.42　IntelliJ IDEA工作路径导入

第3步　选择【New Project】选项，进入新项目设置界面，在【Name】文本框中输入项目名称 testproject，在【Location】文本框中输入工作路径，其他项默认即可，如图 1.44 所示。

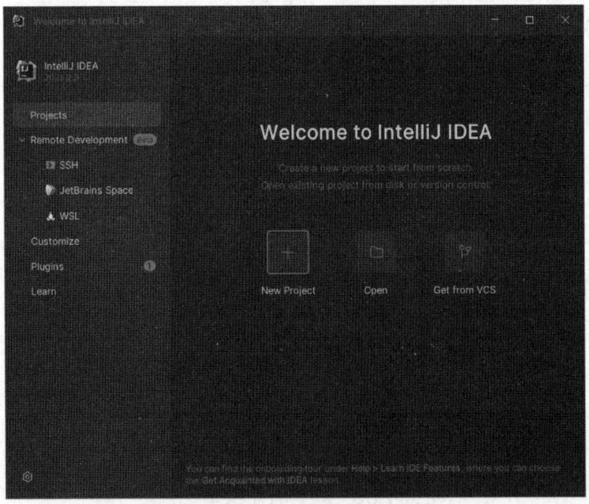

图1.43　IntelliJ IDEA欢迎界面

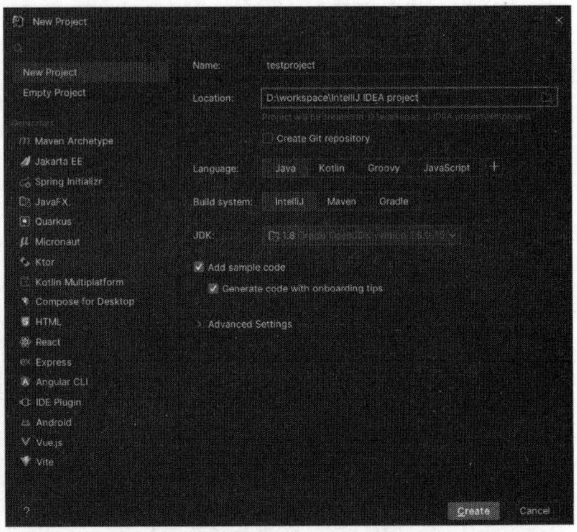

图1.44　IntelliJ IDEA新项目创建

第 4 步　单击【Create】按钮，进入 Java 项目开发界面，如图 1.45 所示。

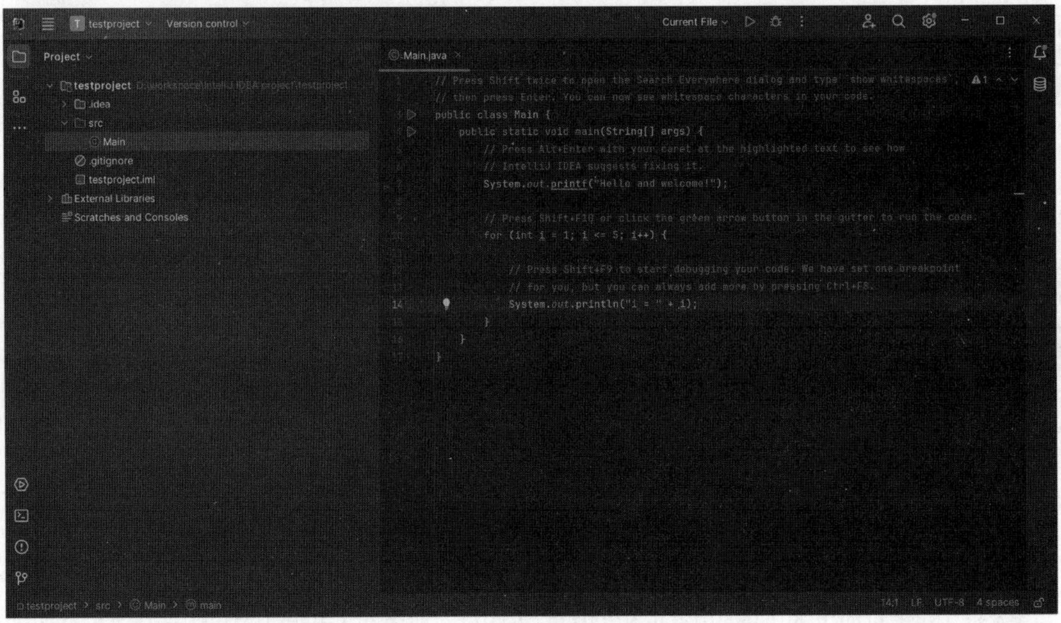

图1.45　Java项目开发界面

上机实操　控制台输出个人信息

◆ 上机要求

在 Eclipse 中编写一个 Java 代码，要求在控制台输出个人信息，如“我叫 Emily，今年 19 岁！”。

◆ 实现思路

第 1 步　打开 Eclipse 程序，先新建项目“chapter01”，再新建一个包“cn.swzy.chapter01”，然后新建类“FirstPro”。

第 2 步　添加 main 方法：public static void main(String[] args){}。

第 3 步 设置变量 name 为 Emily 和 age 为 19。

第 4 步 输出“我叫 Emily，今年 19 岁！”，如图 1.46 所示。

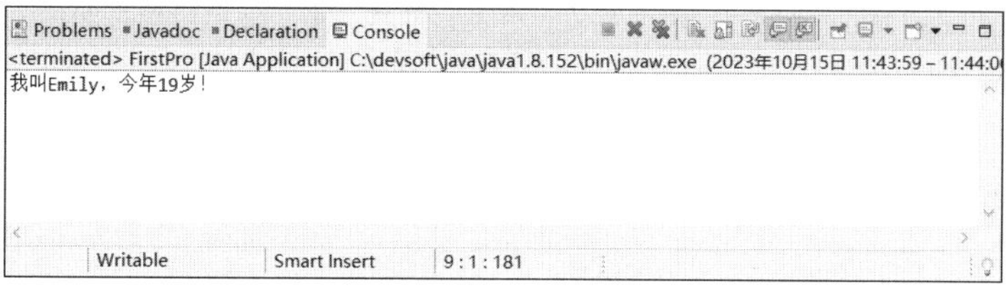

图1.46 输出个人信息界面

◆ 参考代码

实现以上程序运行结果的代码如下，具体可参考学习资源中的“源代码 \ 第 1 章 \ 代码 1-2”。

```
package cn.test;
public class FirstPro {
    public static void main(String[] args) {
        String name="Emily";
        int age=19;
        System.out.println( " 我叫 "+name+"，今年 "+age+" 岁 !");
    }
}
```

任务1.3 Java程序的编写方法

在 Java 项目中，可以创建一个或多个 Java 类。每个 Java 类都应该包含一个类定义，并且至少包含一个主方法作为程序的入口点。如果需要，可以创建一些方法来组织代码和完成特定的任务。本任务是熟悉 Java 程序的基本结构。

AI 工具助力学习

描述 Java 程序的基本结构

每一种开发语言都有其独特的代码结构，我们可以通过向 AI 工具讯飞星火进行提问，来学习和认识 Java 程序的基本语法结构。

- 提示词：请描述 Java 程序的基本结构。
- 讯飞星火回答：

Java 程序的基本结构包括以下几个部分。

（1）包声明（Package Declaration）：用于指定当前类所属的包。如果没有特定的包，可以省略这一部分。

```
package com.example;
```

（2）导入语句（Import Statement）：用于引入其他类或接口，以便在当前类中使用它们。

```
import java.util.ArrayList;
```

```
import java.util.List;
```

（3）类声明（Class Declaration）：用于定义一个类，包括类名、访问修饰符和继承关系。

```
public class MyClass {
}
```

（4）方法声明（Method Declaration）：用于定义类中的方法，包括方法名、返回类型、参数列表和方法体。

```
public void myMethod() {
    // 方法体
}
```

（5）变量声明（Variable Declaration）：用于定义类中的变量，包括变量名、类型和初始化值。

```
private int myVariable = 0;
```

（6）主方法（Main Method）：Java 程序的入口点，包含 main 方法的定义。main 方法是静态的，返回类型为 void，参数为字符串数组。

```
public static void main(String[] args) {
    // 主方法体
}
```

将以上部分组合在一起，就构成了一个简单的 Java 程序：

```
package com.example;

import java.util.ArrayList;
import java.util.List;

public class MyClass {
    private int myVariable = 0;

    public void myMethod() {
        // 方法体
    }

    public static void main(String[] args) {
        MyClass myClass = new MyClass();
        myClass.myMethod();
    }
}
```

讯飞星火描述了 Java 程序的基本结构，包括包声明、导入语句、类声明、方法声明、变量声明和主方法，并给出了一个简单的 Java 程序。要学好 Java 编程，Java 程序的基本结构是基础，接下来让我们一起学习 Java 程序的编写。

1.3.1 Java 程序结构

一个 Java 程序由包声明、类、主方法和 Java 代码组成，下面以图 1.47 中的代码来讲解 Java 代码的结构。

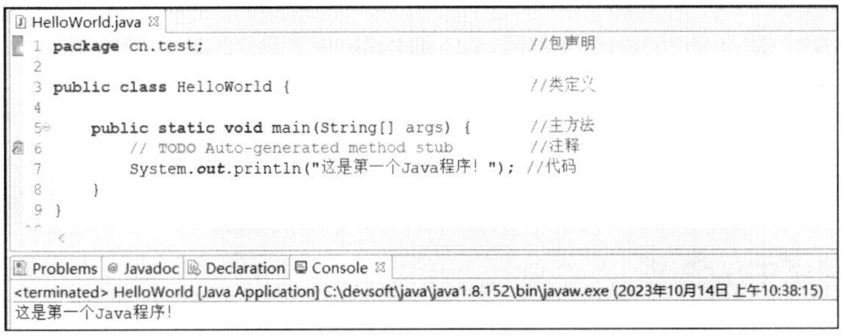

图1.47 Java代码的构成

1. 包声明

Java 代码应被放在一个特定的目录结构下，Java 中用 package 来声明源代码的存放位置，“package cn.test”表示该 Java 代码存放在工作目录下的 cn 文件夹下的 test 文件夹中，“.”用于声明下一级目录。package 通常放在 Java 源代码的第一行。文件 HelloWorld.java 的存放位置如图 1.48 所示。

图1.48 package声明的位置

package 后可使用 import 语句引入其他包或类中的元素，通过名称空间访问控制，简化大型 Java 应用程序的管理，如引入 java.util 包中的所有元素，可使用下面的语句：

```
import java.util.*;
```

2. 类

Java 应用程序至少包含一个类定义。类是用户自定义的一种数据类型，它包含变量、方法和其他类。每个类都必须以 class 关键字开头，class 前跟修饰符，class 后跟类名，类名与文件名要相同，如图 1.47 中，类名为 HelloWorld，文件名为 HelloWorld.java。

- public：修饰符，公有的，对其他类开放。
- class：类定义关键字，声明一个类。
- HelloWorld：类名，用户自定义的类名要有意义，首字母大写，如果由多个单词组成，每个单词的首字母都要大写。

3. 主方法

Java 程序中包含一个 main 方法，该方法是程序的执行入口。Java 的主方法有特定的格式，必须按照以下格式进行声明。

```
public static void main(String[] args) {
  // 应用程序代码
}
```

其中，String[] args 是一个字符串数组，在程序中可以通过 args 数组来获取命令行参数。static 表示 main 方法是静态方法，void 表示没有返回值。

图 1.47 中，TODO Auto-generated method stub 是编译软件自动生成的，表示“自动生成方法（空函数）”，可删除。

注　意　Java 中的功能执行语句的最后都必须用分号“;”结束。

4. Java 代码

Java 语言是一种高级编程语言，代码主要由 Java 关键字、标识符、运算符、控制语句、注释等组成。Java 语言的语法符合 C++ 的语法，同时添加了对面向对象编程的特殊支持。

1.3.2 Java 程序中的注释

Java 程序中有三种注释类型：单行注释、多行注释和文档注释。

1. 单行注释

单行注释以两个反斜杠 // 开始，后面紧接注释内容，是 Java 中最简单的注释方法，如图 1.47 中每行代码后的注释。

2. 多行注释

多行注释以 /* 开始，以 */ 结束，注释内容写在符号中间。

3. 文档注释

文档注释以 /** 开头，以 */ 结束，文档注释的内容可以通过 Java 内置命令行工具 javadoc 生成，常用标签及文档注释示例如下。

```
/**
 * 类的描述信息 / 方法的描述信息 *
 * @author 代表的是作者是谁，如果有多个，可以写多个标记
 * @since  从哪个版本开始支持该类的功能
 * @version 当前类的版本信息
 * @see 该标记可用在类与方法上，表示参考的类或方法

 * @param paramName1 参数 1 的描述信息
 * @return 返回值的描述信息
 * @throws Exception 异常的描述信息
 */
```

1.3.3 Java 程序编码规范

要写好代码，必须有好的编码习惯，初学者更应遵循编码规范。下面介绍一些常用的 Java 程序编码规范。

1. 代码风格

变量、类和方法等命名要清晰。例如，表示名称的变量一般用名词或者形容词、动词过去式修饰的名词等，方法一般用动词或者动词加宾语的结构等。变量命名应以业务背景来描述而不是无

意义的字面意思。

Java 代码格式并未做严格要求，但为使代码整齐美观、层次清晰，最好要有良好的缩进。

代码注释量不少于代码总量的 20%，在关键算法或者关键逻辑处应给出详细的注释。

加、减、乘、除等运算符左右各加一个空格。

2. 标识符命名规范

包名、类名、方法名、参数名、变量名等为标识符，可以由任意顺序的大小写字母、数字、下划线（_）和美元符号（$）组成，但不能以数字开头，也不能是 Java 中的关键字。

（1）包名所有字母一律小写，如 cn.test；

（2）类名和接口名每个单词的首字母都要大写，如 ArrayList、Iterator；

（3）常量名所有字母都大写，单词之间用下划线连接，如 DAY_AND_MONTH。

1.3.4 Java 程序开发步骤

下面是 Java 程序开发的一般步骤。

（1）确定需求：明确你要开发的 Java 程序的需求和目标，了解你需要实现的功能和预期的输出。

（2）设计程序结构：根据需求设计程序的整体结构和组织。确定需要的类、方法及类之间的关系。

（3）编写伪代码：在实际编写代码之前，可以先编写伪代码。伪代码是用人类可理解的方式描述程序的逻辑结构和算法，以帮助你思考和分析问题。

（4）编写代码：在选择的集成开发环境（IDE）中打开一个新的 Java 项目，并创建所需的类和方法。根据设计和伪代码，编写 Java 代码来实现各个功能和逻辑。

（5）调试和测试：在编写代码的过程中，进行适当的调试和测试。使用 IDE 的调试工具来检查和修复程序中的错误、异常和逻辑问题。编写测试用例来验证代码的正确性和可靠性。

（6）完善程序：根据需求，进一步完善程序。这可能包括优化性能、提高代码可读性、添加异常处理和日志记录等。

（7）打包和部署：一旦程序经过测试，并满足需求和要求，你可以将程序打包为可执行的 JAR 文件或部署到特定的环境中，使其可以在其他机器上运行。

（8）文档编写：编写程序文档，包括代码注释、用户文档和 API 文档，以便其他人可以理解和使用你的程序。

（9）维护和更新：根据用户反馈和需求，不断维护和更新程序，比如修复 bug、添加新功能、改进性能等。

Java 项目从需求分析到程序编写、测试和部署的整个过程，每个阶段都要保持良好的规划和组织，以确保程序的质量和可靠性。此外，要不断学习和提升编程技能，能够更有效地开发 Java 程序。

上机实操 完成 Java 代码开发流程

◆ 上机要求

在 Eclipse 中编写 Java 代码，了解其工作过程，并了解工作路径中 .java 和 .class 文件的存放位置。

◆ 实现思路

第1步 打开 Eclipse，新建类“TestPro”。

第2步 添加 main 方法：public static void main(String [] args){}。

第3步 输出“这是一个测试程序！”，如图 1.49 所示。

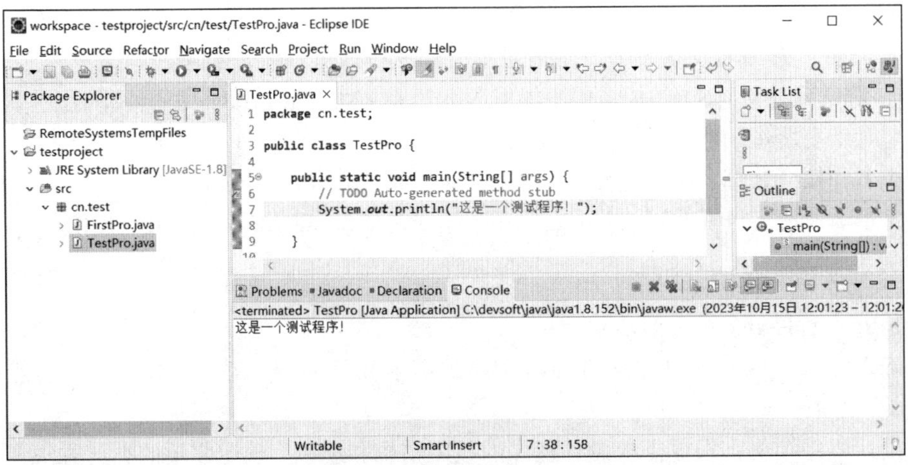

图1.49　测试程序界面

第4步 保存后，右击【TestPro.java】选项，在弹出的快捷菜单中选择【Properties】命令，查看 TestPro.java 所在目录，如图 1.50 所示，可以发现，.java 文件存放在“D:\workspace\testproject\src\cn\test\TestPro.java”中。

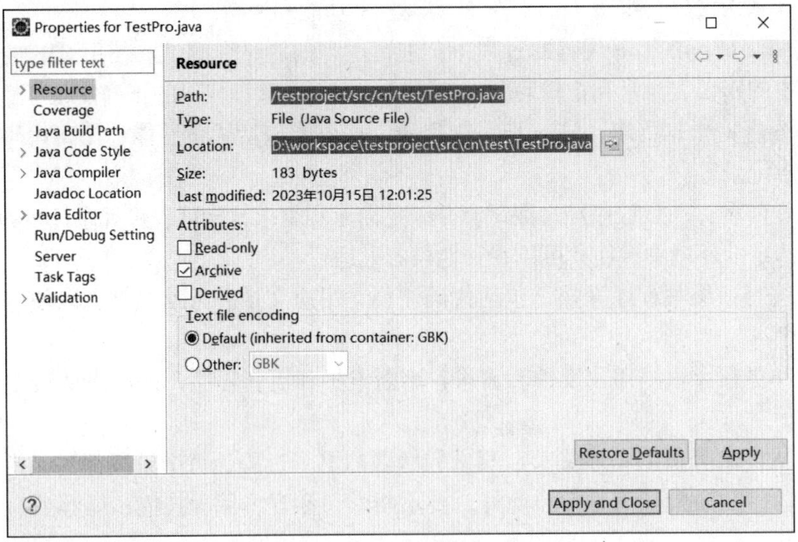

图1.50　类属性查看界面

第5步 单击图 1.49 中的【运行】按钮，会生成 .class 文件，并将结果显示在下方【Console】选项卡中，.class 文件存放在“D:\workspace\testproject\bin\cn\test\TestPro.class”中。

◆ 参考代码

实现以上程序运行结果的代码如下，具体可参考学习资源中的“源代码\第 1 章\代码 1-3”。

```
package cn.test;
public class TestPro {
public static void main(String[] args) {
// TODO Auto-generated method stub
  System.out.println( "这是一个测试程序！");
  }
}
```

AI 学习问答 在命令行中无法找到 java/javac 命令

“java/javac 命令”都是 Java 开发中重要的可执行命令，“java”命令用来启动 Java 应用程序，“javac”命令用于将 Java 源代码文件编译为 Java 字节码文件，当我们在命令行界面执行这两个命令时，有时提示“不是内部命令”，这种情况我们可以让 ChatGPT 提供解决方案。

◎ 提示词：为什么在命令行无法找到 java/javac 命令？

◎ ChatGPT 回答：

如果在命令行中找不到 java 和 javac 命令，可能是由于以下原因。

（1）Java 环境变量未正确配置：您需要将 Java 的安装目录添加到系统的环境变量中。具体步骤如下。

· 在 Windows 系统打开控制面板，选择【系统和安全】→【系统】选项，单击【高级系统设置】按钮。
· 在弹出的窗口中，单击【环境变量】按钮。
· 在“系统变量”下找到名为“Path”的变量，单击【编辑】按钮。
· 在变量值的末尾添加 Java 安装目录的路径，例如：C:\Program Files\Java\jdk1.8. 0_221\bin。
· 单击【确定】按钮保存更改。

（2）Java 未正确安装：请确保您已经正确安装了 Java 开发工具包（JDK）。您可以从 Oracle 官方网站下载适合您操作系统的 JDK 版本，并按照安装向导进行安装。

（3）系统命令错误：在一些操作系统中，“java”和“javac”命令可能使用不同的名称。请尝试运行“java-version”或“javac-version”命令查看是否有输出。如果输出正确，则说明命令名称稍有不同，您可以根据输出来确定正确的命令。

针对在命令行无法找到 java/javac 命令的问题，ChatGPT 提供了三种可能出错的情况，按照上述步骤检查并修复问题，确保 Java 环境正确配置和安装。如果问题仍然存在，可向 ChatGPT 进一步提问，从而解决问题。

同步训练 实现多个 JDK 版本间的正常切换

» 训练要求

如果一台计算机上安装多个版本的 JDK，实现在多个 JDK 版本间正常切换。

» 实现思路

右击【此电脑】图标，在弹出的快捷菜单中选择【属性】命令，在打开的对话框中单击【高级系统设置】→【环境变量】按钮，在弹出的【环境变量】对话框中将【系统变量】选择为【JAVA_

HOME】，单击【编辑】按钮，在弹出的【编辑系统变量】对话框中的【变量值】中改变 JDK 路径即可，如图 1.51 所示。

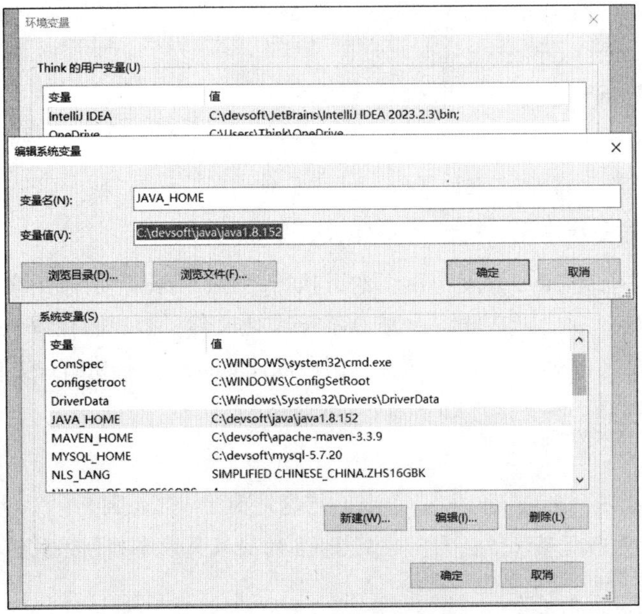

图1.51　JAVA_HOME修改界面

小结

本章主要介绍了 Java 开发环境。要开发 Java 代码首先要配置好 Java 环境，完成 JDK 的下载和安装；接着配置环境变量，为使 Java 代码开发更高效，可使用 Eclipse 和 IntelliJ IDEA，它们都是目前 Java 开发常用的工具。一个 Java 程序包含包文件、类、主方法和 Java 代码。运行时，首先使用 javac 命令将 .java 文件编译成 .class 的字节码文件，然后使用 java 命令运行该文件，显示结果。此外，要编写优秀的 Java 代码需要养成好的编码习惯，遵守编码规范。

02

第 2 章

打下坚实基础：Java 编程基础

Java 开发环境部署好后就可以开始编写 Java 代码了。Java 看起来设计得很像 C++，但把 C++ 语言中许多可用的特征去掉了。Java 不支持 goto 语句，但提供 break 和 continue 语句及异常处理；Java 没有结构，数组和串都是对象，也不需要指针。本章我们将学习 Java 编程基础，为后续知识的学习夯实基础。

课前思政

著名画家齐白石有三绝：绘画、作诗、篆刻。他的篆刻布局奇特质朴，刀法刚劲雄健，独树一帜。可他初学篆刻时，总是失败，不是走刀字坏，就是石碎器毁，常常不得要领，他向篆刻家黎铁安求教。黎铁安对他说："南泉冲有的是石头，你挑一担回去，刻了磨，磨了刻，把一担石头磨成石浆，印就能刻好。"齐白石悟出了其中的道理，这是要求狠练基本功。于是，他真从南泉冲挑回一担石头，夜以继日地刻个不停。刻了磨，磨了再刻，日复一日，年复一年，他的篆刻技术终于在长期的磨炼中不断提高，最后达到炉火纯青的地步，与他的画、诗一样为世人称道。

不积跬步，无以至千里；不积小流，无以成江海。学习 Java 编程语言，也是先从基础开始，打好基础，才能成功。

学习目标

1. 知识目标

- 掌握 Java 常量、变量、表达式、标识符的定义。
- 掌握 Java 程序流程控制：条件语句、循环语句。
- 理解一维数组与多维数组的创建与使用。

2. 能力目标

- 能规范定义标识符、常量、变量。
- 能正确使用条件语句、循环语句。
- 能实现一维数组与多维数组的创建和使用。

3. 素质目标

- 培养学生坚韧不拔的毅力、持之以恒的精神。
- 激励学生持续不断地学习和努力工作，才能不断提高自己的技能水平。
- 培养学生自我反思和修正的意识，及时调整学习方法和方向，以更高效地提升自己的能力。
- 培养学生要有创新精神和独立思考能力，勇于探索新的领域和方法，不断完善和提升自己的技能。

任务2.1 Java基础知识

了解 Java 基础，可以使读者逐步理解编程的基本概念，例如变量、数据类型、控制流和函数等，并有利于理解后续的面向对象编程思想，是软件开发不可或缺的部分。本任务将学习 Java 基础知识。

AI 工具助力学习

Java 基本数据类型

Java 编程离不开数据类型，我们可以让 AI 工具 ChatGPT 帮助描述一下 Java 中的基本数据类型，为后续 Java 编程打下基础。

- 提示词：Java 基本数据类型有哪些？
- ChatGPT 回答：

Java 的基本数据类型包括以下几种：

（1）byte：字节类型，它是有符号的 8 位整数。

（2）short：短整型，它是有符号的 16 位整数。

（3）int：整型，它是有符号的 32 位整数。

（4）long：长整型，它是有符号的 64 位整数。

（5）float：单精度浮点型，它是 32 位浮点数。

（6）double：双精度浮点型，它是 64 位浮点数。

（7）boolean：布尔型，它用于表示真或假的值。

（8）char：字符型，它是 16 位 Unicode 字符。

ChatGPT 为我们列出了 Java 中的基本数据类型，这些基本数据类型可以用于声明变量，存储不同的数据。每种基本数据类型在内存中占用的空间大小是固定的，可以根据需要选择适当的数据类型来存储数据。

2.1.1 标识符、关键字

在 Java 中，标识符是用来为类、变量、方法和其他程序实体命名的名称。关键字是 Java 语言中具有特殊含义的预定义单词。在编写 Java 代码时，建议遵循以下常规约定。

- 使用有意义的标识符来描述变量、方法和类的用途。
- 遵循 Java 的命名约定，如使用驼峰命名法，即第一个单词首字母小写、后面每个单词首字母大写。
- 避免使用保留的关键字作为标识符。

下面我们对标识符和关键字的定义做一个详细约定。

1. 标识符

- 可以由字母、数字、下划线（_）和美元符号（$）组成。
- 必须以字母、下划线或美元符号开头。
- 区分大小写，例如 myVar 和 myvar 是不同的标识符。
- 不能使用 Java 中的关键字作为标识符。

2. 关键字

Java 中有一些保留的关键字，它们具有特殊的用途和含义，不能用作标识符。以下是常见的 Java 关键字示例。

- 数据类型相关：boolean，byte，short，int，long，float，double，char。
- 控制流程相关：if，else，switch，case，default，break，for，while，do，continue。
- 类和对象相关：class，interface，extends，implements，abstract，new，this，super。
- 异常处理相关：try，catch，finally，throw，throws。
- 访问修饰符相关：public，private，protected。
- 其他关键字：static，final，void，return，package，import，native，synchronized，strictfp。

除了上述关键字和标识符，也可以创建自定义的标识符来命名类、变量、方法等。在自定义标识符时，请遵循 Java 的命名约定，并且尽量使用有意义的名称，以提高代码的可读性。

2.1.2 数据类型

Java 是一种静态类型的编程语言，在编写代码时必须声明每个变量的数据类型。Java 的数据类型分为两类：基本数据类型和引用数据类型。

1. 基本数据类型

基本数据类型是 Java 中已经定义好的数据类型。基本数据类型包括如下几种。

（1）整型：这部分包括 byte（8 位有符号二进制补码整数）、short（16 位有符号二进制补码整数）、int（32 位有符号二进制补码整数）、long（64 位有符号二进制补码整数）。

（2）浮点型：这部分包括 float（32 位 IEEE 754 单精度浮点数）和 double（64 位 IEEE 754 双精度浮点数）。

（3）字符型：这部分只有一个类型 char，它是一个 16 位 Unicode 字符。

（4）布尔型：这部分有两个值，true 和 false。

2. 引用数据类型

引用数据类型是 Java 中的对象类型，可以创建对象实例。引用数据类型包括如下几种。

（1）类：这是创建对象的模板，定义了对象的属性和方法。

（2）接口：这是一种抽象类型，它定义了类应实现的方法，但不包含实现。

（3）数组：这是一种可以容纳多个相同类型元素的数据结构。

除了这些基本的数据类型，Java 还支持一些特殊的数据类型，如 void（表示方法不返回任何值）和 null（表示引用不指向任何对象）。

当创建一个变量并为其赋值时，Java 会根据赋值的类型自动推断变量的类型。然而，在某些情况下，可能需要声明变量的类型。例如，当你创建一个引用变量并为其分配内存时，需要声明变量的类型。

```
int a = 10;            // 定义 a 为 int 类型
double b = 10.5;       // 定义 b 为 double 类型
char c = 'A';          // 定义 c 为 char 类型
boolean d = true;      // 定义 d 为 boolean 类型
```

同时，Java 支持泛型，允许指定一个类、接口或方法的类型。例如，可以创建一个列表来存储整数、字符串或其他对象。

```
List<Integer> integers = new ArrayList<Integer>();     // 定义 integers 为整数列表
```

```
List<String> strings = new ArrayList<String>();          // 定义 strings 为字符串列表
List<Object> objects = new ArrayList<Object>();          // 定义 objects 为对象列表
```

Java 支持自动装箱和拆箱，这是在 Java 5.0 后引入的一项功能。当基本数据类型和对应的包装类之间进行转换时，Java 会自动进行转换。例如，当你将一个 int 值放入一个需要 Integer 对象的集合中时，Java 会自动将 int 值转换为 Integer 对象。

2.1.3 常量和变量

在 Java 中，常量和变量是程序中的两个基本元素，用于存储和操作数据。

1. 常量

常量是在程序运行期间其值不会改变的量。在 Java 中，常量的命名约定通常是全大写，单词之间用下划线分隔。例如：

```
public static final int MAX_VALUE = 100;
```

在这个例子中，MAX_VALUE 是一个常量，其类型是 int，并且被初始化为 100。public 表示这个常量可以在任何地方访问，static 表示这个常量属于类而不是类的实例，final 表示这个常量的值在初始化后不能更改。

2. 变量

变量是用于存储数据的内存位置。通过使用变量，我们可以在程序中存储和操作数据。在 Java 中，每个变量都有一个名称（变量名）和一种类型（变量类型）。变量可以根据其可见性范围和生命周期进行如下分类。

（1）局部变量：在方法或构造函数内部声明的变量。它们的作用范围仅限于其被声明的方法或构造函数。一旦方法或构造函数执行结束，这些变量的内存空间就会被回收。

```
public void myMethod() {
    int x = 10;            // 这是一个局部变量
}
```

（2）全局变量：在类中声明的变量。它们在整个类中都是可见的，包括所有的方法和构造函数。全局变量的生命周期从它们被声明开始，直到程序结束。

```
public class MyClass {
    int x; // 这是一个全局变量（实际是实例变量）
    // 因为它在整个类中都可以被访问
    public void display() {
        System.out.println("Value of x: " + x);
    }
}
```

（3）实例变量：在类的实例（对象）中声明的变量。每个实例都有自己的实例变量副本。实例变量的生命周期从对象创建开始，到对象被销毁结束。

```
public class MyClass {
    int x; // 这是一个实例变量
    public MyClass(int value) {
        x = value; // 通过构造函数初始化实例变量
```

```
    }
}
```

（4）类变量：也称为静态变量，在类中声明，但前面带有 static 关键字。类变量对所有的实例和类都是共享的。类变量的生命周期从类加载开始，直到程序结束。

```
public class MyClass {
    static int count; // 这是一个类变量
    public MyClass() {
        count++; // 每创建一个实例，类变量计数增 1
    }
}
```

2.1.4 数据操作

在 Java 中进行数据操作通常涉及以下应用。

（1）变量的声明和赋值：这是进行任何数据操作的基础。在 Java 中，可以声明各种类型的变量，包括整型、浮点型、字符串型等。例如：

```
int myInteger = 10;
double myDouble = 20.0;
String myString = "Hello, world!";
```

（2）数据类型转换：在 Java 中，不同的数据类型之间可以转换。例如，可以将一个整数转换为双精度浮点数，或将一个字符串转换为整数。

```
double myDouble = (double) myInt;        // 将整数转换为双精度浮点数
int myInt = 10;
```

（3）操作符运算：Java 支持各种操作符运算，包括算术操作符（如 +、-、*、/、% 等）运算和比较操作符（如 ==、!=、<、>、<=、>= 等）运算。

2.1.5 表达式与语句

表达式和语句是 Java 程序设计中的两个基本概念。

1. 表达式

表达式是一个或多个操作数通过操作符连接起来的序列。例如：

```
5 + 3
a * b + c
f(g(h(i)))
```

表达式的值是操作的结果。值得注意的是，在 Java 中，每个表达式都有一个类型，这是由操作符和操作数的类型共同决定的。

2. 语句

语句是 Java 程序的基本单位，表示一个完整的操作。例如：

```
int x = 5;
```

是一个语句，它定义了一个整型变量 x 并把值 5 赋给它。又比如：

```
System.out.println("Hello, world!");
```

也是一个语句，它表示在控制台输出一行文本。

在 Java 中，语句可以包含在括号中，形成复杂的表达式。例如：

```
if (a > b) { System.out.println("a is greater than b"); }
```

这个语句包含了一个 if 语句，它检查 a 是否大于 b，如果是，它输出一条消息。

此外，Java 中的一些操作符，如赋值操作符（=）、布尔逻辑操作符（&&、||、!）和比较操作符（<、>、<=、>=）等，既可以作为表达式的一部分，也可以作为语句的一部分。例如，“a = b + c;”是一个包含赋值操作符的语句，而“if (a > b)　a = b;”则是一个包含比较操作符和赋值操作符的语句。

总的来说，表达式和语句在 Java 程序中发挥着重要的作用，它们是构建程序的基石。

上机实操　编码实现数据存放在不同类型的变量中

◆ 上机要求

定义 int、float、double、char、boolean、String 类型的变量，并输出查看。运行结果如图 2.1 所示。

◆ 实现思路

第 1 步　新建类，类名为 DataType。

第 2 步　定义 int、float、double、char、boolean、String 类型的变量。

第 3 步　使用 system.out.println 语句输出变量值。

第 4 步　运行查看结果。

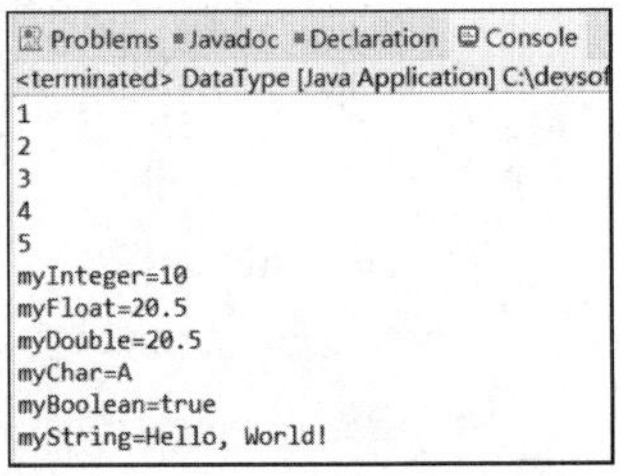

图2.1　数据类型运行结果

◆ 参考代码

实现以上程序运行结果的代码如下，具体可参考学习资源中的“源代码 \ 第 2 章 \ 代码 2-1”。

```
public class DataType {
  public static void main(String[] args) {
    int myInteger = 10;                                    // 定义 myInteger 为 int 类型
    float myFloat = 20.5f;                                 // 定义 myFloat 为有小数点的 float 类型
    double myDouble = 20.5;                                // 定义 myDouble 为 double 类型
    char myChar = 'A';                                     // 定义 myChar 为 char 类型
    boolean myBoolean = true;                              // 定义 myBoolean 为 boolean 类型
    String myString = "Hello, World!";                     // 定义 myString 为 String 类型
    int[ ] myArray = {1, 2, 3, 4, 5};                      // 定义 myArray 为 int 数组类型
    for(int i: myArray) {
      System.out.println(i);
    }                                                      // 循环输出 myArray
    Person person = new Person("John", 25);                // 定义 person 为 Person 对象类型
    System.out.println("myInteger="+myInteger);            // 输出 myInteger
    System.out.println("myFloat="+myFloat);                // 输出 myFloat
    System.out.println("myDouble="+myDouble);              // 输出 myDouble
    System.out.println("myChar="+myChar);                  // 输出 myChar
    System.out.println("myBoolean="+myBoolean);            // 输出 myBoolean
    System.out.println("myString="+myString);              // 输出 myString
```

```
        System.out.println("person 的名字："+person.getName());          // 输出 person 的名字
    }
}
```

由于 Person 类未定义，可将“Person person = new Person("John", 25);”和“System.out.println("person 的名字："+person.getName());”注释后再执行。

任务2.2 Java程序流程控制

Java 是面向对象的程序语言，程序的执行是自上而下，从左到右，但程序有时需要选择、重复执行，这时就需要使用流程控制语句。本任务将学习 Java 中的顺序、条件、循环等流程控制语句的语法结构及使用方法。

AI 工具助力学习

Java 结构语句

Java 结构语句可以用于控制程序的执行流程和逻辑，我们先通过 AI 工具文心一言来了解 Java 开发中的结构语句有哪些。

- 提示词：Java 结构语句有哪些？
- 文心一言回答：

Java 中的结构语句包括以下几种。

（1）顺序结构：代码从上到下依次运行。

（2）选择结构：根据条件判断执行不同的代码块。Java 中的选择结构包括以下几种。

if 语句：根据条件执行相应的代码块。

if-else 语句：根据条件执行两个代码块中的一个。

switch 语句：根据表达式的值执行多个代码块中的一个。

（3）循环结构：反复执行同一段代码，直到满足某个条件时停止。Java 中的循环结构包括以下几种。

while 循环：当满足条件时，执行循环体内的代码。

do-while 循环：无论是否满足条件，至少执行一次循环体内的代码，然后根据条件决定是否继续执行。

for 循环：用于在指定次数内重复执行某段代码。

增强型 for 循环（foreach 循环）：用于遍历数组或集合中的元素。

（4）跳转语句：用于控制程序的流程，包括以下几种。

break 语句：用于跳出当前循环或 switch 语句。

continue 语句：用于跳过当前循环的剩余部分，进入下一次循环。

return 语句：用于结束当前方法，并返回方法的调用者。

文心一言给出了 Java 程序中的结构语句，这些结构语句是 Java 程序控制流程的基础，通过组合使用这些结构语句，可以编写出复杂的 Java 程序。

2.2.1 基本程序结构

Java 基本程序结构包括顺序结构、选择结构和循环结构。顺序结构比较简单，是按照代码的书写次序依次执行；选择结构根据条件是否满足来选择执行的程序段，Java 语言提供了 if 和 switch 语句用来开发分支结构的程序；循环结构在给定条件下重复执行一些程序段，Java 语言提供了 while、do-while、for 语句实现循环结构。

Java 中的顺序结构是一种基本的程序结构，即按照代码的先后顺序，从头到尾依次执行每个语句。这种结构是最简单、最基本的程序结构之一，适用于解决一些简单的问题。

下面是 Java 顺序结构程序，演示了顺序结构的基本用法。

```
public class TestSum {
  public static void main(String[] args) {
    int x = 10;
    int y = 20;
    int sum = x + y;
    System.out.println("The sum of x and y is: " + sum);
  }
}
```

在上面的程序中，我们首先定义了两个整型变量 x 和 y，并将它们相加得到 sum 的值，然后使用 System.out.println() 语句输出结果。程序是按从上到下的顺序依次执行的。

需要注意的是，在 Java 中，顺序结构的实现也需要考虑代码的可读性和维护性。因此，在编写代码时需要注意以下几点。

（1）合理地使用注释和命名规范，提高代码的可读性。

（2）将相关的代码放在一起，保持代码的集中和模块化。

（3）避免使用过多的嵌套和重复语句，提高代码的可维护性。

2.2.2 if 语句

在 Java 中，if 语句是一种基本的控制流语句，是选择结构中的一种，用于根据特定条件执行代码的结构。它的基本语法如下。

```
if ( 条件 ) {
        // 条件为 true 时执行
}
```

这里的条件是一个布尔表达式，如果它的值为 true，那么就会执行大括号 {} 内的代码。

例如：

```
int x = 10;
if (x > 5) {
System.out.println("x="+x);
}
```

在上述代码中，当 x 的值大于 5 时，“x=10”就会被打印出来。

此外，Java 还提供了 else 和 else if 语句，可以与 if 语句一起使用。

```
if ( 条件 ) {
      // 条件为 true 时执行 }
else {
      // 条件为 false 时执行 }
```

或者：

```
if ( 条件 1) {
    语句 1    // 条件 1 为 true 时执行 }
else if ( 条件 2) {
    语句 2    // 条件 1 为 false，条件 2 为 true 时执行 }
else {
    语句 3    // 条件 1 为 false，条件 2 也为 false 时执行 }
```

在上述代码中，如果条件 1 为 true，则执行语句 1 的代码块。如果条件 1 为 false，但条件 2 为 true，则执行语句 2 的代码块。如果两个条件都为 false ，则执行最后的语句 3 的代码块。

2.2.3 switch 语句

switch 语句是 Java 中用于实现多分支选择的一种控制结构，它会根据一个表达式的值，选择执行不同的代码块。

下面是 switch 语句的基本语法。

```
switch (expression) {
  case expression=value1:
    // 代码块 1
    break;
    case expression=value2:
    // 代码块 2
    break;
    …… // 可以有更多的 case 语句
    default:
    // 如果所有 case 都不匹配，执行此代码块
    }
```

在这个语法中，expression 是需要进行计算或者比较的表达式，value1、value2 等是 expression 可能的取值。当 expression 的值与某个 value 的值匹配时，就执行其后相应的代码块。break 关键字则用于结束当前 case 的执行，跳出 switch 语句。如果没有写 break，程序会继续执行下一个 case 的代码块，直到遇到 break 或整个 switch 语句结束。default 关键字表示当所有 case 的 value 都不匹配时执行的默认代码块。

例 2-1 下面是一个使用 switch 语句的示例，其代码可参考学习资源中的“源代码 \ 第 2 章 \ 代码 2-2”。

```
public class TestSwitch {
  public static void main(String[] args) {
    int day = 3;
    String dayString;
    switch (day) {
      case 1:
        dayString = "Monday";
        break;
```

```
        case 2:
          dayString = "Tuesday";
          break;
        case 3:
          dayString = "Wednesday";
          break;
        case 4:
          dayString = "Thursday";
          break;
        case 5:
          dayString = "Friday";
          break;
        case 6:
          dayString = "Saturday";
          break;
        case 7:
          dayString = "Sunday";
          break;
        default:
          dayString = "Invalid day";
      }
      System.out.println(dayString);
    }
  }
```

这个示例根据 day 的值不同，赋给 dayString 变量的值也有所不同，并输出结果。如果 day 的值为 3，输出结果为“Wednesday”。

2.2.4 for 循环语句

在 Java 中，for 语句是循环控制语句，用于重复执行一段代码。以下是 for 循环的基本语法。

```
for ( 初始化 ; 条件 ; 更新 ) {
  // 循环体
}
```

以下是 for 循环的各个部分的说明。

- 初始化：设置循环开始的值，可以初始化一个或多个循环控制变量，只执行一次。
- 条件：这是一个布尔表达式，结果为 true 或者 false。当结果为 true 时，就会执行循环体；当结果为 false 时，就会结束循环。
- 更新：这个部分通常用于更新循环控制变量的值。每次循环结束时，都会执行这个部分的代码。
- 循环体：这是循环中要执行的代码块。当条件为 true 时，循环体会被执行。

例 2-2 下面是一个使用 for 循环的示例，要求打印出 0 到 9 的所有数字，其代码可参考学习资源中的“源代码 \ 第 2 章 \ 代码 2-3”。

```
public class TestFor {
 public static void main(String[] args) {
  for (int i = 0; i < 10; i++)
  {
   System.out.println(i);
  }
 }
}
```

在这个例子中，i 是我们的循环控制变量，初值为 0。只要 i 小于 10，就会执行循环体（打印 i 的值），然后增加 i 的值（通过 i++ 操作）。当 i 的值达到 10 时，条件变为 false，循环结束。

2.2.5 while 循环语句

在 Java 中，while 语句是一种循环控制结构，用于在条件满足的情况下重复执行一段代码。下面是 while 循环的基本语法：

```
while ( 条件 ) {
  // 循环体
}
```

以下是 while 循环各个部分的说明。

- 条件：这是一个布尔表达式，结果为 true 或者 false，当结果为 true 时，就会执行循环体；当结果为 false 时，就会结束循环。
- 循环体：这是重复执行的代码块。当条件为 true 时，循环体会被执行。

例 2-3 下面是一个使用 while 循环的示例，要求打印出 0 到 9 的所有数字，其代码可参考学习资源中的“源代码 \ 第 2 章 \ 代码 2-4”。

```
public class TestWhile {
 public static void main(String[] args) {
  int i = 0;
  while (i < 10) {
    System.out.println(i);
    i++;
  }
 }
}
```

在这个例子中，条件是 i<10，只要 i 小于 10，就会执行循环体（打印 i 的值），然后通过 i++ 操作增加 i 的值，再判断 i 是否小于 10，当 i 的值达到 10 时，条件变为 false，循环结束。

2.2.6 do-while 循环语句

do-while 语句是一种先执行后判断的循环结构，意思是先执行循环体，后判断条件是否满足，因此这种结构在至少执行一次循环体后才会判断条件。如果条件为真，循环体会再次执行，这将持续进行，直到条件为假。以下是一个基本的 do-while 循环的语法：

```
do {
```

```
    // 循环体，条件为真时执行
} while ( 条件 );
```

在上面的语法中，“条件”是判断循环是否继续的条件，只要该条件为真，循环体才会继续执行。

例 2-4 下面是一个使用 do-while 循环的示例，要求打印出 0 到 9 的所有数字，其代码可参考学习资源中的“源代码 \ 第 2 章 \ 代码 2-5”。

```
public class TestDoWhile {
  public static void main(String[] args) {
    int i = 0;
    do {
      System.out.println(i);
      i++;
    } while (i < 10);
  }
}
```

在这个例子中，首先设置一个变量 i 为 0。然后，开始一个 do-while 循环。在循环体内，首先打印出 i 的值，然后增加 i 的值。接着判断循环的条件（i < 10）。如果条件为真，循环体会再次执行。如果条件为假，循环将结束。

2.2.7 跳转语句

在 Java 中，有几种跳转语句可以使用，包括 break、continue 和 return。

1. break 语句

在 Java 中，break 语句通常用于控制循环或者 switch 语句的执行流程。

当break语句出现在循环体内部时，会立即终止当前所在的循环，然后程序流程将跳出该循环，执行循环后面的代码。这对于在某些条件下提前退出循环是非常有用的。例如：

```
for(int i = 0; i < 10; i++){
    if(i == 5) {
        break;        // 当 i 等于 5 时，终止 for 循环
    }
    System.out.println(i);
}
```

在上面的例子中，当 i 等于 5 时，break 语句将终止 for 循环。

在 switch 语句中，break 语句用于终止 switch 代码块的执行，使程序控制流跳出 switch 语句。如果没有 break 语句，程序将会继续执行下一个 case 语句，直到遇到 break 或者 switch 代码块结束。例如：

```
int day = 3;
switch (day) {
    case 1:
        System.out.println("Monday");
        break;        // 跳出 switch 语句
    case 2:
```

```
        System.out.println("Tuesday");
        break;          // 跳出 switch 语句
    case 3:
        System.out.println("Wednesday");
        break;          // 跳出 switch 语句
    default:
        System.out.println("Other day");
}
```

2. continue 语句

在 Java 中，continue 语句通常用于控制循环的执行流程，在特定条件下跳过当前循环的剩余代码，直接进行下一轮循环的执行。例如：

```
for(int i = 0; i < 10; i++) {
    if(i == 5) {
        continue;     // 当 i 等于 5 时，跳过本次循环的剩余部分，直接开始下一次循环
    }
    System.out.println(i);
}
```

在上面的例子中，当 i 等于 5 时，continue 语句将跳过本次循环的剩余部分，直接开始下一次循环。因此，该代码打印的数字中不包括 5。

3. return 语句

在 Java 中，return 语句用于从方法中返回值，并终止方法的执行。当 return 语句被执行时，它会立即导致方法的退出，并将控制返回给调用该方法的地方。

如果方法声明了返回类型，那么 return 语句必须返回与该类型兼容的值，否则会导致编译错误。

如果方法声明为 void，表示不返回任何值，那么可以使用 return 语句来终止方法执行。例如：

```
public int add(int a, int b) {
    return a + b;           // 返回 a 和 b 的和
}

public void greet(String name) {
    if (name == null || name.isEmpty()) {
        return;             // 如果名字为空，则不执行后面的代码，直接退出方法
    }
    System.out.println("Hello, " + name + "!");
}
```

在上述示例中，第一个方法 add 返回两个整数的和，而第二个方法 greet 根据传入的名字进行打招呼，如果名字为空，则直接退出方法。

2.2.8 for 增强型语句

在 Java 中，增强型的 for 语句（也称为 for-each 循环）通常用于遍历数组或集合中的元素，使

代码更加简洁和易读。它的语法如下：

```
for ( 元素类型 变量名 : 数组或集合 ) {
    // 循环体
}
```

以下是 for 增强型语句各个部分的说明。

- 元素类型：指定要遍历的数组或集合中元素的类型。
- 变量名：是一个用于引用数组或集合中每个元素的变量名，在每次循环迭代中，变量名将被赋予数组或集合中的下一个元素，直到所有元素都被遍历。
- 数组或集合：需要遍历的数组或集合。

例 2-5 下面是一个使用 for 增强型语句循环遍历数组的示例，其代码可参考学习资源中的“源代码 \ 第 2 章 \ 代码 2-6”。

```
public class TestStrongForArr {
  public static void main(String[] args) {
    int[]  numbers = {1, 2, 3, 4, 5};
    for (int number : numbers) {
    System.out.println(number);
    }
  }
}
```

在上面的示例中，变量 number 引用了数组 numbers 中的每个元素，并且在每次循环迭代中被赋予下一个元素。运行结果是依次输出“1, 2, 3, 4, 5”。

for 增强型语句也可以用于遍历集合。以下是一个使用 for 增强型语句循环遍历集合的示例，其代码可参考学习资源中的“源代码 \ 第 2 章 \ 代码 2-7”。

```
import java.util.Arrays;
import java.util.List;
public class TestStrongForList {
  public static void main(String[] args) {
    List<String> fruits = Arrays.asList("apple", "banana", "orange");
    for (String fruit : fruits) {
    System.out.println(fruit);
    }
  }
}
```

运行结果是依次输出“apple, banana, orange”。

上机实操 编码实现学生成绩等级的输出

◆ 上机要求

请按以下要求设计一个成绩等级类 GradeLevel，并使用测试类进行测试。

- 成绩在 90 分及以上为“优秀”；

- 成绩在 80 ~ 90 分（不含 90 分）为“良好”；
- 成绩在 70 ~ 80 分（不含 80 分）为“中等”；
- 成绩在 60 ~ 70 分（不含 70 分）为“及格”；
- 成绩在 60 分（不含 60 分）以下为“不及格”。

运行结果如图 2.2 所示。

Problems
Javadoc
Declaration
Console
<terminated> GradeLevel [Java Application] C:\dev
学生成绩等级为：良好

图2.2　成绩等级运行结果

◆ 实现思路

第 1 步　创建类 GradeLevel。

第 2 步　定义一个整数变量 score=85。

第 3 步　使用一个字符串变量 grade 来存储学生的成绩等级。

第 4 步　使用一系列的 if–else 语句来根据学生的成绩计算出成绩等级，并将等级存储在 grade 变量中。

第 5 步　使用 System.out.println 语句输出学生的成绩等级。

◆ 参考代码

实现以上程序运行结果的代码如下，具体可参考学习资源中的“源代码 \ 第 2 章 \ 代码 2-8”。

```
package cn.test;

public class GradeLevel {

    public static void main(String[] args) {
        // TODO Auto-generated method stub
        int score = 85; // 假设学生成绩为 85 分
        String grade = "";

        if (score >= 90) {
            grade = " 优秀 ";
        } else if (score >= 80) {
            grade = " 良好 ";
        } else if (score >= 70) {
            grade = " 中等 ";
        } else if (score >= 60) {
            grade = " 及格 ";
        } else {
            grade = " 不及格 ";
        }
```

```
        System.out.println(" 学生成绩等级为： " + grade);
    }
}
```

任务2.3 数组

在 Java 中，数组是一种可以存储固定大小的相同类型元素的数据结构。数组在 Java 中被视为一个对象，每个 Java 数组都有一个类型，这个类型可以是任意 Java 数据类型，包括基本数据类型和引用数据类型。

本任务的目的是学习一维数组和二维数组。

AI 工具助力学习

完成 Java 数组存放数据

对于一些简单数据，我们可以通过数组的形式来存储，下面我们先通过 AI 工具讯飞星火来了解一下 Java 数组如何存放数据。

- 提示词：Java 数组如何存放数据？
- 讯飞星火回答：

Java 数组可以用来存放各种类型的数据，包括整数、浮点数、字符等。在 Java 中，数组的长度是固定的，一旦创建了数组，就不能改变其长度。

以下是如何在 Java 中创建和初始化一个数组的示例：

```
// 创建一个整数数组
        int[] intArray = {1,2,3,4};
        int value1=intArray[5];      // 运行时将导致整数数组越界异常，因为 intArray 数组的
                                     // 最大索引是 3

        // 创建一个浮点数数组
        float[] floatArray = {1.1f,1.2f,1.3f};
        float value2=floatArray[3];     // 运行时将导致浮点数组越界异常，因为 floatArray 数组的
                                        // 最大索引为 2

        // 创建一个字符数组
        char[] charArray = {'a','b','c'};
        char value3=charArray[4];       // 运行时将导致字符型数组越界异常，因为 charArray 数组的
                                        // 最大索引为 2
```

讯飞星火描述了整数数组、浮点数数组、字符数组的定义及初始化，让我们对数组有了初步印象。需要注意的是，如果尝试访问或修改数组的无效索引（即小于 0 或大于等于数组长度的索

引），Java 将抛出 ArrayIndexOutOfBoundsException 异常；而且 Java 中的数组大小是固定的，一旦声明和初始化后，不能再改变其大小。如果需要动态改变数据元素数量的数据结构，可以考虑使用 ArrayList 等 Java 集合类。

2.3.1 一维数组的创建和使用

在 Java 中，一维数组的创建和使用过程包括以下几个步骤。

第 1 步 声明数组。首先需要声明一个数组变量，指定数组的类型和名称。例如，声明一个整型数组 numbers。

```
int[] numbers;
```

第 2 步 创建数组对象。在声明数组之后，需要使用关键字 new 创建数组对象，并指定数组的长度。例如，创建一个长度为 5 的整型数组。

```
numbers = new int[5];
```

也可以将声明和创建合并为一步。

```
int[] numbers = new int[5];
```

第 3 步 初始化数组元素。可以选择为数组的每个元素进行初始化，通过索引位置来访问和赋值数组元素。例如，给数组的第一个元素赋值为 10。

```
numbers[0] = 10;
```

第 4 步 使用数组。一旦数组被创建和初始化，就可以使用它来存储和访问数据。使用索引位置来获取和修改数组元素的值。例如，访问数组的第三个元素。

```
int value = numbers[2];
```

一维数组完整示例如下。

```
int[] numbers = new int[5];
numbers[0] = 10;
numbers[1] = 20;
numbers[2] = 30;
numbers[3] = 40;
numbers[4] = 50;
int value = numbers[2];
System.out.println(value); // 输出：30
```

在创建和使用一维数组时，还可以使用一些其他的方法和属性来操作和处理数组，如下所示。

（1）获取数组长度：可以使用数组对象的 length 属性来获取数组中元素的个数。例如：

```
int length = numbers.length;
System.out.println(length); // 输出：5
```

（2）遍历数组：可以使用循环结构（如 for 循环或 while 循环）来遍历数组中的所有元素。例如：

```
for (int i = 0; i < numbers.length; i++) {
    System.out.println(numbers[i]);
}
```

（3）初始化数组时指定初始值：可以在创建数组的同时为数组的元素指定初始值。例如：

```
int[] numbers = {1, 2, 3, 4, 5};
```

（4）复制数组：可以使用 System.arraycopy() 方法或 Arrays.copyOf() 方法来复制一个数组。例如，使用 System.arraycopy() 方法的代码如下：

```
int[] numbers = {1, 2, 3, 4, 5};
int[] copiedNumbers = new int[numbers.length];
System.arraycopy(numbers, 0, copiedNumbers, 0, numbers.length);
```

或者使用 Arrays.copyOf() 方法：

```
int[] numbers = {1, 2, 3, 4, 5};
int[] copiedNumbers = Arrays.copyOf(numbers, numbers.length);
```

（5）数组排序：可以使用 Arrays.sort() 方法对数组进行排序。例如：

```
int[] numbers = {4, 2, 1, 5, 3};
Arrays.sort(numbers);
for (int i = 0; i < numbers.length; i++) {
    System.out.println(numbers[i]);
}
```

2.3.2 多维数组的创建和使用

在 Java 中，多维数组可以被视为嵌套的一维数组。下面我们以二维数组和三维数组为例，学习 Java 中多维数组的创建和使用。

1. 二维数组

在 Java 中，二维数组可以被视为一个数组的数组。每个数组的第一维都对应一个“行”，而第二维则对应一个“列”。二维数组可以通过以下方式声明和初始化。

```
int[][] intArray = new int[3][3];  // 创建一个 3 × 3 的二维整型数组 intArray
```

通过索引访问二维数组中的元素，第一个索引对应行，第二个索引对应列。例如：

```
intArray[0][0] = 10;          // 设置第 1 行第 1 列元素为 10（从 0 开始计数）
int value = intArray[1][2];   // 将第 2 行第 3 列的值赋给 value（从 0 开始计数）
```

二维数组也可以在声明时直接初始化。例如：

```
int[][] array2D = {
    {1, 2, 3},
    {4, 5, 6},
    {7, 8, 9}
};
```

上述代码创建了一个 3 × 3 的二维整型数组 array2D，并对其进行了初始化。

遍历二维整型数组 array2D，代码如下：

```
for (int i = 0; i < intArray.length; i++) {
        for (int j = 0; j < intArray[i].length; j++) {
            System.out.println("Element at index ["+ i +"]["+ j +"] is: "+ intArray[i][j]);
        }
}
```

2. 三维数组

类似地，你可以创建更高维度的数组。例如，你可以创建一个三维数组，如下所示：

```
int[][][] intArray = new int[3][3][3];  // 创建一个 3 × 3 × 3 的三维整型数组
intArray[0][0][0] = 10;                 // 为数组的第一个元素赋值
```

遍历三维数组 intArray，代码如下：

```
for (int i = 0; i < intArray.length; i++) {
  for (int j = 0; j < intArray[i].length; j++) {
    for (int k = 0; k < intArray[i][j].length; k++) {
      System.out.println("Element at index ["+ i +"]["+ j +"]["+ k +"] is: "+ intArray[i][j][k]); }
  }
}
```

我们使用三个 for 循环遍历数组并打印每个元素的值。第一个循环遍历第一个维度（行），第二个循环遍历第二个维度（列），第三个循环遍历第三个维度（层）。

上机实操 实现冒泡排序算法

◆ 上机要求

定义一个数组，使用冒泡排序法，重新对其排序，要求显示每一次排序结果，显示结果如图 2.3 所示。

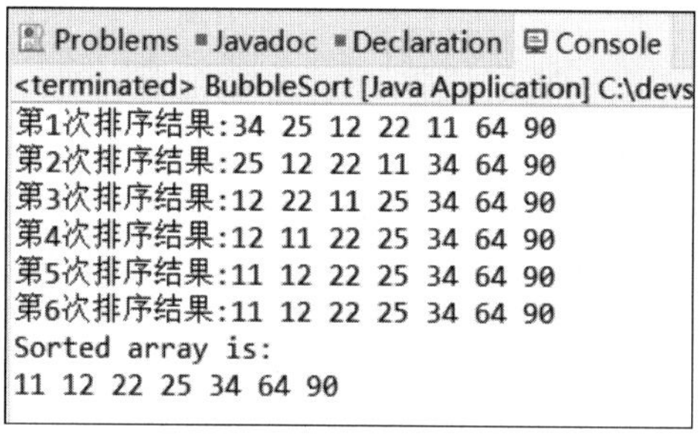

Problems Javadoc Declaration Console
<terminated> BubbleSort [Java Application] C:\devs
第1次排序结果:34 25 12 22 11 64 90
第2次排序结果:25 12 22 11 34 64 90
第3次排序结果:12 22 11 25 34 64 90
第4次排序结果:12 11 22 25 34 64 90
第5次排序结果:11 12 22 25 34 64 90
第6次排序结果:11 12 22 25 34 64 90
Sorted array is:
11 12 22 25 34 64 90

图2.3 冒泡排序结果

◆ 实现思路

这个算法的名字由来是数值越小的元素会经由交换慢慢“浮”到数列的顶端，就如同气泡一样逐渐向上冒。

第 1 步 比较相邻的元素。如果第一个比第二个大（升序排序），就交换它们两个。

第 2 步 对每一对相邻元素做同样的工作，从开始第一对到结尾的最后一对。这步做完后，最后的元素会是最大的数。

第 3 步 保持最大数的位置不变，针对剩下的元素重复以上的步骤。

第 4 步 持续每次对越来越少的元素重复上面的步骤，直到没有任何一对数字需要比较。

◆ 参考代码

实现以上程序运行结果的代码如下，具体可参考学习资源中的“源代码 \ 第 2 章 \ 代码 2-9”。

```
public class BubbleSort {
  public static void main(String[] args) {
```

```
            int[] arr = {64, 34, 25, 12, 22, 11, 90};
            bubbleSort(arr);
            System.out.println("Sorted array is: ");
            printArray(arr);
    }
    public static void bubbleSort(int[] arr) {
            int n = arr.length;
            for (int i = 0; i < n-1; i++) {
                    for (int j = 0; j < n-i-1; j++) {
                            if (arr[j] > arr[j+1]) {
                                    // 交换 arr[j+1] 和 and arr[j]
                                    int temp = arr[j];
                                    arr[j] = arr[j+1];
                                    arr[j+1] = temp;
                            }
                    }
                    System.out.print( "第" +(i+1)+ "次排序结果 :" );
                    printArray(arr);
            }
    }
    public static void printArray(int[] arr) {
            int n = arr.length;
            for (int i=0; i<n; ++i) {
                    System.out.print(arr[i] + " ");
            }
            System.out.println();
    }
}
```

AI 学习问答 如何优化循环多层嵌套

学习完前面的内容，让 AI 工具帮助我们提升一下，了解一下程序员在定义类时要注意哪些事项，以下是利用 ChatGPT 对话生成的答案。

◎ 提示词：程序员在定义类时要注意哪些事项？

◎ ChatGPT 回答：

当程序员定义类时，有以下一些事项需要注意。

（1）命名规范：选择有意义且含义一致的类名。使用驼峰命名法或其他约定俗成的命名规范来提高代码的可读性。

（2）单一职责原则：每个类应该有一个明确的职责。避免定义过于庞大和复杂的类，因为这会增加维护的难度。

（3）封装性：使用访问修饰符（如 private、protected 和 public）来限制对类成员的访问。将数据隐藏在类内部，通过公共方法（getter 和 setter）来访问和修改数据，以确保数据的安全性和一致性。

（4）继承和多态性：理解继承和多态的概念，并在需要时正确使用它们。通过继承可以创建具有共享属性和行为的新类，而多态则允许使用父类引用来操作子类对象。

（5）设计原则：遵循 SOLID 原则和其他常见的设计原则，如开放—关闭原则、依赖倒置原则、接口隔离原则和单一职责原则等。这些原则有助于编写可扩展、可维护和可测试的代码。

（6）构造函数和析构函数：确保类的构造函数能正确地初始化对象的状态，并在必要时处理资源的释放和清理，以防止内存泄露和其他资源泄露问题。

（7）组合和关联关系：考虑对象之间的组合和关联关系。使用组合可以表示一种拥有关系，即一个类的实例拥有其他类的实例；使用关联可以表示一种使用关系，即一个类的实例使用其他类的实例。

（8）文档注释：为类和类成员添加清晰的文档注释，以便其他开发者可以方便地了解类的目的、使用和重要细节。

ChatGPT 描述了程序员在编写代码时要注意的事项，大家在后续学习中一定要注意这些事项。

同步训练 编码实现二分查找法

训练要求

二分查找法（Binary Search）是一种在有序数组中查找特定元素的搜索算法。搜索过程从数组的中间元素开始，如果中间元素正好是目标值，则搜索过程结束；如果目标值大于或小于中间元素，则在数组大于或小于中间元素的那一半中查找，而且同样从中间元素开始比较。如果在某一步骤数组为空，则代表找不到。这种搜索算法每一次比较都使搜索范围缩小一半。

要求定义一个有序数组 arr[] = {2, 3, 4, 10, 40}，查找 10 是否在数组中，如果在，那么它处于哪个位置。

运行结果如图 2.4 所示。

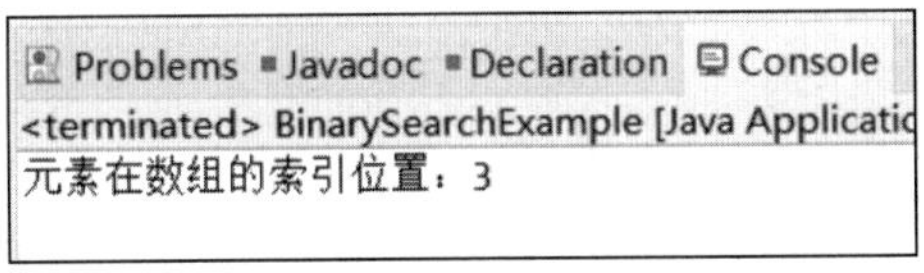

图2.4 二分查找法显示结果

实现思路

第 1 步 定义一个数组，并确保该数组是有序的，arr[] = {2, 3, 4, 10, 40}。

第 2 步 定义两个指针，一个指向数组的开始（left），另一个指向数组的结束（right）。

第 3 步 在循环中，计算中间元素的索引（mid = left + (right − left) / 2），并检查该元素是否等于目标值。

第 4 步 如果中间元素等于目标值，则返回该元素的索引。

第 5 步 如果中间元素小于目标值，则将搜索范围缩小为 mid 之后的部分（left = mid + 1）。

第 6 步 如果中间元素大于目标值，则将搜索范围缩小为 mid 之前的部分（right = mid − 1）。

第 7 步 如果在数组中找不到目标值，则返回 −1。

» 程序代码

实现以上程序运行结果的代码如下，具体可参考学习资源中的“源代码 \ 第 2 章 \ 代码 2-10”。

```
public class BinarySearchExample {
  public static void main(String[] args) {
          // TODO Auto-generated method stub
          int arr[] = {2, 3, 4, 10, 40};
     int target = 10;
     int result = binarySearch(arr, target);
     if (result == -1)
       System.out.println( "元素不在数组中" );
     else
       System.out.println( "元素在数组的索引位置：" + result);
  }
  public static int binarySearch(int arr[], int target) {
       int left = 0, right = arr.length - 1;
       while (left <= right) {
         int mid = left + (right - left) / 2;
         if (arr[mid] == target)
           return mid; // 元素找到，返回其索引
         if (arr[mid] < target)
           left = mid + 1;
         else
           right = mid - 1;
       }
       return -1; // 在数组中没有找到元素
   }
}
```

小结

本章首先介绍了 Java 基础知识，包括标识符、关键字、数据类型、常量、变量等；然后对 Java 中常用的程序流程控制顺序结构、选择结构、循环结构进行了阐述，并用案例展示其代码编写过程；最后介绍了数组，数组是 Java 中很重要的知识点，用于存储固定大小的相同类型元素的数据结构。此外，本章介绍的冒泡排序和二分查找法，能够提升读者的算法知识。

03

第 3 章

探索对象世界：类和对象

前面学习了 Java 编程的基础内容，属于结构化程序设计，侧重于流程控制和组织代码的结构，以减少程序错误和提高代码质量。为了提高代码的重用性、可维护性和可扩展性，且更符合人们现实生活思维方式，产生了面向对象编程模型，它可以帮助开发人员构建结构清晰、易于理解和灵活的代码，从而更高效地开发和管理软件系统。本章我们将学习面向对象编程思想的核心：类和对象。

课前思政

我们的社会是一个丰富多元、充满各种角色与职责的广阔舞台。在这个舞台上，每个人都在以自己的方式贡献着力量，共同编织着社会的多彩画卷。

2024 年 4 月 12 日，云南省昆明市晋宁区突发山火，经过云南消防救援力量的昼夜奋战，累计堵截火线 60 公里，清理复燃火点 976 处，开展林区增湿作业 281 余亩，铺设供水保障线路 55.6 公里。面对山火，消防员们克服困难，勇往向前，哪里危难，哪里就有党员和模范的身影。我们要学习消防员、武警官兵、解放军等救援人员恪尽职守、舍生忘死、英勇顽强、无私奉献的精神。

除了灭火救灾的消防员，还有很多人在各自的岗位发光发热。从救死扶伤的医生，到教书育人的教师，再到建设家园的工人，他们各自扮演着不可或缺的角色，为社会的美好发展贡献着力量。

学习目标

1. 知识目标

- 理解类和对象。
- 理解构造方法的作用，掌握构造方法的定义。
- 掌握 this 和 static 关键字。
- 掌握访问控制符。
- 理解封装的作用，掌握封装的实现。

2. 能力目标

- 能定义类和创建对象。
- 能使用构造方法为属性赋值。
- 能正确使用 this 和 static 关键字。
- 能使用合适的访问控制符。
- 能实现类的封装。

3. 素质目标

- 提高学生爱国情操和为人民服务的精神。
- 培养学生的探索精神。

任务3.1 类与对象

面向对象的编程方式是一种更符合人类思维的方式。如一个小孩见到一个毛茸茸的小动物，父母告诉他，这是"猫"；过段时间，他又看到这样一个动物，父母又告诉他这是"猫"；又过了一段时间，他又看到了这样一个动物，他直接说这是"猫"。小孩认识猫的过程为：通过不断认知和学习，把具有相同特征（两只耳朵、圆圆的眼睛、四条腿、一条尾巴、有胡须）和行为（喵喵叫）的动物认为是猫，即对猫有了一个自己的认知模板，当看到某个符合这些特征和行为的动物时，会直接将该动物归纳为猫这一类。在面向对象中，为了让程序对事物的描述与现实世界中该事物尽量一致，提出了两个概念，即类和对象。

本任务的目的是设计消防员类，创建消防员对象。

AI工具助力学习

类和对象的概念

类和对象是面向对象编程的核心概念，是初学者必须理解的知识，下面我们使用 AI 工具 ChatGPT 来了解一下 Java 中类和对象的概念。

- 提示词：请表述 Java 中类和对象的概念。
- ChatGPT 回答：

在 Java 中，类（Class）是一种抽象的数据类型，用于描述对象的属性（数据成员）和行为（方法）。类可以看作是一个模板或蓝图，用于创建具体的对象。

对象（Object）是类的实例化结果。在程序中，通过使用 new 关键字和构造方法，可以创建类的对象。每个对象具有自己的状态（属性值）和行为（方法调用）。

类定义了对象的共同属性和行为，而对象是类的具体实例，可以拥有不同的属性值。通过创建多个对象，可以在程序中同时使用和操作不同的实例。

例如，考虑一个简单的类 Person 来表示人的属性和行为：

```
class Person {
    // 属性
    String name;
    int age;

    // 行为
    void introduce() {
        System.out.println( "My name is" + name + ". I am " + age + " years old.");
    }
}
```

在上述代码中，Person 类定义了人的属性（name 和 age）和行为（introduce() 方法）。通过创建 Person 类的对象并设置属性值，可以用来表示不同的人：

```
Person person1 = new Person();
person1.name = "Alice";
```

```
person1.age = 25;
person1.introduce(); // 输出：My name is Alice. I am 25 years old.

Person person2 = new Person();
person2.name = "Bob";
person2.age = 30;
person2.introduce(); // 输出：My name is Bob. I am 30 years old.
```

通过类和对象的概念，可以方便地组织和管理程序中的数据和行为，并实现面向对象的编程。

ChatGPT 描述了类和对象的概念，并给出示例加深大家的理解。面向对象的思维方式强调将现实世界中的事物抽象为类，并通过类和对象之间的关系来描述事物的属性和行为，因此在编写 Java 代码时一定要理解清楚类和对象的关系。

3.1.1 什么是类和对象

类是一个模板，为对象提供了基本框架。对象是该类的个体，即实例。若定义消防员是具有编号、姓名等静态特征和消灭火灾、抢险救灾和为人民服务等行为的这类人，提供了消防员基本框架，那么根据这一框架，重庆北碚缙云山救火的龚其畅就是一个具体的消防员对象。因此，面向对象程序设计的重点是类的设计，再根据类这一模板来创建对象。

类是创建对象的“模板”，是对象的抽象，而对象是类的具体化，是类的一个实例。类和对象的关系如图 3.1 所示。

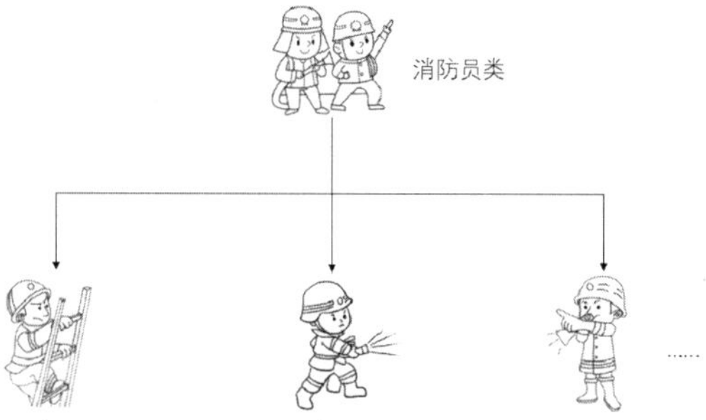

图3.1 类和对象的关系

3.1.2 类的定义

类是对对象的描述，包括静态的特征和动态的行为。其中特征也称为属性，用变量表示；行为用方法表示。类的定义格式如下。

```
[ 修饰符 ] class 类名
{
  // 定义属性
  // 定义方法
}
```

其中，修饰符为可选项，如 public、protected、private、abstract、final 等。class 是关键词，表示定义的是类。类名要遵循命名规则，必须由一个或多个有意义的单词组合而成，且每个单词的首字母必须大写；类名不能使用数字开头，不能使用除数字、字母、下划线（_）和美元符号（$）之外的任何符号，中间不能添加空格，不能使用 Java 关键字。

下面通过一个示例来学习类的定义。

例 3-1 定义一个消防员类 Fireman。

包含属性为：编号；姓名。

包含方法为：outFire()，用于定义灭火行为。

具体代码如下，可参考学习资源中的“源代码 \ 第 3 章 \ 代码 3-1”。

```
public class Fireman {
    String id;        // 编号
    String name;      // 姓名
    // 定义灭火行为
    public void outFire() {
            System.out.println(name+" 穿着消防服，拿着水枪，正在灭火…… ");
    }
}
```

3.1.3 对象的创建和引用

在 Java 中，类是创建对象的框架，要想让类有意义，即实现类中的属性和方法，必须创建该类的对象。

1. 创建对象

创建对象的格式如下。

```
类名 对象名 ;
对象名 =new 类名 ();
```

例如：

```
Fireman fireman;
fireman =new Fireman ();
```

对象的创建步骤包括声明对象和实例化，也可以通过下述方式直接创建对象。

```
类名 对象名 =new 类名 ();
```

例如：

```
Fireman fireman =new Fireman ();
```

2. 对象的引用

对象的引用包括属性和方法的引用，使用“.”运算符。

（1）属性的引用，具体格式如下。

```
对象名 . 属性
```

例如：

```
fireman.id="s01";
```

```
fireman.name=" 张三 ";
```

（2）方法的引用，具体格式如下。

对象名 . 方法名 ([实参]);

下面通过一个示例来学习对象的引用。

例 3-2　在例 3-1 的基础上，创建一个测试类 Test，在该类中创建一个消防员对象，为该对象的属性赋值，在控制台输出对象的编号和姓名，且调用灭火方法。具体代码如下，可参考学习资源中的 "源代码 \ 第 3 章 \ 代码 3-2"。

```java
public class Test {
    public static void main(String[] args) {
        Fireman fireman=new Fireman();        // 创建消防员对象
        fireman.id="s01";                     // 为 id 属性赋值
        fireman.name=" 张三 ";                 // 为 name 属性赋值
        // 打印消防员信息
        System.out.println(" 编号："+fireman.id+"，姓名："+fireman.name);
        fireman.outFire();                    // 调用 outFire() 方法
    }
}
```

运行结果如图 3.2 所示。

```
Console ×                  ■ ✕ ⚙ | 🔳 🔳 🔳 🔳 📋 | 🔳 🔳 ▾ 🔳 ▾ □ ▾ 🔳 ▾
<terminated> Test (32) [Java Application] D:\2DevelopTools\eclipse-je
编号：s01，姓名：张三
张三穿着消防服，拿着水枪，正在灭火......
◀                                                             ▶
```

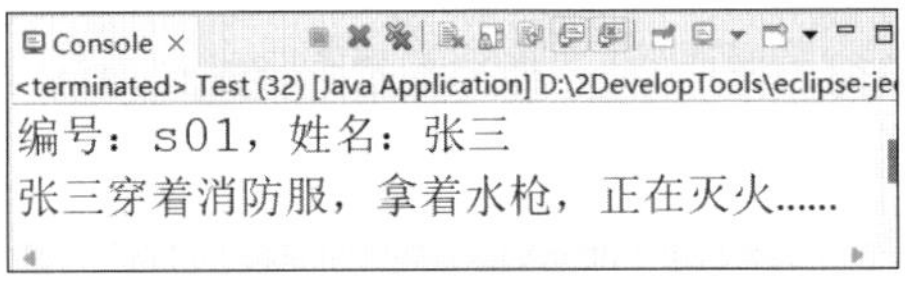

图3.2　例3-2的运行结果

上机实操　设计学生类

◆ 上机要求

请按以下要求设计一个学生类 Student，并使用测试类进行测试。

（1）定义一个学生类 Student。

包含以下属性：

- 学号；
- 姓名；
- 年龄；
- 英语成绩；
- 数学成绩；
- Java 成绩。

包含以下方法：

- showInformation() 方法，用于输出学生信息；
- add() 方法，用于计算并输出总成绩。

（2）定义一个测试类 Test，在该类中：

- 创建一个学生对象，为其属性赋值；
- 调用 showInformation 和 add 方法。

运行结果如图 3.3 所示。

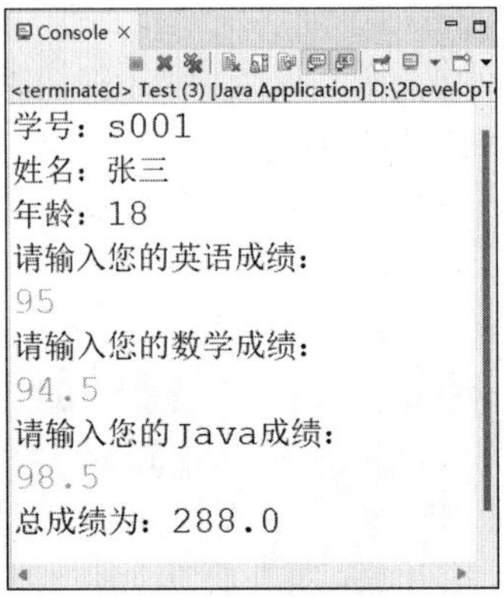

图3.3　程序运行结果

◆ 实现思路

第 1 步　创建学生类 Student。

第 2 步　在 Student 类中定义 6 个属性，分别如下：

（1）学号：String id；

（2）姓名：String name；

（3）年龄：int age；

（4）英语成绩：double english；

（5）数学成绩：double math；

（6）Java 成绩：double java。

第 3 步　在 Student 类中定义 showInformation() 方法，用于输出学生的学号、姓名和年龄信息。

第 4 步　在 Student 类中定义 add() 方法，用于计算英语、数学和 Java 成绩的总和。首先分别输入英语、数学和 Java 成绩，然后将输入的成绩赋值给属性，最后计算总成绩并输出。

第 5 步　创建测试类 Test，在该类中定义 main() 方法进行测试，在该方法中：

（1）创建 Student 对象，并通过引用变量为对象属性赋值。

（2）调用 showInformation() 和 add() 方法输出结果。

◆ 参考代码

实现以上程序运行结果的代码如下，具体可参考学习资源中的“源代码 \ 第 3 章 \ 代码 3-3”。

```
public class Student {
    String id;                  // 学号
    String name;                // 姓名
    int age;                    // 年龄
    double english;             // 英语成绩
    double math;                // 数学成绩
    double java;                // Java 成绩
```

```
    // 定义 showInformation() 方法
    public void showInformation() {
            System.out.println(" 学号："+id+"\n 姓名："+name+"\n 年龄："+age);
    }
    public void add() {
            Scanner input=new Scanner(System.in);
            System.out.println(" 请输入您的英语成绩：");
            english=input.nextDouble();
            System.out.println(" 请输入您的数学成绩：");
            math=input.nextDouble();
            System.out.println(" 请输入您的 Java 成绩：");
            java=input.nextDouble();
            System.out.println(" 总成绩为："+(english+math+java));
    }
}

public class Test {
    public static void main(String[] args) {
        // 创建学生对象
        Student stu=new Student();
        // 为属性赋值
        stu.id="s001";
        stu.name=" 张三 ";
        stu.age=18;
        // 调用方法
        stu.showInformation();
        stu.add();
    }
}
```

任务3.2 构造方法

定义类并创建对象后，若对其属性赋值，可使用“对象名 . 属性”的方式进行赋值。若属性较多，使用该方式将会出现代码繁多的情况。若要求在创建对象时为该对象的各属性赋值，使用该方式可能无法满足要求，此时可以使用构造方法的方式实现。

本任务的目的是采用无参构造方法和有参构造方法分别创建消防员对象。

AI 工具助力学习

对象属性赋值方式

属性是对象的一个特性，它描述了对象的状态，通过为属性赋值，我们可以改变对象的状态。接下来我们使用 AI 工具文心一言来了解一下为对象属性赋值都有哪些方式。

- 提示词：在 Java 中，为对象属性赋值的方式有哪些？
- 文心一言回答：

在 Java 中，为对象的属性赋值主要有以下几种方式。

（1）通过直接赋值：这是最简单的方式，可以直接为对象的属性赋值。例如：

```
MyClass obj = new MyClass();
obj.attribute = value;
```

（2）通过 getter 和 setter 方法：这是最常见的方式，getter 方法用于获取属性的值，setter 方法用于设置属性的值。例如：

```
public class MyClass {
    private AttributeType attribute;

    public AttributeType getAttribute() {
        return attribute;
    }

    public void setAttribute(AttributeType attribute) {
        this.attribute = attribute;
    }
}
```

然后，你可以这样为属性赋值：

```
MyClass obj = new MyClass();
obj.setAttribute(value);
```

（3）通过构造方法：可以在创建对象时通过构造方法为对象的属性赋值。例如：

```
public class MyClass {
    private AttributeType attribute;

    public MyClass(AttributeType attribute) {
        this.attribute = attribute;
    }
}
```

然后，你可以这样创建对象并为其属性赋值：

```
MyClass obj = new MyClass(value);
```

以上就是在 Java 中为对象的属性赋值的主要方式。

文心一言描述了为对象属性赋值的 3 种常见方式，分别有：通过“对象名 . 属性”的方式直接赋值，需要先创建对象；通过 setter 和 getter 方法来设置和获取属性，该方式封装性好；通过调用有参构造方法，该方式简单。面对不同项目，选择合适的方式为对象属性赋值即可。

3.2.1 构造方法的定义

构造方法是一种特殊的方法，其名称与类名一致，创建对象时通过调用构造方法实现。构造方法的基本特点如下。

（1）构造方法的名称必须与类名相同。

（2）构造方法没有返回值，即其名称前不能有任何返回类型的声明，也不能使用 void 来修饰。

（3）类中必须有构造方法，使用 new 创建对象时，至少要调用一个构造方法。若没有为类自定义构造方法，那么 Java 编译器会提供一个默认的构造方法，该构造方法没有参数；否则 Java 不会给出默认的构造方法。

（4）构造方法可以重载。

下面通过一个示例来学习无参构造方法的定义。

例 3-3 定义一个消防员类 Fireman，在该类中定义一个无参构造方法，并在测试类 Test 中通过调用该无参构造方法来创建对象。具体代码如下，可参考学习资源中的“源代码 \ 第 3 章 \ 代码 3-4”。

```
public class Fireman {
  // 定义无参构造方法
  public Fireman() {
        System.out.println(" 创建对象时，调用无参构造方法 ");
  }
}
public class Test {
  public static void main(String[] args) {
    // 创建消防员对象
    Fireman fireman=new Fireman();
  }
}
```

运行结果如图 3.4 所示。

Console
<terminated> Test (2) [Java Application] D:\2DevelopTools\eclips
创建对象时，调用无参构造方法

图3.4 例3-3的运行结果

下面通过一个示例来学习有参构造方法的定义。

例 3-4 定义一个消防员类 Fireman，在该类中定义一个有参构造方法，并在测试类 Test 中通过调用有参构造方法为属性赋值。具体代码如下，可参考学习资源中的“源代码 \ 第 3 章 \ 代码 3-5”。

```
public class Fireman {
  String id;      // 编号
```

```
    String name;        // 姓名
    // 定义有参构造方法
    public Fireman(String i,String n) {
            id=i;
            name=n;
            System.out.println(" 创建对象时，调用有参构造方法，为属性赋值 ");
    }
}

public class Test {
    public static void main(String[] args) {
        // 创建消防员对象
        Fireman fireman=new Fireman("s01"," 张三 ");
        System.out.println(" 我的编号是： "+fireman.id);
        System.out.println(" 我的姓名是： "+fireman.name);
    }
}
```

运行结果如图 3.5 所示。

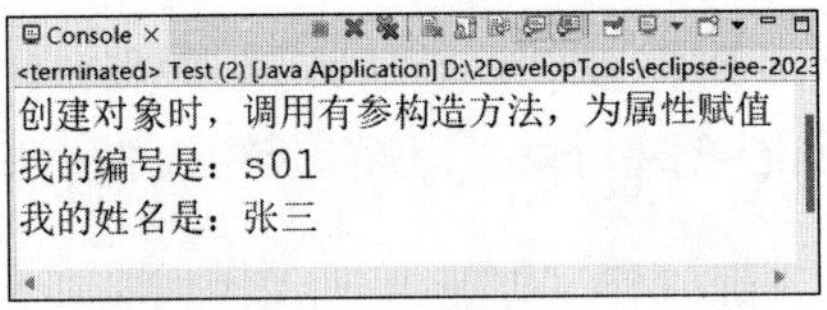
Console ×
<terminated> Test (2) [Java Application] D:\2DevelopTools\eclipse-jee-2023
创建对象时，调用有参构造方法，为属性赋值
我的编号是：s01
我的姓名是：张三

图3.5　例3-4的运行结果

3.2.2 构造方法的重载

在 Java 中，方法重载是指在同一个类中可以定义多个相同名字的方法，但上述方法的参数必须不同，且调用方法时，通过传递的实参来确定调用的是哪个方法。方法重载的规则如下。

（1）方法名必须相同。

（2）方法的参数列表必须不同，包括参数个数不同、参数类型不同和参数排列顺序不同。

（3）方法的返回值类型和修饰符可以相同，也可以不同。

下面通过一个示例来学习方法的重载。

例 3-5　定义一个数学工具类 MathUtils，在该类中定义 2 个 add() 方法，构成方法重载。其中，一个方法为两个 int 类型加数相加，另一个方法为三个 double 类型加数相加。具体代码如下，可参考学习资源中的“源代码 \ 第 3 章 \ 代码 3-6”。

```
public class MathUtils {
    // 定义 2 个加数相加
    public int add(int n1,int n2) {
            return n1+n2;
    }
```

```
    //定义 3 个加数相加
    public double add(double n1,double n2,double n3) {
            return n1+n2+n3;
    }
}
public class Test {
    public static void main(String[] args) {
        //创建对象
        MathUtils m=new MathUtils();
        //根据传入的参数决定调用的是哪个方法
        System.out.println(" 两个加数相加的结果是："+m.add(8,9));
        System.out.println(" 三个加数相加的结果是："+m.add(25.6, 38.5,40.5));
    }
}
```

运行结果如图 3.6 所示。

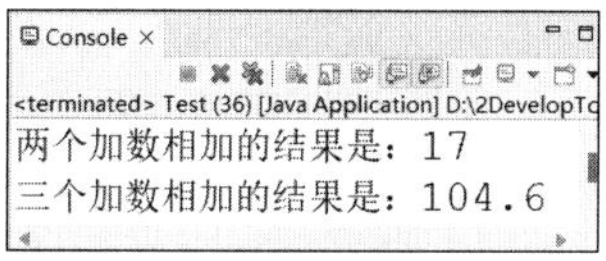

图3.6　例3-5的运行结果

构造方法与一般方法相同，都可以重载，即在一个类中可以创建多个构造方法，但其参数列表必须不同。在创建对象时，通过传递不同参数调用不同构造方法，从而为不同属性赋值。

下面通过一个示例来学习构造方法的重载。

例 3-6 定义一个消防员类 Fireman，在该类中分别定义无参构造方法和有参构造方法，构成构造方法的重载，且在测试类 Test 中分别调用不同的构造方法来创建对象，并为属性赋值。具体代码如下，可参考学习资源中的“源代码 \ 第 3 章 \ 代码 3-7”。

```
public class Fireman {
    String id;              //编号
    String name;            //姓名
    //定义无参构造方法
    public Fireman() {
            System.out.println(" 创建对象时，调用无参构造方法 ");
    }
    //定义有参构造方法
    public Fireman(String i,String n) {
            id=i;
            name=n;
            System.out.println(" 创建对象时，调用有参构造方法，为属性赋值 ");
    }
```

```
}
public class Test {
    public static void main(String[] args) {
        // 调用无参构造方法创建对象
        Fireman f1=new Fireman();
        f1.id="s01";              // 为 id 属性赋值
        f1.name=" 张三 ";         // 为 name 属性赋值
        System.out.println(" 消防员 1 的信息如下：");
        System.out.println(" 编号 -"+f1.id+"\n"+" 姓名 -"+f1.name);
        System.out.println("------------------------------");
        // 调用有参构造方法创建对象
        Fireman f2=new Fireman("s02", " 李四 ");
        System.out.println(" 消防员 2 的信息如下：");
        System.out.println(" 编号 -"+f2.id+"\n"+" 姓名 -"+f2.name);
    }
}
```

运行结果如图 3.7 所示。

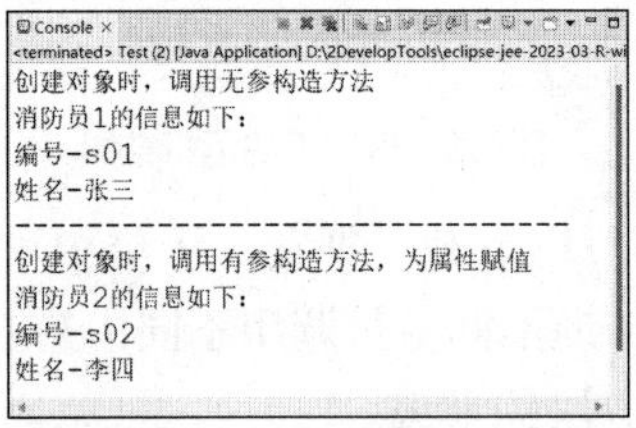
Console
<terminated> Test (2) [Java Application] D:\2DevelopTools\eclipse-jee-2023-03-R-wi
创建对象时，调用无参构造方法
消防员1的信息如下：
编号-s01
姓名-张三

创建对象时，调用有参构造方法，为属性赋值
消防员2的信息如下：
编号-s02
姓名-李四

图3.7　例3-6的运行结果

上机实操　有参构造方法创建学生对象

◆ 上机要求

请按以下要求设计一个学生类 Student，并使用测试类进行测试。

（1）定义一个学生类 Student，其中包含以下属性：

- 学号；
- 姓名；
- 性别。

包含以下方法：

- 有参构造方法；
- study() 方法，用于定义学习。

（2）定义一个测试类 Test，在该类中：

- 调用有参构造方法创建一个学生对象，对其属性赋值，并在控制台输出学生信息。
- 调用 study() 方法。

运行结果如图 3.8 所示。

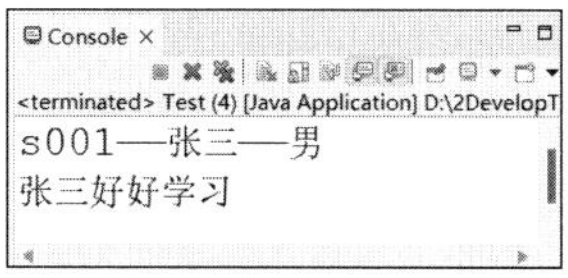

图3.8　程序运行结果

◆ 实现思路

第 1 步　创建学生类 Student。

第 2 步　在 Student 类中定义 3 个属性，分别如下。

（1）学号：String id。

（2）姓名：String name。

（3）性别：String gender。

第 3 步　在 Student 类中定义有参构造方法，将形参赋值给属性。

第 4 步　在 Student 类中定义 study() 方法，用于输出“姓名 + 好好学习”。

第 5 步　创建测试类 Test，在该类中定义 main() 方法进行测试，在该方法中：

（1）调用有参构造方法创建 Student 对象，为各属性赋值，输出学生信息；

（2）调用 study() 方法。

◆ 参考代码

实现以上程序运行结果的代码如下，具体可参考学习资源中的“源代码 \ 第 3 章 \ 代码 3-8”。

```
public class Student {
  String id;          // 学号
  String name;        // 姓名
  String gender;      // 性别
  // 定义有参构造方法，为属性赋值
  public Student(String i, String n, String g) {
        id = i;
        name = n;
        gender = g;
  }
  // 定义 study() 方法
  public void study() {
        System.out.println(name+" 好好学习 ");
  }
}

public class Test {
  public static void main(String[] args) {
     // 创建学生对象
     Student stu=new Student("s001", " 张三 ", " 男 ");
```

```
        System.out.println(stu.id+"——"+stu.name+"——"+stu.gender);
        stu.study();
    }
}
```

任务3.3 this关键字

若类中属性较多，则在定义有参构造方法时，形参名称较多，可能会出现形参和属性无法一一对应的问题。若将形参名称和属性名称统一，此时可采用 this 关键字来解决实例变量和局部变量同名的问题。

本任务的目的是采用 this 关键字区分实例变量、局部变量同名的问题和在方法中调用成员的方法。

AI 工具助力学习

this 关键字的作用

在面向对象的编程中，关键字 this 具有非常重要的地位。它是一个指向当前对象的引用，代表当前对象自身。接下来我们使用 AI 工具讯飞星火来了解一下 this 关键字的作用。

- 提示词：请表述 Java 中 this 关键字的重要作用。
- 讯飞星火回答：

在 Java 中，this 关键字有以下重要作用。

（1）引用当前对象：当方法参数与类的成员变量同名时，可以使用 this 关键字来区分它们。例如，如果有一个名为 name 的成员变量和一个名为 setName 的方法，可以通过调用 setName(this.name) 来设置成员变量的值。

（2）调用其他构造方法：在一个构造方法中，可以使用 this() 来调用同一个类的其他构造方法。这样可以确保在创建对象时，所有必要的初始化操作都已经完成。

（3）返回当前对象的引用：在方法中，可以使用 this 关键字来返回当前对象的引用。这样可以实现方法的链式调用，提高代码的可读性和简洁性。

（4）访问当前类的成员：在方法中，可以使用 this 关键字来访问当前类的其他成员（如成员变量、成员方法等）。这可以避免使用当前类的名称作为前缀，使代码更易于理解。

示例代码：

```
public class Person {
    private String name;
    private int age;

    // 构造方法 1
    public Person() {
        this("Unknown", 0);
    }
```

```
    // 构造方法 2
    public Person(String name, int age) {
        this.name = name;
        this.age = age;
    }

    // 设置姓名的方法
    public void setName(String name) {
        this.name = name;
    }

    // 获取姓名的方法
    public String getName() {
        return this.name;
    }

    // 设置年龄的方法
    public void setAge(int age) {
        this.age = age;
    }

    // 获取年龄的方法
    public int getAge() {
        return this.age;
    }
}
```

讯飞星火描述了 this 关键字的重要作用，并通过代码示例加深大家的理解。this 关键字的作用较多，如区分实例变量和局部变量同名，调用其他构造方法等，在之后的学习中，一定要多使用，才能更好地理解和应用 this 关键字。

3.3.1 解决实例变量和局部变量同名问题

在例 3-6 中，Fireman 类中的属性分别为 id 和 name，有参构造方法的形参分别使用 i 表示编号，n 表示姓名，这样编程可读性差，且当参数较多时，形参无法和属性很快一一对应。此时需将形参名称和属性统一，但会出现实例变量和局部变量同名的问题。

下面通过示例来演示实例变量和局部变量同名时出现的问题。

例 3-7 定义一个消防员类 Fireman，在该类中定义有参构造方法，其形参名称和属性名称一致，在测试类 Test 中通过调用有参构造方法创建对象。具体代码如下，可参考学习资源中的“源代码\第 3 章\代码 3-9”。

```
public class Fireman {
  String id;          // 编号
  String name;        // 姓名
  // 定义有参构造方法
  public Fireman(String id,String name) {
          id=id;
          name=name;
  }
  public String showInformation() {
          return " 我的编号是："+id+"，姓名是："+name;
  }
}

public class Test {
  public static void main(String[] args) {
      // 调用有参构造方法创建对象
      Fireman f=new Fireman("s01", " 张三 ");
      System.out.println(f.showInformation());
  }
}
```

运行结果如图 3.9 所示。

图3.9　例3-7的运行结果

由运行结果可知，创建对象时，构造方法的属性赋值并未成功。这是因为构造方法的形参名称和成员变量的名称一致，编译器无法确定谁是当前对象的属性。为了解决该问题，Java 提供了 this 关键字来指定调用该方法的对象。

下面通过一个示例来学习如何使用 this 关键字解决实例变量和局部变量同名的问题。

例 3-8 定义一个消防员类 Fireman，在该类中定义有参构造方法，使用 this 关键字来解决形参名称和属性名称一致的问题。具体代码如下，可参考学习资源中的“源代码\第 3 章\代码 3-10”。

```
public class Fireman {
  String id;          // 编号
  String name;        // 姓名
  // 定义有参构造方法
  public Fireman(String id,String name) {
          this.id=id;
```

```
            this.name=name;
    }
    public String showInformation() {
            return " 我的编号是："+id+"，姓名是："+name;
    }
}
public class Test {
    public static void main(String[] args) {
        // 调用有参构造方法创建对象
        Fireman f=new Fireman("s01", " 张三 ");
        System.out.println(f.showInformation());
    }
}
```

运行结果如图 3.10 所示。

图3.10 例3-8的运行结果

注 意 创建有参构造方法时，Eclipse 和 IntelliJ IDEA 都有快速创建的方式。此处以 IntelliJ IDEA 为例，在类中空白位置右击，在弹出的快捷菜单中选择【Generate...】进入【Generate】窗口；选择并单击【Constructor】，进入【Choose Fields to Initialize by Constructor】窗口；选择类中属性，最后单击【OK】按钮。

3.3.2 使用 this 关键字调用成员方法

通过 this 关键字，可以实现类中的一个方法访问该类中的另一个方法，可省略 this 关键字。

下面通过一个示例来学习使用 this 关键字调用成员的方法。

例 3-9 定义一个消防员类 Fireman，该类中的 work() 方法需调用 run() 和 climb() 方法。具体代码如下，可参考学习资源中的“源代码 \ 第 3 章 \ 代码 3-11”。

```
public class Fireman {
    public void work() {
            System.out.println("--- 消防员在灭火救人 ---");
            this.run();
            this.climb();
    }
    public void run() {
            System.out.println(" 正在快速奔跑 ");
    }
    public void climb() {
```

```
                System.out.println(" 正在快速攀爬 ");
    }
}
public class Test {
    public static void main(String[] args) {
                Fireman f=new Fireman();
                f.work();
    }
}
```

运行结果如图 3.11 所示。

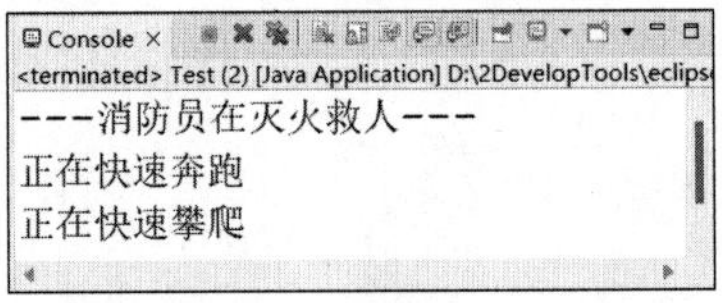

图3.11　例3-9的运行结果

上机实操　计算学生成绩

◆ 上机要求

请按以下要求设计一个学生类 Student，并使用测试类进行测试。

（1）定义一个学生类 Student，其中包含以下属性：

- 学号；
- 姓名；
- 总成绩。

包含以下方法：

- 有参构造方法，其形参名称和属性同名；
- calculateScore() 方法，用于 3 门课程的成绩输入和总成绩的计算。

（2）定义一个测试类 Test，在该类中：

- 调用有参构造方法创建一个学生对象，对其属性赋值，并在控制台输出学生信息；
- 调用 calculateScore() 方法。

运行结果如图 3.12 所示。

图3.12　程序运行结果

◆ 实现思路

第 1 步 创建学生类 Student。

第 2 步 在 Student 类中定义以下 3 个属性。

（1）学号：String id。

（2）姓名：String name。

（3）总成绩：double sum。

第 3 步 在 Student 类中定义有参构造方法，为 id 和 name 属性赋值。

第 4 步 在 Student 类中定义 calculateScore() 方法，使用 for 循环输入 3 门课程成绩，并计算总成绩。

第 5 步 创建测试类 Test，在该类中定义 main() 方法进行测试，在该方法中：

（1）调用有参构造方法创建 Student 对象，为 id 和 name 属性赋值，输出学生信息；

（2）调用 calculateScore() 方法，输出总成绩。

◆ 参考代码

实现以上程序运行结果的代码如下，具体可参考学习资源中的“源代码 \ 第 3 章 \ 代码 3-12”。

```
public class Student {
  // 定义属性
  String id;
  String name;
  double sum;
  // 定义有参构造方法
  public Student(String id,String name) {
        this.id=id;
        this.name=name;
  }
  // 定义计算和输出总成绩方法
  public void calculateScore() {
        double sum=0;
        Scanner input=new Scanner(System.in);
        for (int i = 1; i <= 3; i++) {
              System.out.println(" 请输入第 "+i+" 门课程成绩：");
              double score=input.nextDouble();
              sum+=score;
        }
        this.sum=sum;
        System.out.println(" 总成绩："+this.sum);
  }
}
public class Test {
  public static void main(String[] args) {
```

```
            Student stu=new Student("s001", " 小明 ");
            System.out.println(" 学号： "+stu.id+"\n 姓名： "+stu.name);
            stu.calculateScore ();
    }
}
```

任务3.4 封装性

小明编写了一个班级学生管理系统，但是同学在使用过程中发现，自己的姓名、年龄和性别可以随意地输入，没有任何限制。小明知道该问题后，立刻认真思考问题，并对代码进行优化修改，对类进行封装，解决了该问题。

本任务的目的是设计消防员类，并对其进行封装。

AI 工具助力学习

生活中的封装

封装在 Java 中很常用，它有助于提高代码的安全性、可维护性和可重用性。为了更好地理解封装，我们使用 AI 工具 ChatGPT 先来了解一下现实生活中有哪些例子使用了封装。

- 提示词：请描述现实生活中封装的例子。
- ChatGPT 回答：

封装是面向对象编程（OOP）的核心概念之一，它允许将数据和相关的操作（方法）组合到一个单一的实体中。以下是现实生活中封装的一些例子。

（1）手机。

手机可以看作是一个封装了各种功能和数据的实体。它将通话、短信、摄像头等功能封装到一个设备中，用户只需要使用相应的界面和操作即可完成各种操作，而无须关心内部的实现细节。

（2）银行账户。

银行账户封装了用户的个人信息和账户余额等数据，同时提供了存款、取款、查询余额等方法来操作这些数据。用户只需要使用对外提供的接口来进行操作，而无须关心账户的具体实现细节。

（3）汽车。

汽车是一种封装了引擎、底盘、车身和内饰等各种组件的交通工具。用户只需要使用车辆上的控制面板和踏板来控制汽车的速度、转向等操作，而不需要了解车辆的内部构造和工作原理。

（4）文件 / 文件夹。

文件和文件夹是封装了各种数据和属性的实体。用户可以通过操作系统提供的界面和方法，创建、复制、删除、修改文件或文件夹，而无须了解文件系统的底层实现。

（5）电子邮箱。

电子邮箱是一种封装了收信箱、发信箱、邮件内容和附件等信息的通信工具。用户可以通过登录邮箱账号，使用邮件客户端发送、接收和管理邮件，而无须了解底层的电子邮件协议和实现细节。

这些例子展示了封装的概念，它们将数据和操作封装到一个单一的实体中，通过提供接口和方法来与外部进行交互，从而隐藏内部的实现细节，提高了代码的可维护性、安全性和灵活性。

ChatGPT 给出了生活中常见的几种封装示例，Java 中的封装和现实生活中的封装具有相似性，如隐藏内部细节和控制访问权限等，因此在学习封装时，多思考生活中的封装示例，可加深大家对封装的理解。

3.4.1 访问控制符

Java 提供了 3 个访问控制符，分别为 private、protected 和 public，还有一个不加任何访问控制符的访问控制级别。

Java 的访问控制级别从小到大，如图 3.13 所示。

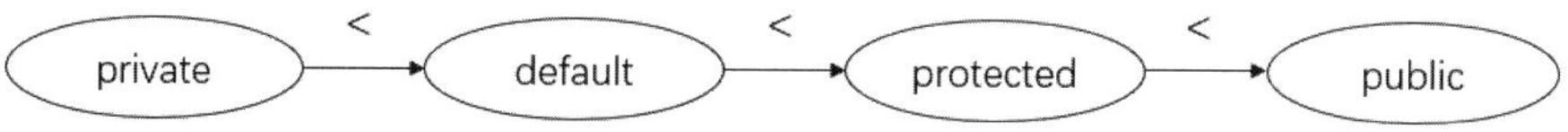

图3.13 访问控制级别

（1）private（当前类访问权限）：被其修饰的属性及方法只能被该类的对象访问。通常用于修饰属性，将其隐藏在类内部，不被外部类随意访问。

（2）default（包访问权限）：若一个成员不被任何访问控制修饰，则称它为默认访问控制。被其修饰的成员可被相同包下其他类访问。

（3）protected（子类访问权限）：被其修饰的属性及方法只能被类本身的方法及子类访问，即使子类在不同的包中，也可以进行访问。

（4）public（公共访问权限）：被其修饰的类、属性及方法不仅可以跨类访问，而且允许跨包访问。

各访问权限的访问级别如表 3.1 所示。

表 3.1 访问控制级别表

访问权限	本类	本包的类	子类	非子类的外包类
public	√	√	√	√
protected	√	√	√	×
default	√	√	×	×
private	√	×	×	×

下面介绍 public、default、private 三个访问控制符，protected 访问控制符在后续章节的继承关系中再进行讲解。

例 3-10 学习 private 访问控制符的使用。定义一个消防员类 Fireman，将该类中的 name 属性修饰为 private，并在该类中进行 name 属性的访问。具体代码如下，可参考学习资源中的“源代码\第 3 章\代码 3-13”。

```
public class Fireman {
  private String name;                          // 私有化属性
  public static void main(String[] args) {
          Fireman f=new Fireman();              // 创建对象
          f.name=" 小明 ";                       // 同一类中可访问所有属性
          System.out.println(" 姓名是："+f.name);
  }
}
```

运行结果如图 3.14 所示。

图3.14 例3-10的运行结果

例 3-11 学习 default 访问控制符的使用。在 com.one 包中定义一个消防员类 Fireman，该类中的 name 属性前不添加任何修饰词。在同一包下定义测试类 Test，在该类中进行 name 属性的访问。具体代码如下，可参考学习资源中的“源代码 \ 第 3 章 \ 代码 3-14”。

```
package com.one;
public class Fireman {
   String name;     // 属性前没有任何访问符修饰
}

package com.one;
public class Test {
   public static void main(String[] args) {
               Fireman f=new Fireman();
               f.name=" 小明 ";
               System.out.println(" 姓名是："+f.name);
   }
}
```

运行结果如图 3.15 所示。

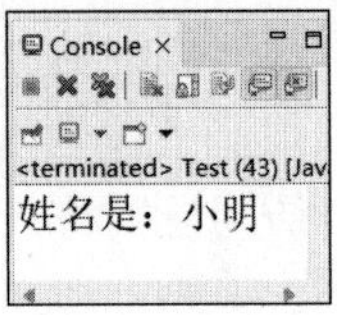

图3.15 例3-11的运行结果

例 3-12 学习 public 访问控制符的使用。在 com.one 包中定义一个消防员类 Fireman，将该类中的 name 属性修饰为 public。在 com.two 包中定义测试类 Test，在该类中进行 name 属性的访问。具体代码如下，可参考学习资源中的“源代码 \ 第 3 章 \ 代码 3-15”。

```
package com.one;
public class Fireman {
   public String name;      // 公共修饰符 public
}

package com.two;
import com.one.Fireman;
```

```
public class Test {
  public static void main(String[] args) {
        Fireman f=new Fireman();
        f.name=" 小明 ";
        System.out.println(" 姓名是："+f.name);
  }
}
```

运行结果如图 3.16 所示。

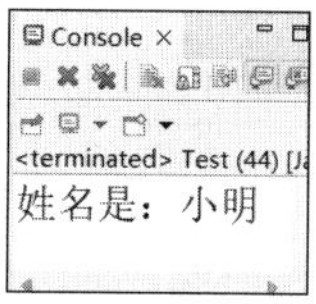

图3.16　例3-12的运行结果

3.4.2 封装的概念

现实生活中，封装的例子无处不在。例如，我们可以直接使用笔记本电脑，但其中的 CPU、内存和显卡等硬件我们无法看到；快递点的包裹，我们只能看到包装，无法看到里面的物品；等等。这些生活中的封装，对物品等起到了保护作用。

Java 中的封装是面向对象的三大特征之一，也是一个保护屏障，不允许外部程序直接访问类中的数据。

下面通过示例来演示类未封装可能出现的问题。

例 3-13　定义一个消防员类 Fireman，创建对象后，为其属性 age 赋值 -200。具体代码如下，可参考学习资源中的“源代码 \ 第 3 章 \ 代码 3-16”。

```
public class Fireman {
  String name;      // 姓名
  int age;          // 年龄
  public void showInformation() {
        System.out.println(" 姓名："+this.name+"，年龄："+this.age);
  }
}
public class Test {
  public static void main(String[] args) {
        Fireman fireman=new Fireman();
        fireman.name=" 小明 ";
        fireman.age=-200;
        fireman.showInformation();
  }
}
```

运行结果如图 3.17 所示。

Console ×
<terminated> Test (2) [Java Application] D:\2DevelopTools
姓名：小明，年龄：-200

图3.17　例3-13的运行结果

由运行结果发现，程序没有错误，能够正确运行，但年龄为“–200”，明显不符合逻辑。原因在于测试类中对属性 age 没有任何约束，为了避免外部程序随意访问属性，这就需要实现类的封装。

实现封装需要从以下两方面思考。

（1）如何隐藏对象的属性，不允许外部程序直接访问。

（2）如何暴露出方法来控制属性的安全访问。

3.4.3 封装的实现

类的封装是指将对象的状态信息隐藏在对象内部，不允许外部程序直接访问对象的内部信息，而是通过该类所提供的方法实现对内部信息的操作和访问。在实现类的封装时，应从以下两方面进行实现。

（1）隐藏属性：将类中的属性私有化，使用 private 访问控制符来修饰属性，则该属性只能在本类中被访问。

（2）暴露方法：由于属性私有化，关闭了直接访问属性的方法，因此 Java 提供了间接访问属性的方法，即分别通过 setter 和 getter 方法来设置和获取属性值。

下面通过示例来学习封装的实现。

例 3-14 定义一个消防员类 Fireman，并对其进行封装，要求年龄在 18 ~ 100 岁之间。具体代码如下，可参考学习资源中的“源代码 \ 第 3 章 \ 代码 3-17”。

```
public class Fireman {
    // 属性私有化
    private String name;
    private int age;
    // 提供方法操作 name 属性
    public String getName() {
            return name;
    }
    public void setName(String name) {
            this.name = name;
    }
    // 提供方法操作 age 属性
    public int getAge() {
            return age;
    }
    public void setAge(int age) {
            if(age>100||age<18) {
```

```
                System.out.println(" 您输入的年龄不合法 ");
            }else {
                this.age = age;
            }
    }
    public void showInformation() {
            System.out.println(" 姓名 :"+this.getName()+"，年龄："+this.getAge());
    }
}
public class Test {
    public static void main(String[] args) {
            Fireman fireman=new Fireman();   // 创建对象
            fireman.setName(" 小明 ");          // 为 name 属性赋值
            fireman.setAge(-200);               // 为 age 属性赋值
            fireman.showInformation();          // 调用 showInformation() 方法
    }
}
```

运行结果如图 3.18 所示。

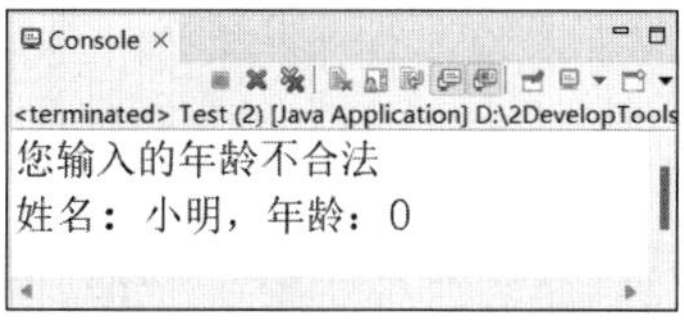
Console
<terminated> Test (2) [Java Application] D:\2DevelopTools
您输入的年龄不合法
姓名：小明，年龄：0

图3.18　例3-14的运行结果

注　意　创建 getter 和 setter 方法时，Eclipse 和 IntelliJ IDEA 都有快速创建的方式。此处以 IntelliJ IDEA 为例，在类中空白位置右击，在弹出的快捷菜单中选择【Generate...】，进入【Generate】窗口；根据需要选择并单击【Getter】、【Setter】或【Getter and Setter】，进入相应窗口；选择类中的属性，最后单击【OK】按钮。

上机实操　封装英雄类

◆ 上机要求

请按以下要求设计一个英雄类 Hero，并使用测试类进行测试。

（1）定义一个英雄类 Hero，其中包含以下私有属性：

- 姓名，必须为 2 ~ 6 位，包括 2 和 6；
- 年龄，必须在 1 ~ 150 之间，包括 1 和 150；
- 性别，只能是“男”或“女”。

包含以下方法：

- getter 方法，用于获得属性值；
- setter 方法，用于设置属性值；

- showInfo() 方法，用于输出英雄信息。

（2）定义一个测试类 Test，在该类中：

- 创建 2 个英雄对象，使用 setter 方法为其属性赋值，只有 1 个对象各属性符合要求；
- 调用 showInfo() 方法，输出英雄信息。

运行结果如图 3.19 所示。

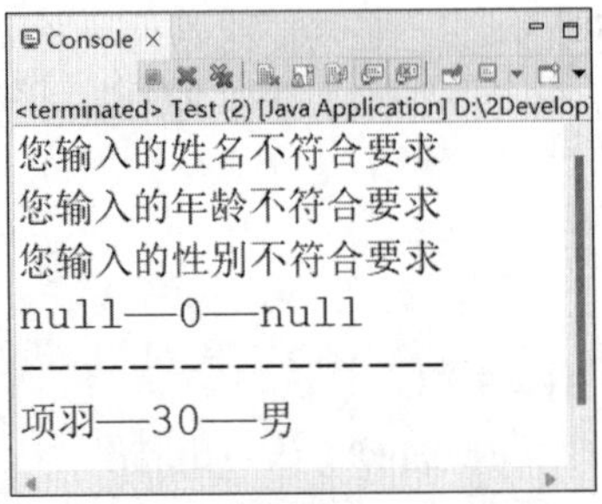

图3.19　程序运行结果

◆ 实现思路

第 1 步　创建英雄类 Hero。

第 2 步　将 Hero 类进行封装，在 Hero 类中定义如下 3 个私有化属性。

（1）姓名：private String name。

（2）年龄：private int age。

（3）性别：private String gender。

第 3 步　在 Hero 类中为上述属性定义 setter 和 getter 方法，用于设置和获取属性。其中，在 setName (String name) 方法中，通过姓名长度来判断是否符合要求；在 setAge(int age) 方法中，通过年龄大小来判断是否符合要求；在 setGender(String gender) 方法中，通过 equal() 方法来判断输入的性别是否符合要求。

第 4 步　在 Hero 类中定义 showInfo() 方法，用于输出信息。

第 5 步　创建测试类 Test，在该类中定义 main() 方法，在该方法中：

（1）使用无参构造方法创建 2 个对象，并分别使用 setter 方法为各对象属性赋值；

（2）调用 showInfo() 方法，输出英雄信息。

◆ 参考代码

实现以上程序运行结果的代码如下，具体可参考学习资源中的“源代码 \ 第 3 章 \ 代码 3-18”。

```
public class Hero {
  // 属性私有化
  private String name;
  private int age;
  private String gender;
  public String getName() {
          return name;
  }
  public void setName(String name) {
```

```
            if(name.length()>6||name.length()<2) {
                    System.out.println(" 您输入的姓名不符合要求 ");
            }else {
                    this.name = name;
            }
    }
    public int getAge() {
            return age;
    }
    public void setAge(int age) {
            if(age>150||age<1) {
                    System.out.println(" 您输入的年龄不符合要求 ");
            }else {
                    this.age = age;
            }
    }
    public String getGender() {
            return gender;
    }
    public void setGender(String gender) {
            if(!(gender.equals(" 男 ")||gender.equals(" 女 "))) {
                    System.out.println(" 您输入的性别不符合要求 ");
            }else {
                    this.gender = gender;
            }

    }
    public void showInfo() {
            System.out.println(this.getName()+"——"+this.getAge()+"——"+this.getGender());
    }

}
public class Test {
    public static void main(String[] args) {
            Hero h1=new Hero();
            h1.setName("1234567");
            h1.setAge(-20);
            h1.setGender(" 男士 ");
            h1.showInfo();
```

```
            System.out.println("----------------");
            Hero h2=new Hero();
            h2.setName(" 项羽 ");
            h2.setAge(30);
            h2.setGender(" 男 ");
            h2.showInfo();
    }
}
```

任务3.5 static关键字

创建消防员对象，若所有对象的支队名称都为“A 消防支队”，创建完 2000 个对象后，便将该支队名称修改为“B 消防支队”。那么，如何减少代码重复和内存空间浪费的问题呢？

本任务的目的是使用 static 关键字对支队名称属性进行修饰。

AI 工具助力学习

static 关键字的作用

在 Java 中，static 关键字的使用很常见，它主要用于修饰类中的静态成员变量和静态方法，接下来我们使用 AI 工具文心一言来了解一下 static 关键字有哪些具体的作用。

- 提示词：请简述一下 Java 中 static 关键字的作用。
- 文心一言回答：

在 Java 中，static 关键字主要有三个作用。

（1）静态变量：使用 static 关键字声明的变量称为静态变量，也称为类变量。静态变量属于类，而不属于类的任何一个实例。这意味着无论创建多少个类的实例，静态变量都只有一个副本。静态变量通常用于存储与类本身相关，而不是与类的具体实例相关的数据。

（2）静态方法：使用 static 关键字声明的函数称为静态函数。静态函数只能访问静态变量或其他静态方法，不能访问非静态变量或非静态方法。这是因为静态方法不依赖于类的任何特定实例，而是直接与类本身关联。因此，它无法访问属于特定实例的变量或方法。

（3）静态代码块：使用 static 关键字声明的代码块称为静态代码块。静态代码块在类加载时执行，并且只执行一次。静态代码块常用于改变静态变量的初始值。

总的来说，static 关键字在 Java 中允许我们创建与类本身关联的变量、方法和代码块，而不是与类的具体实例关联。这对于创建工具方法（如数学函数或转换函数），或者在类首次加载时进行一次性设置非常有用。

文心一言描述了 static 关键字的作用，分别为：当变量属于类本身，而不是类的具体实例时，使用 static 修饰变量，使其为静态变量；当某些方法在工具类中，不依赖于对象实例，如数学计算等方法，可将其定义为静态方法；当初始化静态变量且只执行一次时，可使用静态代码块。在之后的学习中，只有多使用 static 关键字，才能在不同的项目中正确应用它。

3.5.1 静态成员变量

类的成员变量分为类变量（或称静态变量）和实例变量。在一个类中，被 static 关键字修饰的成员变量为静态变量。静态变量是属于类的，被类中所有对象共享，而不是单单属于某个对象。静态变量可以通过类名直接访问，也可以通过类的实例进行访问，即一个实例的属性改变，则整个类的该属性跟着改变，访问格式如下：

```
类名 . 属性名
实例对象名 . 属性名
```

下面通过示例来演示每个对象的某属性一致时，为该属性赋值。

例3-15 定义一个消防员类 Fireman，创建 3 个对象，且对象的支队名称一致。具体代码如下，可参考学习资源中的“源代码 \ 第 3 章 \ 代码 3-19”。

```
public class Fireman {
    String name;                    // 姓名
    String department;              // 支队名称
    // 定义有参构造方法为属性赋值
    public Fireman(String name,String department) {
            this.name=name;
            this.department=department;
    }
    public void showInformation() {
      System.out.println(" 姓名："+this.name+"，支队："+this.department);
    }
}
public class Test {
    public static void main(String[] args) {
            Fireman f1=new Fireman(" 张三 ","A 消防支队 ");
            Fireman f2=new Fireman(" 李四 ","A 消防支队 ");
            Fireman f3=new Fireman(" 王五 ","A 消防支队 ");
            f1.showInformation();
            f2.showInformation();
            f3.showInformation();
    }
}
```

运行结果如图 3.20 所示。

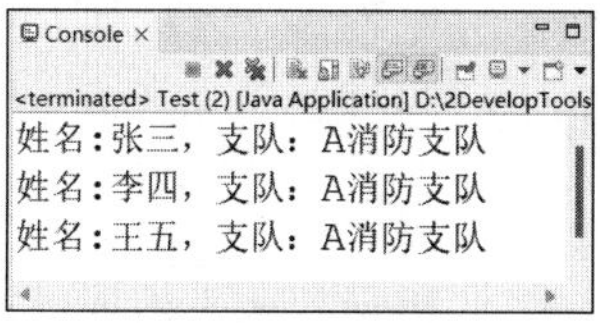
Console ×
<terminated> Test (2) [Java Application] D:\2DevelopTools
姓名：张三，支队：A消防支队
姓名：李四，支队：A消防支队
姓名：王五，支队：A消防支队

图3.20 例3-15的运行结果

若所有对象的支队名称都是“A 消防支队”，则需要对支队属性重复赋值，可能会出现代码重复的问题。此外，还需要将这些属性重复定义在每个对象的堆内存中，会浪费内存空间。因此将上述代码进行修改。

例 3-16 下面示例是对例 3-15 的优化，在类中直接为对象相同的属性进行赋值。具体代码如下，可参考学习资源中的“源代码\第 3 章\代码 3-20”。

```
public class Fireman {
  String name;                              // 姓名
  String department="A 消防支队 ";           // 部门名称
  // 定义有参构造方法为属性赋值
  public Fireman(String name) {
          this.name=name;
  }
  public void showInformation() {
   System.out.println(" 姓名："+this.name+"，支队："+this.department);
  }
}
public class Test {
  public static void main(String[] args) {
          Fireman f1=new Fireman(" 张三 ");
          Fireman f2=new Fireman(" 李四 ");
          Fireman f3=new Fireman(" 王五 ");
          f1.showInformation();
          f2.showInformation();
          f3.showInformation();
  }
}
```

上述代码将 department 属性直接定义为“A 消防支队”，该方式可以减少代码重复的问题。若将“A 消防支队”修改为“B 消防支队”，且此 Fireman 类已经产生了 2000 个消防员对象，要修改这些消防员对象的支队信息，则需要将这 2000 个对象中的 department 属性全部修改，非常麻烦。

为了解决上述问题，可以将 department 属性设置为静态属性，这样 department 属性将属于类，为所有对象共享。只要对某个对象的 department 属性进行修改，则所有消防员对象的该属性将全部发生变化。

下面通过示例来学习静态属性的使用。

例 3-17 将 department 属性设置为静态属性。具体代码如下，可参考学习资源中的“源代码\第 3 章\代码 3-21”。

```
public class Fireman {
  String name;                     // 姓名
  static String department;        // 设置为静态属性
  // 定义有参构造方法为属性赋值
```

```
    public Fireman(String name) {
            this.name=name;
    }
    public void showInformation() {
            System.out.println(" 姓名："+this.name+"，支队："+Fireman.department);
    }
}
public class Test {
    public static void main(String[] args) {
    // 可通过“类名 . 属性”设置静态属性值
        Fireman.department="A 消防支队 ";
    // 创建消防员对象
        Fireman f1=new Fireman(" 张三 ");
        Fireman f2=new Fireman(" 李四 ");
        Fireman f3=new Fireman(" 王五 ");
        f1.showInformation();
        f2.showInformation();
        f3.showInformation();
        System.out.println("--- 修改支队名称 ---");
        // 可通过“对象 . 属性”对静态属性值进行修改
        f1.department="B 消防支队 ";
        f1.showInformation();
        f2.showInformation();
        f3.showInformation();
    }
}
```

运行结果如图 3.21 所示。

图3.21　例3-17的运行结果

3.5.2 静态方法

若想使用类中的成员方法，则需先创建对象。在实际开发过程中，开发人员不想因为创建实例的不同而影响方法的执行结果，则会直接通过类名调用该方法，要实现这样的效果，只需要使用

static 关键字修饰该方法，这样的方法被称为静态方法（或类方法）。静态方法一般作为工具方法。注意：静态方法中不能直接访问普通成员变量或成员方法，且不能使用 this 关键字。

静态方法可以通过类名直接访问，也可以通过类的实例进行访问，访问格式如下：

```
类名 . 方法
实例对象名 . 方法
```

下面通过示例来学习静态方法的定义。

例 3-18 定义一个数学工具类 MathUtils，在该类中定义一个计算圆形面积的静态方法。具体代码如下，可参考学习资源中的“源代码 \ 第 3 章 \ 代码 3-22”。

```
public class MathUtils {
  // 计算圆面积的静态方法
  public static double area(int r) {
          return 3.14*r*r;
  }
}
// 测试类
public class Test {
  public static void main(String[] args) {
          int r=2;
          double result=MathUtils.area(r);    // 使用“类名 . 方法”方式调用静态方法
          System.out.printf(" 半径为 %d 的圆形面积为：%.2f ",r,result);
  }
}
```

运行结果如图 3.22 所示。

Console ×
<terminated> MathUtils [Java Application] D:\2DevelopTools\eclipse-jee
半径为2的圆形面积为：12.56

图3.22　例3-18的运行结果

3.5.3 静态代码块

在类加载时若需要执行一次某操作，且优先于 main() 方法和构造方法执行，则可以使用静态代码块，即使用 static 关键字修饰的代码块。

例 3-19 下面示例演示静态代码块、main() 方法和构造方法的执行顺序。具体代码如下，可参考学习资源中的“源代码 \ 第 3 章 \ 代码 3-23”。

```
public class Fireman {
  // 静态代码块
  static {
          System.out.println(" 我是静态代码块 ");
  }
  // 无参构造方法
```

```
    public Fireman() {
            System.out.println(" 我是无参构造方法 ");
    }
    //main() 方法
    public static void main(String[] args) {
            System.out.println("-------------");
            Fireman fireman=new Fireman();
    }
}
```

运行结果如图 3.23 所示。

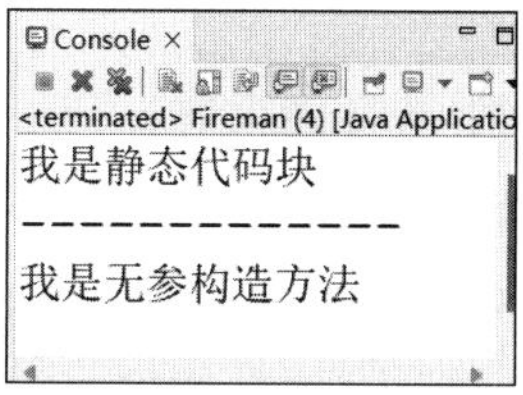

图3.23　例3-19的运行结果

上机实操　设计消防员支队类

◆ 上机要求

请按以下要求设计一个消防支队类 Team，并使用测试类进行测试。

（1）定义一个消防支队类 Team，其中包含以下属性：

- 消防支队名称，为静态成员变量，命名为“消防救援支队”；
- 消防支队总人数，为静态成员变量。

包含以下方法：

- operate()，用于输入支队中 3 个大队的人数和计算支队总人数，并输出。

（2）定义一个测试类 Test，在该类中：

- 创建 1 个消防支队对象；
- 调用 operate() 方法。

运行结果如图 3.24 所示。

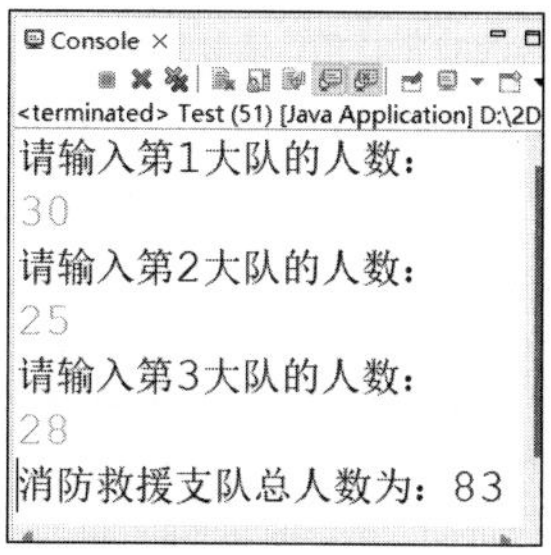

图3.24　程序运行结果

◆ 实现思路

第 1 步 创建消防支队类 Team。

第 2 步 在 Team 类中定义 2 个属性：

（1）消防支队名称，static String name=" 消防救援支队 "；

（2）消防支队总人数，static int count=0。

由于 count 要根据大队人数的输入来变化，属于类共享属性，因此将 count 设置为静态属性，且初始值为 0。

第 3 步 在 Team 类中定义 operate() 方法，用于计算支队总人数。通过 for 循环的方式输入 3 支大队的人数，并计算支队总人数，最后输出总人数。

第 4 步 创建测试类 Test，在该类中定义 main() 方法，在该主方法中：

（1）通过无参构造方法创建对象；

（2）调用 operate() 方法，计算并输出支队总人数。

◆ 参考代码

实现以上程序运行结果的代码如下，具体可参考学习资源中的“源代码 \ 第 3 章 \ 代码 3-24”。

```
public class Team {
  static String name=" 消防救援支队 ";         // 支队名称
  static int count=0;                          // 支队总人数
  // 计算支队总人数
  public void operate() {
        Scanner input=new Scanner(System.in);
        for (int i = 0; i < 3; i++) {
              System.out.println(" 请输入第 "+(i+1)+" 大队的人数：");
              int selfCount=input.nextInt();
              count+=selfCount;
        }
        System.out.println(Team.name+" 总人数为："+Team.count);
  }
}
public class Test {
  public static void main(String[] args) {
        Team team=new Team();
        team.operate();
  }
}
```

AI 学习问答　定义类时注意事项

学习完面向对象基础知识后，为了更好且规范地创建类，我们使用 AI 工具讯飞星火来了解一下在定义类时要注意哪些事项。

◎ 提示词：请简述一下定义类时需要注意的事项。

◎ 讯飞星火回答：

在 Java 中定义类时，有以下一些重要的注意事项需要遵守。

（1）在 Java 中，我们使用关键字 class 来定义一个类。这个类名必须是符合 Java 命名规范的名称，且首字母需要大写。

（2）每个 Java 文件中只能有一个公共类（public class），并且这个公共类的名字需要和文件名相同。如果 Java 文件中没有公共类，则文件名可以与公共类名不同。

（3）Java 是大小写敏感的，因此，类名、变量名、方法名等的大小写必须保持一致。

（4）类的修饰符（如 public、private 等）用于控制类的成员访问权限。如果我们在定义类时使用了 public 修饰符，那么这个类的名字必须和文件名一致。

（5）在 Java 中，我们可以使用关键字 extends 来实现类的继承，从而允许子类拥有父类的属性和方法。

（6）我们还可以使用关键字 implements 来实现接口，这可以让类拥有接口的属性和方法。

（7）为了提高代码的可读性和可维护性，建议为类、属性和方法选择有意义和描述性的名称。命名规范应保持一致并符合项目的编码规范。

（8）Java 是强类型语言，因此在定义类时要显式地指定每个属性的类型。这有助于确保代码的准确性和可靠性。

讯飞星火描述了在定义类时需要注意的事项，类是面向对象编程的核心，正确定义类是完成项目的基础，因此在之后的学习中，一定要遵循类定义的规则。

同步训练 设计国家类 Nation

» 训练要求

请按以下要求设计一个国家类 Nation，并使用测试类进行测试。

（1）定义一个国家类 Nation，其中包含以下私有属性：

- 国家名称；
- 首都名称；
- 总面积。

包含以下方法：

- 无参构造方法；
- 有参构造方法；
- getter 方法；
- setter 方法；
- showInfo() 方法，用于输出国家信息；
- printCity() 方法，用于输入 3 个城市的名称和面积，并计算和输出这 3 个城市的总面积。

（2）定义一个测试类 Test，在该类中创建 Nation 类的 2 个对象，并分别调用方法在控制台输出国家和城市信息，为属性赋值的方式如下：

- 第 1 个对象使用 setter 方法为属性赋值；
- 第 2 个对象使用有参构造方法创建，并为属性赋值。

运行结果如图 3.25 所示。

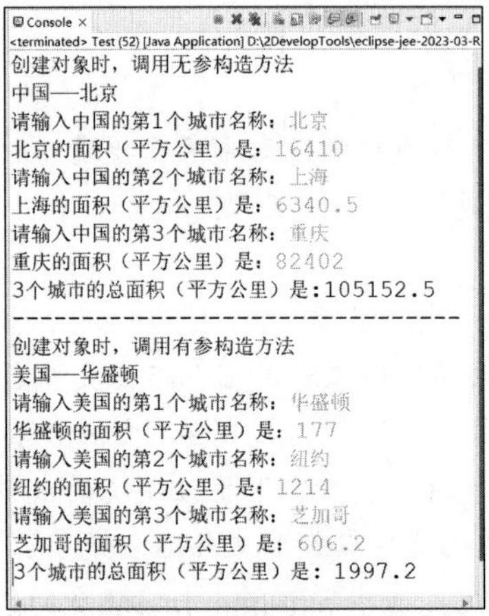

图3.25 程序运行结果

» 实现思路

第1步 创建国家类 Nation。

第2步 将 Nation 类进行封装，在 Nation 类中定义如下 3 个属性。

（1）国家名称：private String name。

（2）首都名称：private String capital。

（3）城市总面积：private double sumArea=0。

第3步 分别为上述属性定义 getter 和 setter 方法。

第4步 在 Nation 类中定义无参构造方法和有参构造方法，其中有参构造方法的形参和属性名一致。

第5步 在 Nation 类中定义 showInfo() 方法，用于输出国家和首都信息。

第6步 在 Nation 类中定义 printCity() 方法，使用 for 循环输入 3 个城市的名称和面积，并计算和输出上述 3 个城市的总面积。

第7步 创建测试类 Test，在该类中定义 main() 方法进行测试，在该方法中创建两个对象：

（1）通过调用无参构造方法创建对象 n1，并通过 setter 方法为属性赋值；

（2）通过调用有参构造方法创建对象 n2，并为属性赋值。

» 程序代码

实现以上程序运行结果的代码如下，具体可参考学习资源中的“源代码 \ 第 3 章 \ 代码 3-25”。

```
public class Nation {
    // 私有化属性
    private String name;
    private String capital;
    private double sumArea=0;
    // 定义无参构造方法
    public Nation() {
            System.out.println(" 创建对象时，调用无参构造方法 ");
    }
```

```
    //定义有参构造方法
    public Nation(String name, String capital) {
            System.out.println(" 创建对象时，调用有参构造方法 ");
            this.name = name;
            this.capital = capital;
    }
    //定义 setter 和 getter 方法
    public String getName() {
            return name;
    }
    public void setName(String name) {
            this.name = name;
    }
    public String getCapital() {
            return capital;
    }
    public void setCapital(String capital) {
            this.capital = capital;
    }
    //输出国家信息方法
    public void showInfo() {
            System.out.println(this.name+"——"+this.capital);
    }
    //输出 3 个城市信息
    public void printCity() {
            Scanner sc=new Scanner(System.in);
            for(int i=1;i<=3;i++) {
                    System.out.printf(" 请输入 %s 的第 %d 个城市名称：",this.name,i);
                    String city=sc.next();
                    System.out.printf("%s 的面积（平方公里）是：",city);
                    double selfNum=sc.nextDouble();
                    this.sumArea+=selfNum;
            }
            System.out.println("3 个城市的总面积（平方公里）是："+this.sumArea);
    }
}

public class Test {
    public static void main(String[] args) {
```

```
        // 调用无参构造方法创建对象
        Nation n1=new Nation();
        // 使用 setter 方法为属性赋值
        n1.setName(" 中国 ");
        n1.setCapital(" 北京 ");
        n1.showInfo();
        n1.printCity();
        System.out.println("--------------------------------");
        // 调用有参构造方法创建对象，并为属性赋值
        Nation n2=new Nation(" 美国 ", " 华盛顿 ");
        n2.showInfo();
        n2.printCity();
    }
}
```

小结

本章首先介绍了类和对象的概念，包括类的定义、对象的创建和引用；其次介绍了为对象赋值使用构造方法的方式，包括构造方法的定义和重载；然后介绍了 this 关键字，包括调用成员变量和成员方法；再次介绍了类的封装，包括访问控制符、封装的作用和封装的实现；最后介绍了 static 关键字的使用。

04

第 4 章

体验多态魅力：继承和多态

面向对象的三大特征包括：封装、继承和多态。继承是子类继承父类中所有的属性和方法，且能扩展自己独有的特征和行为，可提高代码的重用性。多态是不同对象对同一方法的不同表现，极大地提高了代码的可扩展性和可读性。本章我们将继续学习面向对象的特征：继承和多态。

课前思政

中华文化博大而精深，而文化的发展离不开传承。在文化传承的过程中，不同地域、不同民族、不同历史时期的文化元素相互交融、相互影响，形成了各具特色的文化形态。这些文化形态在传承过程中不断演变和发展，又形成了多态的文化景观。

在编程领域，面向对象的继承和多态与文化中的传承和多态具有异曲同工之妙，灵活运用继承和多态这两个核心概念，我们可以构建出更加灵活、可扩展和易于维护的软件系统。接下来我们将学习面向对象的继承和多态。

学习目标

1. 知识目标

- 理解继承和多态的作用。
- 掌握继承的实现和方法的重写。
- 掌握 super 关键字。
- 掌握多态的应用。
- 掌握异常处理。

2. 能力目标

- 能使用继承来定义父子类。
- 能正确使用 super 关键字。
- 能使用类型转换。
- 能使用 try-catch 和 throws 处理异常。

3. 素质目标

- 引导学生的文化自信。
- 培养学生的创新思维。

任务4.1 继承

天地英雄气，千秋尚凛然。在国家的任何时期，都会涌现出大批英雄，有为国家挺身而出的英雄，也有默默无闻为国家奉献的英雄，如治病救人的医护人员、灭火救灾的消防员、教书育人的教师和建设祖国的科学家等。

本任务的目的是设计英雄父类和定义消防员、教师、科学家等子类，并创建各子类对象。

AI工具助力学习

认识继承的好处

继承在Java中具有重要的地位，它是面向对象编程的重要特征之一，接下来我们使用AI工具ChatGPT来了解一下继承的好处。

- 提示词：在Java中，继承可以带来哪些好处？
- ChatGPT回答：

在Java中，继承是一种面向对象编程的重要概念，它可以带来以下好处。

（1）代码重用：继承允许子类继承父类的属性和方法，子类无须重新编写已经存在的代码，从而减少了代码的冗余，提高了代码的重用性和可维护性。

（2）继承层次结构：通过继承，可以创建一个类的层次结构。通过定义一个通用父类和具体的子类，可以更好地组织和管理代码，提高代码的可读性和可维护性。

（3）方法重写：子类可以通过重写继承自父类的方法来实现特定的功能。这允许子类按照自己的需求重新定义父类的方法，并能够根据不同的子类类型选择正确的方法执行。

（4）多态性：继承是实现多态的基础。通过父类引用指向子类对象，可以在运行时根据实际对象类型执行相应的方法。这提供了灵活性和扩展性，使程序更易于适应变化和扩展。

（5）代码组织和结构化：通过继承，可以将具有相似属性和行为的类归为一类，并通过父类统一管理。这样可以更好地组织和结构化代码，使其更易于理解、扩展和维护。

（6）简化代码逻辑：通过继承，可以在父类中定义通用的行为和属性，将特定的行为和属性留给子类实现。这样可以将代码的关注点分离，简化了代码的逻辑和复杂度。

需要注意的是，尽管继承可以带来许多好处，但过度使用继承可能会导致类之间的耦合性增加，影响代码的灵活性和可维护性。因此，在使用继承时，应该遵循适度使用的原则，合理设计类的继承关系。

ChatGPT描述了继承的很多好处，但是在实际开发过程中要适量使用继承，从而构建清楚的层次结构。

4.1.1 继承的概述

在五千多年文明发展中孕育的中华优秀传统文化，积淀着中华民族最深沉的精神追求，代表着中华民族独特的精神标识。中华优秀传统文化中蕴含的核心思想理念、中华传统美德和中华人文精神，是中华民族生生不息、发展壮大的丰厚滋养，因此我们必须继承和弘扬中华优秀传统文化，这是现实中的继承。

在Java面向对象编程中，也存在类的继承。若不同类之间有相同的属性和方法，为了减少代码的重复，则可以将上述不同类中相同的属性和方法提取出来，构建一个新类，该类称为父类，而子类继承父类后，则子类可以直接继承父类中所有的属性和方法，且还可以扩充自己新的属性和方法。

我们来分析几个常见类：医生类、消防员类、科学家类和教师类，如表 4.1 所示。

表 4.1 常见类分析

类名	特征	行为
医生类	姓名、年龄	吃饭、为人民服务、练习缝合
消防员类	姓名、年龄	吃饭、为人民服务、提高跑速
科学家类	姓名、年龄	吃饭、为人民服务、做实验
教师类	姓名、年龄	吃饭、为人民服务、备课

由表 4.1 可知，医生类、消防员类、科学家类和教师类中的特征和行为有重复，在定义各类时会出现代码重复的问题，为了解决该问题，可以采用类继承的方式。将各类中相同的特征和行为提取出来，构建成一个范围更广的类——英雄类，其特征包括姓名和年龄，行为包括吃饭和为人民服务，如图 4.1 所示。

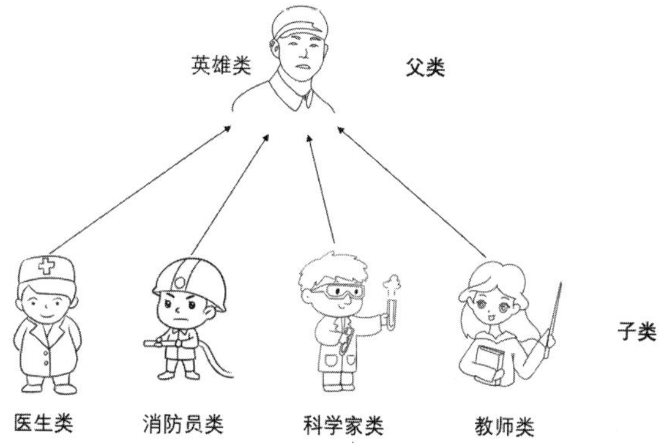

图4.1 父子类关系

因此，当多个类存在相同属性和方法时，便可将这些相同内容提取到父类中，子类继承父类后，子类能够直接继承父类中的特征和行为，且可以编写自己独有的特征和行为。该继承方式可以减少代码复用，且能清晰体现类间的结构关系。

4.1.2 继承的实现

在 Java 程序中，若要实现类之间的继承关系，则需使用关键字 extends。类的继承语法格式如下：

```
[ 修饰符 ] class 父类
{
  // 定义属性
  // 定义方法
}
[ 修饰符 ] class 子类 extends 父类
{
// 定义自己独特的属性
```

```
    //定义自己独特的方法
}
```

下面通过一个示例来学习类的继承。

例 4-1 按照图 4.1 定义父类、子类和测试类。

（1）父类包含以下属性：

- 姓名；
- 年龄。

包含以下方法：

- eat()，定义吃饭方法；
- doSomething()，定义为人民服务方法。

（2）各子类继承父类，并定义其独有的方法。

（3）测试类中创建科学家对象，为其属性赋值，输出其信息，并调用 doSomething() 方法。具体代码如下，可参考学习资源中的“源代码 \ 第 4 章 \ 代码 4-1”。

```
//定义父类
public class Hero {
    public String name;
    public int age;
    //定义吃饭方法
    public void eat() {
            System.out.println(" 吃饭 ");
    }
    //定义为人民服务方法
    public void doSomething() {
            System.out.println(" 为人民服务 ");
    }
}

//医生类 Doctor 继承父类 Hero
public class Doctor extends Hero{
    public void suture() {
            System.out.println(" 练习缝合技术 ");
    }
}
//消防员类 Fireman 继承父类 Hero
public class Fireman extends Hero{
    public void run() {
            System.out.println(" 提高跑速 ");
    }
}
```

```
// 科学家类 Scientist 继承父类 Hero
public class Scientist extends Hero{
   public void experimentalize() {
               System.out.println(" 做实验 ");
   }
}

// 教师类 Teacher 继承父类 Hero
public class Teacher extends Hero{
   public void prepare() {
               System.out.println(" 备课 ");
   }
}

// 测试类 Test
public class Test {
   public static void main(String[] args) {
         Scientist scientist=new Scientist();          // 创建 Scientist 对象
         scientist.name=" 袁隆平 ";                    // 为属性 name 赋值
         scientist.age=91;                             // 为属性 age 赋值
         System.out.println(" 科学家姓名："+scientist.name+", 年龄："+scientist.age);
         scientist.eat();                              // 调用子类继承父类的 eat() 方法
         scientist.doSomething();                      // 调用子类继承父类的 doSomething() 方法
         scientist.experimentalize();                  // 调用子类中的 experimentalize() 方法
   }
}
```

运行结果如图 4.2 所示。

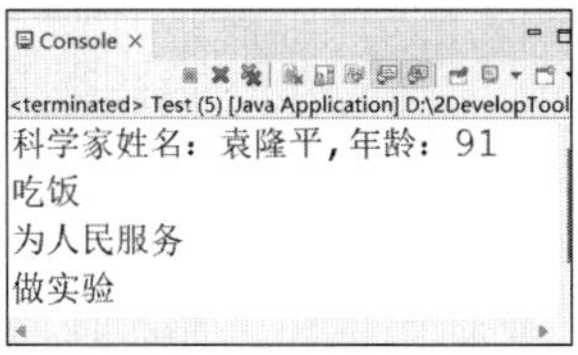

图4.2 例4-1的运行结果

注 意 将 Hero 类中 name 和 age 属性的访问控制符修改为 protected，上述两个属性依然能被子类访问。

在类的继承中，需注意以下问题。

（1）类的继承为单继承，即一个类只能继承一个父类，不能继承多个父类。

（2）允许多层继承，如：

```
class A{ }
class B extends A{ }    //B 类继承 A 类
class C extends B{ }    //C 类继承 B 类
```

4.1.3 方法的重写

子类继承父类后，继承了父类中所有的属性和方法，且可以增加自己独特的属性和方法，但有时子类继承的父类方法无法满足子类新的功能需求，子类就需要对从父类中继承来的方法进行修改，即子类需重写父类的方法。例如，Hero 类中包含了“为人民服务”的 doSomething() 方法，医生类、消防员类、科学家类和教师类都继承了父类 Hero 中的 doSomething() 方法，但是医生是通过“救死扶伤”为人民服务，消防员是通过“灭火救灾”为人民服务，科学家是通过“建设祖国”为人民服务，教师是通过“教书育人”为人民服务，不同职业为人民服务的方式不同，因此为了具体化需要重写该方法。

子类重写父类的方法，需注意以下问题。

（1）重写的方法和被重写的方法必须具有相同的返回值类型、方法名和参数列表，只是方法体中的实现不同，即外形不变，核心变。

（2）子类重写方法的访问权限要比父类中该方法的访问权限更大或相同，即修饰符范围可以扩大但不能缩小。

下面通过一个示例来学习方法的重写。

例 4-2 在例 4-1 的基础上，子类 Teacher 重写父类中的 doSomething() 方法。具体代码如下，可参考学习资源中的“源代码 \ 第 4 章 \ 代码 4-2”。

```
// 父类
public class Hero {
  public String name;
  public int age;
  // 定义吃饭方法
  public void eat() {
          System.out.println(" 吃饭 ");
  }
  // 定义为人民服务方法
  public void doSomething() {
          System.out.println(" 为人民服务 ");
  }
}

// 教师类 Teacher 继承父类 Hero
public class Teacher extends Hero{
  // 子类重写父类中的 doSomething() 方法
  public void doSomething() {
          System.out.println(" 教书育人 ");
```

```
    }
    public void prepare() {
            System.out.println(" 备课 ");
    }
}
// 测试类
public class Test {
    public static void main(String[] args) {
        Teacher teacher=new Teacher();
        teacher.name=" 张桂梅 ";
        teacher.age=66;
        System.out.println(" 教师姓名："+teacher.name+", 年龄："+teacher.age);
        teacher.eat();
        teacher.prepare();
        teacher.doSomething();     // 调用子类重写的 doSomething()
    }
}
```

运行结果如图 4.3 所示。

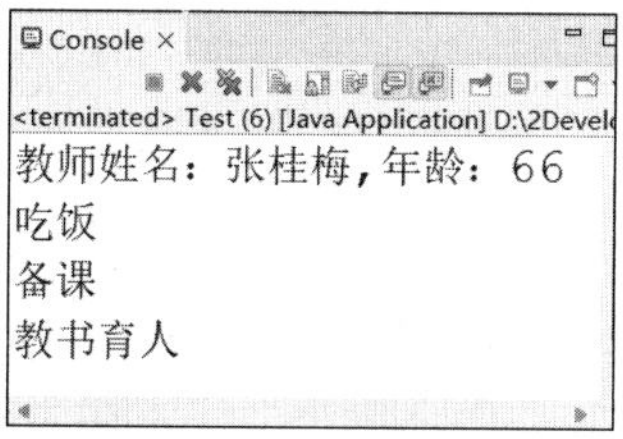

图4.3 例4-2的运行结果

4.1.4 super 关键字

当子类重写父类的方法后，子类对象调用的方法是子类重写的方法，若我们想调用父类的该方法，则可以使用 super 关键字来实现。super 关键字可以在子类中访问父类的成员和父类的构造方法。

1. 访问父类的成员

使用 super 关键字调用父类成员，具体格式如下：

```
super. 成员变量
super. 成员方法 ( 参数 1, 参数 2, ……);
```

下面通过一个示例来学习 super 关键字调用父类的方法。

例 4-3 在例 4-2 的基础上，在子类 Teacher 的 doSomething() 方法中使用 super 关键字调用父类的 doSomething() 方法。具体代码如下，可参考学习资源中的“源代码 \ 第 4 章 \ 代码 4-3”。

```
// 父类
public class Hero {
```

```
    public String name;
    public int age;
    // 定义吃饭方法
    public void eat() {
            System.out.println(" 吃饭 ");
    }
    // 定义为人民服务方法
    public void doSomething() {
            System.out.println(" 为人民服务 ");
    }
}

public class Teacher extends Hero{
    // 子类重写父类中的 doSomething() 方法
    public void doSomething() {
            super.doSomething();    // 调用父类的 doSomething() 方法
            System.out.println(" 教书育人 ");
    }
}

// 测试类
public class Test {
    public static void main(String[] args) {
            Teacher teacher=new Teacher();
            teacher.name=" 张桂梅 ";
            teacher.age=66;
            System.out.println(" 教师姓名："+teacher.name+", 年龄："+teacher.age);
            teacher.eat();
            teacher.doSomething();    // 调用子类重写的 doSomething()
    }
}
```

运行结果如图 4.4 所示。

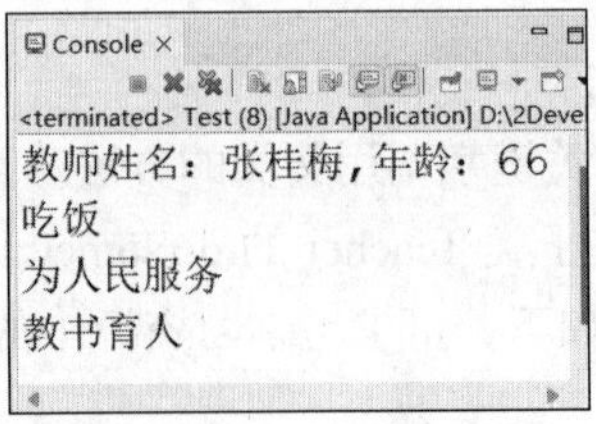

图4.4　例4-3的运行结果

2. 访问父类构造方法

使用 super 关键字调用父类构造方法，具体格式如下：

```
super( 参数 1, 参数 2, ……);
```

在使用 super 关键字访问父类构造方法时，需要注意以下几点。

（1）只能在子类构造方法中，才能调用父类构造方法。

（2）若子类构造方法中第一行没有 this 或 super，则系统会默认在子类构造方法第一行添加父类的无参构造方法，即 super()。

（3）子类中，this 和 super 不能共存，因为它们都必须在第一行。

下面通过一个示例来学习 super 关键字调用父类的构造方法。

例 4-4 定义父类 Hero，包括有参构造方法，为属性 name 和 age 赋值。定义子类 Fireman，在子类中添加属性 id，定义有参构造方法为各属性赋值，在该构造方法中调用父类构造方法为属性 name 和 age 赋值。具体代码如下，可参考学习资源中的“源代码 \ 第 4 章 \ 代码 4-4”。

```
// 父类 Hero
public class Hero {
    String name;        // 姓名
    int age;            // 年龄
    // 有参构造方法
    public Hero(String name, int age) {
            this.name = name;
            this.age = age;
    }
}

// 子类 Fireman 继承父类 Hero
public class Fireman extends Hero{
    String id;              // 编号
    // 有参构造方法
    public Fireman(String id,String name, int age) {
            super(name, age);     // 调用父类的有参构造方法，为 name 和 age 赋值
            this.id = id;
    }
}

// 测试类
public class Test {
    public static void main(String[] args) {
        Fireman fireman=new Fireman("s01"," 张三 ",20);
        System.out.println(" 消防员信息如下：");
```

```
            System.out.printf(" 编号：%s，姓名：%s，年龄：%d",fireman.id,fireman. name,fireman.age);
        }
    }
```

运行结果如图 4.5 所示。

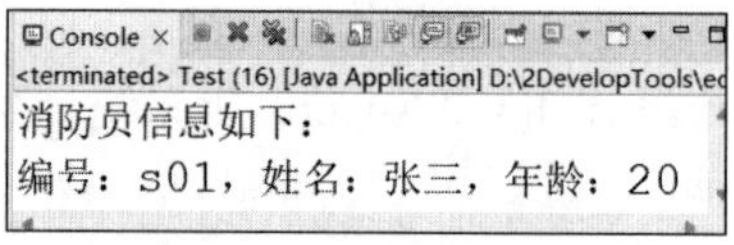

图4.5　例4-4的运行结果

注　意　若父类中只定义有参构造方法（即系统不提供默认的无参构造方法），也没有定义无参构造方法，那么子类必须显式地定义一个或多个构造方法，并在其中第一个使用 super 关键字来调用父类带参数的构造方法，否则编译器会报错。这是因为子类的构造方法并不直接继承父类的构造方法，而是通过显式或隐式的方式调用父类的构造方法来初始化父类的数据成员。

上机实操　重写动物类方法

◆ 上机要求

请按以下要求设计一个动物类 Animal 和其子类 Dog，并使用测试类进行测试。

（1）定义一个动物类 Animal，其中包含以下方法：

- shout()，用于输出动物的叫声；
- eat()，用于输出动物吃什么。

（2）定义一个子类 Dog，该类继承父类 Animal，并重写 shout() 和 eat() 方法。

（3）定义一个测试类 Test，在该类中：

- 创建一个 Dog 对象；
- 调用重写的 shout() 和 eat() 方法。

运行结果如图 4.6 所示。

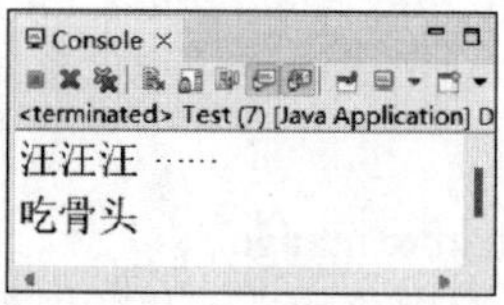

图4.6　程序运行结果

◆ 实现思路

第 1 步　创建动物类 Animal。

第 2 步　在 Animal 类中分别定义 shout() 和 eat() 方法，用于输出动物的叫声和动物吃东西的行为。

第 3 步　创建子类 Dog，该类继承父类 Animal，在该类中重写 shout() 和 eat() 方法。

第 4 步　创建测试类 Test，在该类中定义 main() 方法进行测试，在该方法中：

（1）创建 Dog 对象；

（2）调用重写的 shout() 和 eat() 方法。

◆ 参考代码

实现以上程序运行结果的代码如下，可参考学习资源中的“源代码 \ 第 4 章 \ 代码 4-5”。

```
// 定义父类 Animal
public class Animal {
    public void shout() {
            System.out.println(" 动物的叫声 ");
    }
    public void eat() {
            System.out.println(" 动物吃东西 ");
    }
}

//Dog 类继承 Animal 父类
public class Dog extends Animal{
    // 重写父类中的 shout() 方法
    public void shout() {
            System.out.println(" 汪汪汪……");
    }
    // 重写父类中的 eat() 方法
    public void eat() {
            System.out.println(" 吃骨头 ");
    }
}

// 测试类 Test
public class Test {
    public static void main(String[] args) {
            Dog dog=new Dog();      // 创建 Dog 对象
            dog.shout();            // 调用重写的 shout() 方法
            dog.eat();              // 调用重写的 eat() 方法
    }
}
```

任务4.2 多态

医护人员、消防员、科学家和教师等，是国家的英雄，是人民的英雄，时时刻刻都在为人民服务，但其为人民服务的方式不同，即在使用多种形态为人民服务。

本任务的目的是通过消防员和医生对象来调用“为人民服务”的方法实现多态。

AI工具助力学习

多态的表现形式

Java中的多态性是面向对象编程的三大特征之一，它允许我们以多种形态表示一个对象。多态性有助于编写出更加灵活、可扩展和维护性高的代码。接下来，我们使用AI工具文心一言来了解多态的表现形式。

- 提示词：在Java中，多态的表现形式有哪些？
- 文心一言回答：

在Java中，多态性主要表现在以下几个方面。

（1）方法重载：在同一类中，可以有多个名称相同但参数列表不同的方法。在调用这些方法时，会根据实际传递的参数类型和数量来确定调用哪个方法，这就是一种多态性的表现。

（2）方法重写：子类可以重写父类的方法，这样当通过父类引用指向子类对象并调用该方法时，会调用子类重写后的方法，而不是父类的方法。这也是一种多态性的表现。

（3）接口实现：Java中的接口也可以实现多态。一个类可以实现多个接口，并且当一个对象被声明为这些接口的共同类型时，该对象可以任意引用实现了这些接口的对象。

（4）继承：在Java中，子类可以继承父类的属性和方法。如果子类重写了父类的方法，那么在运行时，将根据对象的实际类型来调用相应的方法，这也是一种多态性的表现。

总的来说，Java中的多态性是一种使得程序更加灵活、可扩展和可维护的重要特征。它允许我们将不同的对象类型统一地处理，提高了代码的可重用性和可读性。

文心一言描述了多态的多种表现形式，如重载、重写、接口实现和继承，此处一定要理解重载和重写的区别，从而合理使用。

4.2.1 多态应用

多态是指不同对象对同一方法的不同表现。例如，父类英雄都有“为人民服务”这一行为，消防员和医生都是英雄的子类，而消防员为人民服务的行为表现为“灭火救灾”，医生为人民服务的行为表现为“治病救人”，因此，消防员和医生都继承了英雄类，且重写了其中“为人民服务”的方法。这就是多态的表现，即同一件事发生在不同对象身上，表现的形式不同。

多态提高了代码的可扩展性，且可以对不同对象类型进行统一处理。例如，本任务的上机实操中，一个饲养员Feeder对象调用feed(Animal animal)方法，如果还有其他子类（如Cat）继承Animal类，则只需在测试类中创建该子类对象即可。

多态包括动态多态（或运行时多态）和静态多态（或编译时多态）。通常情况下多态性指的是动态多态，因此本节所说的多态为动态多态。

动态多态的实现，要满足以下条件。

（1）继承关系：存在继承关系的父子类之间才能使用多态性。

（2）方法重写：子类必须重写父类的方法。

（3）父类引用变量指向子类对象：子类到父类的类型转换。

静态多态的实现，要满足以下条件。

方法重载：存在同一个类中，方法名相同，参数列表不同。

下面通过一个示例来学习多态。

例 4-5 根据消防员和医生为人民服务的方式不同来实现多态。具体代码如下，可参考学习资源中的“源代码 \ 第 4 章 \ 代码 4-6”。

```
// 父类 Hero
public class Hero {
    String name;
    public void doSomething() {
            // 此处不进行具体为人民服务的操作，因为不同类型的职业为人民服务的方式不同
    }
}

// 消防员类继承 Hero 类
public class Fireman extends Hero{
    public void doSomething() {
            System.out.println(this.name+" 正在灭火救灾 ");
    }
}

// 医生类继承 Hero 类
public class Doctor extends Hero{
    public void doSomething() {
            System.out.println(this.name+" 正在治病救人 ");
    }
}

// 测试类
public class Test {
    public static void main(String[] args) {
            System.out.println(" 消防员 ");
            Hero h1=new Fireman();    // 使用父类变量 h1 来引用子类 Fireman 对象
            h1.name=" 陈陆 ";
            h1.doSomething();
            System.out.println("--------------");
            System.out.println(" 医生 ");
            Hero h2=new Doctor();    // 使用父类变量 h2 来引用子类 Doctor 对象
            h2.name=" 钟南山 ";
            h2.doSomething();
    }
}
```

运行结果如图 4.5 所示。

图4.7　例4-5的运行结果

在例 4-5 中，Fireman 和 Doctor 类分别继承父类 Hero，并重写父类中的 doSomething() 方法。在测试类 Test 中，通过父类变量来引用子类对象，然后通过父类对象 h1 和 h2 分别调用同一方法 doSomething()，输出不同的内容。

4.2.2 类型转换

多态类型转换分为两种，分别是向上转型和向下转型。对于向上转型，程序会自动完成，总是可以成功的，而向下转型不太安全，需进行强制类型转换。

1. 向上转型

向上转型的语法格式如下：

```
父类类型 父类对象名 = new 子类类型 ();
```

例如：

```
Hero hero = new Doctor();
```

或者：

```
Doctor doctor = new Doctor();
Hero hero = doctor;
```

例 4-5 就是一个向上转型的示例，其中，分别创建 Fireman 和 Doctor 子类对象，并将子类对象向上转型为父类 Hero 的对象 h1 和 h2，然后使用 h1 和 h2 分别调用 doSomething() 方法，由运行结果可知，实际被调用的是被子类重写过后的 doSomething() 方法。因此当对象发生向上转型后，所调用的方法是被子类重写的方法。

向上转型的优点是让代码实现更简单灵活；缺点是不能调用到子类特有的方法，如例 4-5 中的 Fireman 类添加 run() 方法，父类 Hero 的对象 h1 是无法调用 run() 方法的，因为该方法只在子类中被定义，未在父类中定义。要解决该问题，可采用向下转型的方式。

2. 向下转型

向下转型的方式不太安全，若没有特殊需求，不建议使用。在将对象向下转型时，必须先进行向上转型，否则会抛出异常。向下转型的语法格式如下：

```
父类类型 父类对象名 = new 子类类型 ();
子类类型 子类对象名 = ( 子类类型 ) 父类对象名 ;
```

例如：

```
Hero hero = new Doctor();
Doctor doctor = (Doctor)hero;
```

下面通过一个示例来学习对象的向下转型。

例4-6 在例4-5的基础上，子类Fireman中添加run()方法，子类Doctor中添加operate()方法，通过向下转型的方式调用子类中独特的方法。具体代码如下，可参考学习资源中的“源代码\第4章\代码4-7”。

```
// 父类 Hero
public class Hero {
  String name;
  public void doSomething() {
            // 此处不进行具体的为人民服务的操作，因为不同类型的人为人民服务的方式不同
  }
}

// 消防员类继承 Hero 类
public class Fireman extends Hero{
  // 重写父类的方法
  public void doSomething() {
            System.out.println(this.name+" 正在灭火救灾 ");
  }
  // 子类独有的方法
  public void run() {
            System.out.println(this.name+" 正在跑跳 ");
  }
}
// 医生类继承 Hero 类
public class Doctor extends Hero{
  // 重写父类的方法
  public void doSomething() {
            System.out.println(this.name+" 正在治病救人 ");
  }
  // 子类独有的方法
  public void operate() {
            System.out.println(this.name+" 正在缝合伤口 ");
  }
}
// 测试类
public class Test {
  public static void main(String[] args) {
            System.out.println(" 消防员 ");
```

```
            Hero h1=new Fireman();              // 向上转型
            h1.name=" 陈陆 ";
            h1.doSomething();
            Fireman fireman=(Fireman)h1;        // 向下转型
            fireman.run();                      // 调用子类中特有的方法 run()
            System.out.println("---------------");
            System.out.println(" 医生 ");
            Hero h2=new Doctor();               // 向上转型
            h2.name=" 钟南山 ";
            h2.doSomething();
            Doctor doctor=(Doctor)h2;           // 向下转型
            doctor.operate();                   // 调用子类中特有的方法 operate()
    }
}
```

运行结果如图 4.8 所示。

图4.8　例4-6的运行结果

若将例 4-6 中测试类 Test 中的代码 Doctor doctor=(Doctor)h2 修改为 Doctor doctor=(Doctor)h1，即将消防员类强制转换为医生类，此时编译器会出现类型转换异常。为了提高向下转型的安全性，可使用 instanceof 运算符。

4.2.3 instanceof 运算符

instanceof 运算符可以在向下转型前进行判断，判断该对象是不是某类或接口的实例，若条件成立，则返回 true，否则返回 false。其语法格式如下：

```
对象 instanceof 类（或接口）
```

下面通过一个示例来学习 instanceof 运算符。

例 4-7 在例 4-6 的基础上，修改测试类 Test，使用 instanceof 运算符判断 h1 是不是消防员类的实例。具体代码如下，可参考学习资源中的“源代码 \ 第 4 章 \ 代码 4-8”。

```
// 测试类
public class Test {
    public static void main(String[] args) {
            System.out.println(" 消防员 ");
```

```
        Hero h1=new Fireman();          // 向上转型
        h1.name=" 陈陆 ";
        h1.doSomething();
        // 判断 h1 是不是 Fireman 类的实例
        if(h1 instanceof Fireman) {
                Fireman fireman=(Fireman)h1;     // 向下转型，
                fireman.run();                   // 调用子类中特有的方法 run()
        }else {
                System.out.println("h1 不是 Fireman 的实例 ");
        }
        // 判断 h1 是不是 Doctor 类的实例
        if(h1 instanceof Doctor) {
                Doctor doctor=(Doctor)h1;        // 向下转型
                doctor.operate();                // 调用子类中特有的方法 operate()
        }else {
                System.out.println("h1 不是 Doctor 的实例 ");
        }
    }
}
```

运行结果如图 4.9 所示。

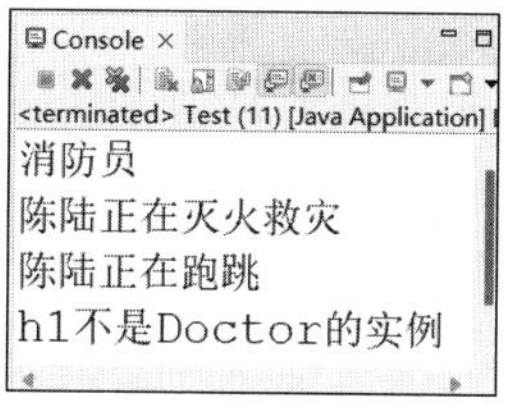

图4.9 例4-7的运行结果

上机实操 饲养员喂动物

◆ 上机要求

请按以下要求设计父类 Animal 和其子类 Tiger 和 Monkey，设计饲养员类 Feeder，并使用测试类进行测试。

（1）定义一个动物类 Animal，其中包含 eat() 方法，用于输出动物吃什么。

（2）定义一个子类 Tiger，该类继承父类 Animal，并重写父类的 eat() 方法。

（3）定义一个子类 Monkey，该类继承父类 Animal，并重写父类的 eat() 方法。

（4）定义一个饲养员类 Feeder，其中包含 feed(Animal animal) 方法，用于喂食动物。

（5）定义一个测试类 Test，在该类中：

- 使用向上转型方式分别创建 Tiger 和 Monkey 对象；
- 创建饲养员对象；

• 饲养员对象调用 feed() 方法，通过传入不同对象，来实现不同的操作。

运行结果如图 4.10 所示。

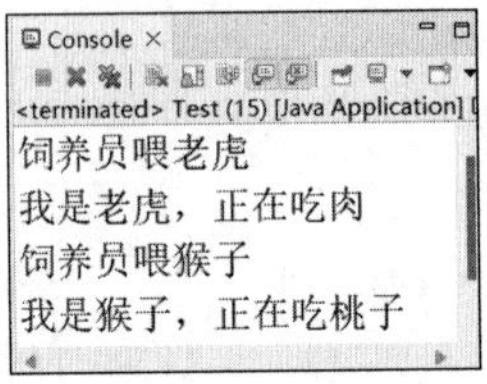

图4.10　程序运行结果

◆ 实现思路

第 1 步　创建动物类 Animal。

第 2 步　在 Animal 类中定义 eat() 方法，用于输出动物吃东西，方法体可以为空。

第 3 步　创建子类 Tiger，继承父类 Animal，在该类中重写 eat() 方法。

第 4 步　创建子类 Monkey，继承父类 Animal，在该类中重写 eat() 方法。

第 5 步　创建饲养员类 Feeder，在该类中定义 feed(Animal animal) 方法，在方法中调用 eat() 方法。

第 6 步　创建测试类 Test，在该类中定义 main() 方法进行测试，在该方法中：

（1）通过向上转型的方式，分别创建 Tiger 和 Monkey 对象；

（2）创建饲养员对象，并调用 feed() 方法，分别传入 Tiger 和 Monkey 对象参数，以实现不同的操作。

◆ 参考代码

实现以上程序运行结果的代码如下，可参考学习资源中的“源代码 \ 第 4 章 \ 代码 4-9”。

```
//父类
public class Animal {
  public void eat() {
            // 不做任何操作
  }
}
//Tiger 类继承 Animal 父类
public class Tiger extends Animal{
  // 重写父类中的 eat() 方法
  @Override
  public void eat() {
            System.out.println(" 我是老虎，正在吃肉 ");
  }
}
//Monkey 类继承 Animal 父类
public class Monkey extends Animal{
  @Override
```

```
    public void eat() {
            System.out.println(" 我是猴子，正在吃桃子 ");
    }
}
// 饲养员类
public class Feeder {
    // 通过不同的参数，来实现多态
    public void feed(Animal animal) {
            animal.eat();
    }
}
// 测试类
public class Test {
    public static void main(String[] args) {
        // 通过向上转型的方式创建对象
        Animal tiger=new Tiger();
        Animal monkey=new Monkey();
        // 创建饲养员对象
        Feeder feeder=new Feeder();
        // 不同对象的 eat() 方法，实现不同的操作
        System.out.println(" 饲养员喂老虎 ");
        feeder.feed(tiger);
        System.out.println(" 饲养员喂猴子 ");
        feeder.feed(monkey);
    }
}
```

任务4.3 异常

每个人都希望自己万事顺心，但实际生活中总会遇到一些问题，如自然灾害、突发事件和健康危机等。在遇到各种状况后，我们不能逃避，要勇敢面对，及时解决问题。同样，在 Java 中也会遇到各种异常，如类型转换异常和非法的算术运算等。

本任务的目的是通过各种方式对异常进行处理。

AI 工具助力学习

处理异常的方式

在 Java 中，异常是程序在执行过程中出现的问题或意外情况，导致程序无法按照预期执行。接下来我们使用 AI 工具讯飞星火来了解一下处理异常的方式。

- 提示词：在 Java 中，处理异常的方式有哪些？
- 讯飞星火回答：

在 Java 中，处理异常有两种方式：抛出异常和捕获异常。

（1）抛出异常：

当程序发生错误或异常情况时，可以使用 throw 关键字将异常对象抛出，让调用者来处理该异常。例如：

```
public void divide(int a, int b) throws ArithmeticException {
    if (b == 0) {
        throw new ArithmeticException(" 除数不能为 0");
    }
    int result = a / b;
    System.out.println(" 结果是： " + result);
}
```

在上面的代码中，如果 b 等于 0，则抛出 ArithmeticException 异常。

（2）捕获异常：

当程序发生异常时，可以使用 try-catch 语句来捕获并处理该异常。例如：

```
public void divide(int a, int b) {
    try {
        int result = a / b;
        System.out.println(" 结果是： " + result);
    } catch (ArithmeticException e) {
        System.out.println(" 捕获到异常： " + e.getMessage());
    }
}
```

在上面的代码中，使用 try 语句包裹可能会发生异常的代码块，如果发生 ArithmeticException 异常，则使用 catch 语句捕获并处理该异常。

讯飞星火描述了异常处理的两种常见方式，其中，try-catch 语句捕获并处理异常，throw 关键字将异常对象抛出，让调用者来处理该异常。在处理异常时，常用到 try-catch、throws 和 throw，在后续的学习中，要特别注意 throws 和 throw 的区别。

4.3.1 程序中的异常

在 Java 中，异常是指在程序执行过程中出现的不正常情况，例如空指针异常、数组越界和非法的算术运算等。

下面通过示例来了解异常。

例 4-8 在整数的除法运算中，当除数为零时，在控制台打印除法运算的结果。具体代码如下，可参考学习资源中的“源代码 \ 第 4 章 \ 代码 4-10”。

```
public class Demo {
```

```java
public static void main(String[] args) {
    System.out.println(8/0);    // 整数除法运算，除数为 0
    }
}
```

运行结果如图 4.11 所示。

```
Console ×
<terminated> Demo [Java Application] D:\2DevelopTools\eclipse-jee-2023-03-R-win32-x86_64\eclipse\plugins\org.eclipse.justj.openjdk.hotspot.jre.full.win32_x86_64_17
Exception in thread "main" java.lang.ArithmeticException: / by zero
```

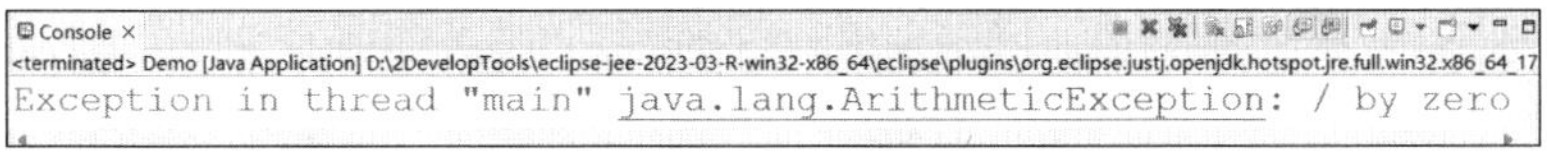

图4.11　例4-8的运行结果

注　意　在例 4-8 中，当计算 8.0/0、8.0/0.0 或 8/0.0 时，输出结果为 Infinity（无穷大），未抛出算术异常。Java 的浮点数运算是基于 IEEE-754 标准，它要求除以零后返回"无穷大"值。因此，在 Java 中，除数为 0 时，不一定会抛出异常，只有在整型运算中除数为 0 时，才会抛出算术异常。

例 4-9　数组元素超出边界。具体代码如下，可参考学习资源中的"源代码\第 4 章\代码 4-11"。

```java
public class Demo {
    public static void main(String[] args) {
        int[] num= {1,2,3,4};
        System.out.println(num[4]);
    }
}
```

运行结果如图 4.12 所示。

```
Console ×
<terminated> Demo (1) [Java Application] D:\2DevelopTools\eclipse-jee-2023-03-R-win32-x86_64\eclipse\plugins\org.eclipse.justj.openjdk.hotspot.jre.full.win32_x86_64_17.0.6.v20230204-1729\jre\bin\javaw.exe (2023年10月23日 下午9:27:05 – 下午9:27:05)
Exception in thread "main" java.lang.ArrayIndexOutOfBoundsException: Index 4 out of bounds for length 4
```

图4.12　例4-9的运行结果

上述示例产生的 ArithmeticException 异常和 ArrayIndexOutOfBoundsException 异常只是 Java 异常类中的一部分，Java 中使用很多类来描述程序中的异常，将这些异常堆积起来，就形成了异常体系结构，如图 4.13 所示。

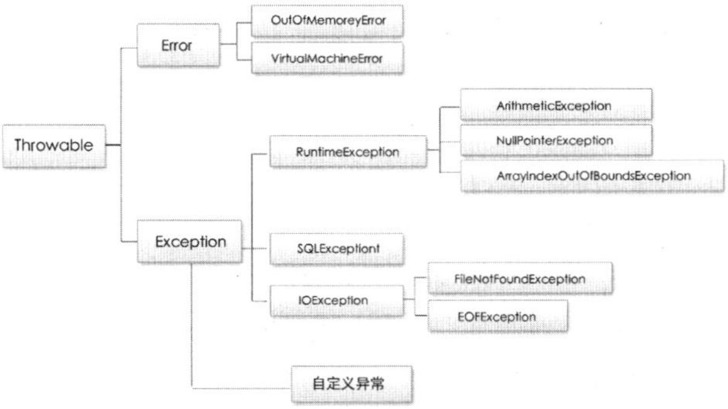

图4.13　异常体系结构

Throwable 类是异常的超父类，位于异常体系结构的顶端，其包括错误类 Error 和异常类 Exception。Error 错误类通常指由虚拟机或硬件引起的错误，这类错误仅靠修改程序无法恢复。Exception 异常类在程序发生后，可以靠修改程序来进行捕获和处理异常。若将 Throwable 类比作生病，则 Error 就为不可治愈的疾病，而 Exception 是可以治愈的疾病。

上述示例中的 ArithmeticException 异常和 ArrayIndexOutOfBoundsException 异常都为运行时异常 RuntimeException，其特点是：编译时没有问题，但运行时出现异常。常见的运行时异常类如表 4.2 所示。

表 4.2　常见运行时异常类

异常类名称	说明
ArithmeticException	算术异常
ArrayIndexOutOfBoundsException	数组索引为负或大于等于数组大小异常
ClassCastException	对象转换异常
IllegalArgumentException	调用方法时传入非法参数异常
IndexOutOfBoundsException	数组索引越界异常
NegativeArraySizeException	数组长度为负值异常
NullPointerException	空指针指向异常
NumberFormatException	数字格式异常
StringIndexOutOfBoundsException	字符串索引越界异常
UnsupportedOperationException	操作错误异常

4.3.2 try-catch 处理异常

Java 的异常处理机制可以使程序具有良好的容错性，异常处理的方式包括 try-catch 语句。语法格式如下：

```
try{
  // 可能出现异常的语句
}catch(Exception 类 ( 或其子类 ) e){
  // 对异常的处理
}
```

下面通过一个示例来学习 try-catch 处理异常。

例 4-10　使用 try-catch 处理整数除法运算中的异常。具体代码如下，可参考学习资源中的“源代码\第 4 章\代码 4-12”。

```
public class Demo {
  public static void main(String[] args) {
        try {
                Scanner sc=new Scanner(System.in);
                System.out.println(" 请输入第一个整数：");
                int n1=sc.nextInt();
                System.out.println(" 请输入第二个整数：");
                int n2=sc.nextInt();
                System.out.printf("%d ÷ %d=%d\n",n1,n2,n1/n2);
```

```
            } catch (Exception e) {
                    System.out.println(" 捕获的异常信息是："+e.getMessage());
            }
            System.out.println(" 程序继续 ");
    }
}
```

运行结果如图 4.14 所示。

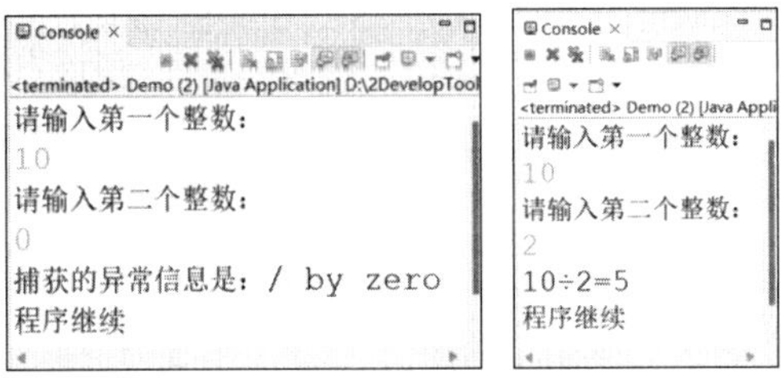

图4.14　例4-10的运行结果

由运行结果可知，当除数不为 0 时，不执行 catch 块中的语句；否则，执行 catch 块中的语句，且处理完异常后，程序继续执行，不会终止程序。其中，e.getMessage() 方法返回异常的消息字符串。

在处理异常时有时会打开一些物理资源，如数据库连接等，我们希望在程序结束时能够关闭这些资源，即不论程序是否发生异常都要执行该操作，这时需要使用 finally 语句。其语法格式如下：

```
try{
   // 可能出现异常的语句
}catch(Exception 类（或其子类）e){
   // 异常处理代码
} finally{
   // 资源回收代码
}
```

try-catch-finally 语句执行的流程如图 4.15 所示。

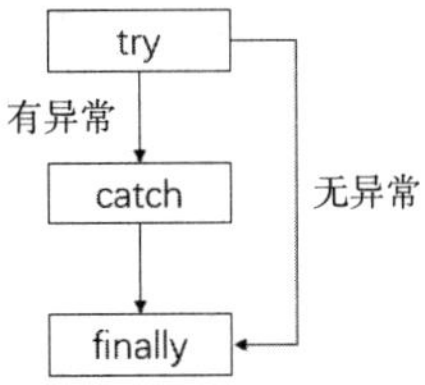

图4.15　try-catch-finally语句执行流程

下面通过一个示例来学习使用 try-catch-finally 处理异常。

例 4-11 使用 try-catch-finally 处理整数除法运算中的异常。具体代码如下，可参考学习资源中的“源代码 \ 第 4 章 \ 代码 4-13”。

```
public class Demo {
    public static void main(String[] args) {
            try {
```

```
                Scanner sc=new Scanner(System.in);
                System.out.println(" 请输入第一个整数：");
                int n1=sc.nextInt();
                System.out.println(" 请输入第二个整数：");
                int n2=sc.nextInt();
                System.out.printf("%d ÷ %d=%d\n",n1,n2,n1/n2);
            } catch (ArithmeticException e) {
                System.out.println(" 除数不能为 0");
            }finally {
                System.out.println(" 结束 ");
            }
    }
}
```

运行结果如图 4.16 所示。

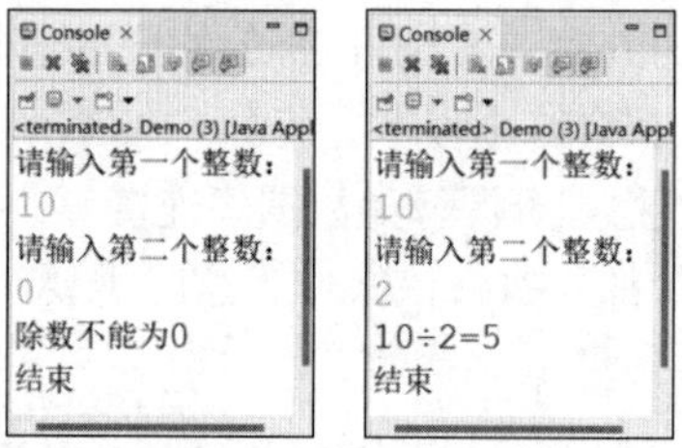

图4.16　例4-11的运行结果

4.3.3 throws 处理异常

处理异常还有一种方式是使用 throws 语句。在实际开发过程中，我们可能会调用别的方法，而不知道该方法是否存在异常，或不知道如何处理异常，此时可以使用 throws 关键字，将该异常抛出给上一级调用者处理，若上一级仍不知道如何处理，可以继续向上抛出，直到某个方法可以处理该异常或直接将其交给虚拟机，但不提倡开发人员将异常抛给虚拟机。语法格式如下。

```
[ 访问控制符 ] 返回值类型 方法名称 ([ 参数列表 ]) throws 异常类 1, 异常类 2……
{
  // 方法体
}
```

在使用 throws 抛出异常时，需要注意以下几点。

（1）当前方法不知道如何处理异常时，可使用 throws 关键字将异常向上一级抛出。

（2）throws 只能写在方法的参数列表后。

（3）throws 可以声明抛出多个异常类，用逗号隔开。

下面通过一个示例来学习 throws 抛出异常。

例 4-12　在类中定义一个整数除法运算方法 div(int n1,int n2)，该方法向上抛出异常，调用者对其进行异常处理。具体代码如下，可参考学习资源中的“源代码 \ 第 4 章 \ 代码 4-14”。

```
public class Demo {
```

```
    //div() 方法抛出异常
    public static int div(int n1,int n2) throws Exception{
            return n1/n2;
    }
    public static void main(String[] args) {
            try {
                    Scanner sc=new Scanner(System.in);
                    System.out.println(" 请输入第一个整数：");
                    int n1=sc.nextInt();
                    System.out.println(" 请输入第二个整数：");
                    int n2=sc.nextInt();
                    System.out.printf("%d ÷ %d=%d\n",n1,n2,div(n1,n2));
            }catch (Exception e) {
                    e.printStackTrace();    // 获取异常类名、信息及异常出现在程序中的位置
            }
    }
}
```

运行结果如图 4.17 所示。

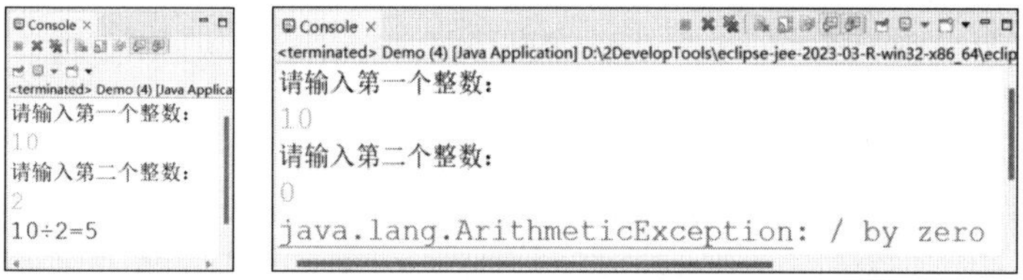
Console
<terminated> Demo (4) [Java Applica
请输入第一个整数：
10
请输入第二个整数：
2
10÷2=5
Console
<terminated> Demo (4) [Java Application] D:\2DevelopTools\eclipse-jee-2023-03-R-win32-x86_64\eclip
请输入第一个整数：
10
请输入第二个整数：
0
java.lang.ArithmeticException: / by zero

图4.17　例4-12的运行结果

4.3.4 自定义异常

JDK 中定义了很多异常类，但很多项目会出现特定的异常。例如，在员工管理系统中，员工的年龄不能小于 18 岁等，而小于 18 岁时，这些问题并没有被封装成异常类，所以需要程序员根据业务规则自己定义异常。

在程序中自定义异常的一般步骤如下。

第 1 步　创建自定义异常类。

第 2 步　在方法中通过 throw 关键字抛出异常对象。

如果在当前抛出异常的方法中处理异常，可以使用 try-catch 捕获并处理；否则在方法的声明处通过 throws 关键字指明要抛出的异常，尽量是谁调用该方法，谁就捕获并处理该异常。

1. 创建自定义异常类

自定义异常类需要继承 Exception 类，且其中至少定义一个构造方法。自定义异常类的语法格式如下：

```
public class xxException extends Exception{
  // 无参构造方法
```

```
    public xxException(){
    }
    // 或有参构造方法
    public xxException(String message){
            // 调用父类有参构造器
            super(message);
    }
}
```

2. throw 抛出异常对象

在实际开发过程中，与业务需求不符而产生的异常，需要开发人员自己创建异常类，并自行抛出异常，系统无法抛出这种异常，因此需要使用 throw 语句。throw 抛出的不是一个异常类，而是一个异常对象，且每次只能抛出一个异常对象。throw 语法格式如下：

```
throw 自定义异常对象
或 throw new 自定义异常类 ([ 参数列表 ])
```

下面通过两个示例来学习自定义异常。

例 4-13 员工管理系统中，要求员工年龄应在 18 ~ 65 岁，需要自定义异常类 AgeException，且在当前抛出异常的方法中处理异常，即使用 try-catch 捕获并处理异常。具体代码如下，可参考学习资源中的“源代码 \ 第 4 章 \ 代码 4-15”。

```
// 自定义异常类 AgeException 继承 Exception 类
public class AgeException extends Exception{
    // 有参构造方法
    public AgeException(String message) {
            super(message);
    }
}

// 定义员工类
public class WorkerInfo {
    // 定义私有化属性
    private String name;
    private int age;
    //getter 和 setter 方法
    public String getName() {
            return name;
    }
    public void setName(String name) {
            this.name = name;
    }
```

```
    public int getAge() {
        return age;
    }
    public void setAge(int age) {
        if(age<18||age>65) {
            // 在当前抛出异常的方法中使用 try-catch 处理异常
            try {
                // 使用 throw 抛出自定义异常对象
                throw new AgeException(" 员工年龄应在 18 ~ 65 岁之间 ");
            } catch (AgeException e) {
                System.out.println(e.getMessage());
            }
        }else {
            this.age = age;
        }
    }
    public void showInfo() {
        System.out.println(" 姓名："+this.name+", 年龄："+this.age);
    }
}

// 测试类
public class Test {
    public static void main(String[] args) {
        WorkerInfo w=new WorkerInfo();  // 创建对象
        w.setName(" 张三 ");             // 设置姓名
        w.setAge(15);                   // 设置年龄
        w.showInfo();                   // 输出信息
    }
}
```

运行结果如图 4.18 所示。

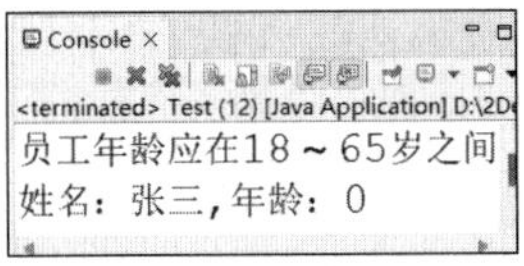

图4.18　例4-13的运行结果

例 4-14　员工管理系统中，要求员工年龄应在 18 ~ 65 岁，需要自定义异常类 AgeException，且在方法声明处使用 throws 抛出异常。具体代码如下，可参考学习资源中的“源代码\第 4 章\代码 4-16”。

```
// 自定义异常类 AgeException 继承 Exception 类
public class AgeException extends Exception{
    // 有参构造方法
    public AgeException(String message) {
            super(message);
    }
}

// 定义员工类
public class WorkerInfo {
    private String name;
    private int age;
    //getter 和 setter 方法
    public String getName() {
            return name;
    }
    public void setName(String name) {
            this.name = name;
    }
    public int getAge() {
            return age;
    }
    // 在方法声明处抛出异常
    public void setAge(int age) throws AgeException {
            if(age<18||age>65) {
                    throw new AgeException(" 员工年龄应在 18 ~ 65 岁之间 ");
            }else {
                    this.age = age;
            }
    }
    public void showInfo() {
            System.out.println(" 姓名："+this.name+", 年龄："+this.age);
    }
}

// 测试类
public class Test {
    public static void main(String[] args) {
            WorkerInfo w=new WorkerInfo();  // 创建对象
```

```
            w.setName(" 张三 ");                    // 设置姓名
            // 由于 throws 向上抛出异常，因此调用该方法者使用 try-catch 处理该异常
            try {
                    w.setAge(15);
            } catch (AgeException e) {
                    System.out.println(e.getMessage());
            }
            w.showInfo();                          // 输出信息
    }
}
```

运行结果如图 4.19 所示。

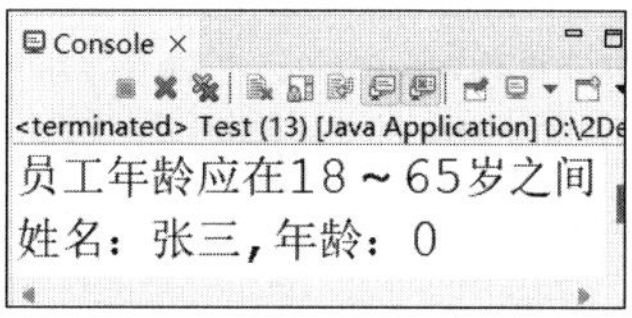

图4.19　例4-14的运行结果

throw 和 throws 的区别如表 4.3 所示。

表 4.3　throw 和 throws 的区别

throw	throws
位于方法内	位于方法的参数列表后
后面跟的是异常对象，且只能跟一个	后面跟的是异常类，可以跟多个，用逗号隔开

上机实操　自定义 DivideException 异常类

◆ 上机要求

请按以下要求自定义 DivideException 异常类。

（1）自定义 DivideException 异常类。

（2）定义除法类 Divide，在该类中：

- 定义静态方法 int div(int n1,int n2)，使用 throws 向上一级抛出异常；
- div() 方法不允许除数为 0，若出现该情况则使用 throw 关键字抛出异常对象。

（3）定义一个测试类 Test，在该类中：

- 调用静态方法 div()；
- 使用 try-catch 处理异常。

运行结果如图 4.20 所示。

图4.20　程序运行结果

◆ 实现思路

第 1 步 定义 DivideException 异常类，该类继承 Exception 类。

第 2 步 在 DivideException 类中定义有参构造方法。

第 3 步 定义 Divide 类，在该类中定义静态方法 int div(int n1,int n2)，并使用 throws 关键字向上一级抛出异常，在该方法中，若除数为 0，则使用 throw 关键字抛出异常对象。

第 4 步 创建测试类 Test，在该类中定义 main() 方法进行测试，在该方法中：

（1）调用静态方法 div()；

（2）在方法调用处使用 try-catch 处理异常。

◆ 参考代码

实现以上程序运行结果的代码如下，具体可参考学习资源中的“源代码 \ 第 4 章 \ 代码 4-17”。

```
// 自定义异常类 DivideException 继承 Exception 类
public class DivideException extends Exception{
  // 定义有参构造方法
  public DivideException(String message) {
          super(message);
  }
}

// 除法类
public class Divide {
  // 静态方法 div，该方法向上一级抛出异常
  public static int div(int n1,int n2) throws DivisionException{
          if(n2==0) {
                  // 使用 throw 关键字抛出异常对象
                  throw new DivisionException(" 整除运算中，除数不能等于 0");
          }
          return n1/n2;
  }
}

// 测试类
public class Test {
  public static void main(String[] args) {
          // 谁调用 div() 方法，谁就处理异常
          try {
                  // 使用“类名 . 方法”来调用静态方法
                  System.out.println(" 计算结果是："+Division.div(10, 0));
          } catch (DivisionException e) {
```

```
                    System.out.println(" 异常信息："+e.getMessage());
            }
        }
    }
```

AI 学习问答 应用多态时的注意事项

学习完前面的内容，接下来我们使用AI工具ChatGPT来了解一下应用多态时要注意哪些事项。

◎ 提示词：在 Java 中，应用多态要注意的事项有哪些？

◎ ChatGPT 回答：

在 Java 中应用多态时，需要特别注意以下几个事项。

（1）方法重写：多态基于方法重写的概念，子类可以重写父类的方法，以实现自己特定的行为。在重写方法时，参数列表和返回类型必须与父类方法相同，而且子类方法的访问修饰符不能比父类方法更严格。

（2）调用被重写的方法：通过父类引用调用被子类重写的方法时，实际上会根据运行时对象的实际类型来决定调用哪个方法。这种特性称为动态方法分派。

（3）向上转型：可以将子类的实例赋值给父类引用，这种转型称为向上转型。通过向上转型可以实现多态，父类引用可以指向子类的实例。需要注意的是，在向上转型后，只能调用父类中定义的方法，无法调用子类独有的方法，除非进行类型转换。

（4）向下转型：通过向下转型，可以将父类引用转为子类引用。在进行向下转型之前，需要先进行类型检查，确保父类引用指向的对象是子类的实例。如果在运行时进行了错误的类型转换，会导致 ClassCastException 异常。

（5）使用 instanceof 运算符：可以使用 instanceof 运算符来判断一个对象是不是某个类或接口的实例。这在进行向下转型之前特别有用，可以避免 ClassCastException 异常的发生。

（6）抽象类与接口的多态：抽象类和接口也可以应用多态的概念。父类可以是一个抽象类，子类可实现父类的抽象方法。接口也可以被用作多态，一个接口的引用可以指向实现该接口的任何类的对象。

（7）借助父类抽象的共性进行操作：在应用多态时，可以通过父类引用来操作对象的共性行为，而不需要关心具体的子类。这样可以提高代码的灵活性和可重用性。

（8）避免使用强制类型转换：在应用多态时，应尽量避免使用强制类型转换。尽量利用父类的引用来操作对象，这样可以防止类型转换错误带来的运行时异常。

通过遵循这些注意事项，可以更好地应用多态的概念，在Java中编写具有弹性和可扩展性的代码。

ChatGPT 描述了应用多态时要注意的事项，多态是面向对象的特征之一，很常用，因此在之后的项目开发过程中，一定要遵循多态的注意事项，养成好的编码习惯。

同步训练 设计员工信息

» 训练要求

请按以下要求设计员工信息。

（1）定义一个员工类 Worker，其中包含以下属性：

- 姓名；
- 工号；

• 工资。

包含以下方法：

• 有参构造方法；

• double increase() 方法，用于返回员工涨薪。

（2）定义子类普通员工类 Employee，该类继承父类 Worker，在该类中包括以下方法：

• 有参构造方法；

• 重写父类的 increase() 方法，普通员工的涨薪幅度为 10%。

（3）定义子类经理类 Manager，该类继承父类 Worker，在该类中定义以下属性：

• 级别。

包括以下方法：

• 有参构造方法；

• 重写父类的 increase() 方法，经理的涨薪幅度为 20%。

（4）定义一个测试类 Test，在该类中：

• 使用向上转型方式创建普通员工对象，为其属性赋值，并输出其信息；

• 创建经理对象，为其属性赋值，并输出其信息。

运行结果如图 4.21 所示。

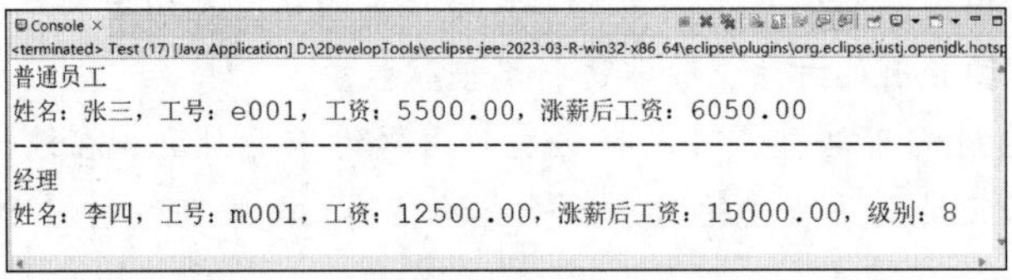
Console ×
<terminated> Test (17) [Java Application] D:\2DevelopTools\eclipse-jee-2023-03-R-win32-x86_64\eclipse\plugins\org.eclipse.justj.openjdk.hotsp
普通员工
姓名：张三，工号：e001，工资：5500.00，涨薪后工资：6050.00

经理
姓名：李四，工号：m001，工资：12500.00，涨薪后工资：15000.00，级别：8

图4.21 程序运行结果

» 实现思路

第 1 步 创建父类 Worker。

在 Worker 类中定义 3 个属性，分别如下。

（1）姓名：public String name。

（2）工号：public String id。

（3）工资：public double wage。

在 Worker 类中定义方法，分别如下。

（1）有参构造方法。

（2）员工涨薪方法 double increase()，由于不确定每类员工的涨薪幅度，因此在该方法中没有任何操作。

第 2 步 创建子类 Employee，该普通员工类继承父类 Worker，其中定义的方法分别如下。

（1）有参构造方法，Employee(String name, String id, double wage)，使用 super 关键字调用父类的有参构造方法。

（2）重写 increase() 方法，其中返回值为 wage*=1.1。

第 3 步 创建子类 Manager，该经理类继承父类 Worker，其增加了一个独特的属性，为级别：public int level。

在 Manager 类中定义的方法，分别如下。

（1）有参构造方法，Manager(String name, String id, double wage, int level)，使用 super 关键字调用父类的有参构造方法，且为 level 赋值。

（2）重写 increase() 方法，其中返回值为 wage*=1.2。

第 4 步 创建测试类 Test，在该类中定义 main() 方法进行测试，在该方法中创建如下两个对象。

（1）通过向上转型和调用有参构造方法的方式创建普通员工对象 w1，为其属性赋值。调用重写的 increase() 方法，并输出该对象的员工信息。

（2）通过调用有参构造方法的方式创建经理对象 w2，为其属性赋值。调用重写的 increase() 方法，并输出该对象的员工信息。

» 程序代码

实现以上程序运行结果的代码如下，具体可参考学习资源中的“源代码 \ 第 4 章 \ 代码 4-18”。

```
// 父类
public class Worker {
// 定义属性
  public String name;
  public String id;
  public double wage;
  // 有参构造方法
  public Worker(String name, String id, double wage) {
          this.name = name;
          this.id = id;
          this.wage = wage;
  }
  // 员工涨薪
  public double increase() {
          // 无任何操作，因为不确定每类员工的涨薪幅度
          return 0.0;
  }
}

//Employee 类继承父类
public class Employee extends Worker{
  public Employee(String name, String id, double wage) {
          super(name, id, wage);
  }
  // 重写父类的 increase() 方法
  public double increase() {
          return wage*=1.1;                    // 工资增长 10%
  }
```

```
    }

    //Manager 类继承父类
    public class Manager extends Worker{
        public int level;                         // 级别
        // 有参构造方法
        public Manager(String name, String id, double wage,int level) {
                super(name, id, wage);            // 调用父类的有参构造方法
                this.level=level;
        }
        // 重写父类的 increase() 方法
        public double increase() {
                return wage*=1.2;                 // 工资增长 20%
        }
    }
    // 测试类
    public class Test {
        public static void main(String[] args) {
                System.out.println(" 普通员工 ");
                // 使用向上转型创建对象
                Worker w1=new Employee(" 张三 ", "e001", 5500);
                System.out.printf(" 姓名：%s，工号：%s，工资：%.2f，涨薪后工资：%. 2f\n",w1.name,w1.id,w1.wage,w1.increase());
                System.out.println("----------------------------------------------------");
                System.out.println(" 经理 ");
                /* 由于要调用 Manager 独有的属性 level，若向上转型，则无法调用 level 属性，因为父类中没有该属性 */
                Manager w2=new Manager(" 李四 ", "m001", 12500, 8);
                System.out.printf(" 姓名：%s，工号：%s，工资：%.2f，涨薪后工资：%. 2f，级别：%d",w2.name,w2.id,w2.wage,w2.increase(),w2.level);
        }
    }
```

小结

本章首先介绍了继承，包括继承的概述、继承的实现、方法重写和 super 关键字；其次介绍了多态的应用和类型转换；最后介绍了异常处理，包括异常概念、try-catch 和 throws 关键字处理异常和自定义异常。

05

第 5 章 定义行为规范：抽象类和接口

前面学习的类中包含的方法都为具体的实现方法，但有时，父类只需限定子类应该包含哪些方法，无须确定这些方法的具体操作，此时就可用抽象方法来定义该方法，由于该类中包含有抽象方法，因此该类必须为抽象类。抽象类是一种模板模式的设计，它规定了类的框架，子类可以通过实现抽象方法来完成具体的实现，该方式避免了子类设计的随意性。接口是一种标准，它将规则和实现分离，有利于程序设计。本章我们将学习抽象类和接口。

课前思政

2023 年发布的新修订的《公民生态环境行为规范十条》，包括关爱生态环境、节约能源资源、践行绿色消费、选择低碳出行、分类投放垃圾、减少污染产生、呵护自然生态、参加环保实践、参与环境监督、共建美丽中国十个方面。

行为规范是抽象的，但我们的行为是具体的。例如，少用一次性用品，多走楼梯少乘电梯，合理设定空调温度，步行优先，尽量减少垃圾产生，践行“光盘行动”……类比到 Java，我们可以将“生态环境行为规范”本身看作一个接口，将每一条规则看作接口中的方法。

学习目标

1. 知识目标

- 理解抽象类的作用。
- 掌握定义抽象方法和抽象类的语法。
- 掌握 final 关键字。
- 理解接口的定义。
- 掌握接口实现的语法。

2. 能力目标

- 能正确定义抽象方法和抽象类。
- 能正确使用 final 关键字。
- 能创建接口。
- 能熟练实现接口。

3. 素质目标

- 引导学生的发散思维。
- 培养学生举一反三的能力。

任务5.1 抽象类

每个人都有自己的社会责任。例如，学生要好好学习，老师要教书育人，工人要兢兢业业工作，医生要救死扶伤，警察要帮助和保护人民等。若我们要定义人类中职责这个通用方法，但该方法是无法描述所有职责的，即无法实现，因此需要使用抽象方法来定义。若一个类中包含抽象方法，则该类为抽象类。

本任务的目的是设计抽象类人类，并在其子类中重写职责方法。

AI 工具助力学习

抽象类的作用

在 Java 中，抽象类是一种特殊的类，它不能被直接实例化，而是用来作为其他类的基类。接下来我们使用 AI 工具 ChatGPT 来了解一下抽象类的作用。

- 提示词：请讲述一下 Java 中抽象类的作用有哪些。
- ChatGPT 回答：

在 Java 中，抽象类扮演着以下几个重要的作用。

（1）实现代码重用：抽象类可以提供一组默认的实现，供其子类继承和复用。子类可以直接继承抽象类，并继承其已实现的方法，从而减少重复的代码编写。

（2）定义共性属性和方法：抽象类可以定义一些共性的属性和方法，以便子类共享和使用。这些共性的属性和方法可以在抽象类中进行实现，子类则可以直接继承和调用。

（3）强制子类实现某些方法：抽象类可以定义一些抽象方法，而抽象方法没有具体的实现。这样一来，子类必须实现抽象方法，从而强制子类在继承抽象类时实现自己特定的行为。

（4）提供多态性支持：抽象类可以作为多态的基类，通过父类引用指向子类的实例。这样可以在编写通用的代码时，使用抽象类类型的引用，而不需要依赖具体的子类。

（5）限制类的实例化：抽象类无法直接实例化，只能被继承。这样可以限制使用者直接创建抽象类的对象，从而通过继承抽象类来创建子类的对象。

（6）扩展和继承性：抽象类可以被其他类继承，从而形成更具体的类层次结构。通过在抽象类中定义一些通用的方法和属性，子类可以继承这些特性，并在此基础上进行扩展和定制。

总的来说，抽象类在 Java 中扮演着定义共性行为、限制实例化、实现代码复用、实现多态性等重要角色。通过合理使用抽象类，可以提高代码的可维护性、可扩展性和可重用性。

ChatGPT 描述了抽象类的作用，如对于抽象类中的抽象方法，子类必须实现该抽象方法，即限制子类实现该方法等。只有知道抽象类的作用，才能更好地应用。

5.1.1 抽象方法和抽象类

当定义一个类时，常需要为该类的一些行为定义不同方法，但有时该方法无法确定，如第 4 章中例 4-5 的英雄类 Hero 中定义的为人民服务方法 doSomething()，由于不同类型的职业为人民服务的方式不同，无法在该方法中具体描述。再比如人类 Person 中定义的吃饭方法 eat()，由于不同国家的人吃饭方式不同，该方法也无法具体描述。

面对上述情况，当方法无法描述，且又必须用该方法起到约束规范的作用时，可使用抽象方法来实现。抽象方法没有具体的方法实现，即不需要方法体来实现。抽象方法的语法格式如下：

```
[修饰词] abstract 返回值类型 方法名称([参数]);
```

当一个类中包含抽象方法时，该类必须为抽象类。抽象类的语法格式如下：

```
[修饰词] abstract class 类名 {
  //属性和方法等
}
```

抽象方法和抽象类的规则如下。

（1）若一个类中有抽象方法，则该类必须为抽象类。

（2）抽象类中可以没有抽象方法，都是普通方法。

（3）抽象类不能被实例化，即不能创建对象。

（4）抽象方法和抽象类都是用 abstract 关键字声明。

（5）若一个子类继承一个抽象类，且该抽象类中包含抽象方法，则子类需重写父类中所有的抽象方法。否则，该子类仍为抽象类。

下面通过一个示例来学习抽象方法和抽象类的定义。

例 5-1 定义一个人类 Person，属性为姓名，包含抽象方法 work()，用于定义职责。

定义子类学生类，该类继承父类 Person，并重写父类的抽象方法。具体代码如下，可参考学习资源中的“源代码\第 5 章\代码 5-1”。

```
//抽象类 Person
public abstract class Person {
  public String name;                    //姓名属性
  public abstract void work();           //抽象方法：职责
}

//子类 Student 继承抽象类
public class Student extends Person{
  //重写父类中的抽象方法
  @Override
  public void work() {
          System.out.println(this.name+"为中华之崛起而读书");
  }
}

//测试类
public class Test {
  public static void main(String[] args) {
          Student student=new Student();   //创建对象
          student.name="张三";             //为姓名属性赋值
          student.work();                  //调用 work() 方法
  }
}
```

运行结果如图 5.1 所示。

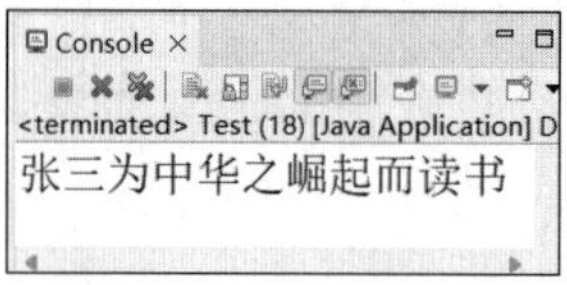

图5.1　例5-1的运行结果

5.1.2 抽象类的作用

抽象类是一种特殊的类，不能被实例化，需要其子类来实现它的抽象方法。抽象类是一种模板模式的设计，它规定了类的框架，子类可以通过重写抽象方法来完成具体的实现，该方式避免了子类设计的随意性。

下面通过一个示例来学习模板模式的具体设计。

例 5-2 定义抽象类 Tea，在该类中定义沏茶步骤。定义子类 GreenTea 来具体实现泡绿茶的步骤。具体代码如下，可参考学习资源中的“源代码 \ 第 5 章 \ 代码 5-2”。

```
// 抽象类
public abstract class Tea {
    // 沏茶步骤
    public void prepareTea() {
            boilWater();                // 烧水
            pourInCup();                // 将茶放到杯中
            brewTea();                  // 泡茶
    }
    // 将沏茶步骤各方法抽象化，通过子类来实现
    public abstract void boilWater();
    public abstract void pourInCup();
    public abstract void brewTea();
}

// 子类继承抽象类 Tea
public class GreenTea extends Tea{
    // 重写父类中所有的抽象方法
    @Override
    public void boilWater() {
            System.out.println(" 将泡绿茶的水烧沸 ");

    }
    @Override
    public void pourInCup() {
            System.out.println(" 将绿茶放入水杯中 ");
```

```
    }
    @Override
    public void brewTea() {
            System.out.println(" 泡绿茶 ");
    }
}

// 测试类
public class Test {
    public static void main(String[] args) {
            Tea tea=new GreenTea();          // 向上转型，创建对象
            tea.prepareTea();                // 调用 prepareTea() 方法
    }
}
```

运行结果如图 5.2 所示。

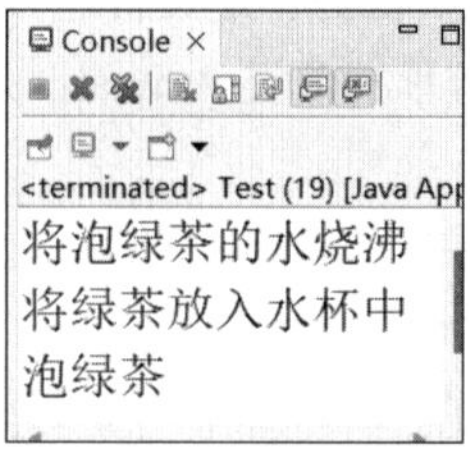

图5.2　例5-2的运行结果

上述示例使用了抽象类和模板模式。抽象类定义了框架和基本操作方法，具体实现类负责实现这些方法从而定义具体的算法。模板模式将框架和具体实现分离开来，让实现细节由具体实现类来处理。这种设计方式提高了代码的复用性和可读性，同时也方便后续的扩展和修改。

上机实操　动物捕食

◆ 上机要求

请按以下要求设计动物捕食。

（1）定义一个抽象的动物类，由于动物捕食的步骤相同，因此使用模板模式设计步骤，且不同动物寻找和捕获食物的方式不同，可采用抽象方法定义。动物吃食物的方式相同，可采用普通方法定义。其中包含以下方法：

- 动物捕食的普通方法 hunt()，用来规定捕食的步骤；
- 动物寻找食物的抽象方法 findFood()；
- 动物捕获食物的抽象方法 catchFood()；
- 动物吃食物的普通方法 eatFood()。

（2）定义狮子类 Lion，该类继承动物类，并重写其中的抽象方法。

（3）定义猴子类 Monkey，该类继承动物类，并重写其中的抽象方法。

（4）定义一个测试类 Test，在该类中：

- 使用向上转型创建一个狮子对象，并调用捕食方法；
- 使用向上转型创建一个猴子对象，并调用捕食方法。

运行结果如图 5.3 所示。

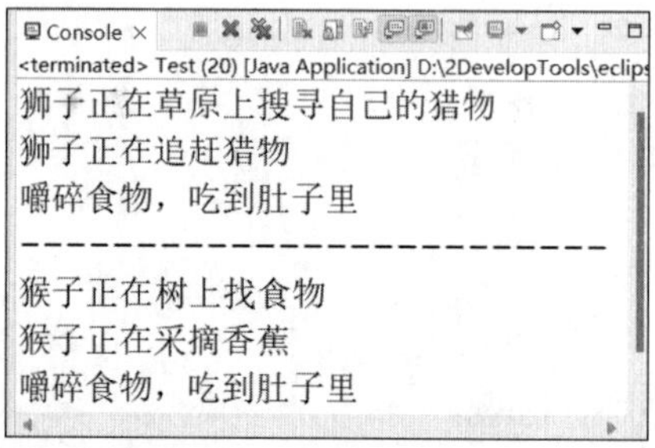

图5.3　程序运行结果

◆ 实现思路

第 1 步　创建抽象类 Animal。

第 2 步　在 Animal 类中定义捕食方法 hunt()，用来规范动物捕食的步骤；定义抽象方法 findFood() 和 catchFood()，分别用来寻找食物和捕获食物；定义普通方法 eatFood()，用来吃食物。

第 3 步　子类 Lion 和 Monkey 分别继承抽象类 Animal，并重写父类中的 findFood() 和 catchFood() 抽象方法。

第 4 步　创建测试类 Test，在该类中定义 main() 方法进行测试，在该方法中使用向上转型的方式来分别创建 Lion 和 Monkey 对象，并调用 hunt() 方法。

◆ 参考代码

实现以上程序运行结果的代码如下，具体可参考学习资源中的“源代码 \ 第 5 章 \ 代码 5-3”。

```
// 抽象类 Animal
public abstract class Animal {
    // 捕食方法，该方法为模板方法，定义捕食步骤
    public void hunt() {
            findFood();
            catchFood();
            eatFood();
    }
    // 由于动物寻找食物和捕获食物的方式不同，因此使用抽象方法来实现
    public abstract void findFood();            // 抽象方法：寻找食物
    public abstract void catchFood();           // 抽象方法：捕获食物
    // 具体方法，由于每个动物的 eatFood() 一致，因此不需要子类来重写
    public void eatFood() {
            System.out.println(" 嚼碎食物，吃到肚子里 ");
    }
```

```
}

// 狮子类 Lion 继承抽象类 Animal
public class Lion extends Animal{
  // 重写父类中所有的抽象方法
  @Override
  public void findFood() {
          System.out.println(" 狮子正在草原上搜寻自己的猎物 ");

  }

  @Override
  public void catchFood() {
          System.out.println(" 狮子正在追赶猎物 ");
  }
}

// 猴子类 Monkey 继承抽象类 Animal
public class Monkey extends Animal{
  // 重写父类中所有的抽象方法
  @Override
  public void findFood() {
          System.out.println(" 猴子正在树上找食物 ");

  }

  @Override
  public void catchFood() {
          System.out.println(" 猴子正在采摘香蕉 ");
  }
}

// 测试类
public class Test {
  public static void main(String[] args) {
          Animal a1=new Lion();                // 向上转型，创建狮子对象
          a1.hunt();                           // 调用狮子类的 hunt() 方法
          System.out.println("-------------------------");
```

```
            Animal a2=new Monkey();                    // 向上转型，创建猴子对象
            a2.hunt();                                 // 调用猴子类的 hunt() 方法
    }
}
```

任务5.2　final关键字

在现实生活中，规则是非常重要的，它们为社会带来了秩序、公平和正义，引导个人行为，保障安全和利益，并促进合作和协作。遵守规则是每个人的责任和义务，这有助于建立和谐、安全和繁荣的社会。例如，交通规则确保道路上的交通有序，减少交通事故发生的可能性；法律规定了犯罪行为的界限，并为受害者提供保护和正义。

在 Java 中，有时也需要限制类、方法和变量，从而提高代码的稳定性和安全性。如例 5-2 中 Tea 类的沏茶步骤，不论是红茶还是绿茶，沏茶的步骤都不变，因此希望将沏茶步骤规则化，即其他类无法来修改该方法，因此可以使用 final 关键字来防止方法被修改。

本任务的目的是学习 final 关键字在变量、方法和类中的应用。

AI 工具助力学习

掌握 final 关键字的作用

在 Java 中，final 关键字表示某个变量、方法或类是最终的，即不允许被改变。接下来我们使用 AI 工具文心一言来了解一下 final 关键字的作用。

- 提示词：请讲述一下 Java 中 final 关键字的作用。
- 文心一言回答：

在 Java 中，final 关键字有多种作用，主要有以下几种。

（1）修饰变量：当用 final 修饰一个变量时，这个变量就变成了常量，它的值在初始化之后就不能再被改变。例如，final int num = 10;，这里的 num 就是一个常量，它的值永远都是 10。

（2）修饰方法：当用 final 修饰一个方法时，这个方法不能被重写。也就是说，如果某个类继承了这个方法，那么它就不能再创建新的实现。例如，public final void print() { System.out.println("Hello"); }，这里的 print() 方法就不能被重写。

（3）修饰类：当用 final 修饰一个类时，这个类不能被继承。也就是说，没有其他类可以继承这个类。例如，public final class MyClass {}，这里的 MyClass 就是一个最终类，不能被其他类继承。

（4）修饰构造函数：当用 final 修饰一个构造函数时，这个构造函数不能被继承类调用。也就是说，如果某个类中包含使用 final 修饰的构造函数，则其子类就不能再调用这个构造函数。例如，public class MyClass { private final void MyConstructor() { }}，这里的 MyConstructor() 构造函数就不能被继承类调用。

总的来说，final 关键字在 Java 中可以用来保证代码的安全性和稳定性。

文心一言描述了 final 关键字的作用，如当其修饰变量时，其变为常量；当其修饰方法时，该方法不能被重写；当其修饰类时，该类不能被继承；当其修饰构造函数时，该构造函数不能被继承

类调用。在开发过程中，应合理使用 final 关键字。

5.2.1 final 修饰变量

在 Java 中，final 关键字修饰的变量意味着该变量被赋值后不可被修改，即为常量，通常使用大写字母来表示该常量。声明为 final 的变量可以在定义时进行初始化赋值，且一旦赋值便不能被修改，若再次为 final 修饰的变量赋值，则会导致编译错误，这样可以保证该值不被意外修改，从而增加了代码的安全性。

下面通过一个示例来学习使用 final 修饰变量。

例 5-3 定义一个学生类 Student，该类中定义一个常量 SCHOOLNAME，其值为 A 学校，并修改其值为 B 学校。具体代码如下，可参考学习资源中的“源代码 \ 第 5 章 \ 代码 5-4”。

```
public class Student {
  //× × 学校学生的学校名称是不变的，因此使用 final 修饰
  public final String SCHOOLNAME="A 学校 ";
  SCHOOLNAME="B 学校 ";
}
```

程序在编译时出现错误，如图 5.4 所示。

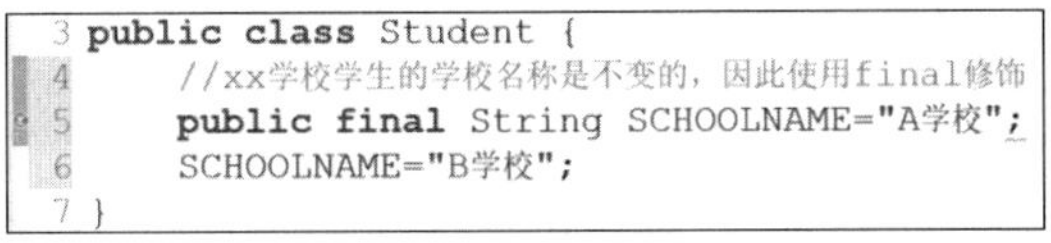

3 public class Student {
4 //xx学校学生的学校名称是不变的，因此使用final修饰
5 public final String SCHOOLNAME="A学校";
6 SCHOOLNAME="B学校";
7 }

图5.4 程序在编译时出现的错误1

5.2.2 final 修饰方法

在 Java 中，若类中的方法被 final 修饰，则该方法不能被子类重写。这意味着声明为 final 的方法是不可变的，不能被覆盖或改变其行为。使用 final 修饰方法的主要用途是在父类中实现一种通用的方法，而不允许子类修改其行为。如任务 5.1 中的上机实操中，父类 Animal 中的捕食方法为 hunt()，其用来规定动物捕食的步骤，该方法其实就是一个规则，不希望子类来随意修改，那么可以将该方法使用 final 关键字来修饰，从而提高代码的安全性。

下面通过一个示例来学习使用 final 修饰方法。

例 5-4 定义动物类 Animal，其中的捕食方法 hunt() 使用 final 修饰。定义子类 Lion，该类继承父类 Animal，并重写 hunt() 方法。具体代码如下，可参考学习资源中的“源代码 \ 第 5 章 \ 代码 5-5”。

```
// 动物类 Animal
public class Animal {
  // 不希望子类来修改该方法
  public final void hunt() {
        // 动物捕食的步骤
  }
}
```

```
// 狮子类继承 Animal 类
public class Lion extends Animal{
  // 重写父类中被 final 修饰的方法
  public void hunt() {


  }
}
```

程序在编译时出现错误，如图 5.5 所示。

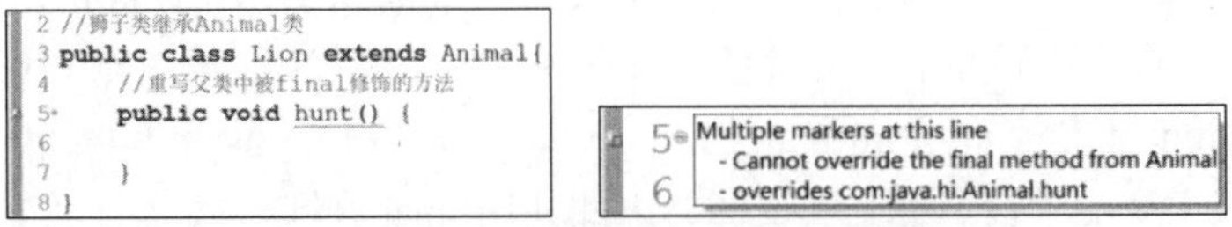

图5.5　程序在编译时出现的错误2

5.2.3 final 修饰类

在 Java 中，若类被 final 修饰，则该类为最终类，不能被其他类继承。这意味着声明为 final 的类是不可派生的，其作用是为了阻止类的进一步扩展。final 修饰的类通常是一些功能类，用来完成某种标准功能，如 java.lang.Math 类。

下面通过一个示例来学习使用 final 修饰类。

例 5-5 定义一个动物类 Animal，该类使用 final 关键词修饰，并定义子类 Dog，该类继承父类 Animal。具体代码如下，可参考学习资源中的“源代码 \ 第 5 章 \ 代码 5-6”。

```
// 使用 final 修饰 Animal 类
public final class Animal {


}

//Dog 继承 Animal 类
public class Dog extends Animal{


}
```

程序在编译时出现错误，如图 5.6 所示。

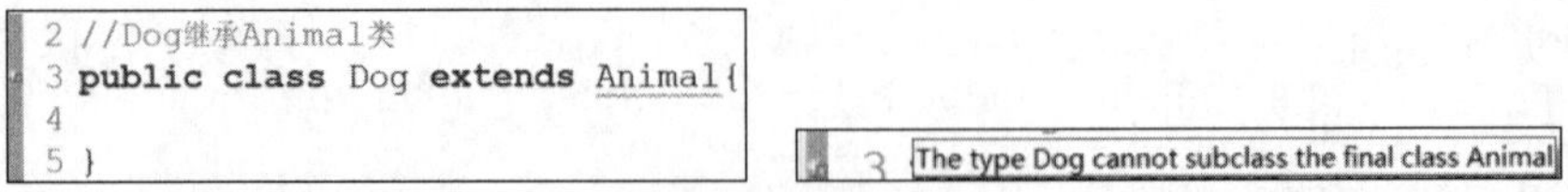

图5.6　程序在编译时出现的错误3

上机实操　设计数学工具类

◆ 上机要求

请按以下要求设计数学工具类。

（1）定义一个数学工具类，该类为最终类，包括静态常量和静态方法。

- 静态常量：圆周率 PI，其值为 3.14。
- 静态方法：计算圆周长的 circumference(int r) 方法，其中 r 为圆的半径，该方法不能被修改。

（2）定义一个测试类 Test，在该类中输出半径为 2 的圆周长，且保留小数点后两位。

运行结果如图 5.7 所示。

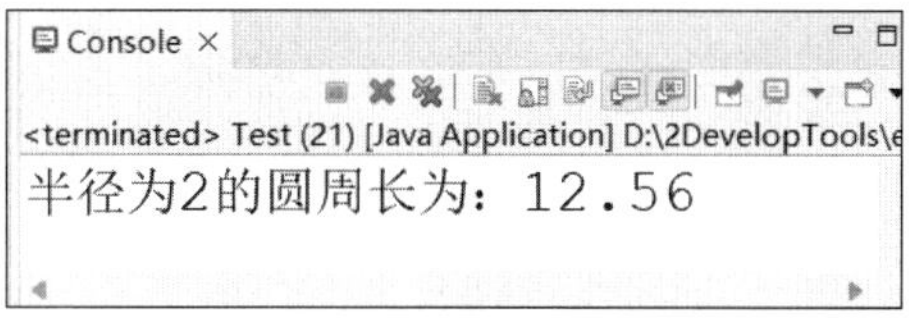
Console
<terminated> Test (21) [Java Application] D:\2DevelopTools\
半径为2的圆周长为：12.56

图5.7　程序运行结果

◆ 实现思路

第 1 步　创建最终类 MathUtils，使用 final 修饰该类。

第 2 步　在 MathUtils 类中定义静态常量 PI，其值为 3.14，使用 static 和 final 修饰。

第 3 步　在 MathUtils 类中定义静态方法 circumference(int r)，该方法使用 static 和 final 修饰，返回值类型为 double。

第 4 步　创建测试类 Test，在该类中定义 main() 方法进行测试，在该方法中输出圆周长，通过“类名 . 方法”的方式调用 circumference(int r) 方法来计算圆周长。

◆ 参考代码

实现以上程序运行结果的代码如下，具体可参考学习资源中的“源代码 \ 第 5 章 \ 代码 5-7”。

```
// 数学工具类 MathUtils
public final class MathUtils {
    //PI 常量
    public static final double PI=3.14;
    // 静态方法计算圆周长
    public static final double circumference(int r) {
            return 2*PI*r;
    }
}

// 测试类
public class Test {
    public static void main(String[] args) {
        // 由于 circumference 为静态方法，因此直接使用“类名 . 方法”调用
        System.out.printf(" 半径为 2 的圆周长为：%.2f",MathUtils.circumference(2));
    }
}
```

任务5.3 接口

在Java中，类仅支持单继承，即一个类只能有一个父类，然而现实生活中也会有一些多继承。如食肉动物，可能既继承于哺乳动物，又继承于捕食性动物；电子书，既继承于书，又继承于多媒体。这种继承关系就需要子类继承多个父类，但Java只支持单继承，此时就可以使用接口（Interface）来完成多继承的问题。

本任务的目的是学习接口的实现。

AI工具助力学习

为什么使用接口

在Java中，接口是一种特殊的抽象类，它提供了一种规范和协议，接下来我们使用AI工具讯飞星火来了解一下为什么使用接口。

- 提示词：请讲述一下Java中为什么要使用接口。
- 讯飞星火回答：

在Java编程中，接口扮演着重要的角色。

首先，一个类可以继承多个接口，但只能继承一个父类，这是Java不支持多重继承的特性所决定的。其次，接口是一种规范，它定义了相关或者不相关类的多个对象的共同行为。因此，当我们使用某个接口时，也就表明了我们的代码将会遵循该接口规定的那些契约。

另外，接口体现了程序设计的多态和高内聚、低耦合的设计思想。多态使得我们可以基于接口进行编程，而不需要关心对象的具体类型，大大提高了代码的灵活性和扩展性。而高内聚、低耦合则有助于我们设计出模块化、结构化的代码，降低各模块间的依赖性，提高代码的可读性和可维护性。

此外，Java标准库中的许多类都实现了接口，例如Comparable<T>接口。这使得我们可以方便地对对象进行排序、比较等操作。同时，通过使用接口，我们也可以实现类似“USB接口”那样的标准化交互方式。

总的来说，Java中的接口提供了一种强大的抽象机制，使得我们可以更加灵活和高效地进行编程。

讯飞星火描述了Java中为什么使用接口，该部分理解起来是个难点，因此一定要知其然知其所以然，不要盲目使用，在之后的学习中，大家要多理解多使用。

5.3.1 接口的定义

在Java中，接口比抽象类更加抽象。接口是一种标准，它只描述应具有哪些方法，并没有具体实现，即接口中都是抽象方法，而具体的实现由接口的实现类来完成，这样可以将规则和实现分离，有利于程序设计。从JDK 8开始，对接口进行了更新，接口中可以包括静态方法和默认方法，允许有方法体，其中，静态方法使用static修饰，默认方法使用default修饰。与定义类不同，接口采用interface关键字，但定义接口的文件仍然是.java文件，编译后依然会产生.class的字节码文件。接口的语法格式如下：

```
[访问修饰符] interface 接口名
{
   public static final 数据类型 常量名 = 常量值;
```

```
    public abstract 返回值类型 方法名 ( 参数列表 );
}
```

接口的定义需要注意以下几点：

（1）接口中的变量默认使用“public static final”（公共的、静态的常量）；

（2）接口中的方法默认使用“public abstract”（公共的、抽象方法）。

因此可以将接口的语法格式进行简化，如下所示：

```
[ 访问修饰符 ] interface 接口名
{
    数据类型 常量名 = 常量值 ;              // 默认添加 public static final
    返回值类型 方法名 ([ 参数列表 ]);        // 默认添加 public abstract
}
```

5.3.2 接口的实现

1. 类与接口的实现

在定义接口时，接口中的方法包括公共的抽象方法、静态方法和默认方法，其中，静态方法可以直接使用“接口名 . 方法”的方式调用，另外两种则需要接口的实现类对象来调用，因此需要实现接口的类，可采用关键字 implements。实现类的语法格式如下：

```
[ 访问修饰符 ] class 类名 implements 接口 1[, 接口 2, ……]
{
    // 重写接口中所有抽象方法
}
```

下面通过一个示例来学习接口的实现。

例 5-6 定义接口 Flyable，在该接口中定义公共的抽象方法 fly()，定义接口的实现类，并测试。具体代码如下，可参考学习资源中的“源代码 \ 第 5 章 \ 代码 5-8”。

```
// 接口 Flyable
public interface Flyable {
    public abstract void fly();        // 公共的抽象方法
}

// 实现接口
public class Bird implements Flyable{
    // 重写接口中的抽象方法
    @Override
    public void fly() {
            System.out.println(" 小鸟挥动翅膀在天空中自由飞翔 ");
    }
}

// 测试类
```

```
public class Test {
  public static void main(String[] args) {
          Bird bird=new Bird();        // 创建实体类对象
          bird.fly();                  // 调用 fly() 方法
  }
}
```

运行结果如图 5.8 所示。

Console
<terminated> Test (22) [Java Application] D:\2DevelopT
小鸟挥动翅膀在天空中自由飞翔

图5.8 例5-6的运行结果

2. 继承父类同时实现接口

类和类之间可以通过继承产生关系，类和接口之间可以通过实现产生关系。当一个类既要继承父类中的方法，又要额外扩展功能时，就可以既继承父类，又实现接口，语法格式如下：

```
[ 访问修饰符 ] class 类名 extends 父类 implements 接口 1[, 接口 2,……]
{
  ……
}
```

下面通过一个示例来学习类继承父类的同时实现接口。

例 5-7 定义父类 Animal、接口 Action 和 Dog 类，其中，Dog 类既继承父类 Animal，又实现接口 Action。具体代码如下，可参考学习资源中的“源代码 \ 第 5 章 \ 代码 5-9”。

```
// 父类 Animal
public class Animal {
  public String name;          // 姓名
  public int age;              // 年龄
  // 有参构造方法，为属性赋值
  public Animal(String name,int age) {
          this.name=name;
          this.age=age;
  }
}

// 接口 Action
public interface Action {
  // 公共的抽象方法，默认添加 public abstract
  public abstract void shout();        // 叫
  public abstract void eat();          // 吃
}
```

```
//Dog 类继承 Animal，且实现接口 Action
public class Dog extends Animal implements Action{
   // 父类中只包含有参构造方法，则子类必须包含有参构造方法
   public Dog(String name, int age) {
           super(name, age);
   }
   // 重写接口中所有的抽象方法
   @Override
   public void shout() {
           System.out.println(" 叫声：汪汪 ");
   }
   @Override
   public void eat() {
           System.out.println(" 喜欢吃：骨头 ");
   }
}

// 测试类
public class Test {
   public static void main(String[] args) {
           // 创建对象
           Dog dog=new Dog(" 旺财 ", 2);
           System.out.printf(" 名字：%s\n 年龄：%d 岁 \n",dog.name,dog.age);
           dog.shout();
           dog.eat();
   }
}
```

运行结果如图 5.9 所示。

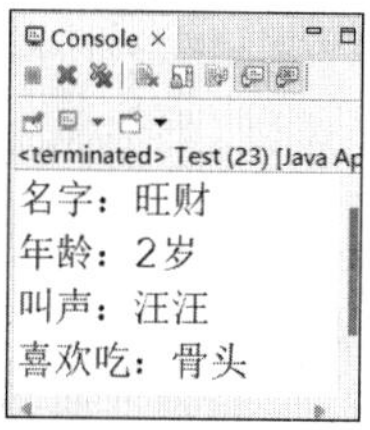

图5.9　例5-7的运行结果

3. 接口的多继承

一个接口可以继承多个接口，使用关键字 extends 继承，语法格式如下：

```
[ 访问修饰符 ] interface 接口 extends 接口 1[, 接口 2……]
```

```
{
  ……
}
```

下面通过一个示例来学习接口的多继承。

例 5-8 定义接口 Sport 和 Study，子接口 Action 继承 Sport 和 Study 接口，并定义 Student 类来实现 Action 接口。具体代码如下，可参考学习资源中的“源代码 \ 第 5 章 \ 代码 5-10”。

```
// 接口 Sport
public interface Sport {
   public abstract void run();            // 跑步
   public abstract void swim();           // 游泳
}

// 接口 Study
public interface Study {
   public abstract void learnJava();      // 学 Java
   public abstract void learnMath();      // 学数学
}

//Action 接口继承 Sport 和 Study 接口
public interface Action extends Sport, Study{


}

//Student 类实现 Action 接口
public class Student implements Action{
   public String name;                    // 姓名属性
   // 重写接口中所有的抽象方法
   @Override
   public void run() {
           System.out.println(" 跑步 ");
   }
   @Override
   public void swim() {
           System.out.println(" 游泳 ");
   }
   @Override
   public void learnJava() {
           System.out.println(" 学 Java");
   }
```

```
    @Override
    public void learnMath() {
            System.out.println(" 学高数 ");
    }
}

// 测试类
public class Test {
    public static void main(String[] args) {
            Student student=new Student();      // 创建对象
            student.name=" 小明 ";              // 为属性赋值
            System.out.println(student.name+" 一天的安排如下：");
            // 调用各方法
            student.run();
            student.learnJava();
            student.learnMath();
            student.swim();
    }
}
```

运行结果如图 5.10 所示。

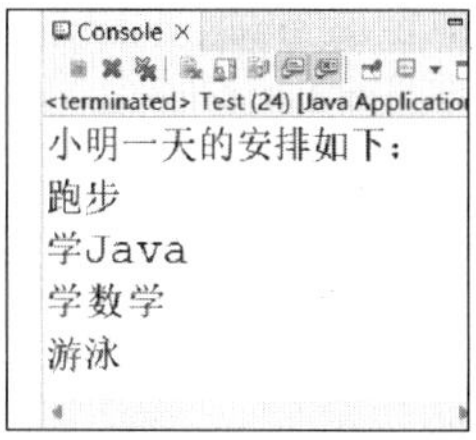

图5.10 例5-8的运行结果

上机实操 设计键盘和儿童智能手表

◆ 上机要求

请按以下要求设计键盘和儿童智能手表类。

（1）定义输入接口 Input，其中包括输入数据的方法。

（2）定义防水防尘接口 Avoid，其中包括防水和防尘的方法。

（3）定义扩展接口 ExtendsFunction，该接口具有防水、防尘和智能定位功能。

（4）定义儿童智能手表类 Watch，该类具有防水、防尘和智能定位的功能。

（5）定义键盘类 Keyboard，该类具有防水、防尘和键盘输入的功能。

（6）定义一个测试类 Test，在该类中：

- 创建一个儿童智能手表对象，并调用防水、防尘和智能定位方法；
- 创建一个键盘对象，并调用防水、防尘和键盘输入方法。

运行结果如图 5.11 所示。

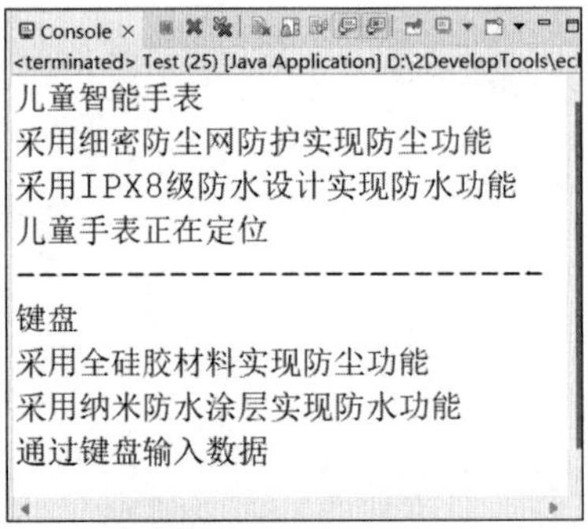

图5.11　程序运行结果

◆ 实现思路

第 1 步　创建输入接口 Input，其中包括公共的抽象方法 inputData()。

第 2 步　创建防水防尘接口 Avoid，其中包括公共的抽象方法 waterproof() 和 dust()。

第 3 步　创建扩展接口 ExtendsFunction，该接口继承 Avoid 接口，且包括独特的定位方法 orient()。

第 4 步　定义儿童手表类 Watch，使用 implements 关键字，实现 ExtendsFunction 接口，并重写其中的抽象方法，包括 waterproof()、dust() 和 orient()。

第 5 步　定义键盘类 Keyboard，使用 implements 关键字，实现 Input 接口和 Avoid 接口，并重写其中的抽象方法，包括 waterproof()、dust() 和 inputData()。

第 6 步　创建测试类 Test，在该类中定义 main 方法进行测试，在该方法中分别创建 Watch 和 Keyboard 对象，并调用其方法。

◆ 参考代码

实现以上程序运行结果的代码如下，具体可参考学习资源中的"源代码 \ 第 5 章 \ 代码 5-11"。

```
// 输入接口 Input
public interface Input {
    public abstract void inputData();           // 输入数据
}

// 防水防尘接口 Avoid
public interface Avoid {
    public abstract void waterproof();          // 防水
    public abstract void dust();                // 防尘
}

// 扩展接口，继承 Avoid 接口
public interface ExtendsFunction extends Avoid{
    public abstract void orient();              // 定位
```

```
}

// 键盘类 Keyboard 实现 Input 接口和 Avoid 接口
public class Keyboard implements Input, Avoid{
  // 重写 Input 接口和 Avoid 接口中所有的抽象方法
  @Override
  public void waterproof() {
        System.out.println(" 采用纳米防水涂层实现防水功能 ");
  }

  @Override
  public void dust() {
        System.out.println(" 采用全硅胶材料实现防尘功能 ");
  }

  @Override
  public void inputData() {
        System.out.println(" 通过键盘输入数据 ");
  }
}

// 儿童手表类 Watch 实现 ExtendsFunction 接口
public class Watch implements ExtendsFunction{
  // 重写 ExtendsFunction 接口中所有的方法
  @Override
  public void waterproof() {
        System.out.println(" 采用 IPX8 级防水设计实现防水功能 ");
  }

  @Override
  public void dust() {
        System.out.println(" 采用细密防尘网防护实现防尘功能 ");
  }

  @Override
  public void orient() {
        System.out.println(" 儿童手表正在定位 ");
  }
}
```

```
// 测试类
public class Test {
  public static void main(String[] args) {
        System.out.println(" 儿童智能手表 ");
        Watch watch=new Watch();
        watch.dust();
        watch.waterproof();
        watch.orient();
        System.out.println("------------------------");
        System.out.println(" 键盘 ");
        Keyboard keyboard=new Keyboard();
        keyboard.dust();
        keyboard.waterproof();
        keyboard.inputData();
  }
}
```

AI学习问答 定义接口时注意事项

学习完前面的内容，接下来我们使用AI工具ChatGPT来了解一下定义接口时要注意哪些事项。

◎ 提示词：请表述一下定义接口时要注意哪些事项。

◎ ChatGPT回答：

在定义接口时，有几个重要的事项需要注意。

（1）单一职责原则：接口应该遵循单一职责原则，即一个接口只定义一组相关的方法或属性，而不应该涵盖过多的功能。这样可以确保接口的职责清晰，方便使用和实现。

（2）方法和属性的命名：接口中方法和属性的名称应该清晰、明确，并符合所使用的编程语言的命名规范。好的命名可以提高代码的可读性和可维护性。

（3）接口的稳定性和向后兼容性：一旦定义了接口，就应该尽量避免对其进行频繁的修改。接口应该是稳定的，并且要考虑到向后兼容性。如果需要对接口进行更改，应该慎重考虑，并且提供适当的版本管理策略。

（4）明确文档和注释：为接口提供清晰的文档和注释可以帮助其他开发者使用接口，并理解接口的预期行为和使用方法。注释应包括接口的用途、方法的参数说明、返回值及可能的异常情况等。

（5）考虑接口的扩展性：在定义接口时，应该考虑其扩展性，允许将来对接口进行扩展和补充功能。这样能够使接口在需求变化时更具适应性。

（6）合理的接口设计：接口设计应该符合面向对象设计的原则和规范，遵循高内聚、低耦合的设计原则。接口应该尽量简洁，只定义必要的方法和属性，避免冗余和重复定义。

（7）考虑接口的实际使用情景：在定义接口时，应该考虑接口在实际使用情景中的应用和需求。了解接口的使用场景和预期用途，可以更好地设计和定义接口的方法和属性。

总结来说，在定义接口时，要注意职责单一、命名清晰、稳定性和兼容性、文档和注释、扩展性、合理设计及实际使用情景等方面的事项。好的接口设计可以提高代码的可读性、可维护性和可扩展性，使系统更加灵活和易于维护。

ChatGPT 描述了在定义接口时要注意哪些事项，在之后的开发过程中，只有遵循接口的这些事项，才能提高代码的可读性、可扩展性等。

同步训练 笔记本电脑操作流程

训练要求

请按以下要求设计笔记本电脑的操作。（该笔记本电脑通过 USB 接口连接鼠标和外部键盘，操作步骤为：打开笔记本电脑、打开鼠标、单击鼠标、关闭鼠标、打开键盘、键盘输入、关闭键盘、关闭笔记本电脑。）

（1）定义 USB 接口，其中包括以下方法：

- 打开外部设备；
- 关闭外部设备。

（2）定义鼠标 Mouse 类，该类中包括以下方法：

- 使用 USB 打开鼠标；
- 单击鼠标；
- 使用 USB 关闭鼠标。

（3）定义键盘 Keyboard 类，该类中包括以下方法：

- 使用 USB 打开键盘；
- 键盘输入；
- 使用 USB 关闭键盘。

（4）定义笔记本电脑 Computer 类，该类中包括以下方法：

- 打开笔记本电脑；
- 使用外部设备；
- 关闭笔记本电脑。

（5）定义一个测试类 Test，在该类中创建一个笔记本电脑对象，并完成打开笔记本电脑、使用鼠标、使用键盘和关闭笔记本电脑操作。

运行结果如图 5.12 所示。

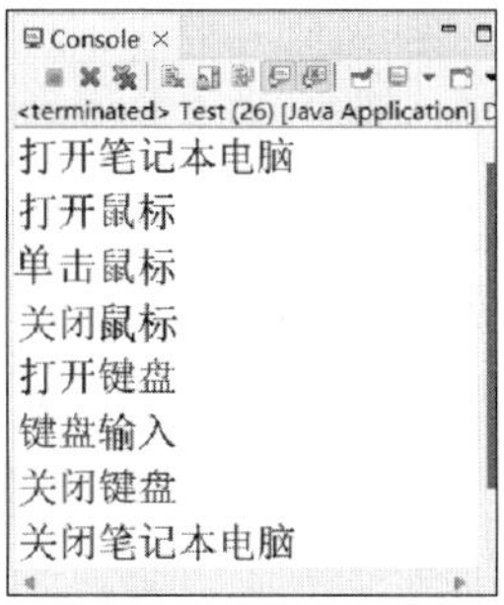

图5.12 程序运行结果

» 实现思路

第1步 创建接口USB，该接口包括以下公共的抽象方法。

（1）打开设备方法：openDevice()。

（2）关闭设备方法：closeDevice()。

第2步 定义鼠标类Mouse，使用implements关键字实现USB接口，在该类中：

（1）重写USB接口中所有的抽象方法；

（2）定义自己独有的单击鼠标方法click()。

第3步 定义键盘类Keyboard，使用implements关键字实现USB接口，在该类中：

（1）重写USB接口中所有的抽象方法；

（2）定义自己独有的键盘输入方法input()。

第4步 定义笔记本电脑类Computer，该类中包括的方法如下。

（1）打开笔记本电脑：powerOn()。

（2）使用外部设备：useDevice(USB usb)，在该方法中首先打开外部设备，即调用openDevice()方法；然后判断打开的设备是鼠标还是键盘，若是鼠标则调用单击鼠标方法click()，若是键盘则调用键盘输入方法input()；最后关闭外部设备。

（3）关闭笔记本电脑：powerOff()。

第5步 创建测试类Test，在该类中定义main()方法进行测试，在该方法中：

（1）创建一个笔记本电脑对象；

（2）调用powerOn()方法，用来打开笔记本电脑；

（3）调用useDevice(new Mouse())方法，用来使用鼠标设备；

（4）调用useDevice(new Keyboard())方法，用来使用键盘设备；

（5）调用powerOff()方法，用来关闭笔记本电脑。

» 程序代码

实现以上程序运行结果的代码如下，具体可参考学习资源中的“源代码\第5章\代码5-12”。

```
//USB 接口
public interface USB {
  public abstract void openDevice();            // 打开设备
  public abstract void closeDevice();           // 关闭设备
}

// 鼠标 Mouse 类实现 USB 接口
public class Mouse implements USB{
  // 重写 USB 接口中所有的抽象方法
  @Override
  public void openDevice() {
          System.out.println(" 打开鼠标 ");
  }
  @Override
```

```
  public void closeDevice() {
            System.out.println(" 关闭鼠标 ");
  }
  //Mouse 类中独有的单击鼠标方法
  public void click() {
            System.out.println(" 单击鼠标 ");
  }
}

// 键盘 Keyboard 类实现 USB 接口
public class Keyboard implements USB{
  // 重写 USB 接口中所有的抽象方法
  @Override
  public void openDevice() {
            System.out.println(" 打开键盘 ");
  }

  @Override
  public void closeDevice() {
            System.out.println(" 关闭键盘 ");
  }
  //Keyboard 类中独有的键盘输入方法
  public void input() {
            System.out.println(" 键盘输入 ");
  }
}

// 笔记本电脑类 Computer，在该类中使用 Mouse 类和 Keyboard 类
public class Computer {
  public void powerOn() {
            System.out.println(" 打开笔记本电脑 ");
  }
            public void useDevice(USB usb) {
            usb.openDevice();                              // 打开外部设备
            // 使用 instanceof，判断 usb 是 Mouse 类的实例还是 Keyboard 类的实例
            if(usb instanceof Mouse) {
                      Mouse mouse=(Mouse)usb;              // 向下转型
                      mouse.click();                       // 调用单击鼠标方法
            }else if(usb instanceof Keyboard) {
```

```
                Keyboard keyboard=(Keyboard)usb;          // 向下转型
                keyboard.input();                         // 调用键盘输入方法
            }
            usb.closeDevice();                            // 关闭外部设备
    }
            public void powerOff() {
            System.out.println(" 关闭笔记本电脑 ");
    }
}

// 测试类
public class Test {
    public static void main(String[] args) {
            Computer computer=new Computer();             // 创建笔记本电脑对象
            computer.powerOn();                           // 打开笔记本电脑
            computer.useDevice(new Mouse());              // 使用鼠标
            computer.useDevice(new Keyboard());           // 使用键盘
            computer.powerOff();                          // 关闭笔记本电脑
    }
}
```

小结

本章首先介绍了抽象类，包括抽象方法、抽象类的使用和作用；其次介绍了 final 关键字，包括 final 关键字修饰的变量、方法和类；最后介绍了接口，包括接口的定义、接口的实现、继承父类的同时实现接口和接口的多继承。

06

第 6 章

精通类的使用：Java 常用类

通常我们所说的 Java 常用类就是 Java API。Java API 是 Java 平台所提供的一系列功能强大且常用的类和方法的集合，它的设计目标是提供简单、易于使用和可扩展的接口，用于处理字符串、数据集合、输入输出、网络通信、数据库连接、图形用户界面等各个方面的编程任务。通过使用 Java API，开发人员可以直接调用这些类和方法，而无须自己实现复杂的功能。这大大提高了开发效率，并且可以确保代码质量和可维护性。本章我们将学习 Java 常用类（Java API）的使用。

课前思政

在开发的一个集在线购物、社交分享和个性化推荐于一体的综合平台中，为避免团队陷入无尽的代码编写和调试中，项目经理带领团队深入研究了 Java 提供的各种 API，如网络通信、数据库操作、图形用户界面设计等。在开发过程中，通过对 Java API 的调用，项目团队顺利地完成了处理用户请求和数据传输，实现了用户信息和商品数据的存储与检索，提前完成了任务。

在这个快速变化的数字化时代，创新是引领发展的第一动力，Java API 就像是我们手中的魔法棒，让我们可以避免重复编写代码，从而节省很多时间和精力。我们可以将更多的精力放在创新和优化用户体验等方面，开发出更多的优秀软件产品。

接下来让我们一起来学习 Java API，开启高效的编程之旅吧。

学习目标

1. 知识目标

- 了解 Java 常用类。
- 理解 object 类。
- 掌握字符串类、System 类、Runtime 类、Math 类、Random 类、I/O 类的使用。

2. 能力目标

- 能理解 Java 常用类的使用情况。
- 能创建 Java 常用类对象。
- 能使用 Java 常用类的方法。

3. 素质目标

- 提高学生的动手能力。
- 培养学生要注重理论与实际相结合。
- 培养学生的团队合作精神。

任务6.1 Object类

Object 类在 Java 中提供了一种通用的处理方式，为 Java 程序开发提供了基础，填补了 Java 中处理对象的通用操作的需求，提供了 Java 程序开发所需的基础方法和功能。

本任务的目的是学习 Java 基础类 Object 的使用。

AI 工具助力学习

Java 根类 Object 类

Object 类作为 Java 类的基类，所有类都能继承，下面使用 AI 工具 ChatGPT 来帮我们了解一下 Object 类的使用。

- 提示词：请表述一下 Java 中的 Object 类？
- ChatGPT 回答：

在 Java 中，Object 类是所有类的根类，也是最顶层的超类。每个 Java 类都直接或间接地继承自 Object 类，因此 Object 类中定义的方法可以在所有 Java 对象中使用。该类位于 java.lang 包中，因此在 Java 程序中无须显式导入即可使用。

Object 类包含了一些常用的方法，其中包括如下几种。

（1）equals(Object obj)：用于比较两个对象是否相等。默认实现的是比较两个对象的引用是否相同，可以被子类重写以实现自定义的相等性判断。

（2）hashCode()：返回对象的哈希码值。在哈希表等数据结构中使用，用于快速查找对象。

（3）toString()：返回对象的字符串表示。默认实现返回对象的类名和内存地址，常用于调试和日志记录。

（4）getClass()：返回对象的运行时类，即对象所属的类。

（5）clone()：创建并返回对象的副本。需要实现 Cloneable 接口才能使用此方法，且通常需要重写以满足特定需求。

（6）finalize()：在对象被垃圾回收之前调用。已被弃用，不推荐使用。

（7）wait()、notify() 和 notifyAll()：用于多线程同步和通信的方法。这些方法被用来在对象之间进行线程间通信。

因为所有类都继承自 Object 类，所以这些方法可以在任何 Java 对象上调用。在编写自定义类时，可以根据需要重写 Object 类中的方法，以实现特定的对象行为和语义。

ChatGPT 描述了 Java 中所有类的基类 Object 类，它包含了所有对象的基本行为和属性，因此将 java.lang.Object 视为 Java 中的超级父类。Java 的所有类都会自动继承 java.lang.Object 类，无须显式地将其作为超级父类进行声明。下面我们一起学习 Object 类。

6.1.1 Object 类概述

Object 是 Java 中所有类的父类、超类、基类，位于继承树的最顶层。所有类都默认继承 Object 类，所有类对象，包括数组，也都要实现这个类中的方法。可以说，任何一个没有显式地继承别的父类的类，都会直接继承 Object 类，否则就是间接地继承 Object 类，并且任何一个类也都会享有 Object 类提供的方法。又因为 Object 类是所有类的父类，所以基于多态的特性，该类可以用来代表任何一个类，允许把任何类型的对象赋给 Object 类型的变量，也可以作为方法的参数、方法的返回值。

6.1.2 Object 类常用方法

表 6.1 列出了 Java 中 Object 类的一些常用方法。

表 6.1　Object 类常用方法

方法	描述
public boolean equals(Object obj)	比较当前对象与指定对象是否相等，返回值为 true 或者 false
public int hashCode()	返回对象的哈希码，返回值为 int 类型
public String toString()	返回对象的字符串表示，返回值为 String 类型
public final Class<?> getClass()	返回对象的运行时类
public final void notify()	唤醒在该对象上等待的单个线程
public final void notifyAll()	唤醒在该对象上等待的所有线程
public final void wait()	导致当前线程等待直到另一个线程调用 notify() 或 notifyAll()，可在 () 中指定等待时间

上述方法是 Object 类的一部分，可以在任何类中使用，因为所有类都隐式地继承了 Object 类。需要注意的是，可以根据需要重写 hashCode()、equals() 和 toString() 方法，以适应特定的类和需求。下面我们一起来学习 Object 类的 hashCode()、equals() 和 toString() 方法的使用。

例 6-1 equals() 方法的使用：创建 Person 类，包含 name 属性和 age 属性，定义 person1、person2 和 person3 三个对象，使用 equals() 方法比较 person1 和 person2，以及 person1 和 person3，输出比较结果。具体代码如下，可参考学习资源中的“源代码 \ 第 6 章 \ 代码 6-1”。

```
package cn.test;
import java.util.Objects;
public class Person {
  private String name;
  private int age;
  public Person(String name, int age) {
        // TODO Auto-generated constructor stub
        this.name=name;
        this.age=age;
  }
  public boolean equals(Object obj) {
    if (this == obj) {
      return true;
    }
    if (obj == null || getClass() != obj.getClass()) {
      return false;
    }
    Person person = (Person) obj;
    return age == person.age && Objects.equals(name, person.name);
```

```
    }
    public static void main(String[] args) {
            Person person1 = new Person("Alice", 25);
            Person person2 = new Person("Bob", 30);
            Person person3 = new Person("Alice", 25);
            System.out.println(person1.equals(person2)); // 输出：false
            System.out.println(person1.equals(person3)); // 输出：true
    }
}
```

例 6-2 hashCode() 方法的使用：创建 Person1 类，定义 person 对象，输出对象的哈希码。具体代码如下，可参考学习资源中的“源代码 \ 第 6 章 \ 代码 6-2”。

```
package cn.test;
import java.util.Objects;
public class Person1 {
    private String name;
    private int age;
    public Person1(String name, int age) {
            // TODO Auto-generated constructor stub
            this.name=name;
            this.age=age;
    }
    public int hashCode() {
        return Objects.hash(name, age);
    }
    public static void main(String[] args) {
            // TODO Auto-generated method stub
            Person1 person = new Person1("Alice", 25);
            System.out.println(person.hashCode()); // 输出：1963862394
    }

}
```

例 6-3 toString() 方法的使用：创建 Person 2 类，改写 toString() 方法；定义 person 对象，输出对象字符串。具体代码如下，可参考学习资源中的“源代码 \ 第 6 章 \ 代码 6-3”。

```
package cn.test;
public class Person2 {
    private String name;
    private int age;
    public Person2(String name, int age) {
            // TODO Auto-generated constructor stub
```

```
            this.name=name;
            this.age=age;
    }
    public String toString() {
        return "Person{name='" + name + "', age=" + age + "}";
    }
    public static void main(String[] args) {
            // TODO Auto-generated method stub
            Person2 person = new Person2("Alice", 25);
            System.out.println(person.toString()); // 输出：Person{name='Alice', age=25}
    }
}
```

在上述示例中，equals() 方法用于比较两个对象是否相等；hashCode() 方法用于返回对象的哈希码，通常在使用哈希表等数据结构时会用到；toString() 方法用于返回对象的字符串表示，可以在打印对象时使用。这些方法可以根据具体的类和需求进行自定义实现。

上机实操 使用 equals()、hashCode() 和 toString() 方法

◆ 上机要求

请按以下要求设计一个汽车类 Car，并使用测试类进行测试。

（1）定义一个汽车类 Car，其中包含以下属性。

- brand：品牌。
- model：型号。
- year：年份。

（2）重写 equals()、hashCode() 和 toString() 方法。

- equals()：比较品牌、型号和年份是否相等。
- hashCode()：使用 Objects.hash() 方法生成哈希码。
- toString()：返回车辆的字符串表示形式。

运行结果如图 6.1 所示。

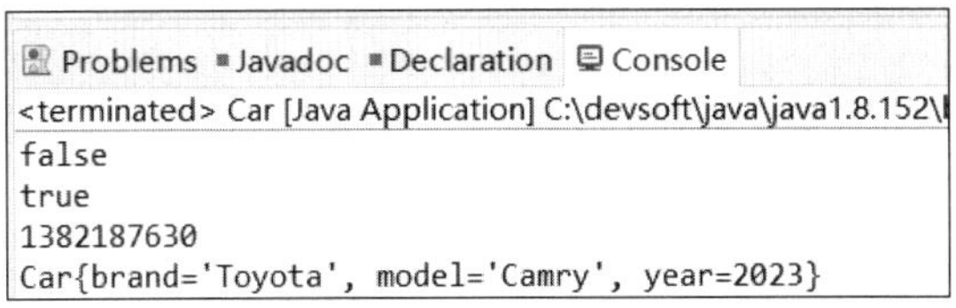
Problems
Javadoc
Declaration
Console
<terminated> Car [Java Application] C:\devsoft\java\java1.8.152\
false
true
1382187630
Car{brand='Toyota', model='Camry', year=2023}

图6.1 Object类常用方法运行结果

在上机要求中，我们重写 equals()、hashCode() 和 toString() 方法。在 equals() 方法中，我们比较了品牌、型号和年份是否相等。在 hashCode() 方法中，我们使用 Objects.hash() 方法来生成哈希码。在 toString() 方法中，我们返回了车辆的字符串表示形式。

◆ 实现思路

第 1 步 创建一个 Car 类。

第2步 重写 equals()、hashCode() 和 toString() 方法。

（1）在 equals() 方法中，比较品牌、型号和年份是否相等；

（2）在 hashCode() 方法中，使用 Objects.hash() 方法生成哈希码；

（3）在 toString() 方法中，返回车辆的字符串表示形式。

第3步 在 main 方法中：

（1）创建 car1("Toyota", "Camry", 2023)、car2("Honda", "Civic", 2023)、car3("Toyota", "Camry", 2023) 对象；

（2）调用 equals() 方法比较 car1 和 car2 两个对象；

（3）调用 equals() 方法比较 car1 和 car3 两个对象；

（4）调用 hashCode() 方法输出哈希码；

（5）调用 toString() 方法输出字符串。

◆ 参考代码

实现以上程序运行结果的代码如下，具体可参考学习资源中的“源代码 \ 第 6 章 \ 代码 6-4”。

```
import java.util.Objects;
public class Car {
   private String brand;
   private String model;
   private int year;
   public Car(String brand, String model, int year) {
   // TODO Auto-generated constructor stub
      this.brand=brand;
      this.model=model;
      this.year=year;
   }

   public String getBrand() {
      return brand;
   }

   public void setBrand(String brand) {
      this.brand = brand;
   }

   public String getModel() {
      return model;
   }

   public void setModel(String model) {
      this.model = model;
```

```
    }

    public int getYear() {
        return year;
    }

    public void setYear(int year) {
        this.year = year;
    }

    @Override
    public boolean equals(Object obj) {
        if (this == obj) {
            return true;
        }
        if (obj == null || getClass() != obj.getClass()) {
            return false;
        }
        Car car = (Car) obj;
        return year == car.year && Objects.equals(brand, car.brand) && Objects.equals(model,car.model);
    }
    @Override
    public int hashCode() {
        return Objects.hash(brand, model, year);
    }
    @Override
    public String toString() {
        return "Car{brand='" + brand + "', model='" + model + "', year=" + year + "}";
    }
    public static void main(String[] args) {
        Car car1 = new Car("Toyota", "Camry", 2023);
        Car car2 = new Car("Honda", "Civic", 2023);
        Car car3 = new Car("Toyota", "Camry", 2023);
        System.out.println(car1.equals(car2)); // 输出：false
        System.out.println(car1.equals(car3)); // 输出：true
        System.out.println(car1.hashCode()); // 输出：1382187630
        System.out.println(car1.toString()); // 输出：Car{brand='Toyota', model= 'Camry', year=2023}
    }
}
```

任务6.2 字符串类

在Java中，字符串是一个非常重要的类，它由标准库（java.lang包）提供。

本任务的目的是学习Java中的字符串类（String类、StringBuffer类、StringBuilder类）的使用。

AI工具助力学习

Java中的字符串类

字符串类是一个非常重要的类，下面使用AI工具文心一言来了解字符串类的常用操作。

- 提示词：Java中的字符串类的操作有哪些？
- 文心一言回答：

在Java中，字符串是一个非常重要的类，它由标准库（java.lang包）提供，主要包括String、StringBuffer、StringBuilder等。下面是一些关于字符串类的常用操作。

（1）创建字符串。

- 使用字面量创建：String str = "Hello World";
- 使用构造函数创建：String str = new String("Hello World");

（2）字符串长度。

- 使用length()方法获取字符串的长度：int len = str.length();

（3）字符串连接。

- 使用+运算符进行字符串连接：String newStr = str1 + str2;
- 使用concat()方法进行字符串连接：String newStr = str1.concat(str2);

（4）字符串比较。

- 使用equals()方法进行字符串内容比较：boolean isEqual = str1.equals(str2);
- 使用equalsIgnoreCase()方法进行忽略大小写的字符串比较：boolean isEqual = str1.equalsIgnore Case (str2);
- 使用compareTo()方法进行字符串大小比较：int result = str1.compareTo(str2);（返回值为负数、正数或零，表示str1小于、大于或等于str2）

（5）子串提取。

- 使用substring()方法提取子串：String subStr = str.substring(startIndex, endIndex);

注意：startIndex是要提取的子串的起始索引（包含），endIndex是要提取的子串的结束索引（不包含）。

（6）字符串查找/替换。

- 使用indexOf()方法查找子串第一次出现的位置：int index = str.indexOf(subStr);
- 使用replace()方法将指定子串替换为新的字符串：String newStr = str.replace(oldSubStr, new SubStr);
- 使用replaceAll()方法通过正则表达式替换字符串：String newStr = str.replaceAll(regex, repla cement);

文心一言对Java中的字符串类进行了描述，同时介绍了它们的一些常见操作，还有很多其他函数可用于字符串操作，可以参考Java文档。下面我们一起学习String类、StringBuffer类和StringBuilder类。

6.2.1 String 类

表 6.2 列出了 Java 中 String 类的一些常用方法。

表 6.2 String 类常用方法

方法	描述
char charAt(int index)	返回字符串中指定索引处的字符
int length()	返回字符串的长度
String substring(int beginIndex)	返回从指定索引开始到字符串结尾的子串
String substring(int beginIndex, int endIndex)	返回从指定的开始索引到指定的结束索引之间的子串
int indexOf(String substring)	返回字符串中第一次出现指定子串的索引
int indexOf(String substring, int fromIndex)	返回字符串中指定索引后第一次出现指定子串的索引
int lastIndexOf(String substring)	返回字符串中最后一次出现指定子串的索引
int lastIndexOf(String substring, int fromIndex)	返回字符串中最后一次出现指定子串且在指定索引之前的索引
String[] split(String regex)	使用正则表达式分隔字符串
String replace(String oldString, String newString)	返回字符串中指定子串被替换后的字符串
String replaceAll(String regex, String replacement)	根据正则表达式替换字符串中的内容
String toLowerCase()	将字符串转换为小写字母形式
String toUpperCase()	将字符串转换为大写字母形式
boolean equals(Object object)	比较字符串是否相等

String 类的使用方法具体如下。

（1）charAt() 的使用：

```
String str = "Hello";
char ch = str.charAt(1); // ch = 'e'
```

（2）length() 的使用：

```
int len = str.length(); // len = 5
```

（3）substring() 的使用：

```
String subStr = str.substring(1); // subStr = "ello"
String subStr2 = str.substring(1, 4); // subStr2 = "ell"
```

（4）indexOf() 的使用：

```
int index = str.indexOf('e'); // index = 1
int index2 = str.indexOf('e', 2); // index2 = -1
```

（5）lastIndexOf() 的使用：

```
int lastIndex = "Hello world, hello".lastIndexOf('o'); // lastIndex = 16
int lastIndex2 = "Hello world, hello".lastIndexOf('o', 10); // lastIndex2 = 7
```

（6）split() 的使用：

```
String[] stringArray = "Hello,World".split(","); // stringArray = ["Hello", "World"]
```

（7）replace() 的使用：

```
String newStr = str.replace('l', 'w'); // newStr = "Hewwo"
```

（8）replaceAll() 的使用：

```
String newStr2 = "Hello World".replaceAll("\\s", ""); // newStr2 = "HelloWorld"
```

（9）toLowerCase() 的使用：

```
String strLowerCase = str.toLowerCase(); // strLowerCase = "hello"
```

（10）toUpperCase() 的使用：

```
String strUpperCase = str.toUpperCase(); // strUpperCase = "HELLO"
```

（11）equals() 的使用：

```
boolean isEqual = str.equals("hello"); // isEqual = false
```

此外，String 类还有更多其他函数可用于字符串操作，可以参考 Java 帮助文档了解更多有关 String 类的详细信息。

6.2.2 StringBuffer 类

表 6.3 列出了 Java 中 StringBuffer 类的一些常用方法。

表 6.3　StringBuffer 类常用方法

方法	描述
append(String str)	添加指定字符串
delete(int start, int end)	删除指定位置的字符
insert(int offset, String str)	在指定位置插入指定字符串
reverse()	反转字符串缓冲区中的字符串
toString()	将字符串缓冲区对象转换为字符串

StringBuffer 类的相关使用方法如下。

（1）创建一个 StringBuffer 对象：

```
StringBuffer sb = new StringBuffer();
```

（2）添加字符串：

```
sb.append("Hello");
sb.append("World");
```

（3）打印字符串：

```
System.out.println(sb.toString()); // 输出：Hello World
```

（4）插入字符串：

```
sb.insert(5, "Java ");
System.out.println(sb.toString()); // 输出：HelloJava World
```

（5）删除字符：

```
sb.delete(5, 9);
System.out.println(sb.toString()); // 输出：HelloWorld
```

（6）反转字符：

```
sb.reverse();
System.out.println(sb.toString()); // 输出：dlroWolleH
```

（7）转换为字符串：

```
String str = sb.toString();
System.out.println(str); // 输出：dlroWolleH
```

6.2.3 StringBuilder 类

表 6.4 列出了 Java 中 StringBuilder 类的一些常用方法。

表 6.4 类常用方法

方法	描述
append(String str)	添加指定字符串
delete(int start, int end)	删除指定位置的字符
insert(int offset, String str)	在指定位置插入指定字符串
replace(int start, int end, String str)	用指定字符串替换字符串缓冲区中指定位置的字符
reverse()	反转字符串缓冲区中的字符串
toString()	将字符串缓冲区对象转换为字符串

StringBuilder 类的相关使用方法如下。

（1）创建一个 StringBuilder 对象：

```
StringBuilder sb = new StringBuilder();
```

（2）添加字符串：

```
sb.append("Hello");
sb.append("World");
```

（3）打印字符串：

```
System.out.println(sb.toString()); // 输出：Hello World
```

（4）插入字符串：

```
sb.insert(5, "Java");
System.out.println(sb.toString()); // 输出：Hello Java World
```

（5）替换字符：

```
sb.replace(6, 10, "C++");
System.out.println(sb.toString()); // 输出：Hello C++ World
```

（6）删除字符：

```
sb.delete(6, 9);
System.out.println(sb.toString()); // 输出：Hello World
```

（7）反转字符：

```
sb.reverse();
System.out.println(sb.toString()); // 输出：dlroW olleH
```

（8）转换为字符串：

```
String str = sb.toString();
System.out.println(str); // 输出：dlroW olleH
```

上机实操 编写程序判断一个字符串是否是回文字符串

◆ 上机要求

创建一个 StringDemo 类，在其中编写 isPalindrome() 方法，传入一个字符串参数，判断该字符串是否回文字符串。运行结果如图 6.2 所示。

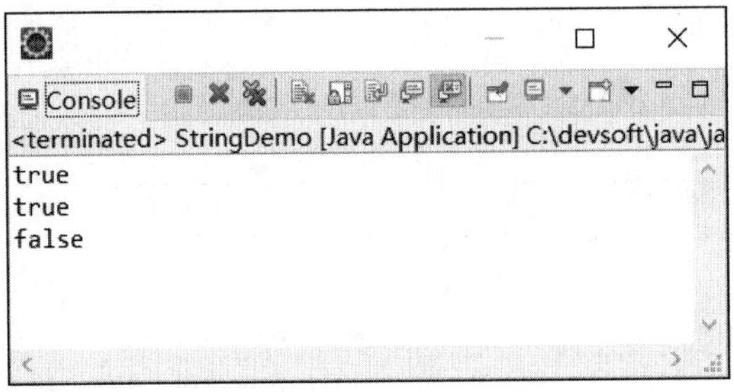
Console
<terminated> StringDemo [Java Application] C:\devsoft\java\ja
true
true
false

图6.2 回文字符串运行结果

◆ 实现思路

第1步 利用 replaceAll() 方法去掉字符串中的所有空格，只留下字母和数字。

第2步 将字符串转为字符数组。

第3步 使用双指针法判断这个字符数组是否回文字符串。双指针法分别从左右两侧开始，依次判断两个指针指向的字符是否相等，若不相等则直接返回 false；如果整个判断过程都没有返回，则说明这个字符串是回文字符串，返回 true。

◆ 参考代码

实现以上程序运行结果的代码如下，具体可参考学习资源中的“源代码\第6章\代码6-5”。

```
public class StringDemo {
  public static boolean isPalindrome(String str) {
    // 去除字符串中的所有空格，只留下字母和数字
    str = str.replaceAll("\\s+", "").toLowerCase();
    // 将字符串转为字符数组
    char[] arr = str.toCharArray();
    // 用双指针法判断是否回文字符串
    int left = 0, right = arr.length - 1;
    while (left < right) {
      if (arr[left] != arr[right]) {
        return false;
      }
      left++;
      right--;
    }
    return true;
  }
  public static void main(String[] args) {
    String str1 = "level";
    String str2 = "LeVeL";
    String str3 = "hello";
    System.out.println(isPalindrome(str1)); // 输出：true
```

```
        System.out.println(isPalindrome(str2)); // 输出：true
        System.out.println(isPalindrome(str3)); // 输出：false
    }
}
```

任务6.3 System类

System 类是 Java 语言中的系统类，它提供了许多与系统级操作有关的静态方法和常量。这个类位于 java.lang 包中，它是自动导入的，无须显式导入。本任务的目的是学习 System 类的静态方法和使用。

AI 工具助力学习

System 类的使用

Java 中对系统的操作都会使用到 System 类，我们首先通过 AI 工具讯飞星火来提问，帮助我们了解 System 类的常用操作。

- 提示词：Java 中 System 类的常用操作有哪些？
- 讯飞星火回答：

Java 的 System 类是一个极其重要的类，它被设计出来主要提供与系统相关的各种操作和信息访问功能。由于 System 类属于 java.lang 包，因此它在每个 Java 程序中都可以被自动导入，开发者无须手动导入任何库就可以直接使用这个类。

System 类不能被实例化，这是因为它是一个工具类，主要用于提供一些静态方法。在 System 类中，提供了许多非常实用的设施。例如，标准输入、标准输出和错误输出流分别对应于 System.in、System.out 和 System.err；访问外部定义的属性和环境变量的方法，如 System.getProperty() 和 System.setProperty()；加载文件和库的方法，如 System.load() 和 System.loadLibrary()；还有快速复制数组的一部分的实用方法，即 arraycopy()。

讯飞星火粗略地描述了 Java 中 System 类的方法，让我们对 System 类的使用场景有了初步了解，下面我们详细学习 System 类的使用。

6.3.1 System 类常用方法介绍

表 6.5 列出了 Java 中 System 类的一些常用方法。

表 6.5　System 类常用方法

方法	描述
currentTimeMillis()	返回当前时间的毫秒数
getProperty(String key)	获取指定的系统属性
clearProperty(String key)	清除指定的系统属性
getenv(String name)	获取指定名称的环境变量值
getenv()	获取所有的环境变量

续表

方法	描述
getProperties()	获取所有的系统属性
exit(int status)	结束 JVM 运行
gc()	开始垃圾回收
getSecurityManager()	返回当前的安全管理器
lineSeparator()	返回当前操作系统的换行符
setErr(PrintStream err)	重新分配“标准”错误输出流
setIn(InputStream in)	重新分配“标准”输入流
setOut(PrintStream out)	重新分配“标准”输出流

System 类的相关使用方法如下。

（1）currentTimeMillis() 的使用：

```
long currentTime = System.currentTimeMillis();
```

（2）getProperty(String key) 的使用：

```
String javaVersion = System.getProperty("java.version");
```

（3）clearProperty(String key) 的使用：

```
System.clearProperty("my.property");
```

（4）getenv(String name) 的使用：

```
String path = System.getenv("PATH");
```

（5）getenv() 的使用：

```
Map<String, String> env = System.getenv();
```

（6）getProperties() 的使用：

```
Properties props = System.getProperties();
```

（7）exit(int status) 的使用：

```
System.exit(0);
```

（8）gc() 的使用：

```
System.gc();
```

（9）getSecurityManager() 的使用：

```
SecurityManager sm = System.getSecurityManager();
```

（10）lineSeparator() 的使用：

```
String lineSep = System.lineSeparator();
```

（11）setErr(PrintStream err) 的使用：

```
System.setErr(new PrintStream(new File("errors.log")));
```

（12）setIn(InputStream in) 的使用：

```
System.setIn(new FileInputStream(new File("input.txt")));
```

（13）setOut(PrintStream out) 的使用：

```
System.setOut(new PrintStream(new File("output.txt")));
```

6.3.2 System 类常用方法使用案例

例 6-4 System 类提供了一些方法来与系统进行交互和获取系统相关信息，下面通过例子来演示如何使用 System 类的常用方法。具体代码如下，可参考学习资源中的“源代码\第 6 章\代码 6-6”。

```
public class SystemDemo {
    public static void main(String[] args) {
        // 获取当前时间的毫秒数
        long currentTimeMillis = System.currentTimeMillis();
        System.out.println(" 当前时间的毫秒数：" + currentTimeMillis);
        // 获取系统的属性
        String javaVersion = System.getProperty("java.version");
        String osName = System.getProperty("os.name");
        System.out.println("Java 版本：" + javaVersion);
        System.out.println(" 操作系统：" + osName);
        // 获取所有的环境变量
        Map<String, String> envVariables = System.getenv();
        System.out.println(" 环境变量：");
        for (Map.Entry<String, String> entry : envVariables.entrySet()) {
            System.out.println(entry.getKey() + "=" + entry.getValue());
        }
        // 获取所有的系统属性
        Properties systemProperties = System.getProperties();
        System.out.println(" 系统属性：");
        systemProperties.forEach((key, value) -> System.out.println(key + "=" + value));
        // 结束 JVM 运行
        System.exit(0);
    }
}
```

运行结果如图 6.3 所示。

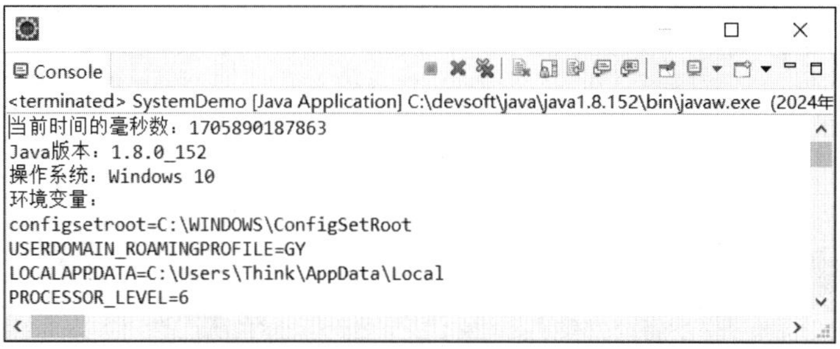

图6.3 System类常用方法运行结果

上机实操 编写程序检查操作系统的类型和版本

◆ 上机要求

创建一个 CheckOSVersion 类，使用 Java 中的 System 类和 getProperty() 方法获取操作系统的类型和版本信息。运行结果如图 6.4 所示。

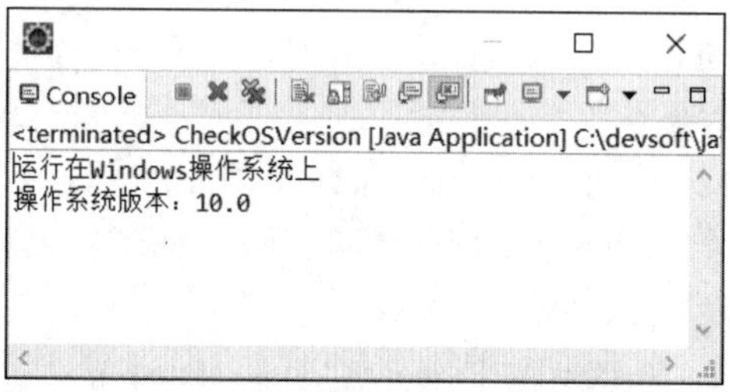

图6.4 操作系统的类型和版本信息

◆ 实现思路

第 1 步 使用 getProperty() 方法获取操作系统的名称和版本信息。

第 2 步 使用 toLowerCase() 方法将操作系统名称转换成小写字母。

第 3 步 使用 contains() 方法判断是否包含指定字符：windows、linux、mac。

◆ 参考代码

实现以上程序运行结果的代码如下，具体可参考学习资源中的“源代码 \ 第 6 章 \ 代码 6-7”。

```
public class CheckOSVersion {
  public static void main(String[] args) {
      String osName = System.getProperty("os.name");
      String osVersion = System.getProperty("os.version");

      if (osName.toLowerCase().contains("windows")) {
        System.out.println(" 运行在 Windows 操作系统上 ");
      } else if (osName.toLowerCase().contains("linux")) {
        System.out.println(" 运行在 Linux 操作系统上 ");
      } else if (osName.toLowerCase().contains("mac")) {
        System.out.println(" 运行在 macOS 操作系统上 ");
      } else {
        System.out.println(" 未知操作系统 ");
      }

      System.out.println(" 操作系统版本： " + osVersion);
  }
}
```

任务6.4 Runtime类

Runtime 是 Java 的运行时类，它允许 Java 应用程序与 Java 运行时环境进行交互，提供一个接口，执行如运行外部程序、查询和管理内存、获取系统信息等操作。Runtime 类的主要功能包括如下。

（1）执行代码：Runtime 类可以用来执行系统命令、动态链接本地方法及执行其他的运行时操作。

（2）内存管理：Runtime 类提供了一些方法，如 totalMemory() 和 freeMemory()，用于获取 JVM 中的总内存和可用内存。它也提供了 maxMemory() 方法，用于获取 JVM 可以使用的最大内存量。

（3）与 Java 虚拟机交互：通过 Runtime 类，可以与 JVM 进行交互。例如，可以调用 exit() 方法来终止 JVM。

本任务的目的是学习 Runtime 类的使用。

AI 工具助力学习

Runtime 类常用方法的使用

Runtime 类提供了与应用程序运行时环境交互的方法。它允许 Java 应用程序执行与底层操作系统相关的操作，例如执行外部程序、获取系统资源等。下面我们通过 AI 工具 ChatGPT 来了解 Runtime 类的常用操作。

- 提示词：Java 中 Runtime 类的常用方法如何使用？
- ChatGPT 回答：

以下是一个关于 Java 中 Runtime 类的常用方法使用的示例代码，演示了如何使用它的常用方法：

```
public class RuntimeDemo {
    public static void main(String[] args) throws IOException {
        // 获取当前运行时对象
        Runtime runtime = Runtime.getRuntime();
        // 获取 Java 虚拟机中的内存信息
        long freeMemory = runtime.freeMemory();
        long totalMemory = runtime.totalMemory();
        long maxMemory = runtime.maxMemory();
        System.out.println(" 空闲内存：" + freeMemory);
        System.out.println(" 总内存：" + totalMemory);
        System.out.println(" 最大内存：" + maxMemory);
        // 执行操作系统的命令
        Process process = runtime.exec("notepad.exe");
        // 关闭刚刚打开的记事本进程
        process.destroy();
    }
}
```

在上述 ChatGPT 给出的示例中，首先使用 getRuntime() 方法获取运行时对象；其次使用 freeMemory() 方法获取 JVM 当前空闲内存，使用 totalMemory() 方法获取 JVM 当前总内存，使用

maxMemory() 方法获取 JVM 当前最大内存，并将这些信息打印输出；然后使用 exec() 方法来执行操作系统的命令打开记事本；最后使用 destroy() 方法来关闭刚刚打开的记事本进程。

注 意 在使用 exec() 方法执行命令时，需要注意命令的安全性，避免将恶意命令导入程序，造成安全问题。

6.4.1 Runtime 类常用方法介绍

表 6.6 列出了 Java 中 Runtime 类的常用方法。

表 6.6 Runtime 类常用方法

方法	描述	返回值
getRuntime()	返回当前运行时对象	Runtime
availableProcessors()	返回可用于 JVM 的处理器数量	int
freeMemory()	返回 JVM 当前空闲内存量	long
totalMemory()	返回 JVM 当前总内存量	long
maxMemory()	返回 JVM 当前最大内存量	long
gc()	强制系统进行垃圾回收	无
halt()	停止 JVM 的运行	无
exit(int status)	退出 JVM 的运行，可将一个整型参数作为状态码	无
exec(String command)	执行指定的操作系统命令	Process
addShutdownHook(Thread hook)	注册 JVM 关闭时需要执行的线程	无
removeShutdownHook(Thread hook)	移除某个注册的 JVM 关闭需要执行的线程	无

Runtime 类的相关使用方法如下。

（1）获取当前运行时对象：

```
Runtime runtime = Runtime.getRuntime();
```

（2）获取可用于 JVM 的处理器数量：

```
int availableProcessors = runtime.availableProcessors();
```

（3）返回 JVM 当前空闲内存量：

```
long freeMemory = runtime.freeMemory();
```

（4）返回 JVM 当前总内存量：

```
long totalMemory = runtime.totalMemory();
```

（5）返回 JVM 当前最大内存量：

```
long maxMemory = runtime.maxMemory();
```

（6）强制系统进行垃圾回收：

```
runtime.gc();
```

（7）停止 JVM 的运行：

```
runtime.halt();
```

（8）退出 JVM 的运行，可将一个整型参数作为状态码：

```
runtime.exit(0); // 程序正常退出
```

（9）执行指定的操作系统命令：

```
Process process = runtime.exec("notepad.exe"); // 执行记事本命令
```

（10）注册 JVM 关闭时需要执行的线程：

```
runtime.addShutdownHook(new Thread() {
    public void run() {
        System.out.println(" 准备关闭 ...");
    }
});
```

（11）移除某个注册的 JVM 关闭需要执行的线程：

```
Thread thread = new Thread() {
    public void run() {
        System.out.println(" 准备关闭 ...");
    }
}
runtime.addShutdownHook(thread);
// 移除刚刚注册的线程
runtime.removeShutdownHook(thread);
```

6.4.2 Runtime 类常用方法使用案例

以下是 Runtime 类的常用方法使用案例。

例 6-5 下面我们使用 Runtime.exec 方法执行外部程序，并读取该程序的输出信息。具体代码如下，可参考学习资源中的“源代码 \ 第 6 章 \ 代码 6-8”。

```
import java.io.BufferedReader;
import java.io.IOException;
import java.io.InputStreamReader;
public class RuntimeExample01 {
    public static void main(String[] args) throws IOException {
        // 创建 Runtime 对象
        Runtime runtime = Runtime.getRuntime();
        // 获取命令行参数，Windows 系统使用 cmd /c 来执行系统命令
        String command = "cmd /c dir C:\\";
        // 执行外部程序
        Process process = runtime.exec(command);
        // 获取进程的输入流
        BufferedReader input = new BufferedReader(new InputStreamReader (process.getInputStream()));
        // 读取进程的输出
        String line = null;
        while ((line = input.readLine()) != null) {
            System.out.println(line);
        }
        // 等待程序执行完成
```

```
        try {
            int exitCode = process.waitFor();
            System.out.println(" 外部程序已执行完成，退出码： " + exitCode);
        } catch (InterruptedException e) {
            e.printStackTrace();
        }
    }
}
```

运行结果如图 6.5 所示。

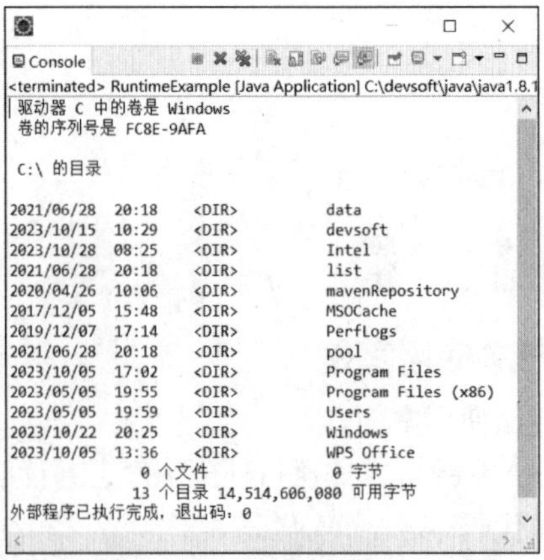

图6.5 执行外部程序

例 6-6 使用 freeMemory()、totalMemory() 和 maxMemory() 方法获取 JVM 的内存信息，包括当前空闲内存量、总内存量和最大内存量。具体代码如下，可参考学习资源中的“源代码 \ 第 6 章 \ 代码 6-9”。

```
public class RuntimeExample02 {
    public static void main(String[] args){
        // 创建 Runtime 对象
        Runtime runtime = Runtime.getRuntime();
        // 获取 JVM 当前空闲内存量
        long freeMemory = runtime.freeMemory();
        System.out.println(" 空闲内存量： " + freeMemory + " bytes");
        // 获取 JVM 当前总内存量
        long totalMemory = runtime.totalMemory();
        System.out.println(" 总内存量： " + totalMemory + " bytes");
        // 获取 JVM 当前最大内存量
        long maxMemory = runtime.maxMemory();
        System.out.println(" 最大内存量： " + maxMemory + " bytes");
    }
}
```

运行结果如图 6.6 所示。

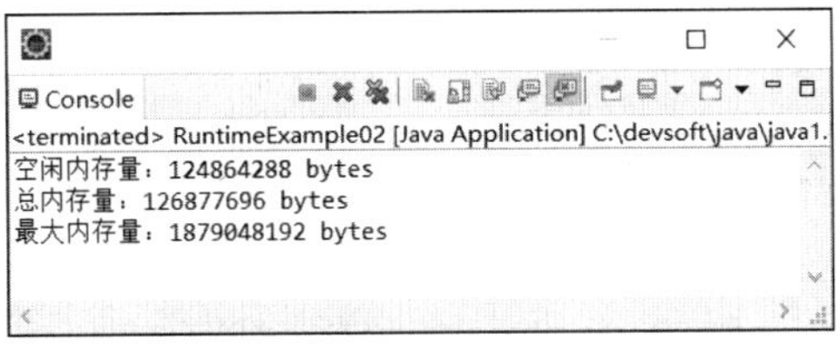

图6.6 获取 JVM 内存信息

例 6-7 使用 gc() 方法执行垃圾回收。具体代码如下，可参考学习资源中的“源代码 \ 第 6 章 \ 代码 6-10”。

```
public class RuntimeExample03 {
    public static void main(String[] args){
        // 创建 Runtime 对象
        Runtime runtime = Runtime.getRuntime();
        // 执行垃圾回收
        runtime.gc();
        System.out.println(" 执行垃圾回收 ");
    }
}
```

运行结果如图 6.7 所示。

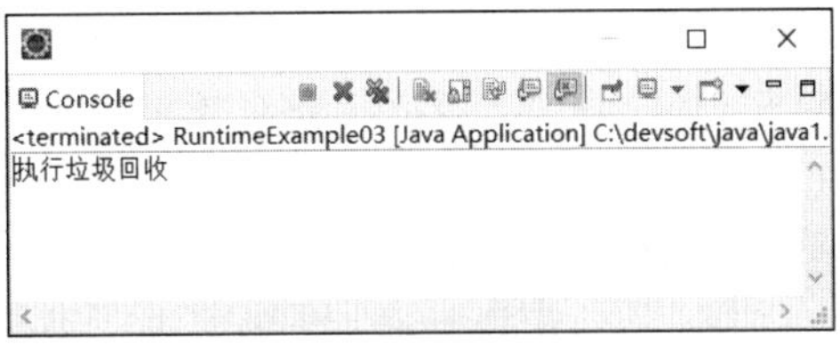

图6.7 执行垃圾回收

注 意 gc() 方法仅是一个建议，JVM 可能不会立即执行垃圾回收，具体取决于 JVM 的实现。

上机实操 编写静态方法执行系统命令并获取输出结果

◆ 上机要求

Runtime 类提供了很多其他有用的方法，其中一些常用的方法如下。

（1）availableProcessors()：返回可用于虚拟机的处理器数量。

（2）freeMemory()：返回虚拟机中当前可用的未分配的堆内存量。

（3）totalMemory()：返回虚拟机中的堆的当前容量。

（4）maxMemory()：返回虚拟机可以尝试使用的最大内存量。

（5）gc()：请求虚拟机尝试回收垃圾。

新建一个测试类，创建 Runtime 对象，使用 availableProcessors()、freeMemory()、totalMemory() 和 maxMemory() 方法，运行结果如图 6.8 所示。

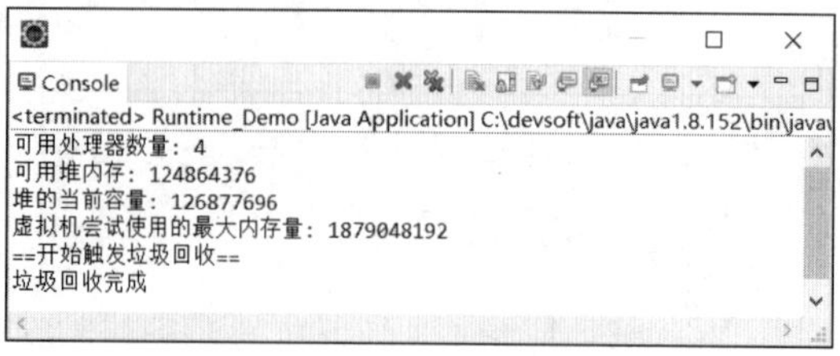

图6.8　Runtime对象静态方法显示结果

◆ 实现思路

第 1 步　使用 Runtime.getRuntime() 方法获取 Runtime 对象。

第 2 步　使用 availableProcessors()、freeMemory()、totalMemory() 和 maxMemory() 方法输出有关内存和处理器的信息。

第 3 步　使用 gc() 方法触发垃圾回收并打印完成信息。

◆ 参考代码

实现以上程序运行结果的代码如下，具体可参考学习资源中的“源代码 \ 第 6 章 \ 代码 6-11”。

```
public class Runtime_Demo {
    public static void main(String[] args) {
        Runtime runtime = Runtime.getRuntime();
        System.out.println(" 可用处理器数量 : " + runtime.available Processors());
        System.out.println(" 可用堆内存 : " + runtime.freeMemory());
        System.out.println(" 堆的当前容量 : " + runtime.totalMemory());
        System.out.println(" 虚拟机尝试使用的最大内存量 : " + runtime.maxMemory());
        // 触发垃圾回收
        System.out.println("== 开始触发垃圾回收 ==");
        runtime.gc();
        System.out.println(" 垃圾回收完成 ");
    }
}
```

任务6.5　Math类

Math 类是一个包含各种数学运算方法的内置类，其中包括常见的数学函数、三角函数、指数函数、对数函数等，并且所有方法都是静态方法，可以直接通过类名调用。

本任务的目的是学习 Math 类的使用。

AI 工具助力学习

Math 类常见方法

Math 类是 Java 程序中一个很常用的数学工具类，下面使用 AI 工具文心一言帮助编写一个简单的代码来学习 Math 类的使用。

- 提示词：Math 类常见方法有哪些？举例描述。
- 文心一言回答：

Math 类是 Java 中的一个内置类，提供了许多静态方法用于数学计算。以下是 Math 类中一些常见的方法及其描述。

abs()：该方法用于求取一个数的绝对值。例如，Math.abs(-5) 将返回 5。

ceil()：该方法用于向上取整，即取一个数不小于当前数的最小整数。例如，Math.ceil(4.3) 将返回 5。

floor()：该方法用于向下取整，即取一个数不大于当前数的最大整数。例如，Math.floor(4.7) 将返回 4。

max()：该方法用于求取两个或多个数的最大值。例如，Math.max(3, 5) 将返回 5。

min()：该方法用于求取两个或多个数的最小值。例如，Math.min(3, 5) 将返回 3。

pow()：该方法用于求取一个数的乘方。例如，Math.pow(2, 3) 将返回 8，即 2^3。

sqrt()：该方法用于求取一个数的平方根。例如，Math.sqrt(9) 将返回 3，即 9 的平方根。

round()：该方法用于对一个数进行四舍五入。例如，Math.round(4.5) 将返回 5。

random()：该方法用于生成一个 0（包括）到 1（不包括）之间的随机浮点数。例如，Math.random() 可能返回 0.232142948123123。

除了上述方法，Math 类还包含一些三角函数方法，如 sin()、cos() 等，以及一些其他的数学相关方法，如对数计算（log10()）等。

文心一言描述了 Math 类中的一些基本数学方法，包括求绝对值、取整、求最大值和最小值等。Math 类其实包括算术运算（加、减、乘、除、取余）、三角函数运算（求正弦、余弦、正切、反正弦等），以及指数和对数运算，这些方法都是静态的，所以可以直接通过类名调用，无须创建 Math 类的实例。例如，我们可以直接写 Math.abs(-5)，而不是创建 Math 的实例后再调用 abs() 方法。

6.5.1 Math 类常用方法介绍

表 6.7 列出了 Java 中 Math 类的常用方法。

表 6.7 Math 类的常用方法

方法	描述	返回值
abs(x)	返回 x 的绝对值	double 或 float 或 int 或 long
ceil(x)	返回最小的 double 型值，该值大于等于参数，并等于某个整数	double
floor(x)	返回最大的 double 型值，该值小于等于参数，并等于某个整数	double
round(x)	对小数进行四舍五入	int 或 long
sqrt(x)	返回 x 的平方根	double
pow(x, y)	返回 x 的 y 次幂	double
random()	返回 [0, 1) 范围内的 double 型随机数	double
sin(x)	返回 x 的正弦值	double
cos(x)	返回 x 的余弦值	double
tan(x)	返回 x 的正切值	double
asin(x)	返回 x 的反正弦值	double
acos(x)	返回 x 的反余弦值	double
atan(x)	返回 x 的反正切值	double
toDegrees(x)	将角度从弧度表示转换为度表示	double
toRadians(x)	将角度从度表示转换为弧度表示	double

6.5.2 Math 类常用方法使用案例

例 6-8 使用 Math 类中的 abs()、ceil()、floor()、round()、random()、pow()、sqrt()、sin()、cos() 和 tan() 方法，然后将角度从弧度表示转换为度表示并返回，再将其从度表示转换回弧度表示并返回。具体代码如下，可参考学习资源中的“源代码 \ 第 6 章 \ 代码 6-12”。

```
public class MathExample {
    public static void main(String[] args) {
        double num1 = -123.45;
        int num2 = 678;

        // 绝对值
        System.out.println("Math.abs(-123.45) = " + Math.abs(num1));

        // 上取整
        System.out.println("Math.ceil(-123.45) = " + Math.ceil(num1));

        // 下取整
        System.out.println("Math.floor(-123.45) = " + Math.floor(num1));

        // 四舍五入
        System.out.println("Math.round(-123.45) = " + Math.round(num1));

        // 生成随机数
        System.out.println("Math.random() = " + Math.random());

        // 计算乘方
        System.out.println("Math.pow(2, 3) = " + Math.pow(2, 3));

        // 计算平方根
        System.out.println("Math.sqrt(25) = " + Math.sqrt(25));

        // 计算三角函数值
        System.out.println("Math.sin(Math.PI / 2) = " + Math.sin(Math.PI / 2));
        System.out.println("Math.cos(Math.PI / 2) = " + Math.cos(Math.PI / 2));
        System.out.println("Math.tan(Math.PI / 4) = " + Math.tan(Math.PI / 4));

        // 将角度从弧度表示转换为度表示
        double degree = Math.toDegrees(Math.PI / 2);
        System.out.println("Math.toDegrees(Math.PI / 2) = " + degree);

        // 将角度从度表示转换为弧度表示
```

```
            double radian = Math.toRadians(degree);
            System.out.println("Math.toRadians(" + degree + ") = " + radian);
        }
    }
```

运行结果如图 6.9 所示。

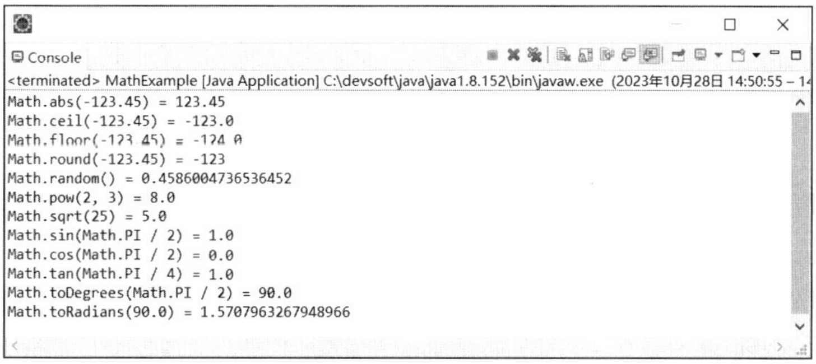

图6.9　Math类运行结果

上机实操　要求编写一个方法来计算圆的面积和周长

◆ 上机要求

请按以下要求设计一个类 Circle，并使用测试类进行测试。

（1）定义一个类 Circle，其中包含以下属性：

- radius：圆半径。

包含以下方法：

- 构造方法，其形参名称和属性同名；
- getArea() 方法，将返回圆的面积；
- getPerimeter() 方法，将返回圆的周长。

（2）在 main() 方法中创建一个名为 circle 的圆对象，并使用 getArea() 和 getPerimeter() 方法计算其面积和周长，结果如图 6.10 所示。

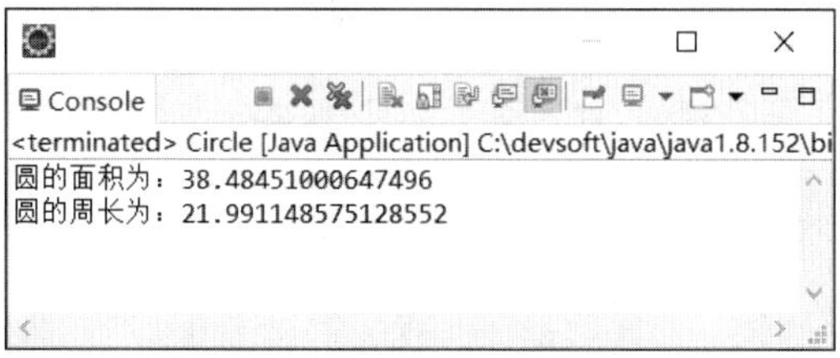

图6.10　计算圆的面积和周长

◆ 实现思路

第 1 步　创建一个名为 Circle 的类，它包含一个名为 radius 的圆半径属性。

第 2 步　在 Circle 类中创建构造函数，将半径 radius 的值传递给该圆对象。

第 3 步　设计 getArea() 方法返回圆的面积。

第 4 步　设计 getPerimeter() 方法返回圆的周长。

◆ 参考代码

实现以上程序运行结果的代码如下，具体可参考学习资源中的“源代码 \ 第 6 章 \ 代码 6-13”。

```
public class Circle {
    double radius;

    public Circle(double radius) {
        this.radius = radius;
    }

    public double getArea(){
        return Math.PI * radius * radius;
    }

    public double getPerimeter(){
        return 2 * Math.PI * radius;
    }

    public static void main(String[] args) {
        Circle circle = new Circle(3.5);
        System.out.println(" 圆的面积为： " + circle.getArea());
        System.out.println(" 圆的周长为： " + circle.getPerimeter());
    }
}
```

任务6.6 Random类

Random 类用于生成随机数，它位于 java.util 包中。本任务的目的是学习 Random 类的使用。

AI 工具助力学习

Random 类的使用

下面使用 AI 工具讯飞星火来帮我们了解一下 Random 类有哪些使用场景。

- 提示词：Java 中 Random 类的使用场景有哪些？
- 讯飞星火回答：

Java 的 Random 类是一个能产出各种随机数的工具，这些随机数可以应用于多种场景。例如，我们可以通过 Random 类生成随机整数、浮点数、布尔值，甚至是随机字符和密码。此外，Random 类还可以用于生成指定区间的随机数字，如 [0, 1.0) 区间的小数。

值得一提的是，Random 类是按照随机算法的起源数字进行一些变化，从而得到随机数字的方法，被称为种子数（seed）。虽然 Random 类产生的数字看起来是随机的，但在相同种子数（seed）下的相同次数产生的随机数是相同的，因此被称为伪随机。

在 Java 中，要生成一个指定范围内的随机数有两种方法：一种是调用 Math 类的 random() 方法，另一种就是使用 Random 类。与 Math 类的 random() 方法相比，Random 类提供了丰富的随机数生成方法，例如产生 boolean、int、long、float、byte 数组等类型的随机数。

讯飞星火列出了 Random 类的使用场景，使用 Random 类可以生成随机的整数、浮点数、布尔值及字节数组等，下面我们详细学习 Random 类的常用方法。

6.6.1 Random 类常用方法介绍

表 6.8 列出了 Java 中 Random 类的常用方法。

表 6.8 Random 类的常用方法

方法	描述
nextInt()	生成一个随机整数
nextInt(int bound)	生成一个介于 0（包括）到指定值（不包括）之间的随机整数
nextLong()	生成一个随机长整数
nextDouble()	生成一个介于 0.0（包括）到 1.0（不包括）之间的随机双精度浮点数
nextBoolean()	生成一个随机布尔值
nextFloat()	生成一个介于 0.0（包括）到 1.0（不包括）之间的随机单精度浮点数
nextGaussian()	生成一个符合高斯分布的随机数
nextBytes(byte[] byteArray)	生成随机字节并将其放入指定的字节数组
setSeed(long seed)	设置随机数生成器的种子
ints(long streamSize)	生成一个无限流，产生无限多个随机整数
ints(long streamSize, int min, int max)	生成一个无限流，产生无限多个介于指定范围内的随机整数

下面是 Random 类常用方法示例。

（1）nextInt() 生成随机整数：

```
int randomNumber = random.nextInt();
```

（2）nextInt(int bound) 生成 1 ~ 100 之间的随机整数：

```
int randomInRange = random.nextInt(100);
```

（3）nextLong() 生成随机长整数：

```
long randomLong = random.nextLong();
```

（4）nextDouble() 生成 0.0 ~ 1.0 之间的随机双精度浮点数：

```
double randomDouble = random.nextDouble();
```

（5）nextBoolean() 随机生成布尔值：

```
boolean randomBoolean = random.nextBoolean();
```

（6）nextFloat() 生成 0.0 ~ 1.0 之间的随机单精度浮点数：

```
float randomFloat = random.nextFloat();
```

（7）nextGaussian() 生成符合高斯分布的随机数：

```
double randomGaussian = random.nextGaussian();
```

（8）nextBytes(byte[] byteArray) 生成随机字节并将其放入指定的字节数组中：

```
byte[] randomBytes = new byte[10];
```

```
random.nextBytes(randomBytes);
```

（9）setSeed(long seed) 设置随机数生成器的种子：

```
random.setSeed(System.currentTimeMillis());
```

（10）ints(long streamSize) 产生无限多个随机整数：

```
random.ints(10).forEach(System.out::println);
```

（11）ints(long streamSize, int min, int max) 产生 10 个在 1 ~ 100 之间的随机整数：

```
random.ints(10, 1, 100).forEach(System.out::println);
```

6.6.2 Random 类常用方法使用案例

例 6-9 使用 Random 类的常用方法生成随机数和随机字符串。其中，通过 nextInt(int bound) 方法可以生成指定范围内的随机整数，通过 nextDouble() 方法结合数学运算可以生成指定范围内的随机双精度浮点数，通过随机选择字符构建字符串可以生成随机字符串，通过循环调用 nextBoolean() 方法可以生成随机布尔值数组。具体代码如下，可参考学习资源中的“源代码 \ 第 6 章 \ 代码 6-14”。

```
import java.util.Arrays;
import java.util.Random;
public class RandomExample {
    public static void main(String[] args) {
        Random random = new Random();

        // 生成一个介于 0 到 10 之间的随机整数
        int randomNumber = random.nextInt(11);
        System.out.println(" 随机整数 : " + randomNumber);

        // 生成一个介于 5 到 15 之间的随机双精度浮点数
        double randomDouble = 5 + random.nextDouble() * 10;
        System.out.println(" 随机双精度浮点数 : " + randomDouble);

        // 生成一个长度为 6 的随机字符串
        String characters = "ABCDEFGHIJKLMNOPQRSTUVWXYZabcdefghijklmnopqrstuvwx
yz0123456789";
        StringBuilder randomString = new StringBuilder();
        for (int i = 0; i < 6; i++) {
            int index = random.nextInt(characters.length());
            randomString.append(characters.charAt(index));
        }
        System.out.println(" 随机字符串 : " + randomString.toString());

        // 生成一个随机布尔值数组
```

```
        boolean[] randomBooleans = new boolean[5];
        for (int i = 0; i < 5; i++) {
            randomBooleans[i] = random.nextBoolean();
        }
        System.out.println(" 随机布尔值数组 : " + Arrays.toString(random Booleans));
    }
}
```

运行结果如图 6.11 所示。

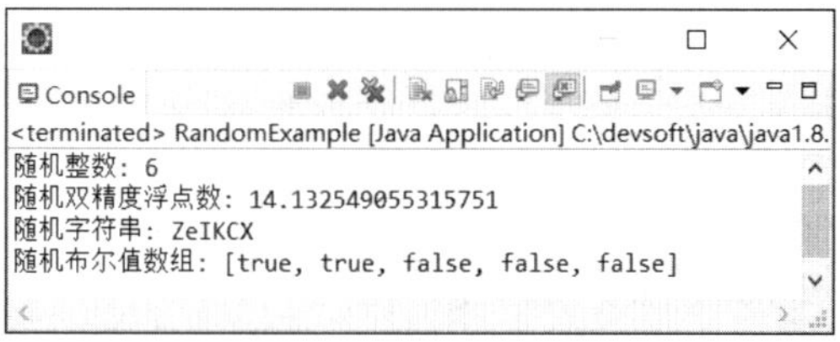

图6.11 Random类方法使用

上机实操 要求编写程序生成指定范围内的随机数

◆ 上机要求

请按要求使用 Random 类实现抽奖功能。

（1）创建参与者列表 participants，在其中添加五个名字。

（2）使用 Random 类中的方法，随机抽取中奖者。

运行结果如图 6.12 所示。需要注意的是，每运行一次，抽奖结果都会不同。

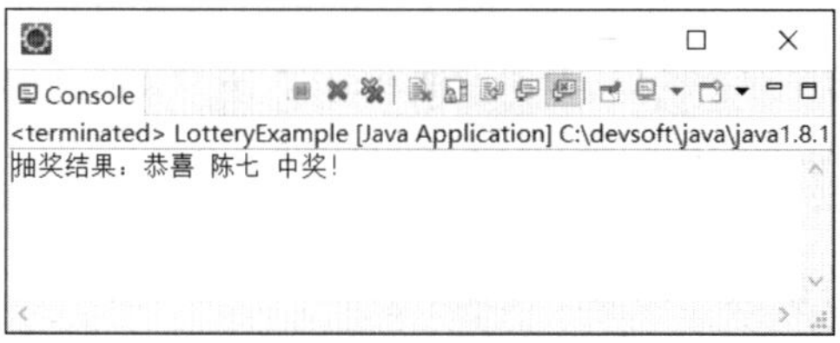

图6.12 抽奖结果

◆ 实现思路

第 1 步 创建一个参与抽奖的参与者列表 participants。

第 2 步 使用 Random 类生成随机数抽取中奖者。

第 3 步 调用 nextInt(int bound) 方法传入参与者列表的大小作为边界。

第 4 步 使用 get(int index) 方法获取中奖者的名称，并输出抽奖结果。

◆ 参考代码

实现以上程序运行结果的代码如下，具体可参考学习资源中的“源代码 \ 第 6 章 \ 代码 6-15”。

```
import java.util.ArrayList;
import java.util.List;
import java.util.Random;
```

```
public class LotteryExample {
    public static void main(String[] args) {
        List<String> participants = new ArrayList<>();
        participants.add(" 张三 ");
        participants.add(" 李四 ");
        participants.add(" 王五 ");
        participants.add(" 赵六 ");
        participants.add(" 陈七 ");

        Random random = new Random();
        int winnerIndex = random.nextInt(participants.size());
        String winner = participants.get(winnerIndex);

        System.out.println(" 抽奖结果：恭喜 " + winner + " 中奖！ ");
    }
}
```

任务6.7 I/O(输入/输出)

在 Java 中，输入 / 输出（I/O）是程序与外部设备（如键盘、屏幕、磁盘等）进行交互的一种方式。Java 提供了许多不同的 I/O 类和接口，用于处理不同类型的输入 / 输出操作。

Java 的 I/O 操作通常分为字符流（Character Streams）、字节流（Byte Streams）、缓冲流（Buffered Streams）、数据流（Data Streams）和转换流（Conversion Streams）。这些 I/O 类位于 Java 的 java.io 包中。通过使用这些类和接口，开发者可以轻松地处理不同类型的输入 / 输出操作。

本任务的目的是学习 I/O 输入输出流的使用。

AI 工具助力学习

Java 中的 I/O 分类

在 Java 中，I/O（输入 / 输出）操作是一个重要的部分，它涉及数据的读取和写入，我们使用 AI 工具文心一言帮助了解 I/O 的分类。

- 提示词：Java 中的 I/O 分类有哪些？
- 文心一言回答：

在 Java 中，I/O（输入 / 输出）主要分为以下几类。

（1）标准 I/O：这是 Java 的基本 I/O 类，主要包括 InputStream 和 OutputStream。它们是字节流的基础，提供了一个通用的 I/O 接口。

（2）缓冲流：这些流在处理数据时，会先将数据存储在缓冲区中，直到缓冲区满或被刷新，然后一次性写入或读取大量数据，这可以提高 I/O 性能。主要的缓冲流有 BufferedInputStream、BufferedOutputStream、

BufferedReader 和 BufferedWriter 等。

（3）转换流：这些流用于将字节流转换为字符流。例如，InputStreamReader 可以将字节流转换为字符流，而 OutputStreamWriter 则可以将字符流转换为字节流。

（4）数据流：这些流主要用于读写基本数据类型，如 DataInputStream 和 DataOutputStream。

（5）对象流：对象流允许我们在文件中存储 Java 对象，并从文件中恢复 Java 对象。这是通过使用 ObjectOutputStream 类将对象写入文件，然后使用 ObjectInputStream 类从文件中读取对象来实现的。

（6）文件操作类：这些类允许我们执行与文件相关的操作，如创建文件、删除文件、复制文件等。这些类包括 File、FileInputStream、FileOutputStream 等。

（7）NIO：Java NIO（New IO）库是一个非阻塞 I/O API，它提供了更高的性能和更好的可扩展性。它包括通道（Channels）、缓冲区（Buffers）、选择器（Selectors）等新概念。

（8）网络 I/O：Java 提供了用于处理网络 I/O 的类和接口，例如 Socket、ServerSocket 等。

文心一言罗列了 Java 中 I/O 操作的主要分类。对于不同的应用场景和需求，可以选择合适的 I/O 方式和类来进行操作。

6.7.1 文件读写

在 Java 中进行文件读写，常用类如表 6.9 所示。

表 6.9 文件读写常用类

类	描述
FileInputStream	用于从文件中读取字节流的类
FileOutputStream	用于将字节流写入文件中的类
BufferedReader	以字符为单位从文件中读取数据的类
BufferedWriter	以字符为单位将数据写入文件的类
FileReader	用于以字符为单位从文件中读取数据的类
FileWriter	用于以字符为单位将数据写入文件的类
Scanner	用于从文件中读取基本类型和字符串的类

文件读写常用方法如表 6.10 所示。

表 6.10 文件读写常用方法

方法	描述
read()	从文件输入流中读取一字节的数据
read(byte[] buffer)	从文件输入流中读取一定数量的字节数据到缓冲区中
write(int data)	将一字节的数据写入文件输出流中
write(byte[] buffer)	将缓冲区中的字节数据写入文件输出流中
readLine()	从文件中读取一行文本数据
write(String data)	将文本数据写入文件中
newLine()	写入换行符到文件输出流
hasNextLine()	判断是否还有下一行可读取
nextLine()	读取并返回文件中的下一行数据

下面是文件读写使用类及方法示例。

（1）FileInputStream 类和 FileOutputStream 类。FileInputStream 类用于从文件中读取字节流，

FileOutputStream 类用于将字节流写入文件中。这两个类都可以处理二进制文件和文本文件。

```
FileInputStream fileInputStream = new FileInputStream("input.txt");
FileOutputStream fileOutputStream = new FileOutputStream("output.txt");

// 读取文件中的字节流
int data;
while ((data = fileInputStream.read()) != -1) {
    // 处理读取的字节流
    fileOutputStream.write(data);
}

// 关闭流
fileInputStream.close();
fileOutputStream.close();
```

（2）BufferedReader 类和 BufferedWriter 类。BufferedReader 类用于以字符为单位从文件中读取数据，BufferedWriter 类用于以字符为单位将数据写入文件。

```
FileReader fileReader = new FileReader("input.txt");
FileWriter fileWriter = new FileWriter("output.txt");
BufferedReader bufferedReader = new BufferedReader(fileReader);
BufferedWriter bufferedWriter = new BufferedWriter(fileWriter);

// 读取文件中的字符流
String line;
while ((line = bufferedReader.readLine()) != null) {
    // 处理读取的字符流
    bufferedWriter.write(line);
    bufferedWriter.newLine(); // 写入换行符
}

// 关闭流
bufferedReader.close();
bufferedWriter.close();
```

（3）FileReader 类和 FileWriter 类是 Java 中用于处理文件输入和输出的类，FileReader 用于从文件中读取字符数据，FileWriter 用于向文件中写入字符数据。它们是 java.io 包的一部分。

使用 FileWriter 写入文件的代码如下。

```
import java.io.FileWriter;
import java.io.IOException;

public class FileWriterExample {
```

```
    public static void main(String[] args) {
        // 文件路径
        String filePath = "example.txt";

        // 要写入的内容
        String content = "Hello, World! This is a test.";

        // 使用 FileWriter 写入文件
        try (FileWriter fw = new FileWriter(filePath)) {
            fw.write(content);
            System.out.println(" 写入成功！ ");
        } catch (IOException e) {
            e.printStackTrace();
        }
    }
}
```

使用 FileReader 读取文件的代码如下。

```
import java.io.FileReader;
import java.io.IOException;

public class FileReaderExample {
    public static void main(String[] args) {
        // 文件路径
        String filePath = "example.txt";

        // 使用 FileReader 读取文件
        try (FileReader fr = new FileReader(filePath)) {
            int ch;
            while ((ch = fr.read()) != -1) {
                System.out.print((char) ch);
            }
            System.out.println("\n 读取成功！ ");
        } catch (IOException e) {
            e.printStackTrace();
        }
    }
}
```

（4）Scanner 类。Scanner 类可以方便地从文件中读取基本类型和字符串。它可以处理文本文件，但不适合处理二进制文件。

```
// 创建一个 Scanner 对象，用于从键盘读取输入
Scanner scanner = new Scanner(System.in);

// 读取整数
System.out.print(" 请输入一个整数：");
int num1 = scanner.nextInt();
System.out.println(" 您输入的整数是：" + num1);

// 读取浮点数
System.out.print(" 请输入一个浮点数：");
double num2 = scanner.nextDouble();
System.out.println(" 您输入的浮点数是：" + num2);

// 读取字符串
System.out.print(" 请输入一个字符串：");
String str = scanner.next();
System.out.println(" 您输入的字符串是：" + str);

// 关闭 Scanner 对象
scanner.close();
```

6.7.2 输入 / 输出流

在 Java 中，输入 / 输出流使用了许多类和方法，表 6.11 显示了输入 / 输出流的一些常用类。

表 6.11　输入 / 输出流常用类

类	描述
InputStream	用于处理字节流的输入
OutputStream	用于处理字节流的输出
Reader	用于处理字符流的输入
Writer	用于处理字符流的输出
FileInputStream	从文件中读取字节流
FileOutputStream	向文件中写入字节流
FileReader	从文件中读取字符流
FileWriter	向文件中写入字符流
BufferedReader	提供缓冲功能，读取字符流
BufferedWriter	提供缓冲功能，写入字符流
DataInputStream	以字节形式从流中读取基本数据类型
DataOutputStream	以字节形式向流中写入基本数据类型
ObjectInputStream	反序列化对象，并从流中读取对象
ObjectOutputStream	将对象序列化，并将其写入流中
PrintStream	向输出流打印各种数据类型

表 6.12 显示了常用的输入 / 输出流类的使用方法。

表 6.12　输入 / 输出流类的使用方法

输入 / 输出流类	程序实现步骤
InputStream	创建 InputStream 对象，read() 方法读取数据，若返回 -1，则读到了流的末尾
OutputStream	创建 OutputStream 对象，write() 方法写入数据
Reader	创建 Reader 对象，read() 方法读取数据，若返回 -1，则读到了流的末尾
Writer	创建 Writer 对象，write() 方法写入数据
FileInputStream	创建 FileInputStream 对象，read() 方法读取数据，若返回 -1，则读到了文件的末尾
FileOutputStream	创建 FileOutputStream 对象，write() 方法写入数据，若文件不存在会自动创建文件
FileReader	创建 FileReader 对象，read() 方法读取数据，若返回 -1，则读到了文件的末尾
FileWriter	创建 FileWriter 对象，write() 方法写入数据，若文件不存在会自动创建文件
BufferedReader	创建 BufferedReader 对象，readLine() 方法读取数据
BufferedWriter	创建 BufferedWriter 对象，write() 方法写入数据，使用 flush() 方法刷新缓冲区，close() 方法关闭流并这样强制执行
DataInputStream	创建 InputStream 对象，创建 DataInputStream 对象，使用 readXXX() 方法读取数据
DataOutputStream	创建 OutputStream 对象，创建 DataOutputStream 对象，使用 writeXXX() 方法写入数据
ObjectInputStream	创建 InputStream 对象，创建 ObjectInputStream 对象，使用 readObject() 方法读取对象
ObjectOutputStream	创建 OutputStream 对象，创建 ObjectOutputStream 对象，使用 writeObject() 方法写入对象
PrintStream	创建 PrintStream 对象，使用 print()、println() 等方法打印数据

例 6-10 输入 / 输出流使用案例：用户从控制台输入一串文字，然后将文字写入程序所在目录下的一个名为 output.txt 的文件里。具体代码如下，可参考学习资源中的“源代码 \ 第 6 章 \ 代码 6-16”。

```
import java.io.*;
public class IOExample {
  public static void main(String[] args) {
    try {
      // 创建一个输入流对象，从控制台读取数据
      BufferedReader reader = new BufferedReader(new InputStream Reader(System.in));
      System.out.println(" 请输入要写入文件的文字：");
      String line = reader.readLine(); // 读取一行输入数据

      // 创建一个输出流对象，将数据写入文件
      BufferedWriter writer = new BufferedWriter(new FileWriter ("output.txt"));
      writer.write(line); // 将输入数据写入文件
      writer.close(); // 关闭输出流

      System.out.println(" 写入文件成功！ ");
    } catch (IOException e) {
      System.out.println(" 写入文件失败，原因为：" + e.getMessage());
```

```
        }
    }
}
```

执行时在运行窗口中输入要写入文档的文字，在项目文件夹下会新建一个 output.txt 文档，结果如图 6.13 所示。

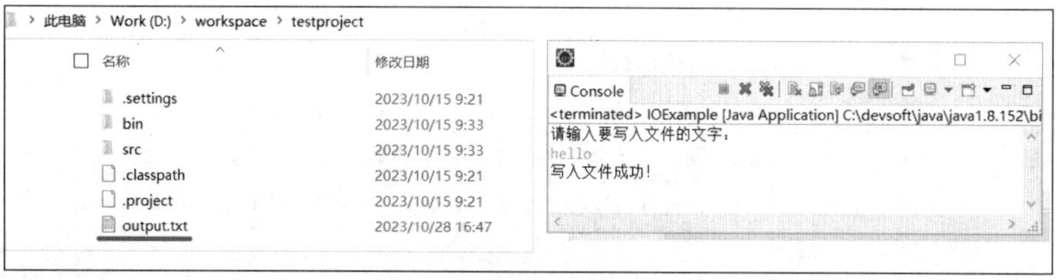

图6.13　输入/输出流运行结果

6.7.3 序列化和反序列化

在 Java 中，序列化（Serialization）是指将对象转换为字节流的过程；而反序列化（Deserialization）是指将存储的字节流重新转换为对象的过程。序列化和反序列化可以用于数据的持久化存储、网络传输等场景。要使用序列化和反序列化，需要涉及以下几个类和方法。

（1）序列化：将对象转换为字节流。

- ObjectOutputStream 类：用于将对象序列化为字节流，并将其写入输出流。
- void writeObject(Object obj)：将指定的对象写入输出流。

（2）反序列化：将字节流转换为对象。

- ObjectInputStream 类：用于从输入流中读取字节流，并将其反序列化为对象。
- Object readObject()：从输入流中读取一个对象。

（3）Serializable 接口：要进行序列化的类需要实现该接口。

- Serializable 接口：标记接口，没有要求实现具体方法。

例 6-11 实现序列化和反序列化：在 Student 类上实现 Serializable 接口。对象被序列化时，创建一个 ObjectOutputStream 对象，并使用它将 Student 对象写入名为 student.ser 的文件中。对象被反序列化时，创建一个 ObjectInputStream 对象，并使用它从 student.ser 中读取 Student 对象。然后，对读取到的对象进行强制类型转换，并打印出其中的字段信息。具体代码如下，可参考学习资源中的“源代码 \ 第 6 章 \ 代码 6-17”。

```
import java.io.*;
// 待序列化的类
class Student implements Serializable {
    private String name;
    private int age;

    public Student(String name, int age) {
            this.name = name;
            this.age = age;
```

```
    }

    public String getName() {
            return name;
    }

    public int getAge() {
            return age;
    }
}

public class implements_Serializable {
    public static void main(String[] args) {
            // 序列化
            try {
                    // 创建一个待序列化的对象
                    Student student = new Student("John", 20);

                    // 创建一个输出流对象，将对象写入文件中
                    ObjectOutputStream oos = new ObjectOutputStream(new File OutputStream
("student.ser"));
                    oos.writeObject(student); // 将对象写入输出流
                    oos.close(); // 关闭输出流
                    System.out.println(" 对象已成功序列化！ ");
            } catch (IOException e) {
                    System.out.println(" 序列化对象失败，原因为：" + e.getMessage());
            }

            // 反序列化
            try {
                    // 创建一个输入流对象，从文件中读取对象
                    ObjectInputStream ois = new ObjectInputStream(new File InputStream
("student.ser"));
                    Student deserializedStudent = (Student) ois.readObject(); // 从输入流中读取对象
                    ois.close(); // 关闭输入流
                    System.out.println(" 对象已成功反序列化！ ");

                    // 打印反序列化得到的对象信息
                    System.out.println(" 姓名：" + deserializedStudent.getName());
                    System.out.println(" 年龄：" + deserializedStudent.getAge());
```

```
            } catch (IOException | ClassNotFoundException e) {
                    System.out.println(" 反序列化对象失败，原因为：" + e.getMessage());
            }
        }
    }
```

运行结果如图 6.14 所示。

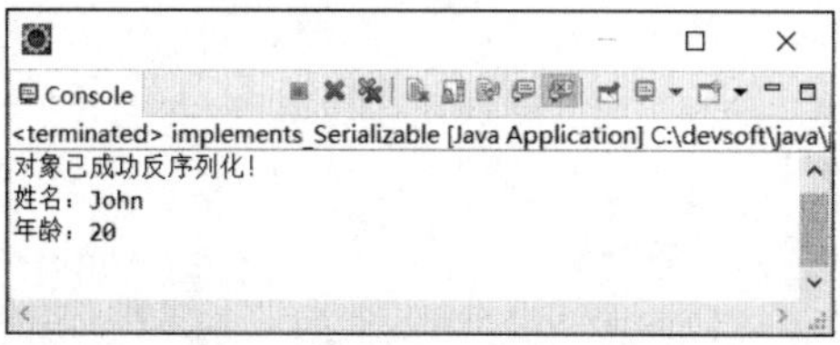

图6.14　序列化和反序列化显示

注　意　被操作的类在进行序列化和反序列化时，必须实现 Serializable 接口，否则会抛出 NotSerializableException 异常。

上机实操　编码实现读取文本文件并统计其中的行数、单词数和字符数

◆ 上机要求

请使用输入 / 输出类的知识，读取指定位置的文本文件，然后创建一个 BufferedReader 对象，并使用它逐行读取文本文件。在每一行中，使用 split() 方法进行分隔，并统计单词数和字符数。运行结果如图 6.15 所示。

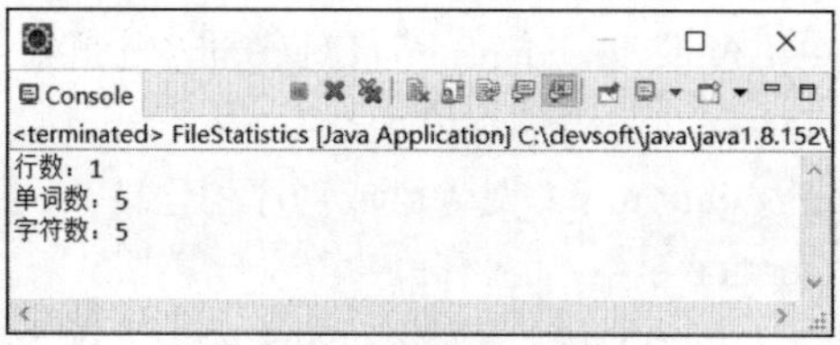

图6.15　读取文本运行结果

◆ 实现思路

第 1 步　创建 FileStatistics 类。

第 2 步　在 main() 方法中指定文本文件路径 filePath 来读取文件内容。

第 3 步　创建一个 BufferedReader 对象，并使用它逐行读取文本文件。

第 4 步　在每一行中，使用 split() 方法通过空格分隔单词，并统计单词数。

第 5 步　计算出字符数。

第 6 步　关闭文件读取器，并打印出行数、单词数和字符数的统计结果。

◆ 参考代码

实现以上程序运行结果的代码如下，具体可参考学习资源中的“源代码 \ 第 6 章 \ 代码 6-18”。

```
import java.io.BufferedReader;
import java.io.FileReader;
import java.io.IOException;
```

```
public class FileStatistics {
    public static void main(String[] args) {
        String filePath = "output.txt"; // 替换为实际文件路径

        try {
            // 创建一个 BufferedReader 对象以逐行读取文件
            BufferedReader reader = new BufferedReader(new FileReader (filePath));

            int lineCount = 0;
            int wordCount = 0;
            int charCount = 0;

            String line;
            while ((line = reader.readLine()) != null) {
                lineCount++; // 统计行数

                String[] words = line.split(" "); // 以空格分隔单词
                wordCount += words.length; // 统计单词数

                for (String word : words) {
                    charCount += word.length(); // 统计字符数
                }
            }

            reader.close(); // 关闭文件读取器

            System.out.println(" 行数：" + lineCount);
            System.out.println(" 单词数：" + wordCount);
            System.out.println(" 字符数：" + charCount);
        } catch (IOException e) {
            System.out.println(" 读取文件失败，原因为：" + e.getMessage());
        }
    }
}
```

AI 学习问答 学习 Java API 的有效途径及方法

对于初学者来说，学习 Java 常用类不仅需要一定的时间和耐心，还需要充分理解面向对象的概念、Java 数据类型和基本语法等基础知识。同时，由于 Java API 及其文档非常丰富，需要掌握如何搜索和理解文档中的方法和类的含义和使用方式。我们可以让 AI 工具 ChatGPT 帮助提供学习 Java API 的有效途径及方法。

◎ 提示词：学习 Java API 的有效途径及方法有哪些？

◎ ChatGPT 回答：

学习 Java API（应用程序接口）的有效途径和方法包括以下几点。

（1）官方文档：Java 官方网站提供了详细的 API 文档，包含了所有标准 Java 类库的类和方法的说明。你可以通过 Java 官方网站的文档页面或者使用你所使用的 Java 版本的特定文档来访问官方文档。

（2）教程和书籍：有许多教程和书籍专门介绍 Java API 的使用，提供了一步步的指导和示例代码。你可以通过在线教程、博客、书籍或在线课程等多种形式来学习。

（3）实践和项目：在实际项目中使用 Java API 是学习的最佳途径之一。独立完成小型项目或者参与开源项目可以帮助你掌握 API 的使用方式，了解如何结合实际需求进行开发。

（4）示例代码和案例：查找和分析使用 Java API 的示例代码和案例是学习过程中的重要方法。你可以使用搜索引擎找到与你想要学习的特定 API 相关的示例代码，并从中学习实际使用方式和最佳实践。

（5）社区和论坛：Java 开发者社区和相关论坛是一个学习和交流的好平台。在这些平台上，你可以和其他开发者交流经验、提出问题并获得解答，还可以参与讨论和分享有关 Java API 的知识。

（6）实验和调试：通过编写小型示例代码并进行调试，可以更加深入地理解和熟悉 Java API 的使用方式和行为。将 API 应用到实际情境中，并通过调试来检查代码的执行过程和结果。

（7）持续学习：Java API 是庞大且不断发展的，因此持续学习是至关重要的，可以跟踪官方更新的内容和技术博客，参加培训课程和会议，保持对最新的 API 版本和功能的了解。

ChatGPT 为我们学习 Java API 提供了一些有效途径及方法，当然我们在学习 Java API 时还需要一定的时间和耐心。通过不断的实践和理解，将会逐渐熟悉 API 的使用方式，并能够在实际开发中灵活运用。

同步训练 编码实现字符串排序设计

» 训练要求

使用 Java 提供的 Arrays 类的 sort() 方法来对字符串数组进行排序。运行结果如图 6.16 所示。

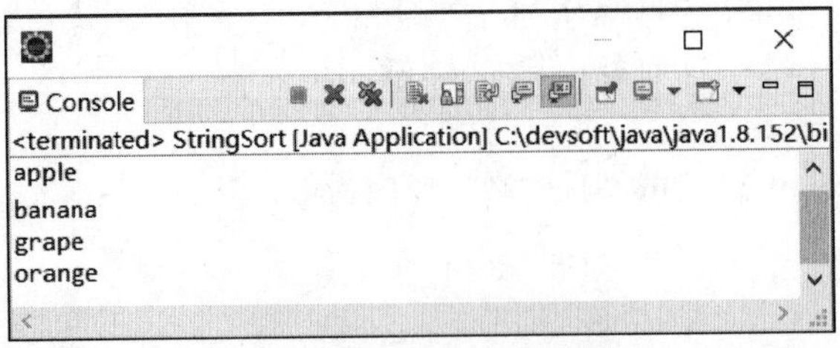

图6.16 字符串排序结果

» 实现思路

第 1 步 创建类 StringSort。

第 2 步 在 main() 方法中，定义字符串数组 strings，包含了一些水果名称（"apple", "banana", "grape", "orange")。

第 3 步 通过 Arrays.sort(strings) 对数组进行排序。

第 4 步 遍历排序后的数组并打印每个字符串展示排序结果。

» 程序代码

实现以上程序运行结果的代码如下，具体可参考学习资源中的“源代码 \ 第 6 章 \ 代码 6-19”。

```
import java.util.Arrays;

public class StringSort {
    public static void main(String[] args) {
        String[] strings = {"apple", "banana", "grape", "orange"};

        // 使用 Arrays 类的 sort() 方法对字符串数组进行排序
        Arrays.sort(strings);

        // 打印排序后的结果
        for (String str : strings) {
            System.out.println(str);
        }
    }
}
```

小结

本章介绍了 Java 常用类。Java 类的基类 Object 类提供了一些通用的方法，如 toString( )、equals( )、hashCode( )。字符串类可使用方法对字符串进行操作，如 charAt( )、substring( )、indexOf( )、replace( )、trim( )、toLowerCase( )、toUpperCase( ) 等。System 类是 Java 语言中的系统类，它位于 java.lang 包中，是自动导入的。Runtime 类是 Java 的运行时类，它为 Java 应用程序与 Java 运行时环境提供了可交互的接口。Math 类是一个包含各种数学运算方法的内置类，其中包括常见的数学函数、三角函数、指数函数、对数函数等，并且所有方法都是静态方法，可以直接通过类名调用。Random 类用于生成随机数，它位于 java.util 包中。最后介绍了输入 / 输出（I/O），它是程序与外部设备（如键盘、屏幕、磁盘等）进行交互的一种方式。Java 提供了许多不同的 I/O 类和接口，用于处理不同类型的输入 / 输出操作。

07

第 7 章

重现类的构建：内部类和泛型

前面学习的类都为外部类，即独立存在的类，但有时为了实现程序设计的需求，需要将一个类放在另一个类中定义，即将内部类定义在外部类中。内部类可以更好地实现封装性。泛型引入“参数化类型”，即所操作的数据类型被指定为一个参数。使用泛型可以避免类型转换异常，且泛型集合提供了类型安全、类型转换的自动处理，使得集合操作更加简洁和可靠。本章我们将学习内部类和泛型的相关知识。

课前思政

信息化的普及，给我们的生活和工作带来了方便，但也带来了一系列新的安全风险和挑战。因此，信息安全是一个非常重要的问题。平时，我们可以通过设置强密码、定期更改密码、不轻易泄露个人信息等方式来有效保护个人信息安全。而在程序开发中，要特别注重代码安全，学会利用编程研究信息安全，以保护数据的安全。

本章所学的内部类最直接的技术特点是封装，通过将类定义在另一个类的内部，可以限制对内部类的访问，从而保护内部类的实现细节不被外部直接访问，这种封装就体现了数据安全。而泛型可以在编译时进行类型检查，确保代码的类型的安全性和一致性，避免程序运行时出现类型转换错误。这些都和数据安全相关，因此我们要认真学习信息安全知识。

学习目标

1. 知识目标

- 理解内部类作用。
- 掌握成员、局部、静态和匿名内部类的定义和特点。
- 理解泛型作用。
- 掌握泛型集合。

2. 能力目标

- 能正确定义成员、局部、静态和匿名内部类。
- 能正确使用泛型。

3. 素质目标

- 培养学生信息安全意识。
- 引导学生努力学习前沿技术，为社会做贡献。

任务7.1 内部类

随着信息化的发展，信息安全对于个人、社会、国家都具有极其重要的意义。作为一名 Java 程序员，在程序设计时需要考虑类的访问。为了提高访问控制的安全性或实现更好的封装性能等，有时需要将一个类放在另一个类中定义，定义在外部类中的类为内部类。当内部类定义在外部类成员位置时，包括成员内部类和静态内部类；当内部类定义在外部类局部位置时，如方法体中，包括局部内部类和匿名内部类。

本任务的目的是学习各内部类的定义。

AI 工具助力学习

内部类的作用

在 Java 中，内部类是定义在另一个类内部的类，接下来我们使用 AI 工具 ChatGPT 来了解一下内部类的作用。

- 提示词：Java 中，内部类的作用有哪些？
- ChatGPT 回答：

在 Java 语言中，内部类是一种特殊的类，定义在另外一个类的内部。内部类的作用主要有以下几个。

（1）实现封装性：内部类提供了一种更好的封装方式，可以将一个类的实现细节隐藏在其他类的内部。这样可以阻止外部类访问内部类的变量和方法，从而保证类的封装性。

（2）实现多态性：内部类可以实现多重继承，通过实现多个接口或继承多个类来达到多态性的效果。

（3）提供更好的代码结构：内部类可以为代码提供更好的结构，组织代码有条理性和可读性，并将具有相似功能的类和接口放在一起，方便代码编写和维护。

（4）提供更好的访问控制：内部类可以访问其外部类的私有成员，因此可以提供更好的访问控制。

（5）简化代码：一些设计模式中使用内部类可以简化代码，减少设计复杂度。

（6）实现回调和事件处理：内部类常常被用于实现回调和事件处理机制，内部类可以访问外部类的私有方法和状态，从而提供更灵活的回调和事件处理方式。

总之，内部类可以为 Java 程序提供更好的封装、多态、代码结构、访问控制，以及回调和事件处理等功能。但是，过度使用内部类会使代码更加复杂，不易阅读和理解，因此，在使用内部类时应该遵循设计原则，根据实际需求进行评估和选择。

ChatGPT 描述了内部类的作用，包括实现封装性、实现多态性、提供更好的访问控制等，只有理解了内部类的作用，才能在之后的开发中正确合理地使用内部类。

7.1.1 成员内部类

类中可以定义成员变量和成员方法，还可以定义类，这个类作为外部类的一个成员存在，则称该类为成员内部类，且其所在的类为外部类。成员内部类可以访问外部类的所有成员，包括私有成员，且可以定义自己的成员变量和成员方法。语法格式如下。

```
class OuterClass{
  ……
  class InnerClass{
```

```
        ……
    }
    ……
}
```

若在外部类之外使用成员内部类，则需要使用外部类的实例来创建。语法格式如下。

```
OuterClass outer = new OuterClass();
OuterClass.InnerClass inner = outer.new InnerClass();
```

下面通过一个示例来学习成员内部类的定义。

例 7-1 定义成员内部类 InnerClass，在该类中定义 show() 方法，使其访问外部类的私有成员变量，并测试外部类和外部其他类访问成员内部类。具体代码如下，可参考学习资源中的“源代码\第 7 章\代码 7-1”。

```
// 定义外部类 OuterClass
public class OuterClass {
  private int outerVariable=10;                // 外部类私有成员变量
  // 定义内部类 InnerClass
  public class InnerClass{
          // 定义内部类方法
          public void show() {
                  System.out.println(" 调用外部类中的成员变量："+outerVariable);
          }
  }
  // 访问内部类中方法
  public void test() {
          InnerClass inner=new InnerClass();          // 创建内部类对象
          inner.show();                               // 调用内部类中的方法
  }
}

// 测试类
public class Test {
  public static void main(String[] args) {
          // 创建外部类对象
          OuterClass out=new OuterClass();
          out.test();                                 // 调用外部类中的 test() 方法
          // 在外部类之外创建内部类
          OuterClass.InnerClass innerClass=out.new InnerClass();
          innerClass.show();                          // 调用内部类中的 show() 方法
  }
}
```

运行结果如图 7.1 所示。

```
Console ×    ■ ✕ ✖ ※ | ⬚ ⬚ ⬚ | ⬚ ⬚ | ⬚ ▼ ⬚ ▼ □ □
<terminated> Test (27) [Java Application] D:\2DevelopTools\ec
调用外部类中的成员变量：10
调用外部类中的成员变量：10
```

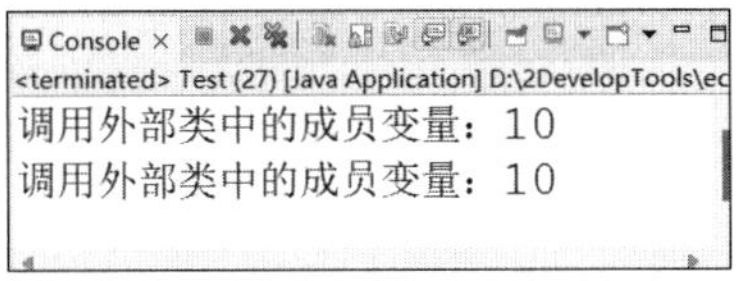

图7.1 例7-1的运行结果

7.1.2 静态内部类

在外部类中使用 static 关键字来定义的类是静态内部类，即在成员内部类基础上添加 static 关键字。静态内部类可以直接访问外部类中所有的静态成员，而无须创建外部类的实例，但无法直接访问外部类的非静态成员。若需要访问外部类的非静态成员，可以通过创建外部类的实例来间接访问。

在外部类中使用静态内部类的语法格式如下：

OuterClass.InnerClass inner = new OuterClass.InnerClass();

下面通过一个示例来学习静态内部类的定义。

例7-2 定义一个静态内部类 InnerClass，使其直接访问其本身所有的成员变量和外部类的静态成员。具体代码如下，可参考学习资源中的"源代码\第 7 章\代码 7-2"。

```java
// 定义外部类
public class OuterClass {
    private static int outerStaticVar=10;           // 外部类的静态成员变量
    private int outerNonStaticVar=20;               // 外部类的非静态成员变量
    // 静态内部类
    public static class InnerClass{
        private static int innerStaticVar=30;       // 内部类的静态成员变量
        private int innerNonStaticVar=40;           // 内部类的非静态成员变量

        // 定义 printOuterStaticVar() 方法，用于直接调用外部类中的静态变量
        public void printOuterStaticVar() {
            System.out.println(" 外部类中静态变量值为："+outerStaticVar);
        }

        // 定义 printOuterNonStaticVar 方法，通过外部类实例来调用外部类中的非静态变量
        public void printOuterNonStaticVar(OuterClass outer) {
            System.out.println(" 外部类中非静态变量值为："+outer.outer NonStaticVar);
        }

        // 定义 printInnerVar() 方法，用于调用内部类中的成员变量
        public void printInnerVar() {
            System.out.println(" 内部类中的静态变量值为："+innerStaticVar);
```

```
                System.out.println(" 内部类中的非静态变量值为："+innerNon StaticVar);
            }
    }
}

// 测试类
public class Test {
    public static void main(String[] args) {
            // 创建外部类对象
            OuterClass outer=new OuterClass();
            // 创建内部类对象
            OuterClass.InnerClass inner=new OuterClass.InnerClass();
            inner.printOuterStaticVar();
            inner.printOuterNonStaticVar(outer);
            inner.printInnerVar();
    }
}
```

运行结果如图 7.2 所示。

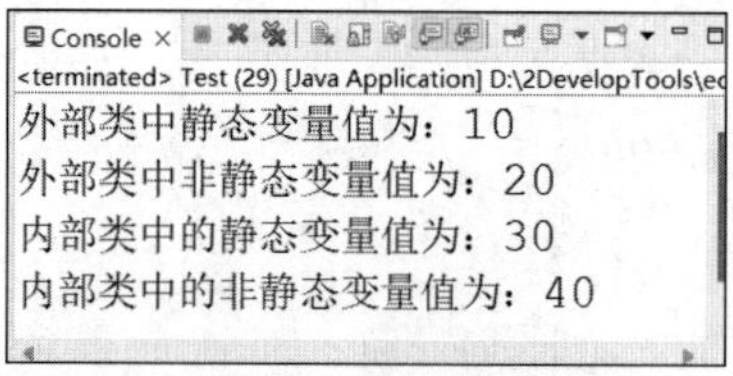

图7.2　例7-2的运行结果

7.1.3 局部内部类

局部内部类是定义在方法、代码块或构造方法等局部范围内的类，且有类名。需要注意以下几点。

（1）局部内部类可以直接访问外部类中所有的成员，包括私有成员。

（2）局部内部类只能作用在声明它的局部范围中，其他方法、代码块或类不能直接访问它。

（3）局部内部类前不添加访问权限修饰词，但可以被 final 修饰，一旦被其修饰，该内部类不能在作用域内被继承。

（4）局部内部类不能声明为静态类，且其不能包括静态成员。

下面通过一个示例来学习局部内部类的定义。

例 7-3 定义一个局部内部类 LocalInnerClass，使其访问外部类的私有变量和方法中的局部变量。具体代码如下，可参考学习资源中的“源代码 \ 第 7 章 \ 代码 7-3”。

```
// 外部类
public class OuterClass {
    private int value=10;                                   // 外部类中的私有变量
```

```
    // 外部类中的方法
    public void printValue() {
            String message=" 这个参数是：";                    // 方法中的局部变量
            // 定义内部类
            class LocalInnerClass{
                    // 定义内部类中方法
                    public void show() {
                            System.out.println(message+value);
                    }
            }
            LocalInnerClass inner=new LocalInnerClass();       // 创建内部类
            inner.show();
    }
}

// 测试类
public class Test {
    public static void main(String[] args) {
            OuterClass outer=new OuterClass();                 // 创建外部类
            outer.printValue();                                // 调用外部类中的方法
    }
}
```

运行结果如图 7.3 所示。

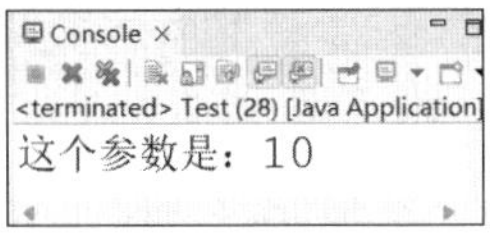
Console ×
<terminated> Test (28) [Java Application]
这个参数是：10

图7.3　例7-3的运行结果

7.1.4 匿名内部类

匿名内部类为四个内部类中最重要的一个，它是指没有名字的内部类，作用是提供一种快捷的方式来创建一个子类或实现一个接口，避免不必要的复杂性，如在后面图形用户界面设计章节中的事件处理器。匿名内部类的语法格式如下：

```
new 类名或接口名 ( 参数列表 ){
 // 重写方法
}
```

对于匿名内部类，需要注意以下两点。

（1）匿名内部类不能是抽象类，父类可以是抽象类。因为在创建匿名内部类时，会立即创建一个对象，若其为抽象类，则不能实例化。

（2）匿名内部类不能定义构造方法，因为匿名内部类是没有方法的类，而构造方法的名称要和类名相同。

下面通过一个示例来学习匿名内部类的定义。

例 7-4 通过使用匿名内部类的方式，实现一个接口。具体代码如下，可参考学习资源中的“源代码 \ 第 7 章 \ 代码 7-4”。

```
//接口
public interface Product {
  //抽象方法
  public abstract String getName();                  //购买产品名字
  public abstract double getPrice();                 //购买产品单价
  public abstract int getNumber();                   //购买产品个数
}

public class Shopping {
  public void buy(Product product) {
        System.out.printf("%s 的单价是：%.2f 元 \n",product.getName(),product. getPrice());
        System.out.printf(" 购买了 %d 支 %s，一共花费：%.2f 元 ",product.getNumber(),
product.getName(),product.getNumber()*product.getPrice());
  }
}
//测试类
public class Test {
  public static void main(String[] args) {
        Shopping shopping=new Shopping();        //创建对象
        //调用 buy() 方法时，需要创建 Product 类型的实参，使用匿名内部类方式实现
        shopping.buy(new Product() {
              //重写接口中的所有抽象方法
              @Override
              public double getPrice() {
                    return 99;
              }

              @Override
              public int getNumber() {
                    return 2;
              }

              @Override
              public String getName() {
                    return " 英雄钢笔 ";
```

```
            }
        });
    }
}
```

运行结果如图 7.4 所示。

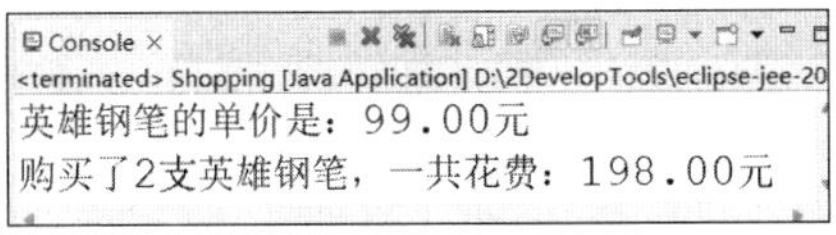
Console ×
<terminated> Shopping [Java Application] D:\2DevelopTools\eclipse-jee-20
英雄钢笔的单价是：99.00元
购买了2支英雄钢笔，一共花费：198.00元

图7.4　例7-4的运行结果

上机实操　定义使用匿名内部类的行动类

◆ 上机要求

请按以下要求定义一个抽象类 Animal，并创建一个使用匿名内部类的行动类 Action。

（1）定义一个抽象类 Animal，其中包含私有属性：名字。

包括以下方法：

- 获取名字的普通方法，返回值类型为 String；
- 获取行动速度的抽象方法，返回值类型为 double。

（2）创建行动类 Action，该类中定义方法 show(Animal animal)，用于输出动物的名字和速度。

（3）创建测试类 Test，在该类中：

- 创建 Action 对象；
- 调用 show() 方法时，通过使用采用匿名内部类方式创建 Animal 对象。

运行结果如图 7.5 所示。

Console ×
<terminated> Action [Java Application] D:\2DevelopToo
德牧的速度是45.00公里/时

图7.5　程序运行结果

◆ 实现思路

第 1 步　定义一个抽象类 Animal。

第 2 步　在 Animal 类中，定义 1 个 String 类型的私有属性 name。

第 3 步　在 Animal 类中，定义 2 个方法，分别是：返回类型为 String 的普通方法 getName()；返回类型为 double 的抽象方法 getSpeed ()。

第 4 步　创建行动类 Action，在该类中定义 show(Animal animal) 方法，用于输出动物的名字和速度，其中形参类型为 Animal。

第 5 步　创建测试类 Test，在该类中定义 main() 方法，在该方法中：

（1）创建 Action 对象；

（2）调用 show() 方法，并通过使用匿名内部类的方式创建 Animal 对象，在该匿名内部类中重写 Animal 抽象类中的 getSpeed() 和 getName() 方法。

◆ 参考代码

实现以上程序运行结果的代码如下，具体可参考学习资源中的“源代码 \ 第 7 章 \ 代码 7-5”。

```
// 抽象类 Animal
public abstract class Animal {
  // 私有属性
  private String name;
  // 获取名字方法
  public String getName() {
          return name;
  }
  // 抽象方法，获取速度
  public abstract double getSpeed ();
}
// 行动类 Action
public class Action {
  // 参数为 Animal 类型
  public void show(Animal animal) {
          System.out.printf("%s 的速度是 %.2f 公里 / 时 ",animal.getName(), animal. getSpeed ());
  }
}
// 测试类
public class Test {
  public static void main(String[] args) {
          // 创建 Action 对象
          Action action=new Action();
          // 调用 show() 方法时，需要创建 Animal 类型的实参，使用匿名内部类来实现
          action.show(new Animal() {
                  // 重写抽象类中的 getSpeed() 方法
                  @Override
                  public double getSpeed() {
                          return 45;
                  }
                  // 重写 Animal 类中的 getName() 方法
                  public String getName() {
                          return " 德牧 ";
                  }
          });
  }
}
```

任务7.2 泛型

作为社会的一员，只有遵循法律法规、行业等规则，才能为社会的正常运转提供基础保障，并减少错误和冲突的可能性。Java 中的泛型好比社会中的规范化与标准化建设，其本质是参数化类型，即所操作的数据类型被指定为一个参数。这种参数化类型可以用在类、接口和方法的创建中，分别称为泛型类、泛型接口、泛型方法。在使用泛型时，需要明确指定类型参数，其强制了类型的标准化，确保在编译时就能发现类型不匹配的错误。

本任务的目的是学习泛型类和泛型接口。

AI 工具助力学习

使用泛型的好处

泛型是 Java 语言中的一个重要特性，它允许在类、接口和方法中使用类型参数，以实现更加灵活和类型安全的代码，接下来我们使用 AI 工具文心一言来了解一下使用泛型的好处。

- 提示词：请讲述一下使用泛型的好处。
- 文心一言回答：

Java 中的泛型带来了很多好处，主要包括以下几个方面。

（1）类型安全：泛型的主要目标是提高 Java 程序的类型安全。通过知道使用泛型定义的变量的类型限制，编译器可以在一个高得多的程度上验证类型假设，如果类型不匹配，编译器就不通过。这可以在编译时期就发现并指出错误，而不是等到程序运行时才出现异常。

（2）消除强制类型转换：泛型的一个附带好处是，消除源代码中的许多强制类型转换。这使得代码更加具有可读性，并且减少了出错机会。

（3）潜在的性能收益：泛型优化带来较大的可能性。在泛型的初始实现中，编译器将强制类型转换（没有泛型的话，程序员会指定这些强制类型转换）插入生成的字节码中。但是更多类型信息可用于编译器这一事实，为未来版本的 JVM 的优化带来可能。由于泛型的实现方式，支持泛型（几乎）不需要 JVM 或类文件更改。所有工作都在编译器中完成，编译器生成类似于没有泛型（和强制类型转换）时所写的代码，但更能确保类型安全。

（4）代码复用：泛型代码可以应用于多种数据类型，避免了编写大量重复的代码，减少了代码量，提高了代码的复用性。

（5）编程效率：由于泛型提供了类型参数化，因此可以编写更加通用的代码，从而减少了开发人员的工作量。

文心一言描述了使用泛型的好处，如能够提高代码的类型安全、可读性、复用性等，并能降低出错的可能性，从而提高编程效率。

7.2.1 泛型类

在 Java 中，泛型类是一种可以接受一个或多个类型参数的类。这些类型参数在类被实例化时，可指定具体的类型参数，其语法格式如下：

```
//定义类
[修饰词] class 类名 <泛型类型 1, 泛型类型 2, …… >{……}
```

```
// 创建对象时，确定泛型类型
类名称<具体类型1,具体类型2, …… >对象名称=new 类名称<具体类型1,具体类型2, …… >();
```

下面通过一个示例来演示泛型类。

例 7-5 定义泛型类，并通过创建对象，确定泛型类型。为方便理解，将类型参数定义为 T，即 Type 的缩写，该类型参数也可以使用其他字母声明。具体代码如下，可参考学习资源中的“源代码\第 7 章\代码 7-6”。

```
// 定义泛型类
public class ObjectBean<T> {
   // 显示泛型类型方法
   public void show(T t) {
           System.out.println(t);
   }
}
// 测试类
public class Test {
   public static void main(String[] args) {
           // 创建对象，确定泛型类型为 String
           ObjectBean<String> ob1=new ObjectBean<String>();
           ob1.show(" 少年强，则国强 ");             // 泛型参数为字符串
           // 创建对象，确定泛型类型为 Integer
           ObjectBean<Integer> ob2=new ObjectBean<Integer>();
           ob2.show(100);                            // 泛型参数为整型
   }
}
```

运行结果如图 7.6 所示。

Console
<terminated> ObjectBean [Java Application]
少年强，则国强
100

图7.6 例7-5的运行结果

7.2.2 泛型接口

泛型接口是在接口中使用类型参数，即可应用于多种数据类型。这些类型参数可在创建实现类对象时确定，也可在实现接口时确定。其语法格式如下：

```
// 定义接口
[修饰词] interface 接口名<泛型类型1, 泛型类型2, …… >{……}
// 确定类型参数方式1，创建实现类对象时
类名称<具体类型1,具体类型2, …… >对象名称=new 类名称<具体类型1,具体类型2,……
>();
```

```
// 确定类型参数方式 2，实现接口时
[ 修饰词 ] 类名 implements 接口名 < 具体类型 1, 具体类型 2, …… >{……}
```

下面通过一个示例来学习泛型接口的使用。

例 7-6 定义一个泛型接口 ShowInfo<T>，用于显示个人信息，定义科学家类 Scientist 来实现泛型接口，并确定类型参数。具体代码如下，可参考学习资源中的“源代码 \ 第 7 章 \ 代码 7-7”。

```
// 泛型接口
public interface ShowInfo<T> {
  public abstract void show(T t);                // 抽象方法
}
// Scientist 类实现接口，并确定类型参数
public class Scientist implements ShowInfo<String>{
  // 重写接口中的抽象方法
  @Override
  public void show(String name) {
        System.out.println(" 我是一名科学家，姓名是 :"+name);
  }
}
// 测试类
public class Test {
  public static void main(String[] args) {
        Scientist s=new Scientist();           // 创建对象
        s.show(" 钱学森 ");
  }
}
```

运行结果如图 7.7 所示。

Console
<terminated> Test (53) [Java Application] D:\2DevelopTo
我是一名科学家，姓名是：钱学森

图7.7　例7-6的运行结果

上机实操　泛型接口应用

◆ 上机要求

请按以下要求定义泛型接口。

（1）定义泛型接口 ShowInfo<T>，其中的抽象方法为 show(T t)，用于显示个人信息。

（2）定义科学家类 Scientist<T>，该类实现接口 ShowInfo<T>，此时未确定类型参数。

（3）定义测试类 Test，在该类中创建 Scientist 对象，确定类型参数，并调用 show() 方法。运行结果如图 7.8 所示。

Console
<terminated> Test (54) [Java Application] D:\2DevelopTo
我是一名科学家，姓名是：邓稼先

图7.8 程序运行结果

◆ 实现思路

第1步 定义一个泛型接口 ShowInfo<T>。

第2步 在 ShowInfo<T> 接口中，定义 1 个抽象方法 show(T t)，用于显示个人信息。

第3步 定义实现类 Scientist<T>，并重写接口中的抽象方法 show(T t)。

第4步 定义测试类 Test，在该类中定义 main() 方法进行测试，在该方法中：

（1）创建 Scientist<String> 对象，此时确定类型参数；

（2）调用 show() 方法，在控制台输出个人信息。

◆ 参考代码

实现以上程序运行结果的代码如下，具体可参考学习资源中的“源代码\第 7 章\代码 7-8”。

```
// 泛型接口
public interface ShowInfo<T> {
  public abstract void show(T t);     // 抽象方法
}
// 实现接口 ShowInfo<T>，此时未确定类型参数
public class Scientist<T> implements ShowInfo<T>{
  // 重写接口中的抽象方法
  @Override
  public void show(T t) {
          System.out.println(" 我是一名科学家，姓名是 :"+t);
  }
}
// 测试类
public class Test {
  public static void main(String[] args) {
          // 创建对象时，确定类型参数
          Scientist<String> s=new Scientist<String>();
          s.show(" 邓稼先 ");
  }
}
```

AI 学习问答 使用泛型的注意事项

学习完前面的内容，接下来我们使用 AI 工具讯飞星火来了解一下使用泛型时要注意哪些事项。

◎ 提示词：请讲述一下使用泛型要注意什么事项。

◎ 讯飞星火回答：

（1）类型擦除：Java 中的泛型是基于类型擦除的。这意味着在运行时，泛型信息会被擦除，泛型类型参数会被替换为它们的限定类型（无限定类型时则为 Object）。因此，泛型类型参数的具体类型在运行时是不可知的，这可能会带来一些限制和问题。

（2）基本数据类型限制：不能用基本数据类型实例化类型参数。这是因为泛型只能用于引用类型，不能用于基本数据类型。

（3）运行时类型检查：由于类型擦除，因此运行时类型检查不适用于泛型。例如，不能使用 instanceof 关键字或 == 判断泛型类的类型。

（4）泛型数组限制：不能直接创建泛型类型的数组。如果需要一个泛型数组，通常的做法是创建一个 Object 数组，然后将其转换为泛型数组，但这样做需要谨慎，因为它可能会引发警告或错误。

（5）静态成员限制：静态成员（包括静态方法和静态变量）是类级别的，而非实例级别的。因此，它们不能直接访问在类定义时声明的泛型类型参数，因为这些类型参数是在创建类的实例时指定的。然而，静态方法可以是泛型的，这意味着它们可以定义自己的类型参数，这些参数在调用方法时指定，与类的实例无关。

（6）泛型类实例化限制：不能直接实例化泛型类，因为泛型类是一个抽象的概念，它需要一个具体的类型来实例化。

讯飞星火描述了泛型要注意的事项，泛型是 Java 中一个强大的特性，它允许程序员编写更加灵活和可重用的代码，但在使用泛型时需要特别注意上述事项，以避免出现编译或运行时错误。

同步训练 定义科学家泛型类

» 训练要求

请按以下要求定义泛型类。

（1）定义一个科学家泛型类 Scientist<T,I>。

该类中属性私有化，包括：

- 姓名；
- 年龄。

该类中的方法，包括：

- getter 方法；
- setter 方法。

（2）创建两个对象，使用 setter 方法为属性赋值，并在创建对象时确定类型参数。

运行结果如图 7.9 所示。

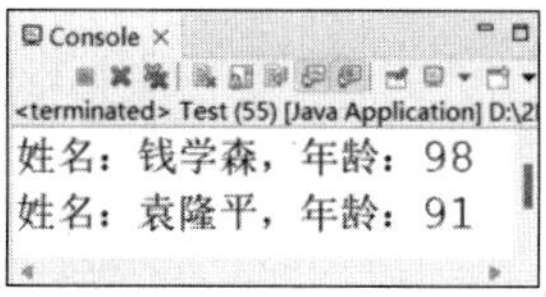

图7.9 程序运行结果

» 实现思路

第1步 定义一个泛型类 Scientist<T,I>。

第2步 在 Scientist 类中，定义私有属性，分别为 private T name 和 private I age。

第3步 在 Scientist 类中，定义 setter 和 getter 方法。

第4步 定义测试类 Test，在该类的 main() 方法中：

（1）创建两个 Scientist 对象，并确定类型参数分别为 String 和 Integer 类型；

（2）通过 setter 方法分别为两个对象的属性赋值；

（3）在控制台输出两个对象的姓名和年龄。

» 程序代码

实现以上程序运行结果的代码如下，具体可参考学习资源中的“源代码\第7章\代码7-9”。

```
//泛型类，两个类型参数
public class Scientist<T,I> {
    //定义私有属性
    private T name;
    private I age;
    //getter 和 setter 方法
    public T getName() {
            return name;
    }
    public void setName(T name) {
            this.name = name;
    }
    public I getAge() {
            return age;
    }
    public void setAge(I age) {
            this.age = age;
    }
}
//测试类
public class Test {
    public static void main(String[] args) {
            //创建对象时确定类型参数
            Scientist<String, Integer> s1=new Scientist<>();
            s1.setName("钱学森");
            s1.setAge(98);
            System.out.println("姓名："+s1.getName()+", 年龄："+s1.getAge());
            Scientist<String, Integer> s2=new Scientist<>();
```

```
        s2.setName(" 袁隆平 ");
        s2.setAge(91);
        System.out.println(" 姓名："+s2.getName()+", 年龄："+s2.getAge());
    }
}
```

小结

本章首先介绍了内部类的定义和使用，包括成员内部类、局部内部类、静态内部类和匿名内部类；其次为了类型安全问题，讲解了泛型，包括泛型类和泛型接口。

08

第 8 章
管理数据集合：集合容器

前面章节中学习了数组，可以通过数组维护多个同类型的元素。但在实际业务中，经常会在数组中插入或删除元素，就会涉及元素位置的前后移动，甚至有时还需维护多种不同类型的元素，这无疑增加了开发难度。所以本章我们将学习集合的使用，方便开发者对元素的维护。

课前思政

近年来，国人对于传统节日的重视程度似乎逐渐减弱，许多传统习俗和文化内涵被淡忘。街头巷尾少了那份浓郁的节日氛围，家庭聚会也少了那些传统的庆祝仪式。

小明希望身边的人能重视中国传统节日，弘扬中华文化，因此决定开发一个中国传统节日管理系统。这个管理系统涉及本章所讲的集合容器。通过这个管理系统可以展示节日信息、节日美食、节日习俗等，让更多的人了解和传承中华优秀传统文化，激发人们对中华文化的兴趣和热爱。

学习目标

1. 知识目标

- 掌握 List、Set、Queue 及 Map 集合的使用。
- 掌握集合中 hashCode() 与 equals() 方法的重写。
- 掌握集合的多种遍历方式。
- 掌握集合的自然排序和自定义排序。

2. 能力目标

- 能查看集合容器的 API 文档并了解集合之间的继承关系。
- 能根据集合特点，适配不同场合解决实际问题。
- 能根据需求重写 hashCode() 与 equals() 方法。
- 能根据需求制定集合元素排序规则。

3. 素质目标

- 在完善中国传统节日管理系统的过程中，唤醒学生对传统节日的记忆，激发学生对传统文化的兴趣。
- 在集合学习中引导学生联想数组，从中培养学生独立思考、分析问题、解决问题和归纳总结的能力。

任务8.1 集合概述

小明在开发中国传统节日管理系统的过程中，欲使用数组来维护节日信息，但发现数组元素在发生变动时，可能会涉及数组扩容、元素左右移动、元素类型单一等问题，开发起来比较困难。故小明准备学习集合来解决这些问题。

本任务的目的是掌握 Java 集合容器的接口继承体系，并能选择合适的集合来维护节日信息。

AI 工具助力学习

列举集合涉及的接口

初学者第一次接触集合概念，可能会无从下手，我们可以向 AI 工具咨询请求帮助。例如，下面以 AI 工具 ChatGPT 为例，来学习和认识 Java 集合涉及的接口，让初学者能够从宏观上了解集合接口和类之间的关系。

- 提示词：请列举 Java 集合涉及的接口。
- ChatGPT 回答：

Java 集合会涉及以下接口。

（1）Collection 接口：是所有集合类的父接口，定义了集合对象的基本操作方法，如添加、删除、遍历等。

（2）List 接口：继承自 Collection 接口，表示有序、可重复的集合，例如 ArrayList、LinkedList 和 Vector。

（3）Set 接口：继承自 Collection 接口，表示无序、不可重复的集合，例如 HashSet、LinkedHashSet 和 TreeSet。

（4）Queue 接口：继承自 Collection 接口，表示一种特殊的线性集合，支持在集合的一端添加元素，在另一端移除元素，例如 ArrayDeque 和 LinkedList。

（5）Map 接口：不继承自 Collection 接口，用于存储键值对的集合，每个键都是唯一的，例如 HashMap、LinkedHashMap 和 TreeMap。

这些接口提供了在 Java 中进行集合操作和存储的基本框架和功能。通过使用不同的接口，可以实现不同类型的集合。

从上述回答中，我们可以总结出集合的顶级接口有 2 个，分别是 Collection 和 Map。Collection 下的子接口分别是 List、Set、Queue，同时 ChatGPT 还对每个接口的常用实现类进行了列举。读者可以根据上述回答，使用 AI 工具对其中的接口和类继续提问，进一步了解学习。

8.1.1 集合的概念

Java.util 包中存在一系列特殊的类，这些类可以存储任意类型的对象，并且长度可动态扩展，这些类被统称为集合。Java 集合类主要由两个接口派生而出：单列集合 Collection 和双列集合 Map。

8.1.2 Collection 接口继承体系

Collection 为单列集合类根接口，用于存储一个一个的元素。例如：

```
["中秋节","重阳节"]
```

Collection 接口有三个重要的子接口，分别是 List、Set 和 Queue。

（1）List 的特点是元素有序且可重复。常用实现类有 ArrayList 和 LinkedList。

（2）Set 的特点是元素无序且不可重复。常用实现类有 HashSet 和 TreeSet。

（3）Queue 的特点是遵循先进先出的原则。常用实现类有 LinkedList。

根据 ChatGPT 提供的回答，可以总结出 Collection 接口及其实现类的框架示意图，如图 8.1 所示。

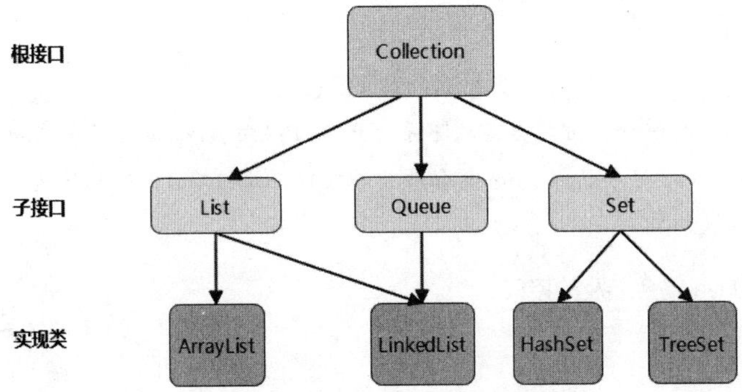

图8.1　Collection接口继承体系

8.1.3 Map 接口继承体系

Map 为双列集合类根接口，用于存储具有键（Key）、值（Value）映射关系的元素，每个元素都包含一对键值，其中键不可重复并且每个键最多只能映射到一个值。在使用 Map 集合时可以通过指定的 Key 找到对应的 Value。例如：

```
{"中秋节":"八月十五","重阳节":"九月初九"}
```

根据 ChatGPT 提供的回答，可以总结出 Map 接口及其实现类的框架示意图，如图 8.2 所示。

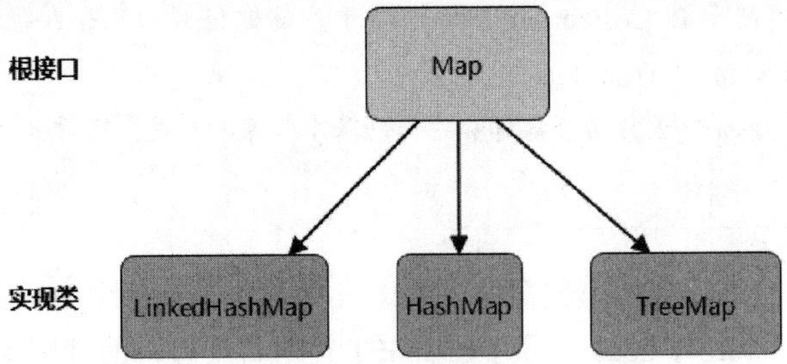

图8.2　Map接口继承体系

任务8.2　List接口

我们已经了解到集合继承体系概况和接口特点，现在开始进一步学习 Collection 根接口下 List 子接口的常用方法和常用实现类。

本任务的目的是采用 List 接口实现类对春节、元宵节、社日节等节日信息进行存储。

AI 工具助力学习

提供 List 接口代码

作为初学者，可以让 AI 工具帮助提供 List 接口代码。通过示例代码，可以了解 List 接口对象创建和常用方法的使用，让读者能够快速入门和增强学习的信心。下面以 AI 工具文心一言为例进行提问。

- 提示词：请提供 Java 中 List 接口示例代码。
- 文心一言回答：

当然，以下是在 Java 中使用 List 接口的示例代码：

```
import java.util.ArrayList;
import java.util.List;
public class Main {
    public static void main(String[] args) {
        // 创建一个新的 ArrayList
        List<String> list = new ArrayList<>();
        // 向 List 中添加元素
        list.add("Apple");
        list.add("Banana");
        list.add("Cherry");
        // 输出 List 中的所有元素
        for (String fruit : list) {
            System.out.println(fruit);
        }
        // 从 List 中移除一个元素
        list.remove("Banana");
        // 输出 List 中的所有元素
        System.out.println("After removing Banana:");
        for (String fruit : list) {
            System.out.println(fruit);
        }
    }
}
```

在上述回答中，首先通过 List 接口的实现类 ArrayList 创建对象，其次使用 add() 方法向集合添加元素，然后遍历集合并输出 List 中的所有元素，最后通过 remove() 方法从 List 中移除元素，并再次输出 List 中的所有元素以证明元素已被移除。

另外，List<String> 集合使用了泛型，限制只能向集合添加 String 类型数据。

8.2.1 List 接口常用方法

List 是 Collection 的子接口，用于定义线性表数据结构。可以将 List 理解为存放对象的数组，只不过其元素个数可以动态改变，且元素有序、可重复。List 接口常用方法如表 8.1 所示。

表 8.1　List 接口常用方法

方法	描述	返回类型
add(Object e)	将指定的元素追加到此集合的末尾	boolean
add(int index, E element)	将指定的元素插入此集合中的指定位置	void
addAll(Collection c)	将指定集合中的所有元素添加到此集合的末尾	boolean
addAll(int index, Collection c)	将指定集合中的所有元素插入此集合中的指定位置	boolean
clear()	从此集合中删除所有元素	void
contains(Object o)	如果此集合包含指定的元素，则返回 true	boolean
containsAll(Collection c)	如果此集合包含指定集合的所有元素，则返回 true	boolean
get(int index)	返回此集合中指定位置的元素	E
indexOf(Object o)	返回此集合中指定元素第一次出现的索引，如果此集合不包含元素，则返回 -1	int
lastIndexOf(Object o)	返回此集合中指定元素最后一次出现的索引，如果此集合不包含元素，则返回 -1	int
isEmpty()	如果此集合没有元素，则返回 true	boolean
remove(int index)	删除该集合中指定位置的元素	E
remove(Object o)	从集合中删除指定元素（第一个，如果存在）	boolean
removeAll(Collection c)	从此集合中删除包含在指定集合中的所有元素	boolean
set(int index, E element)	用指定的元素替换此集合中指定位置的元素	E
size()	返回此集合中的元素数量	int

8.2.2 ArrayList 类

ArrayList 是 List 接口的一个常用实现类。在 ArrayList 内部封装了一个长度可变的数组对象。当存入的元素超过数组长度时，ArrayList 会在内存中分配一个更大的数组来存储这些元素，因此可以将 ArrayList 看作一个长度可变的数组。

在前面“AI 工具助力学习”提供的示例代码中已经了解到 ArrayList 如何创建对象、添加元素和删除元素等。下面通过两个示例来进一步学习 ArrayList 的使用。

例 8-1 定义一个测试类 Test01，该类中创建 ArrayList 对象。学习添加元素、获取元素，判断是否包含元素，计算集合元素个数，以及清空集合等方法。具体代码如下，可参考学习资源中的“源代码 \ 第 8 章 \ 代码 8-1”。

```
public class Test01 {
    public static void main(String[] args) {
            ArrayList list=new ArrayList();
            // 向集合中添加元素
            list.add(" 春节 ");
            list.add(" 元宵节 ");
            list.add(" 社日节 ");
            list.add(" 春节 ");
```

```
            list.add(2023);
            System.out.println(list);
            int size=list.size();
            System.out.println( " 集合元素个数 : "+ size  );
            String e = (String) list.get(1);
            System.out.println(" 集合中第 2 个元素 : "+e);

            boolean isContains=list.contains(" 元宵节 ");
            System.out.println(" 是否包含元宵节 : "+isContains);
            list.set(3, " 清明节 ");
            System.out.println(" 第 2 个春节修改为清明节： "+list);
            list.add(3, " 寒食节 ");
            System.out.println(" 清明节前插入寒食节： "+list);
            list.clear();
            System.out.println(" 集合是否清空 : "+list.isEmpty() );
    }
}
```

运行结果如图 8.3 所示。

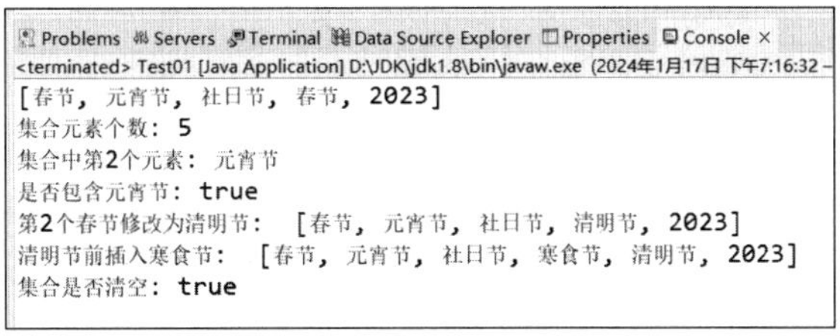

```
Problems  Servers  Terminal  Data Source Explorer  Properties  Console ×
<terminated> Test01 [Java Application] D:\JDK\jdk1.8\bin\javaw.exe (2024年1月17日 下午7:16:32 –
[春节, 元宵节, 社日节, 春节, 2023]
集合元素个数: 5
集合中第2个元素: 元宵节
是否包含元宵节: true
第2个春节修改为清明节:  [春节, 元宵节, 社日节, 清明节, 2023]
清明节前插入寒食节:  [春节, 元宵节, 社日节, 寒食节, 清明节, 2023]
集合是否清空: true
```

图8.3　例8-1的运行结果

结合上述示例代码和控制台输出内容，进行以下说明。

（1）add() 方法添加元素是有序、可重复的，且元素类型可不同。

（2）数组中获取元素个数使用的是 length 属性，而集合获取元素个数使用的是 size() 方法。

（3）(String) list.get(1) 中 get() 为获取集合中的某个元素，而 1 为集合下标。那么，此行代码为何需要强制转换为 String 类型呢？因为 get() 方法返回类型为 Object，需要强制转换为 String 类型。

（4）List 集合是有序的，故存在下标一说。集合下标是从 0 开始的，最后一个下标是“集合长度 -1”，即 size()-1。在访问元素时一定要注意下标不可超出此范围，否则会抛出下标越界异常 IndexOutOf BoundsException。

（5）list.set(3, " 清明节 ") 可以将对应下标元素进行修改，但要注意下标范围不能越界。

（6）add(" 寒食节 ") 是在集合尾部追加元素，而其重载的方法 add(3, " 寒食节 ") 是在某个位置上插入一个元素。

在例 8-1 中，用 String 类型表示中国传统节日（如春节、元宵节等）显然不合理。因为节日不仅仅只是一个 String 类型这么简单，它应该是节日特征和行为的综合体，需要用对象来表示。现要求为节日封装一个类，并将节日对象存放在 List 集合中。

例 8-2 定义一个节日类 Festival，包含以下属性：

（1）节日名称；

（2）节日开始时间；

（3）持续时间；

（4）节日介绍。

包含构造方法为：

（1）无参构造方法；

（2）有参构造方法。

包含普通方法为：

（1）属性对应的 getter() 方法，用于定义获取属性值；

（2）属性对应的 setter() 方法，用于定义修改属性值；

（3）重写 toString() 方法，用于控制台能输出节日对象内容。

具体代码如下，可参考学习资源中的“源代码 \ 第 8 章 \ 代码 8-2”。

```
public class Festival {
    private String name;         // 节日名称
    private String startTime;    // 节日开始时间
    private int duration;        // 持续时间
    private String intro;        // 节日介绍

    public Festival() {
    }
    public Festival(String name, String startTime, int duration, String intro) {
            super();
            this.name = name;
            this.startTime = startTime;
            this.duration = duration;
            this.intro = intro;
    }
    public String getName() {
            return name;
    }
    public void setName(String name) {
            this.name = name;
    }
    public String getStartTime() {
            return startTime;
    }
    public void setStartTime(String startTime) {
            this.startTime = startTime;
```

```
        }
        public int getDuration() {
                return duration;
        }
        public void setDuration(int duration) {
                this.duration = duration;
        }
        public String getIntro() {
                return intro;
        }
        public void setIntro(String intro) {
                this.intro = intro;
        }
        @Override
        public String toString() {
                return "\n Festival [name=" + name + ", startTime=" + startTime + ", duration=" +
duration + ", intro=" + intro + "] \n";
        }
    }
```

创建一个测试类 Test02，在该类中创建 2 个节日对象，并将对象添加到集合中。具体代码如下，可参考学习资源中的“源代码 \ 第 8 章 \ 代码 8-2”。

```
    public class Test02 {
      public static void main(String[] args) {
              // 创建节日对象
              Festival f1=new Festival();
              f1.setName(" 春节 ");
              f1.setStartTime(" 农历正月初一 ");
              f1.setDuration(15);
              f1.setIntro(" 每年的春节需要贴红对联、燃放鞭炮，以驱赶年兽 ");
              Festival f2=new Festival();
              f2.setName(" 除夕 ");
              f2.setStartTime(" 腊月三十 ");
              f2.setDuration(1);
              f2.setIntro(" 在除夕这一天，家人会聚在一起，享用丰盛的美食 ");

              // 节日对象存放集合
              List list=new ArrayList();
              list.add(f1);
              list.add(f2);
```

```
            System.out.println(list);
            // 获取集合第 2 个元素的节日名称
            Festival e=(Festival)list.get(1);
            System.out.println( " 第 2 个元素的节日名称 : "+e.getName() );
    }
}
```

运行结果如图 8.4 所示。

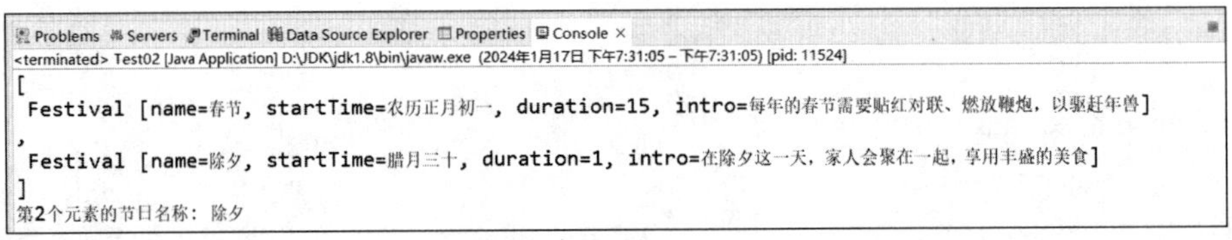
Problems Servers Terminal Data Source Explorer Properties Console ×
<terminated> Test02 [Java Application] D:\JDK\jdk1.8\bin\javaw.exe (2024年1月17日 下午7:31:05 – 下午7:31:05) [pid: 11524]

```
[
 Festival [name=春节, startTime=农历正月初一, duration=15, intro=每年的春节需要贴红对联、燃放鞭炮，以驱赶年兽]
,
 Festival [name=除夕, startTime=腊月三十, duration=1, intro=在除夕这一天，家人会聚在一起，享用丰盛的美食]
]
第2个元素的节日名称：除夕
```

图8.4　例8-2的运行结果

8.2.3 LinkedList 类

LinkedList 是 List 接口的另外一个常用实现类。其用法与 ArrayList 基本一致，因此不再演示其代码编写，这里主要讲述 LinkedList 和 ArrayList 的差异。

ArrayList 是通过动态数组实现了 List 集合，如图 8.5 所示。

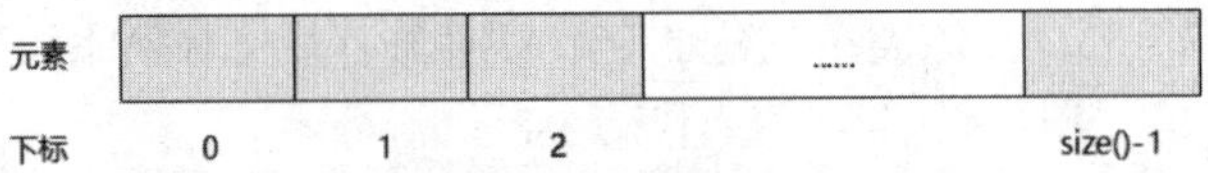

图8.5　ArrayList数据结构

LinkedList 是通过链表实现了 List 接口，如图 8.6 所示。

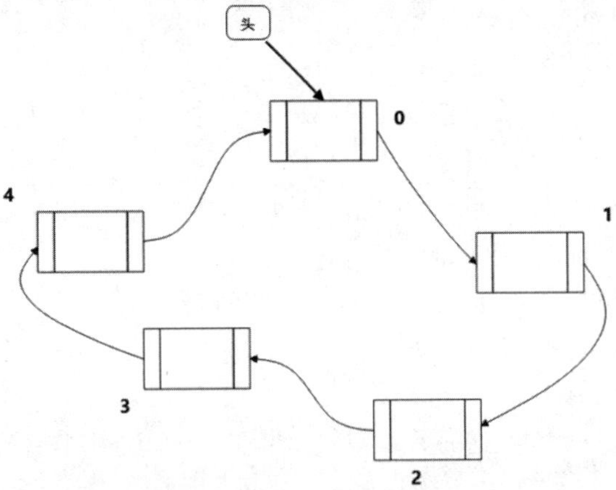

图8.6　LinkedList数据结构

ArrayList 和 LinkedList 两者在数据结构上的差异，导致数据存取性能上有所不同。

（1）ArrayList：通过动态数组实现，利用下标可以快速地索引到对应的元素，适合集合元素访问。但在删除和插入元素时会移动较多的元素位置，效率稍低。

（2）LinkedList：通过链表实现。在删除和插入元素时，只要改变指针即可，效率较高。但在索引元素时，只能从头指针开始向后索引，效率稍低。

在性能要求不是特别苛刻的情形下，可以忽略两者的差别。

8.2.4 集合的遍历

在前面的学习中，我们是通过控制台打印查看集合元素内容。如果我们需要将元素一个个取出来，就需要如数组一样遍历集合。集合的遍历有 3 种方式：传统 for、迭代器、增强型 for。

传统 for 即运用循环控制语句实现，比较容易理解，下面通过代码片段来展示。

```
for(int i=0;i<list.size();i++) {
System.out.print(list.get(i) +"  ");
}
```

除了传统 for 循环集合，Java 还专门提供了一个接口 Iterator，主要用于迭代访问 Collection 中的元素，因此 Iterator 对象也被称为迭代器。迭代器在遍历集合时，内部采用指针的方式来跟踪集合中的元素。一般迭代器遍历过程可以分为 3 步，具体如下。

第 1 步 先问（hasNext()）：判断是否有下一个元素，有则返回 true。

第 2 步 再取（next()）：取下一个元素。

第 3 步 可删（remove()）：删除下一个元素。

例 8-3 定义一个测试类 Test03，在该类中使用 Iterator 迭代器方式遍历集合中的元素。具体代码如下，可参考学习资源中的“源代码 \ 第 8 章 \ 代码 8-3”。

```
public class Test03 {
  public static void main(String[] args) {
          ArrayList list=new ArrayList();
          list.add(" 春节 ");
          list.add(" 元宵节 ");
          list.add(" 复活节 ");
          list.add(" 社日节 ");
          // 获取迭代器
          Iterator it = list.iterator();
          while(it.hasNext()) {          // 判断是否存在下一个元素
                  Object obj = it.next();     // 取元素
                  if(" 复活节 ".equals( obj )) {
                          it.remove();       // 通过迭代器删除当前元素
                  }
          }
          System.out.println( list );
  }
}
```

运行结果如图 8.7 所示。

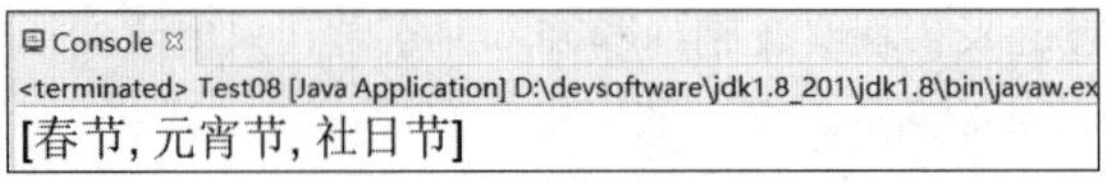

图8.7　例8-3的运行结果

在上述示例中，通过调用 Collection 集合的 iterator() 方法获得迭代器对象。迭代器对象先使用 hasNext() 方法判断集合中是否存在下一个元素，如果存在，则调用 next() 方法将元素取出，否则说明指针已到达了集合末尾，停止遍历元素。

在通过迭代器遍历过程中，可将当前对象删除。值得注意的是，这里不要使用集合对象的 remove() 方法删除，因为这可能会导致代码运行异常。

Java 5.0 之后推出了一个新的特性——增强型 for 循环，也称为新循环。该循环与传统 for 循环有所不同，其只用于遍历集合或数组。其原因在于编译器会将增强型 for 循环转换为迭代器。所以增强型 for 循环本质上是迭代器，或者说增强型 for 循环对迭代器进行了简化。具体语法格式如下。

```
for( 元素类型 变量 : 集合 / 数组 ) {
  循环体
}
```

例 8-4 定义一个测试类 Test04，在该类中使用增强型 for 循环方式遍历集合的元素。具体代码如下，可参考学习资源中的“源代码 \ 第 8 章 \ 代码 8-4”。

```
public class Test04 {
  public static void main(String[] args) {
        ArrayList list=new ArrayList();
        list.add(" 春节 ");
        list.add(" 元宵节 ");
        list.add(" 复活节 ");
        list.add(" 社日节 ");
        // 增强型 for 循环
        for(Object  e: list ) {
              //list.remove(" 元宵节 "); ConcurrentModificationException 异常
              System.out.println( e );
        }
  }
}
```

运行结果如图 8.8 所示。

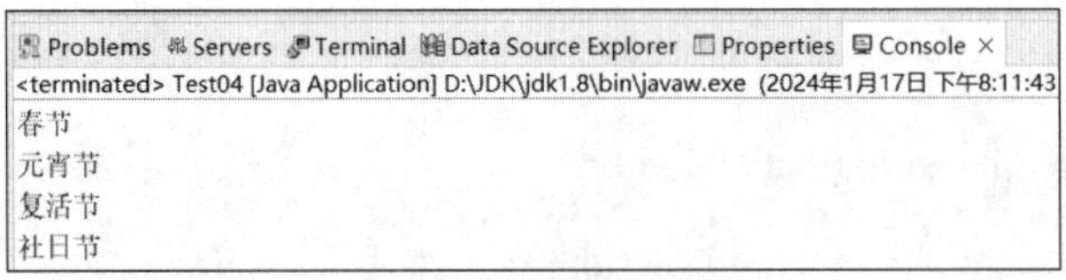

图8.8　例8-4的运行结果

需要注意的是，在上述示例中，list.remove(" 元宵节 ") 会运行异常，其原因在于增强型 for 循环本质是迭代器，而迭代器中使用集合的 remove() 方法会运行异常。如果在循环过程中需要删除元素，要么用传统 for 遍历，要么使用迭代器遍历。

上机实操 设计节日管理系统

◆ 上机要求

请按以下要求设计一个节日管理系统，并在测试类中进行测试。

（1）创建节日类 Festival，可参照例 8-2。

（2）定义节日管理系统类 FestivalSys，其中包含属性：节日集合。包含以下方法：

- 添加节日；
- 展示当前系统的节日信息；
- 根据节日名称删除节日。

（3）定义一个测试类 Test，在该类中：

- 调用无参构造方法创建一个节日管理系统类对象；
- 通过控制台输入不同选项，实现系统的管理。

运行结果如图 8.9 ~ 图 8.12 所示。

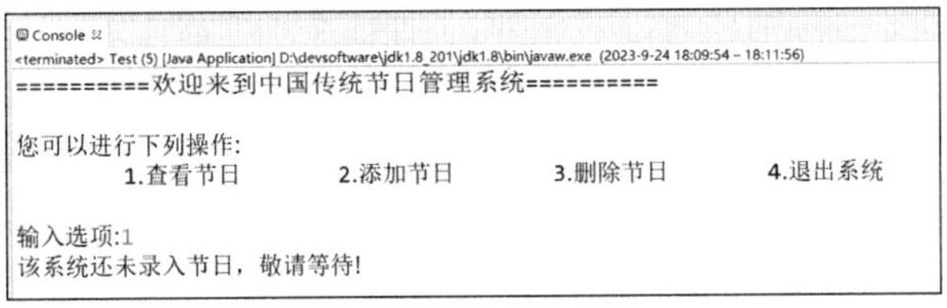

```
Console
<terminated> Test (5) [Java Application] D:\devsoftware\jdk1.8_201\jdk1.8\bin\javaw.exe (2023-9-24 18:09:54 – 18:11:56)
==========欢迎来到中国传统节日管理系统==========

您可以进行下列操作:
        1.查看节日        2.添加节日        3.删除节日        4.退出系统

输入选项:1
该系统还未录入节日，敬请等待!
```

图8.9　查看节日

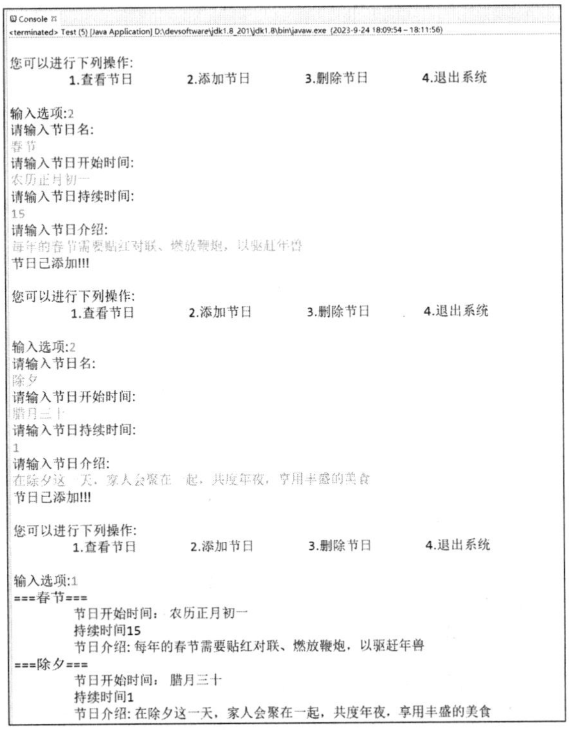

```
Console
<terminated> Test (5) [Java Application] D:\devsoftware\jdk1.8_201\jdk1.8\bin\javaw.exe (2023-9-24 18:09:54 – 18:11:56)

您可以进行下列操作:
        1.查看节日        2.添加节日        3.删除节日        4.退出系统

输入选项:2
请输入节日名:
春节
请输入节日开始时间:
农历正月初一
请输入节日持续时间:
15
请输入节日介绍:
每年的春节需要贴红对联、燃放鞭炮，以驱赶年兽
节日已添加!!!

您可以进行下列操作:
        1.查看节日        2.添加节日        3.删除节日        4.退出系统

输入选项:2
请输入节日名:
除夕
请输入节日开始时间:
腊月三十
请输入节日持续时间:
1
请输入节日介绍:
在除夕这一天，家人会聚在一起，共度年夜，享用丰盛的美食
节日已添加!!!

您可以进行下列操作:
        1.查看节日        2.添加节日        3.删除节日        4.退出系统

输入选项:1
===春节===
        节日开始时间：农历正月初一
        持续时间15
        节日介绍:每年的春节需要贴红对联、燃放鞭炮，以驱赶年兽
===除夕===
        节日开始时间：腊月三十
        持续时间1
        节日介绍:在除夕这一天，家人会聚在一起，共度年夜，享用丰盛的美食
```

图8.10　添加节日

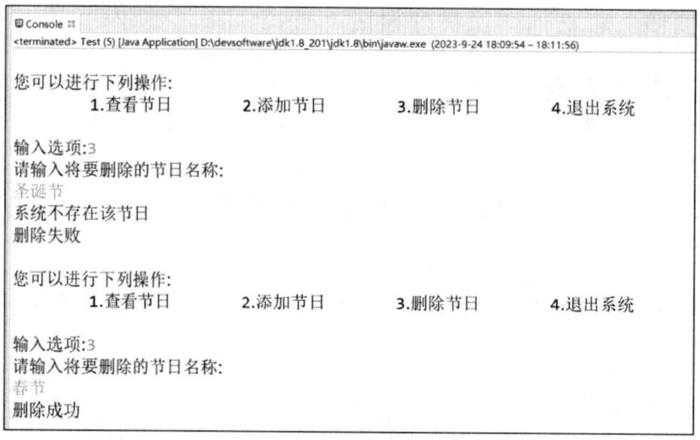

图8.11　删除节日

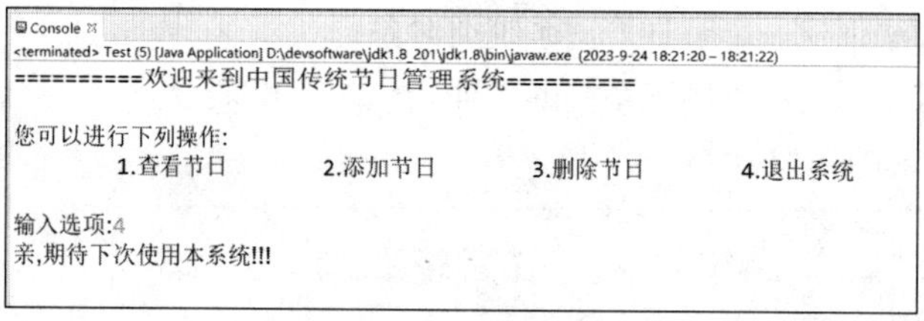

图8.12　退出系统

◆ 实现思路

第1步　创建节日类 Festival，可参照例 8-2。

第2步　创建节日管理系统类 FestivalSys。

（1）定义 1 个属性，保存节日集合 List<Festival> festivals。

（2）定义无参构造方法，实例化 festivals 属性。

（3）定义添加节日的方法 addFestival()，该方法 4 个形参分别是节日名称、节日开始时间、持续时间和节日介绍。

（4）定义展示当前系统中节日信息的方法 showFestivalAll()，该方法没有形参，通过遍历节日集合属性，打印节日信息。

（5）定义根据节日名称删除节日的方法 removeFestival()，该方法 1 个形参为删除的节日名称。

第3步　创建测试类 Test，在该类中定义 main() 方法进行测试，在该方法中：

（1）调用无参构造方法创建 FestivalSys 对象；

（2）用户控制台录入数字 1 ~ 4，可实现查看节日、添加节日、删除节日和退出系统的功能。

◆ 参考代码

实现以上程序运行结果的部分代码如下，具体可参考学习资源中的“源代码 \ 第 8 章 \ 代码 8-5”。

```
// 节日管理系统
public class FestivalSys {
  private List<Festival> festivals;
  public FestivalSys() {
        festivals=new ArrayList<Festival>();
  }
```

```
    // 添加节日
    public void addFestival(String name, String startTime, int duration, String intro) {
            Festival festival=new Festival(name,  startTime,  duration,  intro);
            festivals.add(festival);
    }
    // 展示当前系统中的节日信息
    public void showFestivalAll() {
            if(festivals.size()<=0) {
                    System.out.println(" 该系统还未录入节日，敬请等待 !");
            }else {
                    for(Festival festival:  festivals ) {
                            System.out.println( "==="+festival.getName() +"=== \n\t 节 日 开 始
时 间 : "+festival.getStartTime()+"\n\t 持 续 时 间 "+festival.getDuration()+"\n\t 节 日 介 绍 : "+festival.
getIntro());
                    }
            }
    }
    // 根据节日名称删除节日
    public boolean removeFestival(String name) {
            //1. 系统不存在节日信息
            if(festivals.size()<=0) {
                    System.out.println(" 该系统还未录入节日，敬请等待 !");
                    return false;
            }
            //2. 系统存在节日信息，根据节日名找出集合对应的下标
            for( int i=0; i<festivals.size() ; i++) {
                    // 系统节日名
                    String festivalName=festivals.get(i).getName();
                    // 如果找到该节日，则删除
                    if(festivalName.equals(  name )) {
                            festivals.remove( festivals.get(i) );
                            return true;
                    }
            }
            //3. 未能找到节日
            System.out.println(" 系统不存在该节日 ");
            return false;
    }
}
```

```
//测试类
public class Test {
  public static void main(String[] args) {
        //创建一个节日管理系统
        FestivalSys festivalSys=new FestivalSys();
        System.out.println("========== 欢迎来到中国传统节日管理系统 ==========");
        Scanner sca=new Scanner(System.in);
        //循环标志
        boolean flag=true;
        //用户录入选项
        int option;
        do {
              System.out.println("\n 您可以进行下列操作 : \n\t1. 查看节日 \t2. 添加节日
\t3. 删除节日 \t4. 退出系统 ");
              System.out.print("\n 输入选项 :");
              option= sca.nextInt();
              switch (option) {
              case 1:
                    //展示当前系统的节日信息
                    festivalSys.showFestivalAll();
                    break;
              case 2:
                    System.out.println(" 请输入节日名 :");
                    String name=sca.next();
                    System.out.println(" 请输入节日开始时间 :");
                    String startTime=sca.next();
                    System.out.println(" 请输入节日持续时间 :");
                    int duration=sca.nextInt();
                    System.out.println(" 请输入节日介绍 :");
                    String intro=sca.next();
                    festivalSys.addFestival(name, startTime, duration, intro);
                    System.out.println( " 节日已添加 !!!" );
                    break;
              case 3:
                    System.out.println(" 请输入将要删除的节日名称 :");
                    String delname=sca.next();
                    boolean isok=festivalSys.removeFestival(delname);
                    System.out.println( isok?" 删除成功 ":" 删除失败 "  );
                    break;
```

```
                case 4:
                        System.out.println(" 亲 , 期待下次使用本系统 !!!");
                        flag=false;
                        break;
                default:
                        System.out.println(" 您的选项错误 , 请重新选择 !");
                        break;
                }
            }while(flag);
    }
}
```

任务8.3 Set接口

在任务 8.2 中，小明采用 List 接口将春节、元宵节、社日节等节日进行存储，发现 List 接口存在节日重复添加问题。为了解决该问题，小明需学习 Set 接口的常用方法和实现类。

本任务的目的是采用 Set 接口进行节日的存储，避免集合中节日存在重复。

AI 工具助力学习

提供 Set 接口示例代码

作为初学者，可以让 AI 工具帮助提供 Set 接口示例代码。通过示例代码，了解 Set 接口的对象创建和常用方法使用，让读者能够快速入门和增强学习的信心。下面以 AI 工具讯飞星火为例进行提问。

- 提示词：请提供 Java 中 Set 接口示例代码。
- 讯飞星火回答：

```
import java.util.HashSet;
import java.util.Set;
public class SetExample {
    public static void main(String[] args) {
        // 创建一个 HashSet 对象
        Set<String> set = new HashSet<>();
        // 向集合中添加元素
        set.add(" 苹果 ");
        set.add(" 香蕉 ");
        set.add(" 橙子 ");
        // 输出集合中的元素
        for (String item : set) {
            System.out.println(item);
        }
```

```
        // 检查集合中是否包含某个元素
        if (set.contains(" 香蕉 ")) {
            System.out.println(" 集合中包含香蕉 ");
        } else {
            System.out.println(" 集合中不包含香蕉 ");
        }
        // 从集合中移除某个元素
        set.remove(" 橙子 ");
        // 清空集合
        set.clear();
    }
}
```

在上述回答中，首先通过 Set 接口的实现类 HashSet 创建对象。然后使用 add() 方法向其中添加元素。接着使用增强型 for 循环来遍历并输出 Set 中的所有元素。

通过 contains() 方法判断 Set 中是否包含香蕉，然后通过 remove() 方法从 Set 中移除一个元素，最后通过 clear() 方法将 Set 集合清空。

从示例代码中可以看出，Set 的使用似乎跟 List 的使用一样。读者可以尝试再向 Set 集合添加元素时，重复添加一个“橙子”元素，观察其输出内容。

8.3.1 Set 接口常用方法

Set 接口继承自 Collection 接口。与 List 不同的是，Set 接口元素无序且不重复。因为 Set 接口无序，意味着没有下标一说。Set 接口主要有两个实现类，分别是 HashSet 和 TreeSet。

Set 接口常用方法如表 8.2 所示。

表 8.2　Set 接口常用方法

方法	描述	返回类型
add(E e)	如果集合中不存在指定的元素，则添加指定的元素	boolean
addAll(Collection c)	将指定集合中的所有元素添加到此集合（如果尚未存在）	boolean
clear()	从此集合中删除所有元素	void
contains(Object o)	如果此集合包含指定的元素，则返回 true	boolean
containsAll(Collection c)	如果此集合包含指定集合的所有元素，则返回 true	boolean
isEmpty()	如果此集合不包含元素，则返回 true	boolean
iterator()	返回此集合中元素的迭代器	Iterator<E>
remove(Object o)	如果存在，则从该集合中删除指定的元素	boolean
removeAll(Collection c)	从此集合中删除指定集合中包含的所有元素	boolean
size()	返回此集合中的元素个数	int

8.3.2 HashSet 类

HashSet 是 Set 接口的一个常用实现类，它是根据对象的哈希值来确定元素在集合中的存储位置，具有良好的存取和查找性能。

在前面“AI 工具助力学习”提供的示例代码中已经了解到 HashSet 的基本使用，发现方法的使用与 List 集合类似，这里就不再赘述 HashSet 的基本用法。接下来主要通过一个示例来证明 HashSet 集合的无序和不重复的特性。

例 8-5 定义一个测试类 Test05，在该类中使用 HashSet 实现类来存储节日信息。具体代码如下，可参考学习资源中的“源代码 \ 第 8 章 \ 代码 8-6”。

```
public class Test05 {
  public static void main(String[] args) {
        HashSet set=new HashSet();
        // 向 HashSet 集合添加元素
        set.add(" 春节 ");
        set.add(" 元宵节 ");
        set.add(" 社日节 ");
        set.add(" 春节 ");
        System.out.println(set);
  }
}
```

运行结果如图 8.13 所示。

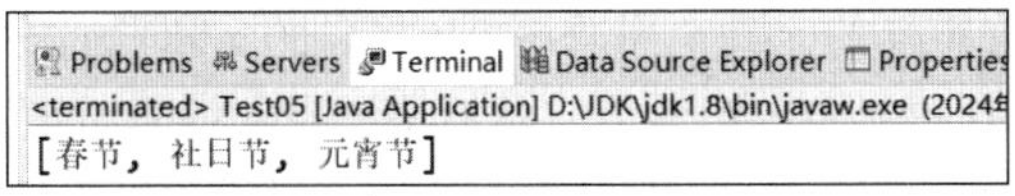
Problems Servers Terminal Data Source Explorer Properties
<terminated> Test05 [Java Application] D:\JDK\jdk1.8\bin\javaw.exe (2024
[春节, 社日节, 元宵节]

图8.13 例8-5的运行结果

从控制台打印结果来看，首先打印元素的顺序与添加元素时的顺序并不一致，其次添加了两次“春节”，但集合中并没有重复的节日。

8.3.3 LinkedHashSet 类

LinkedHashSet 是 HashSet 的子类，它具备了 HashSet 元素不重复的特性，同时维护了一个双向链表用于记录元素添加顺序，使其集合元素变得有序。

例 8-6 定义一个测试类 Test06，在该类中使用 LinkedHashSet 来存储节日信息。具体代码如下，可参考学习资源中的“源代码 \ 第 8 章 \ 代码 8-7”。

```
public class Test06 {
  public static void main(String[] args) {
    // 创建一个 LinkedHashSet 对象
    LinkedHashSet<String> set = new LinkedHashSet<>();
    // 添加元素到集合中
    set.add(" 春节 ");
    set.add(" 元宵节 ");
```

```
        set.add(" 社日节 ");
        set.add(" 春节 ");      // 重复元素
        // 输出集合中的元素
        System.out.println("LinkedHashSet 元素：" + set);
    }
}
```

运行结果如图 8.14 所示。

Problems Servers Terminal Data Source Explorer Properties Console
<terminated> Test06 [Java Application] D:\JDK\jdk1.8\bin\javaw.exe (2024年1月17日 下午11
LinkedHashSet元素：[春节, 元宵节, 社日节]

图8.14 例8-6的运行结果

8.3.4 Set 接口元素重复判定

在 Set 接口中添加了两次“春节”，但最终集合只保留一个“春节”。那么思考这么一个问题：如果向 Set 中添加两个对象，并且对象的属性值完全一样，如下所示。

```
Festival f1 = new Festival(" 春节 ", " 正月初一 ", 15, " 传统节日中最热闹的节日 ");
Festival f2 = new Festival(" 春节 ", " 正月初一 ", 15, " 传统节日中最热闹的节日 ");
```

那么 Set 会判定这 2 个对象是重复元素吗？显然节日对象 f1 和 f2 虽然属性值完全相同，但却是 2 个不同对象，引用地址也完全不同。所以对于集合来说，f1 和 f2 是 2 个不同的元素。

在常规的业务中，我们会认为 2 个“春节”对象属于重复元素，应该只保留一个。这时候就需要了解下 Set 集合对元素重复判定的原理。

Set 接口为了确保不出现重复的元素，当调用 Set 接口的 add() 方法存入元素时，首先调用当前存入对象的 hashCode() 方法获得对象的哈希值，然后根据对象的哈希值计算出一个存储位置。

如果该位置上没有元素，则直接将该元素存入。如果该位置上已经存有元素，则会调用 equals() 方法让该元素和该位置上的元素进行比较，如果返回的结果为 false 就将该元素存入集合，如果返回的结果为 true 则说明有重复元素，就将该元素舍弃。

从上述描述可知，Set 接口判断元素是否重复的关键点为 hashCode() 和 equals() 方法。那么，如果我们能重写存入对象中的 hashCode() 和 equals() 方法，就可以控制 Set 集合元素是否重复。

重写 hashCode()、equals() 方法时需注意两点：

（1）若 equals() 方法比较两个对象返回 true，则 hashCode() 方法返回的值也应该相同；

（2）hashCode() 方法返回的数值应符合 Hash（哈希）算法的要求，试想如果有很多对象的 hashCode() 方法返回值都相同，则会大大降低 Hash 表的效率，一般情况下可以使用 IDE 工具自动生成 hashCode() 方法。

例 8-7 定义一个节日类 Festival，并重写 hashCode()、equals() 方法，依据节日对象中的 name 判断集合元素是否重复。具体代码如下，可参考学习资源中的“源代码 \ 第 8 章 \ 代码 8-8”。

```
// 节日类
public class Festival {
    private String name;        // 节日名称
    private String startTime;   // 节日开始时间
```

```
    private int duration;        // 持续时间
    private String intro;        // 节日介绍
    public int hashCode() {
        final int prime = 31;
        int result = 1;
        result = prime * result + ((name == null) ? 0 : name.hashCode());
        return result;
    }
    public boolean equals(Object obj) {
        if (this == obj)
            return true;
        if (obj == null)
            return false;
        if (getClass() != obj.getClass())
            return false;
        Festival other = (Festival) obj;
        if (name == null) {
            if (other.name != null)
                return false;
        } else if (!name.equals(other.name))
            return false;
        return true;
    }
// 篇幅原因，此处省略构造方法、getter() 、setter() 和 toString() 方法，读者需自行补充
}

// 测试类
public class Test07 {
    public static void main(String[] args) {
        Set<Festival> set = new HashSet<Festival>();
        // 创建节日
        Festival f1 = new Festival(" 春节 ", " 正月初一 ", 15, " 传统节日中最热闹的节日 ");
        Festival f2 = new Festival(" 春节 ", " 正月初一 ", 15, " 传统节日中最热闹的节日 ");
        Festival f3 = new Festival(" 除夕 ", " 大年三十 ", 1, " 清扫屋舍，游子们回家大团圆 ");
        // 集合中添加节日
        set.add(f1);
        set.add(f2);
        set.add(f3);
        // 打印集合
```

```
            System.out.println(set);
            // 打印节日的 hashCode 哈希值
            System.out.println("f1 哈希值： "+f1.hashCode());
            System.out.println("f2 哈希值： "+f2.hashCode());
            System.out.println("f3 哈希值： "+f3.hashCode());
    }
}
```

运行结果如图 8.15 所示。

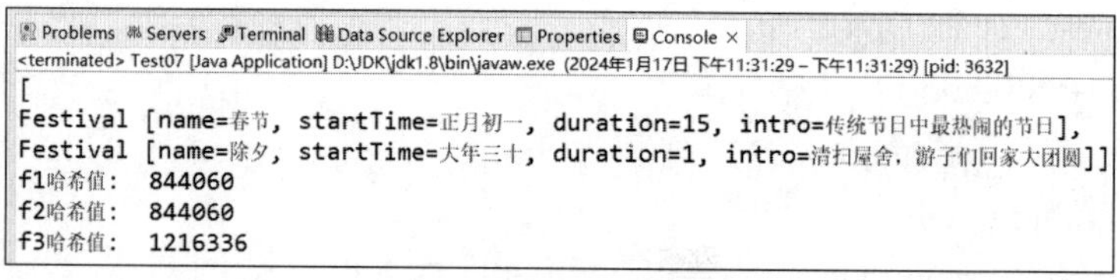

图8.15 例8-7的运行结果

小技巧 可以借助 Eclipse 生成 hashCode() 和 equals() 方法，如图 8.16 所示。

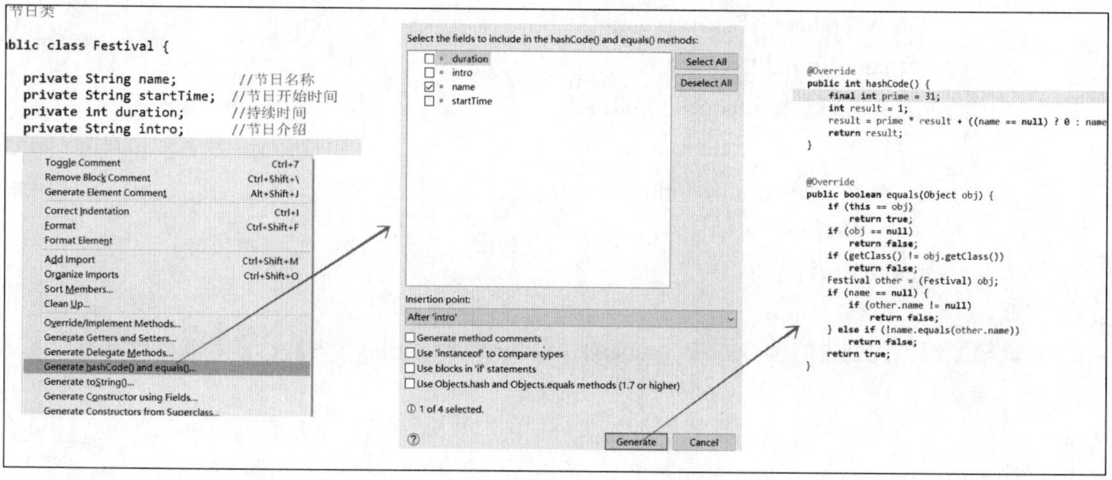

图8.16 hashCode()与equals()自动生成

上机实操 改造节日管理系统

◆ 上机要求

请按以下要求对任务 8.2 中上机实操中的节日管理系统进行改造。

（1）改造节日类 Festival，将节日名称作为判断集合元素是否重复的依据。

（2）改造节日管理系统类 FestivalSys，具体要求如下：

- 使用 Set 接口保存节日集合；
- 判断添加元素是否返回成功；
- 系统存在的节日信息，可通过迭代器删除。

运行结果如图 8.17 所示。

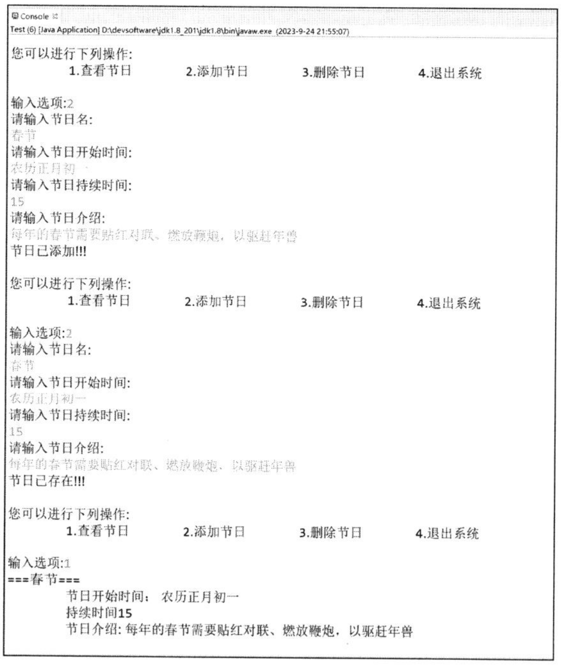

图8.17 节日去重

◆ 实现思路

第1步 改造节日类 Festival。重写 hashCode() 和 equals() 方法。以节日名作为判断元素是否重复的依据。

第2步 改造节日管理系统类 FestivalSys。

（1）属性：private Set<Festival> festivals。

（2）改造 addFestival() 方法，该方法返回添加元素成功与否的 boolean 值。

（3）改造 removeFestival() 方法，通过迭代删除节日。

第3步 改造测试类 Test，在添加节日后根据返回的 boolean 值输出“节日已添加”或“节日已存在”。

◆ 参考代码

实现以上程序运行结果的核心代码如下，具体可参考学习资源中的“源代码\第8章\代码8-9”。

```
// 节日管理系统类 FestivalSys
private Set<Festival> festivals;
  // 添加节日
  public boolean addFestival(String name, String startTime, int duration, String intro) {
          Festival festival=new Festival(name, startTime, duration, intro);
          boolean result=festivals.add(festival);
          return result;
  }
  // 根据节日名称删除节日
```

```
public boolean removeFestival(String name) {
        //1. 系统不存在节日信息
        if(festivals.size()<=0) {
                System.out.println(" 该系统还未录入节日，敬请等待 !");
                return false;
        }
        //2. 系统存在节日信息，通过迭代器删除
        Iterator<Festival> it = festivals.iterator();
        while(it.hasNext()) {
                Festival festival = it.next();
                if(festival.getName().equals(name)) {
                        it.remove();      // 通过迭代器删除当前元素
                        return true;
                }
        }
        //3. 未能找到节日
        System.out.println(" 系统不存在该节日 ");
        return false;
}
```

任务8.4 Queue接口

小明去银行办理业务，他看着长长的队伍，联想到了集合，这个队伍的每个人不就相当于集合的元素吗?

但小明很快就意识到了一个问题，现实中存在有人插队的现象。作为良好的公民，排队应自觉遵守规则，从队尾加入队伍，队首的人办完业务后离开队伍，下一个人再办理业务。但如果用 List 或 Set 集合，无法满足这种不能插队的需求，那该怎么办?

本任务的目的是使用队列这种数据结构，模拟银行排队这种场景。

AI 工具助力学习

Java 如何实现队列数据结构

作为初学者，如果不知道如何实现队列，那么可以向 AI 工具进行咨询。例如，下面以 ChatGPT 为例，来学习如何实现队列这种数据结构。

- 提示词：Java 如何实现队列数据结构?
- ChatGPT 回答：

在 Java 中，你可以使用 java.util.LinkedList 类来实现队列数据结构。以下是使用 LinkedList 实现队列的示例代码：

```
import java.util.LinkedList;
```

```
import java.util.Queue;
public class QueueExample {
   public static void main(String[] args) {
      Queue<String> queue = new LinkedList<>();
      // 入队操作
      queue.offer(" 元素 1");
      queue.offer(" 元素 2");
      queue.offer(" 元素 3");
      // 出队操作
      while (!queue.isEmpty()) {
         String element = queue.poll();
         System.out.println(" 出队元素 : " + element);
      }
   }
}
```

从上述回答中可以得知，LinkedList 是 Queue 接口的实现类。可以使用 LinkedList 类来实现队列数据结构。通过 offer() 方法向队列添加元素，通过 poll() 方法将队列中的元素进行移除。

8.4.1 队列

Queue（队列）接口是 Collection 的子接口。遵循先进先出（First Input First Output，FIFO）的原则。可以将队列看成特殊的 List 接口，限制只能从其一端添加元素，另一端取出元素，不能从中间插入或访问元素。适用用于模拟队列这种场景。

Queue 接口一般使用 LinkedList 作为实现类，其原因在于 Queue 经常要进行队首队尾元素的添加和删除的操作，而 LinkedList 在这方面效率较高。

Queue 接口常用方法如表 8.3 所示。

表 8.3　Queue 接口常用方法

方法	描述	返回类型
offer(E e)	将一个对象添加至队列尾部，如果成功则返回 true	boolean
peek()	返回队首元素但不删除，如果此队列为空，则返回 null	E
poll()	返回队首元素并删除，如果此队列为空，则返回 null	E

例 8-8 定义一个测试类 Test08，创建队列，并对元素进行入队和出队操作。具体代码如下，可参考学习资源中的“源代码 \ 第 8 章 \ 代码 8-10”。

```
public class Test08 {
   public static void main(String[] args) {
         // 创建一个队列
         Queue<String> queue=new LinkedList<String>();
         // 元素从队尾依次入队
```

```
            queue.offer(" 春节 ");
            queue.offer(" 七夕 ");
            queue.offer(" 除夕 ");
            System.out.println(queue);

            // 返回队首元素但不删除队列中该元素
            String peek = queue.peek();
            System.out.println(" 队列头部的元素： " + peek);
            System.out.println(" 队列的大小： "+queue.size());

            // 返回队首元素并删除队列中该元素
            String head = queue.poll();
            System.out.println(" 移除的元素： "+head);
            System.out.println(" 队列的大小： "+queue.size());
    }
}
```

运行结果如图 8.18 所示。

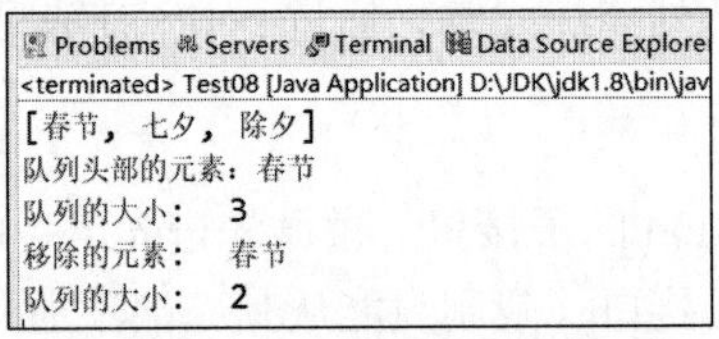

图8.18 例8-8的运行结果

上述示例代码中，通过 offer() 方法将元素从队尾添加到队列中。如果要取出队列中的元素，只能从队首取元素，且取元素有两种方案，分别如下。

（1）peek()：取元素但不删除队首元素。

（2）poll()：取元素并删除队首元素。

8.4.2 栈

Stack（栈），一种特殊的线性表，其只允许在固定的一端进行插入和删除元素操作。进行数据插入和删除操作的一端称为栈顶，另一端称为栈底。栈中的元素遵守后进先出（Last In First Out，LIFO）的原则，如图 8.19 所示。

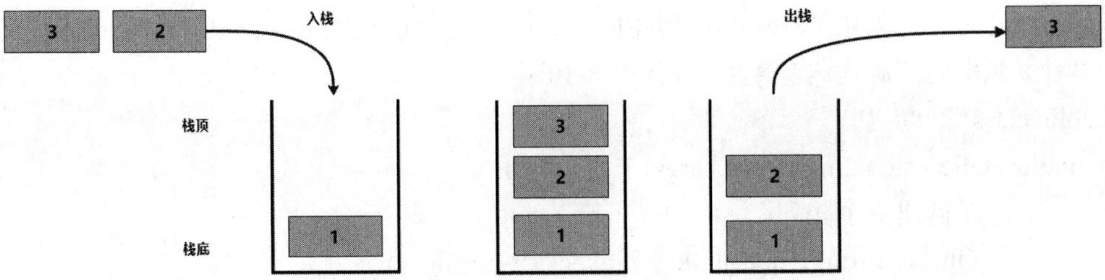

图8.19 入栈出栈示意图

从图 8.19 中可以看出元素只能在栈顶入栈，也只能从栈顶出栈。Stack 常用方法如表 8.4 所示。

表 8.4　Stack 常用方法

方法	描述	返回类型
empty()	检测栈是否为空	boolean
peek()	查看栈顶部的元素	E
pop()	删除此栈顶部的元素，并将该元素的值返回	E
push(E item)	将元素入栈，并返回元素	E

例 8-9 定义一个测试类 Test09，创建栈并进行元素入栈和出栈操作。具体代码如下，可参考学习资源中的“源代码 \ 第 8 章 \ 代码 8-11”。

```
public class Test09 {
    public static void main(String[] args) {
        // 创建一个栈
        Stack<Integer> stack = new Stack<>();
        // 向栈中添加元素
        stack.push(1);
        stack.push(2);
        stack.push(3);
        // 查看栈顶元素
        System.out.println(" 栈顶元素 : " + stack.peek());
        // 从栈中弹出元素
        System.out.println(" 弹出的元素 : " + stack.pop());
        System.out.println(" 此时栈中元素 : " + stack);
        // 查看栈是否为空
        System.out.println(" 栈是否为空 : " + stack.isEmpty());
    }
}
```

运行结果如图 8.20 所示。

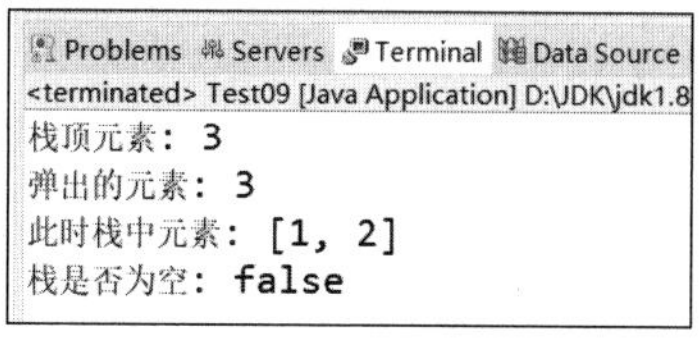
Problems Servers Terminal Data Source
<terminated> Test09 [Java Application] D:\JDK\jdk1.8
栈顶元素： 3
弹出的元素： 3
此时栈中元素： [1, 2]
栈是否为空： false

图8.20　例8-9的运行结果

上机实操　模拟银行叫号系统

◆ 上机要求

请按以下要求设计一个银行叫号系统，模拟银行排队取号和等待叫号的场景。

（1）定义一个客户类 Customer，其中包含以下属性：

- 姓名；
- 号码。

包含以下方法：

- 有参构造方法；
- getter 方法；
- setter 方法。

（2）定义一个银行叫号系统类 BankQueueSystem，其中包含以下属性：

- 顾客队列；
- 初始取号。

包含以下方法：

- 查询等待人数；
- 银行取号；
- 银行叫号。

（3）定义一个测试类 Test，在该类中进行银行取号、叫号和查询当前等待人数。

运行结果如图 8.21 所示。

图8.21　银行叫号系统运行结果

◆ 实现思路

第 1 步　创建客户类 Customer。

（1）定义 2 个属性，分别如下。

- 姓名：String name。
- 号码：int number。

（2）定义方法如下。

- 定义有参构造方法，用于初始化属性值。
- 定义 setter 和 getter 方法，用于设置和获取属性。

第 2 步　创建银行叫号系统类 BankQueueSystem。

（1）定义 2 个属性，分别如下。

- 顾客队列：Queue<Customer> queue。
- 初始取号：static int initNum。

（2）定义方法如下。

- 定义查询当前顾客等待人数 waitCustomer() 方法，通过 size() 获取顾客人数。
- 定义银行取号 addCustomer() 方法，通过 offer() 方法向队尾添加顾客。
- 定义银行叫号 processCustomers() 方法，通过 poll() 将队首顾客取出来。

第 3 步　创建测试类 Test，在该类中定义 main() 方法，在该方法中：

（1）使用无参构造方法创建银行叫号系统对象；

（2）分别使用 addCustomer()、processCustomers()、waitCustomer() 进行取号、叫号和查询等待人数的操作。

◆ 参考代码

实现以上程序运行结果的核心代码如下，具体可参考学习资源中的“源代码\第 8 章\代码 8-12”。

```
//银行叫号系统类
public class BankQueueSystem {
    //顾客队列
    private Queue<Customer> queue=new LinkedList<Customer>();
    //初始取号
    private static int initNum=0;

  //查询当前顾客等待人数
    public int waitCustomer() {
            return queue.size();
    }
    //银行取号：添加新顾客到队列中
    public void addCustomer(String name) {
      queue.add(new Customer(name, ++initNum));
      System.out.println(" 取号机：已取号，当前有 "+waitCustomer()+" 人排队中 ......");
    }
    //银行叫号：处理队列中客户
    public void processCustomers() {
          Customer customer=queue.poll();
          System.out.println(" 银行窗口：  请 "+customer.getNumber()+" 号顾客："+customer.
getName() +" 到窗口办理业务。");
    }
}
//测试类
public class Test {
  public static void main(String[] args) {
      BankQueueSystem system = new BankQueueSystem();
      //取号
      system.addCustomer(" 张三 ");
      system.addCustomer(" 李四 ");
      system.addCustomer(" 大黑 ");
      system.addCustomer(" 小白 ");
      //叫号
```

```
        system.processCustomers();
        // 查询当前顾客等待人数
        int wait=system.waitCustomer();
        System.out.println(" 温馨提示，剩余 "+wait+" 人等待叫号 !!!");
    }
}
```

任务8.5 Map接口

小明在优化节日管理系统中遇到了如下几组数据：

{“中秋节 " : " 八月十五 " , " 重阳节 ": " 九月初九 " }

明显每组数据其实是由两部分组成，如 " 中秋节 " : " 八月十五 " 由“中秋节”和“八月十五”组成。这时用 Collection 单列集合下的 List、Set 或者 Queue 都不适合存储这样的数据结构。

本任务的目的是使用 Map 双列集合来存储节日的时间。

AI 工具助力学习

提供 Map 接口示例代码

作为初学者，可以让 AI 工具帮助提供 Map 接口示例代码。通过示例代码，了解 Map 接口对象创建和常用方法的使用，让读者能够快速入门和增强学习的信心。下面以 AI 工具文心一言为例进行提问。

- 提示词：提供 Java 中 Map 接口示例代码。
- 文心一言回答：

Map 是 Java 集合框架的一部分，它是一个接口，代表一种映射关系，或者说是一种字典。Map 可以存储键值对。以下是一些使用 Java Map 的示例代码：

```
import java.util.HashMap;
import java.util.Map;
public class Main {
    public static void main(String[] args) {
        // 创建一个 Map 对象
        Map<String, Integer> map = new HashMap<>();
        // 向 Map 中添加键值对
        map.put("apple", 10);
        map.put("banana", 20);
        map.put("cherry", 30);
        // 输出 Map 的内容
        System.out.println(" 原始 Map: " + map);
        // 访问并修改 Map 中的值
        int appleCount = map.get("apple");
        System.out.println("apple 的数量 : " + appleCount);
```

```
            map.put("apple", appleCount + 5);
            System.out.println(" 修改后的 Map: " + map);
            // 遍历 Map
            for (Map.Entry<String, Integer> entry : map.entrySet()) {
               System.out.println(" 键 : " + entry.getKey() + ", 值 : " + entry.getValue());
            }
        }
    }
```

在上述回答中，首先解释了 Map 可以存储键值对。接着在代码中创建了一个 Map 对象的同时使用了泛型，限制 Map 的键为 String 类型，值为 Integer 类型。

使用 put() 方法添加数据，然后使用 get() 方法获取 Key 对应的 Value 值。最后使用增强型 for 遍历 Map 并打印了所有元素的键和值。

8.5.1 Map 接口常用方法

Map 接口定义的集合又称查找表，用于存储所谓的“key-value”键值对。在 Map 集合中 key 是不可以重复的。可以根据 key 索引到对应的 value 值。常用的实现类有 HashMap、LinkedHashMap 和 TreeMap。Map 接口常用方法如表 8.5 所示。

表 8.5 Map 接口常用方法

方法	描述	返回类型
put(K key, V value)	将键值对添加到 Map 集合中	V
putAll(Map m)	将指定集合的所有元素添加到此集合中	void
get(Object key)	返回指定 key 所对应的值，如果此集合不包含该键，则返回 null	V
size()	返回此 Map 中键值对的数量	int
remove(Object key)	如果存在 key，从该 Map 中删除该键值对	V
isEmpty()	如果此 Map 没有键值对，则返回 true	boolean
clear()	从该 Map 中删除所有的键值对	void
containsKey(Object key)	如果此 Map 包含指定键，则返回 true	boolean
containsValue(Object value)	如果此 Map 包含一个或多个指定的值，则返回 true	boolean
entrySet()	返回此 Map 中包含的键值对的 Set 集合	Set<Map.Entry<K,V>>
keySet()	返回此 Map 中包含的键的 Set 视图	Set<K>

8.5.2 HashMap 类

HashMap 是最常用的 Map 实现类，能够存储键值对形式的数据。其内部使用 Hash 表结构，根据键的 hashCode 值存储数据，并具有很快的访问速度。下面通过 2 个示例来学习 HashMap 的使用。

例 8-10 定义一个测试类 Test10，在该类中演示 HashMap 常用方法的使用。具体代码如下，可参考学习资源中的“源代码 \ 第 8 章 \ 代码 8-13”。

```
public class Test10 {
    public static void main(String[] args) {
        Map<String, String> map = new HashMap<>();
        // 添加键值对
        map.put(" 中元节 ", " 七月十五 ");
        map.put(" 中秋节 ", " 八月十五 ");
        map.put(" 重阳节 ", " 九月初九 ");

        // 获取键对应的值（键存在）
        String val1=map.get(" 中秋节 ");
        System.out.println(" 根据 key- 中秋节 , 获取对应的 value 值： "+val1);

        // 获取键对应的值（键不存在）
        String val2=map.get(" 愚人节 ");
        System.out.println(" 根据 key- 愚人节 , 获取对应的 value 值： "+val2);

        // 检查是否包含指定的键
        boolean containsKey = map.containsKey(" 七夕 ");
        System.out.println("map 中是否包含 key= 七夕节 ：" + containsKey);

        // 检查是否包含指定的值
        boolean containsValue = map.containsValue(" 九月初九 ");
        System.out.println("map 中是否包含有 value= 九月初九： " + containsValue);

        // 移除指定的键值对
        System.out.println(" 移除中元节前 : "+map);
        map.remove(" 中元节 ");
        System.out.println(" 移除中元节后 : "+map);

        // 清空 map
        map.clear();
        // 检查 map 是否为空
        boolean isEmpty = map.isEmpty();
        System.out.println("Map 是否清空 : " + isEmpty);
    }
}
```

运行结果如图 8.22 所示。

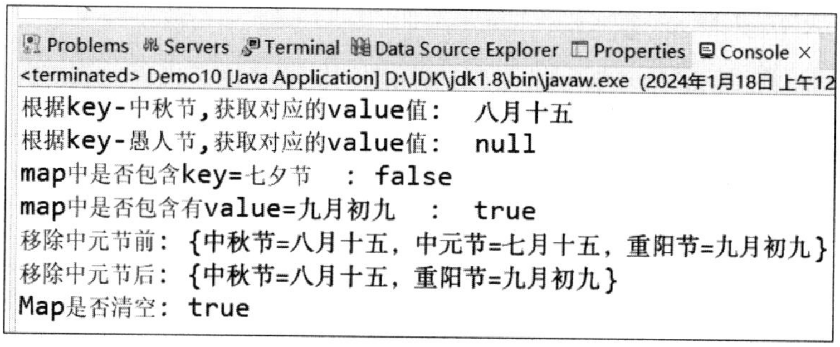

Problems Servers Terminal Data Source Explorer Properties Console ×
<terminated> Demo10 [Java Application] D:\JDK\jdk1.8\bin\javaw.exe (2024年1月18日 上午12
根据key-中秋节,获取对应的value值： 八月十五
根据key-愚人节,获取对应的value值： null
map中是否包含key=七夕节 ： false
map中是否包含有value=九月初九 ： true
移除中元节前：{中秋节=八月十五，中元节=七月十五，重阳节=九月初九}
移除中元节后：{中秋节=八月十五，重阳节=九月初九}
Map是否清空：true

图8.22 例8-10的运行结果

在前面“AI 工具助力学习”提供的示例代码中，使用 entrySet() 返回 Map 中包含键值对的 Set 接口，最终达到对 Map 中的 key 和 value 共同遍历。除此之外还可以只对 Map 的 key 进行遍历。

例 8-11 定义一个测试类 Test11，在该类中演示如何遍历 Map 接口中的 key。具体代码如下，可参考学习资源中的“源代码 \ 第 8 章 \ 代码 8-14”。

```
public class Test11 {
   public static void main(String[] args) {
      Map<String, String> map = new HashMap<>();
      // 添加键值对
      map.put(" 中元节 ", " 七月十五 ");
      map.put(" 中秋节 ", " 八月十五 ");
      map.put(" 重阳节 ", " 九月初九 ");
      // 遍历 map 中 key
      Set<String> keys = map.keySet();    // 获取键的集合
      for( String key :  keys ) {
            System.out.println(key);
      }
   }
}
```

运行结果如图 8.23 所示。

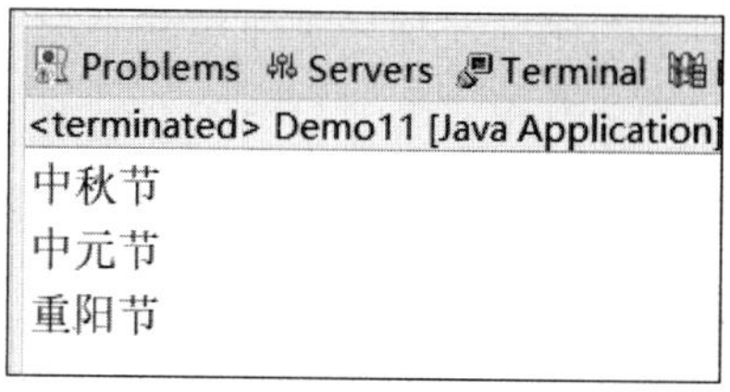

图8.23 例8-11的运行结果

在上述代码中，map.keySet() 可以将 Map 集合中所有 key 复制一份放在 Set 接口中。至于为什么是 Set 而非 List，原因在于 HashMap 的 key 是无序的，符合 Set 的特性。示例中遍历 Map 中的 key 用的是增强型 for 循环，此外还可以选用传统 for 循环或迭代器进行遍历。

8.5.3 LinkedHashMap 集合

LinkedHashMap 是 HashMap 的子类，它也使用双向链表来维护内部元素的关系，使 Map 集合中元素迭代的顺序与存入的顺序一致。

例 8-12 定义一个测试类 Test12，在该类中创建 LinkedHashMap 对象，并添加元素，之后观察集合中元素的顺序。具体代码如下，可参考学习资源中的“源代码 \ 第 8 章 \ 代码 8-15”。

```
public class Test12 {
  public static void main(String[] args) {
    // 创建一个 LinkedHashMap 实例
    Map map = new LinkedHashMap();
    // 添加键值对
    map.put(" 中元节 "," 七月十五 ");
    map.put(" 中秋节 "," 八月十五 ");
    map.put(" 重阳节 "," 九月初九 ");
    System.out.println( map );
  }
}
```

运行结果如图 8.24 所示。

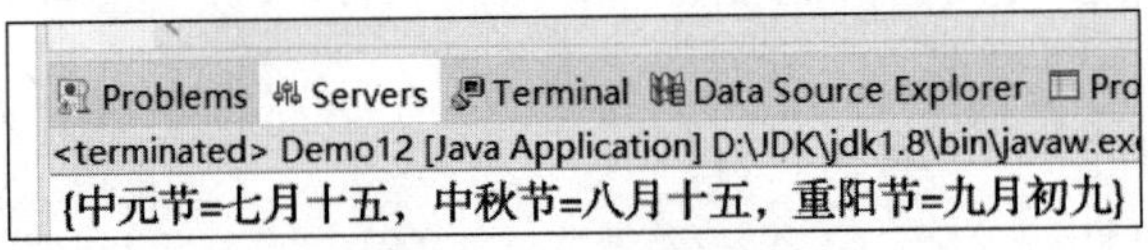

图8.24 例8-12的运行结果

通过控制台的内容输出可以看出，集合元素顺序与添加的顺序一致。对于上述代码，可以尝试使用 HashMap，元素将会处于无序状态。

上机实操 设计学生管理系统

◆ 上机要求

请按以下要求设计一个学生管理系统，并在测试类中进行测试。

（1）创建学生类 Student，其中包含以下属性：

- 学号；
- 姓名；
- 年龄；
- 所属班级。

包含以下方法：

- 有参构造方法；
- 属性对应的 getter/setter 方法。

（2）定义学生管理系统类 StudentManagerSys，其中包含属性：学生集合。包含以下方法：

- 添加学生信息，如果系统存在该学生，则不能添加；
- 根据学号查询学生信息；

- 根据学号删除学生信息。

（3）定义一个测试类 Test，在该类中：

- 调用无参构造方法创建一个学生管理系统类对象；
- 通过控制台输入不同选项，实现学生信息的管理。

运行结果如图 8.25 ~ 图 8.27 所示。

```
Console ☒
Test (7) [Java Application] D:\devsoftware\jdk1.8_201\jdk1.8\bin\javaw.exe (2023-9-26 23:06:06)
==========欢迎来到学生管理系统==========

您可以进行下列操作:
        1.搜索学生        2.添加学生信息        3.删除学生信息        4.退出系统

输入选项:1
请输入您要搜索的学生学号:
001
------不存在该生信息------
```

图8.25　搜索学生

```
Console ☒
Test (7) [Java Application] D:\devsoftware\jdk1.8_201\jdk1.8\bin\javaw.exe (2023-9-26 23:06:06)

您可以进行下列操作:
        1.搜索学生        2.添加学生信息        3.删除学生信息        4.退出系统

输入选项:2
请输入学号:
001
请输入姓名:
张三
请输入年龄:
19
请输入班级:
软件1班
------已添加------

您可以进行下列操作:
        1.搜索学生        2.添加学生信息        3.删除学生信息        4.退出系统

输入选项:2
请输入学号:
002
请输入姓名:
李四
请输入年龄:
20
请输入班级:
软件2班
------已添加------

您可以进行下列操作:
        1.搜索学生        2.添加学生信息        3.删除学生信息        4.退出系统

输入选项:1
请输入您要搜索的学生学号:
001
------学号：001    姓名：张三    年龄：19    班级：软件1班------
```

图8.26　添加学生信息

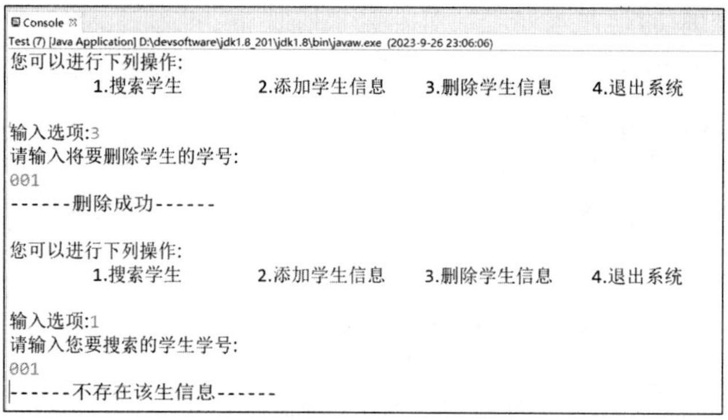

图8.27 删除学生信息

◆ 实现思路

第 1 步 创建学生类 Student，定义 4 个属性，分别如下。

（1）学号：String stuNo。

（2）姓名：String name。

（3）年龄：int age。

（4）所属班级：String classNo。

第 2 步 创建学生管理系统类 StudentManagerSys。

（1）定义 1 个属性，学生集合：Map<String,Student> map。

（2）定义添加学生方法 addStu()，该方法有 1 个形参：学生对象。

（3）定义查询学生信息方法 findStu()，该方法有 1 个形参：学号。

（4）定义删除学生信息方法 removeStu()，该方法有 1 个形参：学号。

第 3 步 创建测试类 Test，在该类中定义 main() 方法进行测试，在该方法中：

（1）调用无参构造方法创建 StudentManagerSys 对象；

（2）在用户控制台输入数字 1 ~ 4，可搜索学生、添加学生信息、删除学生信息和退出系统。

◆ 参考代码

实现以上程序运行结果的核心代码如下，具体可参考学习资源中的“源代码 \ 第 8 章 \ 代码 8-16”。

```
//学生类
public class Student {
    private String stuNo;        //学号
    private String name;         //姓名
    private int age;             //年龄
    private String classNo;      //所属班级
//此处省略构造方法、getter()、setter() 和 toString() 方法，读者需自行补充
}


//学生管理系统
public class StudentManagerSys {
```

```
    private  Map<String,Student> map=new HashMap<String,Student>();
    public boolean addStu(Student student) {
            // 获取学号
            String stuNo=student.getStuNo();
            // 教务系统是否存在该学生
            Student isExist = map.get(stuNo);
            // 不存在该学生，则添加
            if( isExist==null  ) {
                    map.put( stuNo, student);
                    return true;
            }
            // 存在该学生，不能添加
            return false;
    }
    // 根据学号，查询学生信息
    public Student findStu(String stuNo) {
            return map.get(stuNo);
    }
    // 根据学号，删除学生信息
    public boolean removeStu(String stuNo) {
                    Student stu = map.remove(stuNo);
                    return stu !=null? true :false ;
    }
}
```

任务8.6 集合排序

通过前面的学习，可以很好地使用集合来存储和管理我们的数据了。但有时候我们还需要对集合元素进行排序，且不同场景所需的排序规则也有所不同。

本任务的目的是掌握集合元素的自然排序和自定义排序，且能够根据需求制定排序规则。

AI 工具助力学习

解释集合的自然排序和自定义排序

为了弄清楚自然排序和自定义排序的概念，可以向 AI 工具咨询。例如，下面以 AI 工具 ChatGPT 为例，来解释集合的自然排序和自定义排序。

- 提示词：请解释 Java 集合中的自然排序和自定义排序。
- ChatGPT 回答：

在 Java 集合中，元素的排序可以通过自然排序和自定义排序来实现。

自然排序是指根据元素的自身特性来进行排序。在 Java 中，实现了 Comparable 接口的类可以使用自然排序。Comparable 接口包含一个 compareTo() 方法，该方法定义了元素之间的比较规则。使用自然排序时，集合会根据元素的 compareTo() 方法来决定元素的顺序。

举个例子，假设有一个存储字符串的集合。默认情况下，字符串是按照字母表顺序排序的，这是由于 String 类实现了 Comparable 接口，并重写了 compareTo() 方法。当我们使用 Collections.sort() 方法对集合进行排序时，会自动使用元素的自然顺序进行排序。

而自定义排序是指根据特定的规则来对元素进行排序。当集合中的元素没有实现 Comparable 接口或者想要按照其他规则进行排序时，就需要使用自定义排序。在这种情况下，需要实现 Comparator 接口，并重写其 compare() 方法。Comparator 接口允许开发人员定义自己的比较器，以指定元素之间的比较规则。

继续以上述字符串集合为例，假设我们想要按照字符串长度来进行排序，而不是按照字母顺序。我们可以创建一个自定义的比较器，实现 Comparator 接口，并在 compare() 方法中定义我们的排序规则。然后通过使用 Collections.sort() 方法并传入这个比较器，就可以实现自定义排序。

从上述回答中，可以总结出，实现 Comparable 接口并重写 compareTo() 方法进行排序，称为自然排序。比如整数能够从小到大排序，字符串能够按照字典排序，原因就是实现了 Comparable 接口，并在 compareTo() 方法中重写了排序规则。

实现 Comparator 接口，并重写其 compare() 方法进行排序，称为自定义排序。这种方式更加适合开发者定制排序规则。

8.6.1 自然排序

Java 中的基本数据类型和字符串等已经实现了 Comparable 接口，具有默认的自然顺序。例如，数字按照从小到大排序，字符串按照字典排序。下面以 Integer 类型为例分别展现在 List、Set、Map 中的自然排序。

（1）List 接口的集合实现 Integer 类型元素自然排序，代码片段如下。

```
List<Integer> list=new ArrayList<Integer>();
list.add(5);
list.add(2);
list.add(3);
list.add(9);
list.add(8);
// 排序
Collections.sort(list);
```

Collections 类是 Java 集合框架中的一个工具类，提供了一系列静态方法用于操作集合，如排序、查找、填充等。其中 Collections.sort(list) 是对 List 接口的集合进行排序。

（2）TreeSet 集合实现 Integer 类型元素自然排序，代码片段如下。

```
TreeSet<Integer>  treeSet=new TreeSet<Integer>();
treeSet.add(5);
treeSet.add(12);
```

```
    treeSet.add(33);
    treeSet.add(9);
    treeSet.add(8);
```

在 List 接口的集合中可以使用 Collections.sort(list) 对集合排序，但该方法只针对 List 接口的集合。在 Set 接口的集合中，提供了 TreeSet 集合对元素自动排序。

（3）TreeMap 集合实现 Integer 类型元素自然排序，代码片段如下。

```
    TreeMap<Integer,String> treeMap=new TreeMap<Integer,String>();
    treeMap.put(4, " 寒食节 ");
    treeMap.put(1, " 春节 ");
    treeMap.put(3, " 社日节 ");
    treeMap.put(2, " 元宵节 ");
```

Map 接口的集合提供了 TreeMap 集合并依据 key 对元素自动排序。

在实际业务中，我们希望按照自己定义的规则对集合元素进行排序，特别是在对自己定义的类进行排序时。我们可以学着使用自然排序方式，实现 Comparable 接口并重写 compareTo() 方法，读者可以自行进行探索。这里重点讲解自定义排序，这种方式更加适合开发者定制排序规则。

8.6.2 自定义排序

自定义排序是指实现Comparator接口的类，并在compare()方法中定义了元素之间的比较规则。集合会根据元素的 compare() 方法来决定元素的顺序。

与自然排序相比，自定义排序更加灵活。因为自然排序实现 Comparable 接口后会增加耦合，在项目中不同的位置根据不同的属性排序时，需要反复修改自然排序的比较规则。比如对于学生信息，需要按姓名排序，还需要按年龄排序，二者只能选择其一，否则会起冲突。而自定义排序可以很好地解决这个问题，在需要的地方创建内部类实例，重写其比较方法即可。

例 8-13 定义一个测试类 Test13，在 List 接口的集合中利用 Comparator 比较器，按照学生年龄 age 从小到大进行排序。具体代码如下，可参考学习资源中的“源代码 \ 第 8 章 \ 代码 8-17”。

```
//学生类
public class Student{
  String name;
  int age;
  public Student(String name, int age) {
        super();
        this.name = name;
        this.age = age;
  }
  @Override
  public String toString() {
        return "\n Student [name=" + name + ", age=" + age + "]";
  }
}
```

```
// 测试类
public class Test13 {
  public static void main(String[] args) {
          List<Student> list=new ArrayList<Student>();
          // 创建学生
          Student s1=new Student(" 大黑 ", 18);
          Student s2=new Student(" 小白 ", 16);
          Student s3=new Student(" 王二 ", 14);
          Student s4=new Student(" 李四 ", 20);
          // 存放到 list 集合中
          list.add(s1);
          list.add(s2);
          list.add(s3);
          list.add(s4);
          System.out.println( " 排序前 : "+list );
          // 使用匿名内部类方法创建比较器。制定规则为按照年龄 age 从小到大排序
          Comparator<Student> comparator=new Comparator<Student>() {
                  @Override
                  public int compare(Student o1, Student o2) {
                          return o1.age-o2.age;
                  }
          };
          Collections.sort(list,comparator);
          System.out.println( " 排序后 : "+list );
  }
}
```

运行结果如图 8.28 所示。

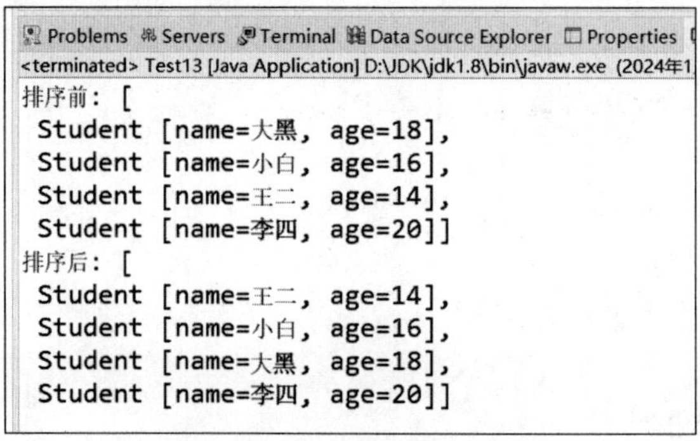
Problems Servers Terminal Data Source Explorer Properties
<terminated> Test13 [Java Application] D:\JDK\jdk1.8\bin\javaw.exe (2024年1
排序前: [
Student [name=大黑, age=18],
Student [name=小白, age=16],
Student [name=王二, age=14],
Student [name=李四, age=20]]
排序后: [
Student [name=王二, age=14],
Student [name=小白, age=16],
Student [name=大黑, age=18],
Student [name=李四, age=20]]

图8.28 例8-13的运行结果

在上述示例中，Comparator 接口是不能创建对象的，所以这里采用了匿名内部类并重写了 compare() 制定规则。Collections.sort(list , comparator) 此行代码中借助第 2 个参数比较器对集合排序。

TreeSet 与 TreeMap 集合，其自定义排序与例 8-13 类似，只不过 List 接口的集合在创建好 Comparator 比较器后，使用 Collections.sort(list,comparator) 进行排序。而 TreeSet 与 TreeMap 集合只需要在其构造方法中指明比较器即可，代码如下。

```
// 创建 TreeSet 对象，在构造方法中设置比较器
TreeSet<Student> treeSet=new TreeSet<Student>(comparator);
// 创建 TreeMap 对象，在构造方法中设置比较器（Key 排序）
TreeMap<Student, Integer> treeMap=new TreeMap<Student, Integer> (comparator);
```

上机实操 员工信息排序

◆ 上机要求

请按以下要求设计一个员工类 Emp，并使用测试类进行测试排序。

（1）定义一个员工类 Emp，其中包含以下属性：

- 员工姓名；
- 员工年龄；
- 员工工资。

包含以下方法：

- 无参与有参构造方法；
- getter() 和 setter() 方法；
- toString() 方法。

（2）定义一个测试类 Test，在该类中：

- 创建 5 个员工；
- 根据员工年龄从小到大排序；
- 根据员工工资从高到低排序。

运行结果如图 8.29 所示。

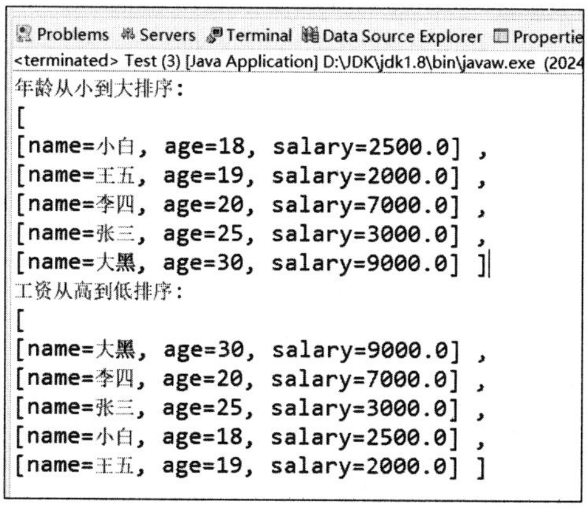

Problems Servers Terminal Data Source Explorer Propertie
<terminated> Test (3) [Java Application] D:\JDK\jdk1.8\bin\javaw.exe (2024
年龄从小到大排序：
[
[name=小白, age=18, salary=2500.0] ,
[name=王五, age=19, salary=2000.0] ,
[name=李四, age=20, salary=7000.0] ,
[name=张三, age=25, salary=3000.0] ,
[name=大黑, age=30, salary=9000.0]]
工资从高到低排序：
[
[name=大黑, age=30, salary=9000.0] ,
[name=李四, age=20, salary=7000.0] ,
[name=张三, age=25, salary=3000.0] ,
[name=小白, age=18, salary=2500.0] ,
[name=王五, age=19, salary=2000.0]]

图8.29 员工信息排序运行结果

◆ 实现思路

第 1 步 创建员工类 Emp。

第 2 步 在 Emp 类中定义如下 3 个属性。

（1）员工姓名：private String name。

（2）员工年龄：private int age。

（3）员工工资：private double salary。

第 3 步 在 Emp 类中定义无参与有参构造方法，以及 getter()、setter() 和 toString() 方法。

第 4 步 创建测试类 Test，在该类中定义 main() 方法，在该主方法中：

（1）创建 5 个员工对象并存放在 List 接口的集合中；

（2）调用 ageOrder() 方法，按年龄从小到大排序；

（3）调用 salaryOrder() 方法，按工资从高到低排序。

◆ 参考代码

实现以上程序运行结果的核心代码如下，具体可参考学习资源中的“源代码 \ 第 8 章 \ 代码 8-18”。

```
// 员工类
public class Emp {
    private String name;        // 员工姓名
    private int age;            // 员工年龄
    private double salary;      // 员工工资
    // 此处省略了构造方法，以及 getter()、setter() 和 toString() 方法
}
// 测试类
    // 根据员工年龄从小到大排序
    public static void ageOrder(List<Emp> emps) {
            // 创建年龄比较器
            Comparator<Emp> comparator=new Comparator<Emp>() {
                    @Override
                    public int compare(Emp o1, Emp o2) {
                            return o1.getAge()-o2.getAge();
                    }
            };
            // 进行年龄排序
            Collections.sort(emps, comparator);
            System.out.println(" 年龄从小到大排序 : \n"+emps  );
    }

    // 根据员工工资从高到低排序
    public static void salaryOrder( List<Emp> emps  ) {
            // 创建工资比较器
            Comparator<Emp> comparator=new Comparator<Emp>() {
                    @Override
                    public int compare(Emp o1, Emp o2) {
```

```
                double result=o2.getSalary()-o1.getSalary();
                return result>0? 1 : (result==0?0:-1 ) ;
            }
        };
        // 进行工资排序
        Collections.sort(emps, comparator);
        System.out.println(" 工资从高到低排序 : \n"+emps );
    }
```

AI 学习问答 在使用 Java 集合过程中有哪些注意事项

学习完前面的内容，最后向 AI 工具咨询一下程序员在使用集合时应该注意哪些事项。下面以 AI 工具讯飞星火为例进行提问。

◎ 提示词：请描述在使用 Java 集合过程中有哪些注意事项。

◎ 讯飞星火回答：

在使用 Java 集合时，需要注意以下几点。

（1）选择合适的集合类型：根据实际需求选择合适的集合类型，如 ArrayList、LinkedList、HashSet、TreeSet 等。不同的集合类型有不同的性能特点和使用场景。

（2）避免使用 null 值：在向集合中添加元素时，尽量避免使用 null 值，因为 null 值可能导致 NullPointerException。如果需要表示空值，可以使用 Java 的 Optional 类。

（3）注意集合的大小限制：一些集合类型（如 ArrayList）有固定的大小限制，当集合达到最大容量时，再添加元素会导致性能下降。在这种情况下，可以考虑使用其他没有固定大小的集合类型，或者预先设置一个合适的初始容量。

（4）避免频繁地插入和删除操作：对于一些集合类型（如 ArrayList），频繁地插入和删除操作会导致性能下降。在这种情况下，可以考虑使用 LinkedList 或其他适合频繁操作的集合类型。

（5）使用迭代器进行遍历：在遍历集合时，建议使用迭代器（Iterator）进行遍历，而不是使用 for-each 循环。这是因为在使用 for-each 循环时，如果对集合进行了修改（如添加或删除元素），可能会导致 ConcurrentModificationException 异常。

（6）使用线程安全的集合：在多线程环境下，如果需要对集合进行操作，建议使用线程安全的集合，如 Vector、ConcurrentHashMap 等。这些集合类型内部已经处理了并发问题，可以确保在多线程环境下的正确性和安全性。

在上述回答中，提供了 6 个注意事项，包括：集合类型的正确选用；空指针异常；设置集合的初始元素个数；ArrayList 和 LinkedList 的选用场景；使用迭代器遍历集合，而非使用增强型 for 循环；多线程下需要注意集合的并发风险。如果读者能够做到这 6 点，相信在使用集合的过程中会避免不少麻烦。

同步训练 设计一个仓库产品管理系统

» 训练要求

假设你是一名仓库管理员，你管理的库存中有着各种各样的产品。每个产品都有品牌、名称、价格和库存量。请按以下要求设计产品类 Product 和产品管理类 ProductManager，并使用测试类进行测试。

（1）确保所有的产品名称都是唯一的，即没有重复的名称。

（2）可以根据产品名称查询产品信息。

（3）可以添加新的产品信息到集合中，同时确保没有重复的名称。

（4）可以根据品牌名称统计该品牌的产品总价格，并将结果存储在一个 Map 中。

（5）可以根据库存量对产品进行排序，库存量最大的产品排在最前面。

运行结果如图 8.30 ~ 图 8.34 所示。

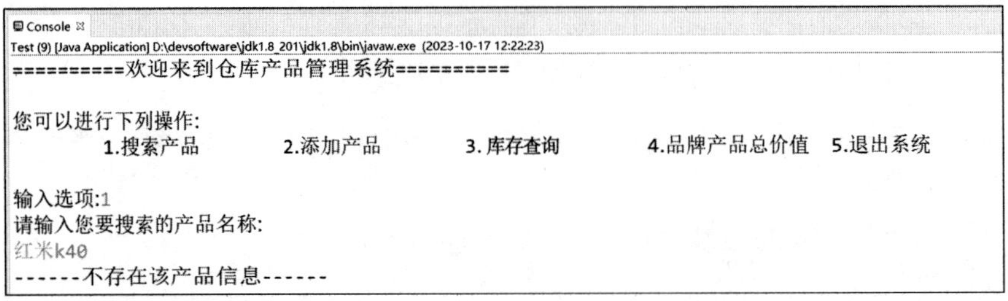

```
Console
Test (9) [Java Application] D:\devsoftware\jdk1.8_201\jdk1.8\bin\javaw.exe (2023-10-17 12:22:23)
==========欢迎来到仓库产品管理系统==========

您可以进行下列操作:
        1.搜索产品        2.添加产品        3.库存查询        4.品牌产品总价值    5.退出系统

输入选项:1
请输入您要搜索的产品名称:
红米k40
------不存在该产品信息------
```

图8.30　搜索产品

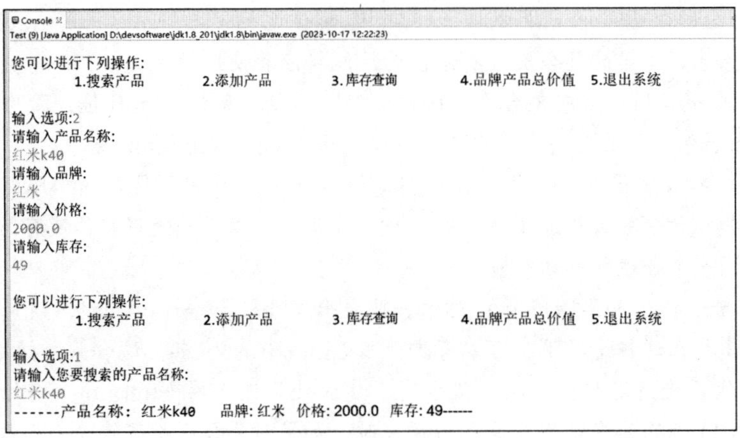

```
Console
Test (9) [Java Application] D:\devsoftware\jdk1.8_201\jdk1.8\bin\javaw.exe (2023-10-17 12:22:23)
您可以进行下列操作:
        1.搜索产品        2.添加产品        3.库存查询        4.品牌产品总价值    5.退出系统

输入选项:2
请输入产品名称:
红米k40
请输入品牌:
红米
请输入价格:
2000.0
请输入库存:
49

您可以进行下列操作:
        1.搜索产品        2.添加产品        3.库存查询        4.品牌产品总价值    5.退出系统

输入选项:1
请输入您要搜索的产品名称:
红米k40
------产品名称: 红米k40    品牌: 红米  价格: 2000.0  库存: 49------
```

图8.31　添加产品

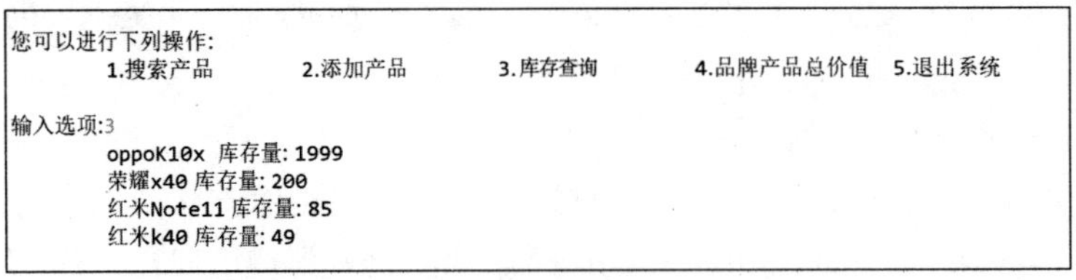

```
您可以进行下列操作:
        1.搜索产品        2.添加产品        3.库存查询        4.品牌产品总价值    5.退出系统

输入选项:3
        oppoK10x 库存量: 1999
        荣耀x40 库存量: 200
        红米Note11 库存量: 85
        红米k40 库存量: 49
```

图8.32　库存查询

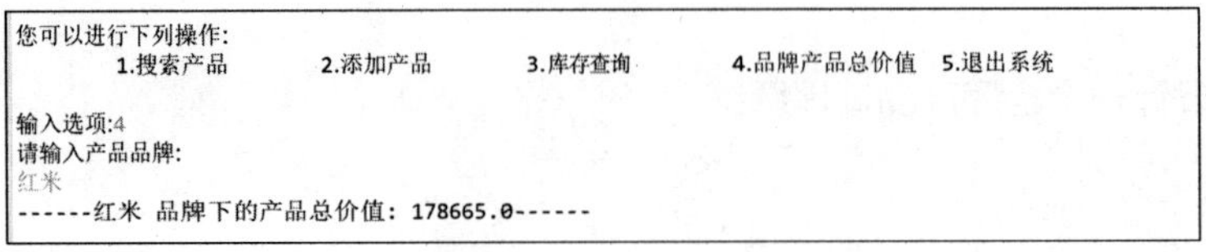

```
您可以进行下列操作:
        1.搜索产品        2.添加产品        3.库存查询        4.品牌产品总价值    5.退出系统

输入选项:4
请输入产品品牌:
红米
------红米 品牌下的产品总价值: 178665.0------
```

图8.33　品牌产品总价值

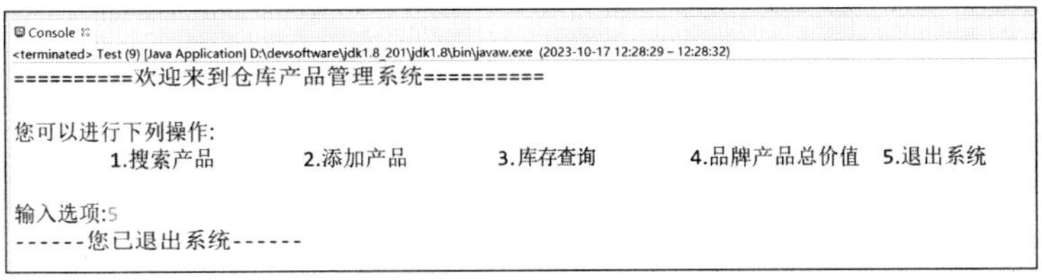

图8.34 退出系统

实现思路

第1步 创建产品类 Product，在类中定义如下 4 个属性。

- 名称：private String name。
- 品牌：private String brand。
- 价格：private double price。
- 库存：private int stock。

包含以下几个方法。

- 无参构造方法。
- 有参构造方法。
- getter 方法。
- setter 方法。

第2步 创建产品管理类 ProductManager，在类中定义如下 3 个属性。

- 产品集合：private List<Product> productList。
- 产品名称集合：private Set<String> nameSet。
- 品牌产品清单集合：private Map<String, List<Product>> brandproductMap。

包含如下几个方法。

- addProduct(Product product)：添加产品信息，并确保没有重复的名称。
- findProductByName(String name)：根据产品名称查找产品信息。
- findBrandTotalPrice(String brand)：根据品牌名称统计该品牌下产品的总价值。
- productOrder()：根据库存量对产品进行从大到小排序。

第3步 创建测试类 Test，在该类中定义 main() 方法进行测试，在该方法中：

- 调用无参构造方法创建 ProductManager 对象；
- 用户控制台输入数字 1 ~ 5，管理仓库产品。

程序代码

实现以上程序运行结果的核心代码如下，具体可参考学习资源中的“源代码\第 8 章\代码 8-19”。

```
//产品类
public class Product {
    private String name;
    private String brand;
    private double price;
    private int stock;
//此处省略构造方法、getter()、setter() 和 toString() 方法，读者需自行补充
```

```
}
// 产品管理类
public class ProductManager {
    // 保存所有产品的 List 接口的集合
    private List<Product> productList = new ArrayList<>();
    // 保存产品名称的 Set 接口的集合
    private Set<String> nameSet = new HashSet<>();
    // 保存品牌下产品清单的 Map 接口的集合
    private Map<String, List<Product>> brandproductMap = new HashMap<>();

    // 添加产品
    public void addProduct(Product product) {
        if (!nameSet.contains(product.getName())) {
            productList.add(product);
            nameSet.add(product.getName());
            if (!brandproductMap.containsKey(product.getBrand())) {
                brandproductMap.put(product.getBrand(), new ArrayList<>());
            }
            brandproductMap.get(product.getBrand()).add(product);
        } else {
            System.out.println(" 库存已存在该产品 ");
        }
    }
    // 根据产品名称查询产品信息
    public Product findProductByName(String name) {
        for (Product product : productList) {
            if (product.getName().equals(name)) {
                return product;
            }
        }
        return null;
    }
    // 根据品牌名称统计该品牌下产品的总价值
    public double findBrandTotalPrice(String brand) {
        double total = 0.0;
        if (brandproductMap.containsKey(brand)) {
            // 获取该品牌下的产品清单
            List<Product> products = brandproductMap.get(brand);
            for ( Product product : products) {
```

```
                total += (product.getPrice()*product.getStock());
            }
        } else {
            System.out.println(" 库存中不存在该品牌的产品 ");
        }
        return total;
    }
    // 根据库存量对产品进行从大到小的排序
    public void productOrder() {
            // 创建比较器，制定规则为按照库存量从大到小排序
            Comparator<Product> comparator=new Comparator<Product>() {
            @Override
            public int compare(Product p1, Product p2) {
            return p2.getStock()- p1.getStock();
            }
            };
            Collections.sort(productList, comparator);
            for(Product product : productList) {
            System.out.println("\t"+product.getName()+" 库存量 : "+product.getStock());
            }
    }
}
```

小结

本章首先介绍了集合的概念和其继承体系；其次分别介绍了 List 接口（包括 ArrayList、LinkedList 及集合遍历）、Set 接口（包括 HashSet 集合、LinkedHashSet 集合和元素重复的判断）、Queue 队列和 Stack 栈的基本使用；然后介绍了 Map 接口，包括 HashMap 和 LinkedHashMap；最后还介绍了集合排序，包括自然排序和自定义排序，并在排序过程中学习了 TreeSet 与 TreeMap 的基本使用。通过本章的学习，读者可以熟练掌握各种集合类的使用场景，还可以自定义集合元素的重复规则和集合元素的排序规则。

09

第 9 章 数据库连接艺术：JDBC 编程

前面学习的内容都是将数据存储在数组或集合中，这种方式更适用于存放较少的数据。若需要开发一个英雄信息管理系统，则需将英雄信息存储于数据库中，该方式具有持久性、数据共享和数据安全性的好处，使用 JDBC（Java Database Connectivity，Java 数据库连接）来连接数据库，执行 SQL 语句，以及管理与数据库的通信。JDBC 提供了一种通用的方式来操作不同数据库，本章我们将学习 JDBC 编程。

课前思政

思考是创造的首要工作。詹天佑在中国基建史上留下了不可磨灭的足迹，他在修建京张铁路中主张“竖井开凿法”，通过在山顶打井，然后从山体两头往中间开凿，巧妙地缩短了工期，同时解决了抽水和通风的难题。他是从人体的运动中得到灵感，将火车轨道设计成“双腿”形状，解决了火车在陡峭坡度下的惯性推力问题。这些奇思妙想，源于詹天佑具有创新精神，遇到事情勤思考，善于找最佳方法。

而我们在编程的过程中会出现很多代码重复问题，大家要和詹天佑一样学会勤思考，找到最优解，减少重复代码。本章将学习 JDBC 编程，提高程序开发的效率。

学习目标

1. 知识目标

- 理解 JDBC 的作用。
- 掌握 JDBC 常用 API。
- 掌握 JDBC 编程步骤。
- 掌握增删改查操作方法。

2. 能力目标

- 能连接 MySQL 数据库。
- 能对数据表中数据进行增删改查操作。
- 能简化 JDBC 编码。
- 能完成一个英雄管理系统。

3. 素质目标

- 提高学生脚踏实地的精神。
- 培养学生善于思考的能力。

任务9.1 JDBC基础

在进行软件开发的过程中，经常需要将数据存储在数据库中进行管理。市面上有很多种数据库，如 MySQL、Oracle、SQL Server 等，不同数据库之间的通信方式是不同的，为了解决该问题，一套访问数据库的标准 Java 类库（即 JDBC）应运而生，该方式可以在不更改代码的情况下与不同数据库进行通信交互。

本任务的目的是理解 JDBC 常用 API 和编程步骤。

AI 工具助力学习

理解 JDBC 编程步骤

JDBC 是 Java 中用于连接和操作数据库的一组 API，使用 JDBC API，我们可以将 Java 应用程序与数据库进行交互，以实现数据的存储、检索、更新等操作。下面我们使用 AI 工具 ChatGPT 来了解一下 JDBC 的编程步骤。

- 提示词：请表述一下 JDBC 的编程步骤。
- ChatGPT 回答：

JDBC 是 Java 提供的一种数据库编程接口，用于连接与操作关系型数据库。以下是使用 JDBC 进行数据库编程的一般步骤。

（1）加载数据库驱动程序：使用 Class.forName() 方法加载数据库驱动程序。例如，对于 MySQL 数据库，可以加载驱动程序 com.mysql.jdbc.Driver。

（2）建立数据库连接：使用 DriverManager.getConnection() 方法建立与数据库的连接，需要提供数据库的 URL、用户名和密码等连接信息。

（3）创建 Statement 或 PreparedStatement 对象：通过连接对象的 createStatement() 或 prepare Statement() 方法创建用于执行 SQL 语句的 Statement 或 PreparedStatement 对象。

（4）执行 SQL 语句：使用 Statement 或 PreparedStatement 对象的 executeUpdate() 方法执行 DML（数据操作语言）语句（如 INSERT、UPDATE、DELETE），或使用 executeQuery() 方法执行查询语句。

（5）处理结果集：对于查询语句，使用 ResultSet 对象获取返回的结果集，并通过 ResultSet 对象的方法读取和处理查询结果。

（6）关闭资源：在使用完连接、Statement、PreparedStatement 和 ResultSet 等资源后，需要通过关闭相应的对象来释放资源，以便及时释放占用的数据库资源。

以上就是使用 JDBC 进行数据库编程的一般步骤。根据实际需求，可以使用 PreparedStatement 来执行带参数的 SQL 语句，使用事务进行数据库操作，等等。

ChatGPT 描述了 JDBC 编程步骤，后续使用 JDBC 对数据库进行增删改查操作实现，除了查询多了处理结果集的操作，其他步骤基本一致，因此该步骤一定要理解并熟悉。

9.1.1 JDBC 简介

不同数据库内部处理数据的方式不同，若开发人员当前完成的应用程序与 MySQL 数据库进行通信，后续想换成 Oracle 数据库，则需要使用 Oracle 数据库提供的接口来完成通信。此时代码改动较大，移植性差，而 JDBC 可以解决该问题。

JDBC 是一套用于执行 SQL 语句的 Java API，为不同关系型数据库提供统一访问。JDBC 提供了一种标准，几乎所有的主流数据库厂商都按照该标准提供了对应的 JDBC 驱动程序，此时程序员不必和底层的数据库进行通信，只需要和驱动程序进行联系即可，且 JDBC 提供的 API 使得程序员可以轻松地连接数据库，并和其进行通信，如图 9.1 所示。

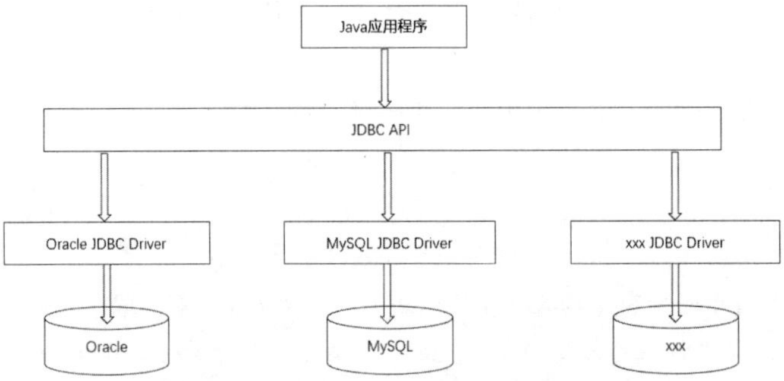

图9.1　应用程序使用JDBC访问各数据库

9.1.2 JDBC 常用 API

应用程序与数据库通信流程如图 9.2 所示。JDBC API 中常见类和接口主要位于 java.sql 包下，包括 Driver Manager、Connection、Statement 和 ResultSet 等，如表 9.1 所示。

图9.2　应用程序与数据库通信流程

表 9.1　JDBC API 中常见类和接口

类和接口	描述
java.sql.DriverManager	获得 Connection 对象
java.sql.Connection	与数据库建立的连接，创建 Statement 和 PrepareStatement 对象
java.sql.Statement	用于执行 SQL 语句
java.sql.PreparedStatement	预编译的 Statement，是 Statement 的子接口
java.sql.ResultSet	结果集

1. DriverManager 类

DriverManager 类用于加载 JDBC 驱动程序和获取数据库连接。在该类中定义了 2 个重要的静态方法，如表 9.2 所示。

表 9.2　DriverManager 类中 2 个重要的静态方法

方法	描述
static void registerDriver(Driver driver)	用于注册 JDBC 驱动程序
static Connection getConnection(String url, String user,String pwd)	传递相应的数据库连接字符串、用户名和密码等参数，可以建立与数据库的连接，返回 Connection 对象

2. Connection 接口

Connection 接口表示与数据库建立的连接，只有建立连接，才能执行 SQL 语句来操作数据表。Connection 接口的常用方法如表 9.3 所示。

表 9.3　Connection 接口的常用方法

方法	描述
Statement createStatement()	创建一个用于执行 SQL 语句的 Statement 对象
PreparedStatement prepareStatement(String sql)	创建一个用于执行预编译 SQL 语句的 PreparedStatement 对象
void close()	关闭连接

3. Statement 接口

Statement 接口用于执行普通的 SQL 语句来完成数据库操作，但它也存在一些缺点，如使用 Statement 接口提交的 SQL 语句通常会将输入参数直接拼接到 SQL 语句中，这使得应用程序容易受到 SQL 注入攻击。例如，查询银行系统中的用户信息，使用 String sql = "select * from t_bank where name = ' 用户名 ' "，若应用程序输入：张三 ' or 1=1 or name=' 李四，则输入的数据将直接拼接到 SQL 语句中，SQL 语句相当于：String sql = "select * from t_bank where name = ' 张三 ' or 1=1 or name=' 李四 ' "，此时 1=1 恒成立，则可查询银行系统中所有用户，这将是非常可怕的漏洞。为了避免这些问题，JDBC 提供了扩展的 PreparedStatement 接口。

4. PreparedStatement 接口

PreparedStatement 接口是 Statement 的子接口。它是一种预编译的 SQL 语句对象，且支持带有参数的 SQL 查询，可通过使用占位符"?"代替参数，然后通过 setter() 方法将参数安全地传递给 SQL 语句，从而有效地防止 SQL 注入攻击问题。PreparedStatement 接口中常用方法如表 9.4 所示。

表 9.4　PreparedStatement 接口中常用方法

方法	描述
void setXxx(int parameterIndex, Xxx value)	设置给定索引位置的参数值，其中 Xxx 表示参数的数据类型。例如 setString()、setInt()、setDouble() 等
ResultSet executeQuery()	执行查询操作，并返回一个 ResultSet 对象，用于访问查询结果
int executeUpdate()	执行更新操作（如 INSERT、UPDATE、DELETE），并返回受影响的行数
void close()	关闭 PreparedStatement 对象，释放与之关联的资源

5. ResultSet 接口

ResultSet 接口用于表示结果集，即 SQL 查询的结果。其中常用的方法如表 9.5 所示。

表 9.5　ResultSet 接口中常用方法

方法名称	功能描述
boolean next()	将光标移动到结果集的下一行。如果有下一行，返回 true；否则返回 false
xxx getXxx(int columnIndex)	获取指定字段的 xxx 类型的值，参数 columnIndex 代表字段的索引值。如 getString、getInt、getDouble 和 getBoolean 等
xxx getXxx (String columnName)	获取指定字段的 xxx 类型的值，参数 columnName 代表字段的名称
void close()	关闭 ResultSet 对象，释放与之关联的资源

由表 9.5 可以看出，ResultSet 接口提供了各种 getter 方法，由获取字段的类型来确定采用什么 getter 方法，如要获取 String 类型数据，则采用 getString() 方法。获取指定字段值可以通过字段索引值和名称来获取。

注　意　若采用字段索引值获取，编号从 1 开始。

9.1.3 JDBC 编程步骤

以 MySQL 数据库为例，JDBC 进行数据库编程的一般步骤如下。

第 1 步　加载数据库驱动程序。

首先将数据库驱动文件（jar 包）放入项目中，然后使用 Class 类的静态方法 forName() 加载数据库驱动程序。语法格式如下：

```
Class.forName("com.mysql.cj.jdbc.Driver");
```

第 2 步　建立数据库连接。

使用 DriverManager 类中的静态方法 getConnection() 获取数据库连接 Connection 对象。语法格式如下：

```
Connection conn=DriverManager.getConnection(URL, NAME, PWD);
```

其中，URL 为数据库的连接 URL，它用于标识和定位数据库；NAME 为数据库用户名；PWD 为数据库密码。对于 MySQL 数据库连接，URL 格式如下。

```
jdbc:mysql://localhost:port/dataname?serverTimezone=UTC
```

其中，localhost 是本地服务器的主机名，port 是 MySQL 数据库的端口号，dataname 是要连接的数据库用户名，serverTimezone=UTC 用于解决 MySQL 8.0 的时区问题。

若连接本机的 MySQL 数据库，数据库用户名为 data，数据库账号为 root，密码为 123456，获取数据库连接语法如下。

```
private static final String URL="jdbc:mysql://localhost:3306/data?server Timezone=UTC";
private static final String NAME="root";
private static final String PWD="123456";
Connection conn=DriverManager.getConnection(URL, NAME, PWD);
```

或者：

```
Connection conn=DriverManager.getConnection("jdbc:mysql://localhost: 3306/data?serverTimezone=
```

```
UTC ", "root", "123456");
```

第 3 步 创建 SQL 语句。

SQL 语句可带参数，且可以通过占位符“？”来代替参数，例如：

```
String sql="insert into 数据库名 values(?,?,?,?)";         // 增加数据
String sql="update 数据库名 set age=? where id=?";     // 修改数据
String sql="delete from 数据库名 where name=?";        // 删除数据
String sql=" select * from 数据库名";                  // 全查
String sql=" select * from 数据库名 where id=?";       // 按条件查询
```

第 4 步 创建 PreparedStatement 对象。

通过 Connection 连接的 prepareStatement(String sql) 方法创建 PreparedStatement 对象，用于执行 SQL 语句。若 SQL 语句中有占位符，则可以通过 setXxx() 方法来为其赋值。

第 5 步 执行 SQL 语句。

使用 PreparedStatement 对象执行 SQL 语句。

（1）执行更新语句，即增删改操作，使用 PreparedStatement 的 executeUpdate() 方法，返回受影响的行数。

（2）执行查询语句，使用 PreparedStatement 的 executeQuery() 方法，返回一个 ResultSet 对象，即查询结果存放在 ResultSet 中。

第 6 步 若要查询数据，则需处理结果集；否则不需要执行该步骤。

通过循环来遍历 ResultSet 对象，从而获取查询结果。通过 ResultSet 的 next() 方法来判断是否还有下一条数据。

第 7 步 关闭资源。

在完成数据库操作后，使用 close() 方法依次关闭 ResultSet、PreparedStatement 和 Connection 对象，释放相关资源。

上机实操 绘制 JDBC 编程流程图

◆ 上机要求

请按以下要求绘制 JDBC 编程流程图。

（1）根据 JDBC 实现增删改查操作的流程图绘制。

（2）正确使用流程图中的符号。

◆ 实现思路

第 1 步 理解 JDBC 编程各步骤。

第 2 步 注意增删改和查询操作的不同。

◆ 参考示意图

实现以上 JDBC 编程流程，如图 9.3 所示。

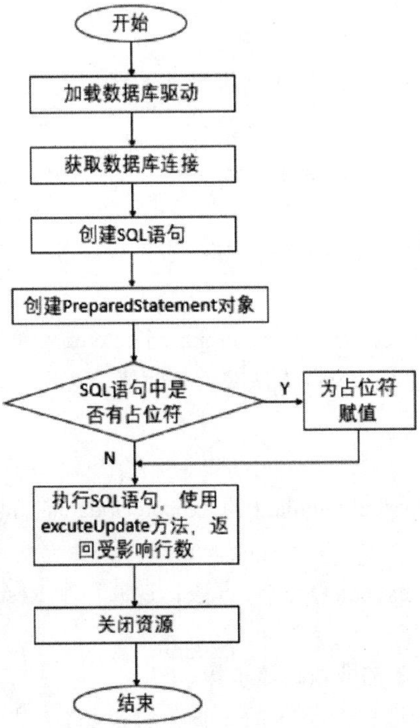

（a）增删改操作流程图

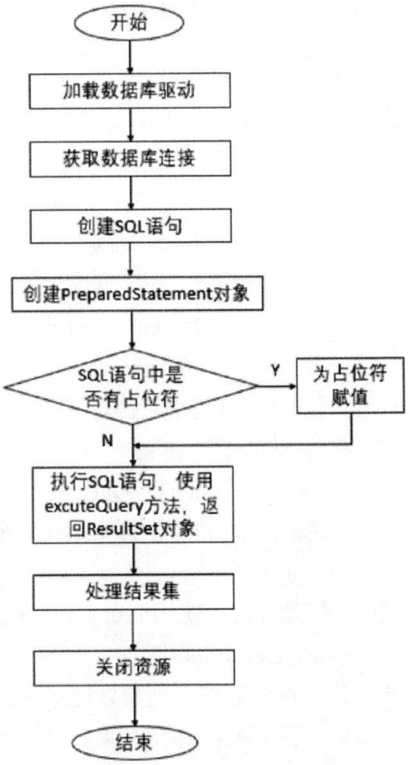

（b）查询操作流程图

图9.3 JDBC编程流程图

任务9.2 JDBC编码实现

学习了 JDBC 的作用、常用 API 和编程步骤后，接下来学习 Java 应用程序如何与 MySQL 数据库进行连接，并对其中的数据进行增删改查操作，最后对代码进行简化。本部分重在编码实现，要在理解的基础上提高自己的动手能力。

本任务的目的是完成英雄数据的增加、删除、修改和查询操作。

AI 工具助力学习

建立 JDBC 编码示例

JDBC API 提供了一组接口，通过这些接口可以执行 SQL 语句、检索数据、管理数据库连接等。接下来我们使用 AI 工具文心一言来了解一下 JDBC 编码实现。

- 提示词：JDBC 编码示例。
- 文心一言回答：

以下是一个简单的 JDBC 编码示例，用于连接数据库并执行查询：

```
import java.sql.*;

public class JdbcDemo {
   public static void main(String[] args) {
      Connection conn = null;
      Statement stmt = null;
      ResultSet rs = null;

      try {
         // 注册 JDBC 驱动
         Class.forName("com.mysql.jdbc.Driver");

         // 打开连接
         conn = DriverManager.getConnection("jdbc:mysql://localhost/DBNAME", "username",
"password");

         // 创建声明
         stmt = conn.createStatement();

         // 执行查询
         rs = stmt.executeQuery("SELECT * FROM table_name");

         // 处理结果集
         while(rs.next()) {
            String column1 = rs.getString("column1");
            String column2 = rs.getString("column2");
            // 处理查询结果
         }
      } catch(SQLException se) {
         // 处理 JDBC 错误
         se.printStackTrace();
      } catch(Exception e) {
         // 处理 Class.forName 错误
         e.printStackTrace();
      } finally {
         // 关闭资源
         try {
```

```
            if(rs != null) rs.close();
            if(stmt != null) stmt.close();
            if(conn != null) conn.close();
        } catch(SQLException se) {
            se.printStackTrace();
        }
      }
    }
  }
```

请注意，此示例使用 MySQL 数据库，因此需要将“com.mysql.jdbc.Driver”替换为适用于您正在使用的数据库的 JDBC 驱动程序名称。另外，您需要将“DBNAME”、“username”和“password”替换为您的数据库名称、用户名和密码，以及将“table_name”和“column1”、“column2”替换为您要查询的实际表名和列名。

文心一言给出了一个 JDBC 编码示例，用于连接数据库并执行查询操作，在后续的操作中，我们采用 PreparedStatement 来执行操作。

9.2.1 JDBC 连接 MySQL 数据库

1. 将数据库驱动文件放入项目中

将第三方数据库驱动文件（jar 包）放入项目中，有两种方法，分别如下。

方法一：将 jar 包放入 lib 目录中，步骤如下。

第 1 步 在项目中创建 lib 文件。右击项目，在弹出的快捷菜单中选择【New】→【Folder】命令，进入【New Folder】窗口，为 Folder name 命名，本项目中该文件命名为 lib，最后单击【Finish】按钮。

第 2 步 将 jar 包复制到 lib 文件中。选择下载好的 mysql-connector-java-xx.jar 包，复制并粘贴到 lib 文件中。

第 3 步 右击 jar 包，在弹出的快捷菜单中选择【Build Path】→【Add to Build Path】命令即可。

方法二：将 jar 包添加到类路径下，如图 9.4 所示。

右击项目，在弹出的快捷菜单中选择【Properties】→【Java Build Path】命令，然后在打开的窗口中选择【Java Build Path】选项，在右侧窗口中选择【Libraries】选项卡，单击【Add External JARs】按钮，选择下载好的 mysql-connector-java-xx.jar 包，最后单击【Apply and Close】按钮。

上述两种方法，优先选择第一种方法，因为若将应用程序移动到其他位置，jar 包会跟随移动。

2. 打开 MySQL 数据库

打开 MySQL 数据库的方式较多，此处只列举其中一种，如图 9.5 所示。右击【此电脑】图标，在弹出的快捷菜单中选择【管理】命令，进入【计算机管理】对话框，在左侧选择【服务和应用程序】→【服务】选项，在右侧界面中选择 MySQL 数据库，最后单击【启动】按钮，即可打开 MySQL 数据库。

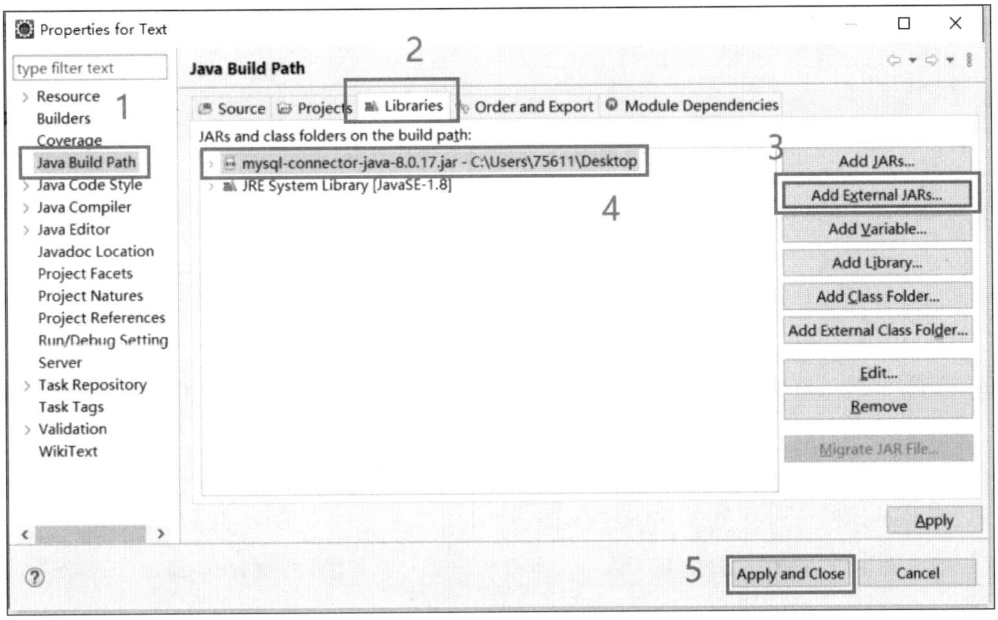

图9.4　将jar包添加到类路径下

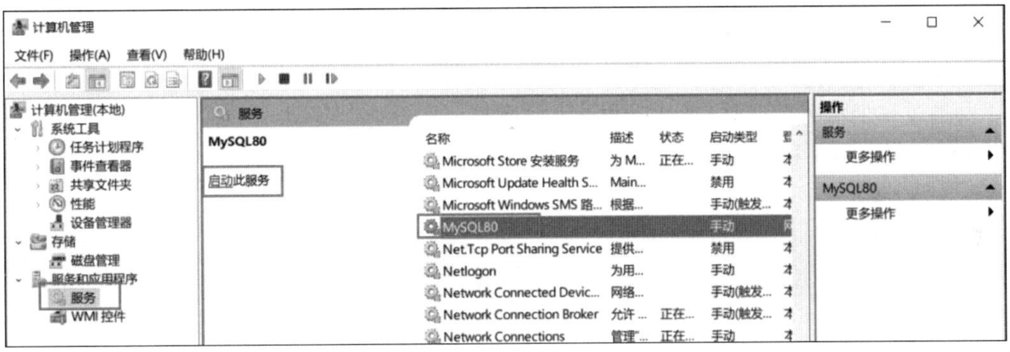

图9.5　手动打开MySQL数据库

3. 使用 Navicat for MySQL 新建数据库

为了友好的图形用户界面，本书采用 Navicat for MySQL 软件，该软件为一款强大的 MySQL 数据库管理和开发工具，新建数据库的步骤如下。

第 1 步　若没有连接，则新建连接。打开 Navicat for MySQL 软件，单击左上角【连接】按钮，新建连接，弹出的对话框如图 9.6 所示，在对话框中填写连接名、用户名和密码，其中用户名和密码为安装 MySQL 时设置的，本书使用的用户名和密码分别为 root 和 123456。若已有连接，则直接双击已新建好的连接即可。

第 2 步　新建数据库。右击【连接】选项，在弹出的快捷菜单中选择【新建数据库】命令，在弹出的对话框中完成数据库名称等信息，最后单击【确定】按钮，如图 9.7 所示。

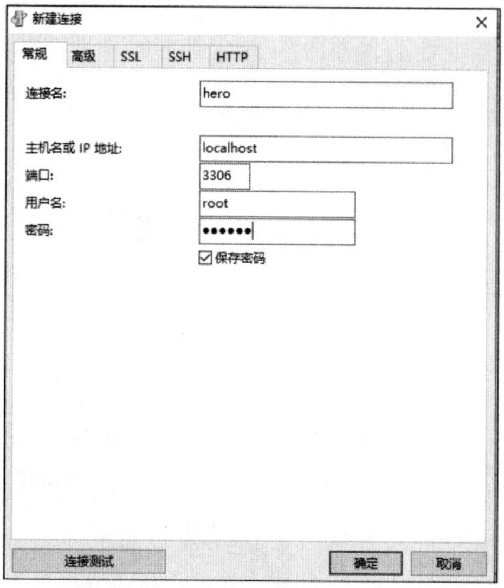

图9.6　新建连接

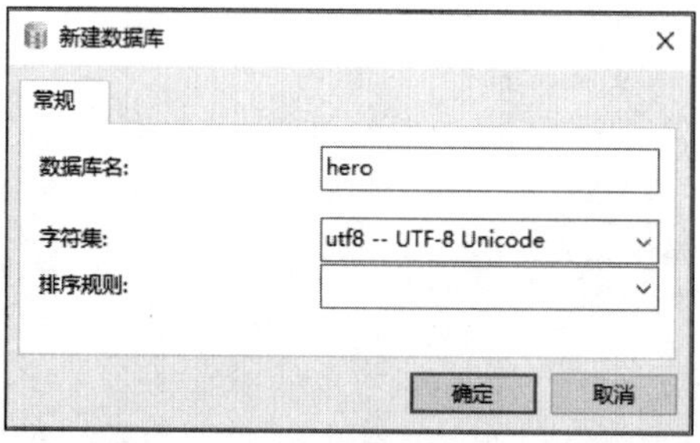

图9.7　新建数据库

4. 连接数据库

通过 DriverManager 类的 getConnection(URL, NAME, PWD) 方法获取 Connection 连接对象。其中，URL 为数据库的 URL，NAME 为数据库用户名，PWD 为数据库密码。语法格式如下：

```
Connection conn = DriverManager.getConnection(URL, NAME, PWD);
```

下面通过一个示例来演示 MySQL 数据库的连接。

例 9-1 Java 应用程序连接 MySQL 数据库，具体代码如下，可参考学习资源中的“源代码\第 9 章\代码 9-1”。

```
public class DBConnection {
    // 四个常量的定义
    // 驱动类名
    public static final String DRIVERNAME="com.mysql.cj.jdbc.Driver";
    // 数据库的 URL
    public static final String URL="jdbc:mysql://localhost:3306/hero?server Timezone=UTC";
    // 数据库用户名
    public static final String NAME="root";
    // 数据库密码
    public static final String PWD="123456";
    // 加载驱动
    static {
            try {
                    Class.forName(DRIVERNAME);
            } catch (ClassNotFoundException e) {
                    e.printStackTrace();
            }
```

```
    }
    // 数据库连接
    public static Connection getConnection() {
            Connection conn=null;
            try {
                    // 通过 DriverManager 类中的 getConnection() 方法获取连接对象
                    conn = DriverManager.getConnection(URL, NAME, PWD);
            } catch (SQLException e) {
                    e.printStackTrace();
            }
            return conn;

    }
    public static void main(String[] args) {
            Connection conn=getConnection();// 获取连接对象
            System.out.println(" 连接对象："+conn);
    }
}
```

运行结果如图 9.8 所示。

图9.8 连接数据库

9.2.2 执行增删改查操作

Java 应用程序和 MySQL 数据库连接后，可对其中的数据进行增加、删除、修改和查询操作。在进行上述操作前，需要先创建数据表和实体类。

1. 创建数据表

在数据库 hero 中创建数据表 hero_info，用于存储英雄信息，该表结构如图 9.9 所示，列名分别为 id、name、age 和 address，分别用于表示编号、姓名、年龄和出生地址。此时，该表中没有任何数据，如图 9.10 所示。

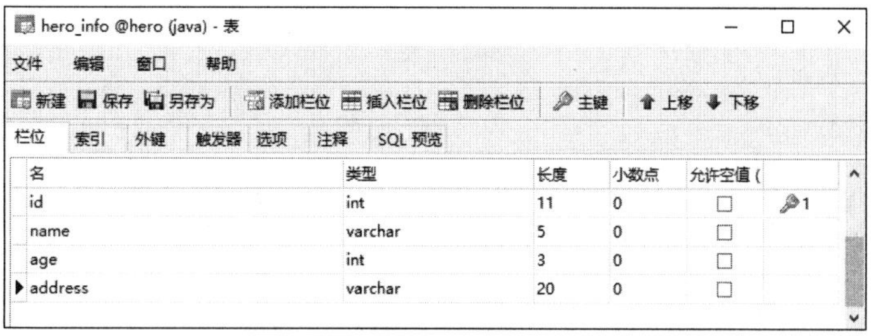

图9.9 数据表hero_info结构

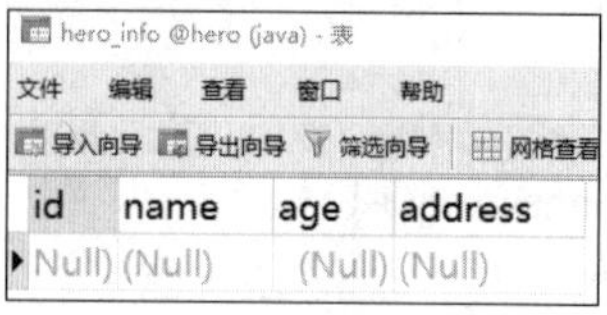

图9.10　数据表hero_info

2. 定义实体类

为了代码的可读性和易维护性，建议将实体类中的属性和数据表中的列名命名保持一致。

下面通过一个示例来演示实体类的创建。

例 9-2 创建实体类 Hero，其私有属性包括 id、name、age 和 address，使用 getter 和 setter 方法来获取和设置属性，重写 toString() 方法。具体代码如下，可参考学习资源中的“源代码 \ 第 9 章 \ 代码 9-2”。

```
// 实体类 Hero
public class Hero {
    // 私有属性
    private int id;
    private String name;
    private int age;
    private String address;
    //getter 和 setter 方法
    public int getId() {
            return id;
    }
    public void setId(int id) {
            this.id = id;
    }
    public String getName() {
            return name;
    }
    public void setName(String name) {
            this.name = name;
    }
    public int getAge() {
            return age;
    }
    public void setAge(int age) {
            this.age = age;
    }
    public String getAddress() {
```

```
            return address;
    }
    public void setAddress(String address) {
            this.address = address;
    }
    // 为了在控制台输出信息易读，重写 toString() 方法
    @Override
    public String toString() {
            return id+"-"+name+"-"+age+"-"+address;
    }
}
```

3. 执行增删改操作

执行增删改操作时，使用 PreparedStatement 接口完成，具体步骤如下。

第 1 步 获取数据库连接。通过 getConnection() 方法获得连接。

第 2 步 完成 SQL 语句。SQL 语句可以带参数，且可以通过占位符“?”来代替参数。例如：

```
String sql="insert into 数据库名 values(?,?,?,?)";         // 增加数据
String sql="update 数据库名 set age=? where id=?";    // 修改数据
String sql="delete from 数据库名 where name=?";         // 删除数据
```

第 3 步 创建 PreparedStatement 对象。通过 Connection 的 prepareStatement(String sql) 方法创建 PreparedStatement 对象。

第 4 步 若 SQL 语句中有占位符，则为其赋值。通过 PreparedStatement 的 setXxx（index,value）方法为占位符赋值，其中，Xxx 为参数的数据类型；index 为参数编号，从 1 开始；value 为具体参数值。

例如，SQL 语句如下：

```
String sql=update hero_info set name=?,age=?,address=? where id=?;
```

为上述 SQL 语句中的占位符赋值：

```
//ps 为 PreparedStatement 实例
ps.setString(1," 钱学森 ");
ps.setInt(2,98);
ps.setString(3," 上海 ");
ps.setInt(4,1);
```

第 5 步 执行增删改操作。使用 PreparedStatement 的 executeUpdate() 方法执行 SQL 语句，返回值为 int 类型的受影响行数。

第 6 步 关闭资源。使用 close() 方法关闭资源。

由于增加、修改和删除数据的操作步骤基本一致，此处以增加数据为例进行介绍。

在上述创建的数据表 hero_info、数据库连接类 DBConnection 和实体类 Hero 的基础上，下面通过一个示例来演示添加数据的操作。

例 9-3 在 hero_info 表中添加一条关于某个英雄的数据。定义工具类 Operate，其中定义添加

数据的方法，并进行测试。具体代码如下，可参考学习资源中的“源代码\第 9 章\代码 9-3”。

```
// 工具类 Operate
public class Operate {
  // 添加数据方法
  public static boolean insertDate(Hero hero) {
        //1. 获取数据库连接
        Connection conn=DBConnection.getConnection();
        //2. sql 语句
        String sql="insert into hero_info values(?,?,?,?)";
        //3. 创建 PreparedStatement 对象，该对象负责执行 sql 语句
        PreparedStatement ps=null;
        int result=0;
        try {
                ps=conn.prepareStatement(sql);
                //4. 为“?”占位符赋值
                ps.setInt(1, hero.getId());
                ps.setString(2, hero.getName());
                ps.setInt(3, hero.getAge());
                ps.setString(4, hero.getAddress());
                //5. 执行 sql 语句，结果为受影响的行数，如果大于 0 则表示成功
                result=ps.executeUpdate();

                } catch (SQLException e) {
                        e.printStackTrace();
                }finally {
                        //6. 关闭资源
                        try {
                                if(ps!=null) {
                                        ps.close();
                                }
                                if(conn!=null) {
                                        conn.close();
                                }
                        } catch (SQLException e) {
                                e.printStackTrace();
                        }
                }
                if(result>0) {
                        return true;
```

```
            }else {
                return false;
            }
    }
    // 测试添加数据
    public static void main(String[] args) {
        // 创建英雄实例，并为其属性赋值
        Hero h1=new Hero();
        h1.setId(1);
        h1.setName(" 钱学森 ");
        h1.setAge(98);
        h1.setAddress(" 上海 ");
        // 使用类名 . 方法 () 的形式调用 insertDate() 方法
        boolean flag=InsertHero.insertDate(h1);
        if(flag) {
            System.out.println(" 数据添加成功 ");
            System.out.println(h1);
        }else {
            System.out.println(" 数据添加失败 ");
        }
    }
}
```

运行结果如图 9.11 所示。

图9.11　数据添加成功

4. 查询数据操作

执行查询数据操作需要将结果集存放入 ResultSet 中，其中步骤 2~5 与执行增删改操作相同，此处不再重复详述。查询数据的具体步骤如下。

第 1 步　创建集合。创建泛型集合，该集合用来存放实体类对象。

第 2 步　获取数据库连接。

第 3 步　完成 SQL 语句。

第 4 步　创建 PreparedStatement 对象。

第 5 步　若 SQL 语句中有占位符，则为其赋值。

第 6 步　执行 SQL 语句。通过调用 PreparedStatement 的 executeQuery() 方法来执行查询语句，

返回 ResultSet 类型对象，该对象保存查询到的结果。

第 7 步 将结果集封装到实体对象中，并添加到集合中。使用循环语句将结果集封装到实体对象中，通过 ResultSet 的 next() 方法来判断是否还有数据。循环的方法体采用 getXxx(int columnIndex) 或 getXxx (String columnName) 的方式获得数据库中数据，并将相应列的数据赋值给实体类对象的相应属性，最后将实体对象添加到集合中。过程如图 9.12 所示。

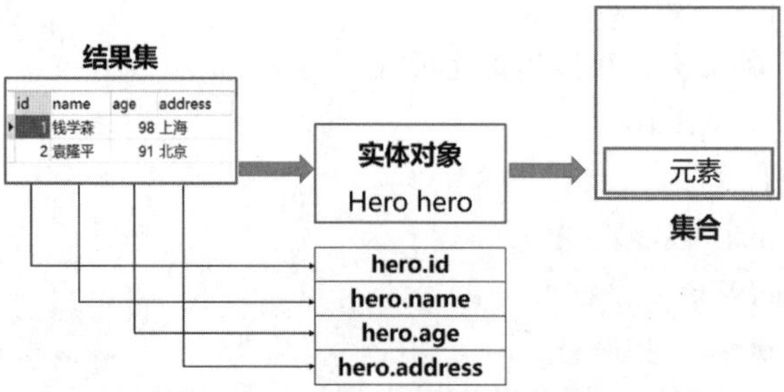

图9.12 将结果集封装到集合的过程

第 8 步 关闭资源。

下面通过一个示例来演示查询数据表 hero_info 中所有数据的操作，首先创建数据表 hero_info 中的数据，如图 9.13 所示。

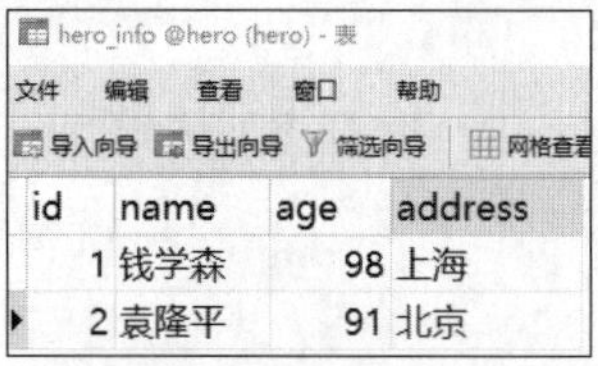

id	name	age	address
1	钱学森	98	上海
2	袁隆平	91	北京

图9.13 数据表hero_info

例 9-4 查询上述数据表 hero_info 中所有的数据。在例 9-3 的 Operate 工具类中定义全查数据的方法，并进行测试。具体代码如下，可参考学习资源中的"源代码 \ 第 9 章 \ 代码 9-4"。

```
public class Operate {
  // 查询所有数据
  public static ArrayList<Hero> select(){
        //1. 创建集合
        ArrayList<Hero> list=new ArrayList<Hero>();
        //2. 连接数据库
        Connection conn=DBConnection.getConnection();
        //3. sql 语句
        String sql="select * from hero_info";
        //4. 创建 ps
        PreparedStatement ps=null;
        ResultSet rs=null;
        try {
              ps=conn.prepareStatement(sql);
```

```
            //5. 创建结果集 rs
            rs=ps.executeQuery();
            //6. 将结果集封装到实体对象中
            while(rs.next()) {
                int id=rs.getInt("id");
                String name=rs.getString("name");
                int age=rs.getInt("age");
                String address=rs.getString("address");
                Hero h=new Hero();
                h.setId(id);
                h.setName(name);
                h.setAge(age);
                h.setAddress(address);
                //7. 将实体对象添加到集合中
                list.add(h);
            }
        } catch (SQLException e) {
            e.printStackTrace();
        }
        //8. 关闭资源
        finally {
            try {
                if(rs!=null) {
                    rs.close();
                }
                if(ps!=null) {
                    ps.close();
                }
                if(conn!=null) {
                    conn.close();
                }
            } catch (SQLException e) {
                e.printStackTrace();
            }

        }
        return list;
    }
    // 测试查询数据操作
```

```
    public static void main(String[] args) {
            // 调用静态方法 select()
            ArrayList<Hero> list=SelectHero.select();
            System.out.println(list);
    }
}
```

运行结果如图 9.14 所示。

图9.14　查询所有数据成功

9.2.3 JDBC 代码简化

从上述所有示例可知，应用程序对数据库进行操作的代码具有共性，如数据库连接、数据库资源关闭和增删改操作，因此为了实现代码复用和便于管理，应建立专门的类来实现数据库操作。将 9.2.2 节中的代码进行简化封装，创建不同的包和类，如图 9.15 所示。

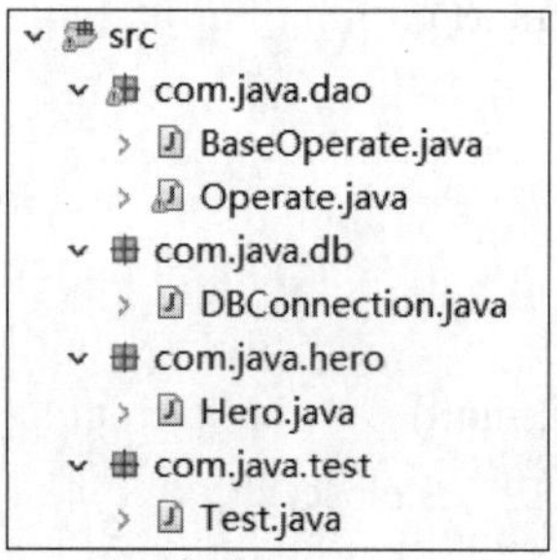

图9.15　包和类

项目中不同包的作用如下。

（1）com.java.dao：用来存放父类 BaseOperate 和子类 Operate，其中 BaseOperate 类用于定义增删改操作的共用方法和查询操作的共用方法，Operate 类用于定义增删改查方法。

（2）com.java.db：用于存放连接数据库类 DBConnection，该类用来加载驱动、连接数据库和关闭资源。

（3）com.java.hero：用于存放实体类 Hero。

（4）com.java.test：用来存放测试类 Test。

由 9.2.2 节可知，增删改数据库中数据的操作步骤基本一致，只有 SQL 语句和为 SQL 语句中的占位符赋值步骤不同，因此可以将 SQL 语句和占位符作为参数进行传递。其中，SQL 语句为 String 类型参数；占位符由于个数和类型都不确定，可使用可变个数的形参（Object …objects），该参数的个数是不确定的，且允许一切继承自 Object 的对象作为参数。

注　意　在关闭资源时，需注意关闭顺序，先关闭 ResultSet，再关闭 PreparedStatement，最后关闭 Connection。

下面通过一个示例来演示 JDBC 代码简化。

例 9-5 JDBC 代码简化，对没有任何数据的数据表 hero_info 进行增删改查操作。其中实体类如例 9-2 所示，连接数据库操作如例 9-1 所示，上述两个操作的代码省略。具体代码如下，可参考学习资源中的“源代码 \ 第 9 章 \ 代码 9-5”。

```
// 实体类 Hero
public class Hero {
……
}

// 定义数据库连接和资源关闭
public class DBConnection {
  // 数据库连接操作
  ……
  // 关闭资源，注意关闭资源的顺序
  public static void close(ResultSet rs,PreparedStatement ps,Connection conn) {
          try {
                  if(rs!=null) {
                          rs.close();
                  }
                  if(ps!=null) {
                          ps.close();
                  }
                  if(conn!=null) {
                          conn.close();
                  }
          } catch (SQLException e) {
                  e.printStackTrace();
          }
  }
}

// 共用方法类
public class BaseOperate {
  // 增删改的共用方法
  public static boolean updateFun(String sql,Object...objects) {
          //1. 连接数据库
          Connection conn=DBConnection.getConnection();
          //2. 创建 ps
```

```
        PreparedStatement ps=null;
        int result=0;
        try {
                ps=conn.prepareStatement(sql);
                //3. 为 sql 语句中的 "?" 占位符赋值
                if(objects!=null) {
                        for(int i=0;i<objects.length;i++) {
                                ps.setObject(i+1, objects[i]);
                        }
                }
                //4. 执行操作
                result=ps.executeUpdate();
        } catch (SQLException e) {
                // TODO Auto-generated catch block
                e.printStackTrace();
        }finally {
                DBConnection.close(null, ps, conn);
        }
        return result>0?true:false;
}

public static ArrayList<Hero> selectFun(String sql,Object...objects){
        //1. 创建集合，用于存放对象
        ArrayList<Hero> list=new ArrayList<Hero>();
        //2. 连接数据库
        Connection conn=DBConnection.getConnection();
        //3. 创建 ps
        PreparedStatement ps=null;
        ResultSet rs=null;
        try {
        ps=conn.prepareStatement(sql);
        //4. sql 中如果有占位符，则赋值
        if(objects!=null) {
        for(int i=0;i<objects.length;i++) {
                ps.setObject(i+1, objects[i]);
        }
                }
        //5. 执行
        rs=ps.executeQuery();
```

```
            //6. 将结果集中的数据存放到集合中
            while(rs.next()) {
            Hero h=new Hero();
            h.setId(rs.getInt("id"));
            h.setName(rs.getString("name"));
            h.setAge(rs.getInt("age"));
            h.setAddress(rs.getString("address"));
            list.add(h);
            }
            } catch (SQLException e) {
                    e.printStackTrace();
            }finally {
                    DBConnection.close(rs, ps, conn);
            }
            return list;
    }
}

// 增删改查方法
public class Operate extends BaseOperate{
  // 添加数据方法
  public static boolean insert(Hero hero) {
            String sql="insert into hero_info values(?,?,?,?)";
            boolean res=updateFun(sql, hero.getId(),hero.getName(),hero.getAge(),hero.getAddress());
            return res;
  }

  // 删除数据方法
  public static boolean delete(int id) {
            String sql="delete from hero_info where id=?";
            boolean res=updateFun(sql, id);
            return res;
  }
  // 修改数据方法
  public static boolean update(Hero hero) {
            String sql="update hero_info set name=?,age=?,address=? where id=?";
            return updateFun(sql, hero.getName(),hero.getAge(),hero.getAddress (),hero.getId());
  }
```

```
    // 查询所有数据
    public static ArrayList<Hero> selectAll(){
            String sql="select * from hero_info";
            return selectFun(sql, null);
    }

    // 根据 id 查询数据
    public static ArrayList<Hero> selectId(int id){
            String sql="select * from hero_info where id=?";
            return selectFun(sql,id);
    }
}
```

添加两条数据到数据表 hero_info 中，测试代码如下。

```
// 测试类 Test
public class Test {
    public static void main(String[] args) {
            // 添加数据
            Hero h1=new Hero();
            h1.setId(1);
            h1.setName(" 钱学森 ");
            h1.setAge(98);
            h1.setAddress(" 重庆 ");
            System.out.println(" 添加数据 1 结果："+Operate.insert(h1));
            Hero h2=new Hero();
            h2.setId(2);
            h2.setName(" 袁隆平 ");
            h2.setAge(91);
            h2.setAddress(" 北京 ");
            System.out.println(" 添加数据 2 结果："+Operate.insert(h2));
    }
}
```

运行结果如图 9.16 所示。

图9.16　添加数据成功

查询数据表 hero_info 中的所有数据和 id=2 的数据，测试代码如下。

```
// 测试类 Test
public class Test {
  public static void main(String[] args) {
          // 查询所有数据
          ArrayList<Hero> list=Operate.selectAll();
          System.out.println(list);

          // 查询 id=2 的数据
          ArrayList<Hero> list1=Operate.selectId(2);
          System.out.println(list1);
  }
}
```

运行结果如图 9.17 所示。

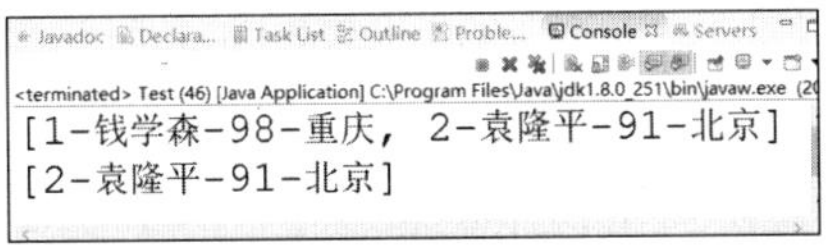

图9.17 查询数据成功

修改数据表 hero_info 中 id=1 的数据，修改地址为“上海”，测试代码如下。

```
// 测试类 Test
public class Test {
  public static void main(String[] args) {
          // 修改 id=1 中数据
          Hero h=new Hero();
          h.setId(1);
          h.setName(" 钱学森 ");
          h.setAge(98);
          h.setAddress(" 上海 ");
          System.out.println(" 修改数据结果： "+Operate.update(h));
  }
}
```

运行结果如图 9.18 所示。

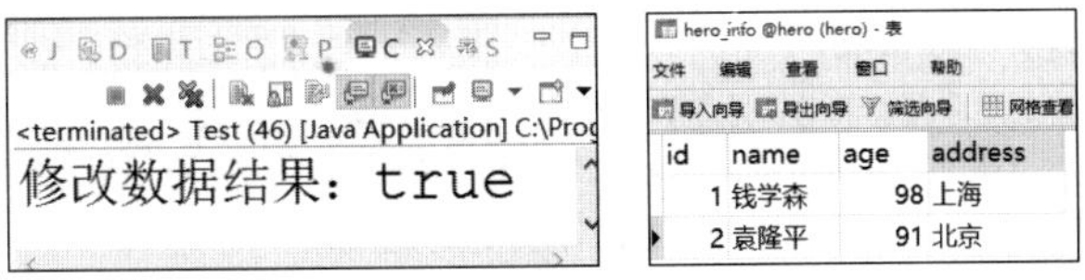

图9.18 修改数据成功

删除数据表 hero_info 中 id=1 的数据，测试代码如下。

```
// 测试类 Test
public class Test {
  public static void main(String[] args) {
          // 删除数据
          Hero h=new Hero();
          h.setId(1);
          System.out.println(" 删除数据结果："+Operate.delete(1));
  }
}
```

运行结果如图 9.19 所示。

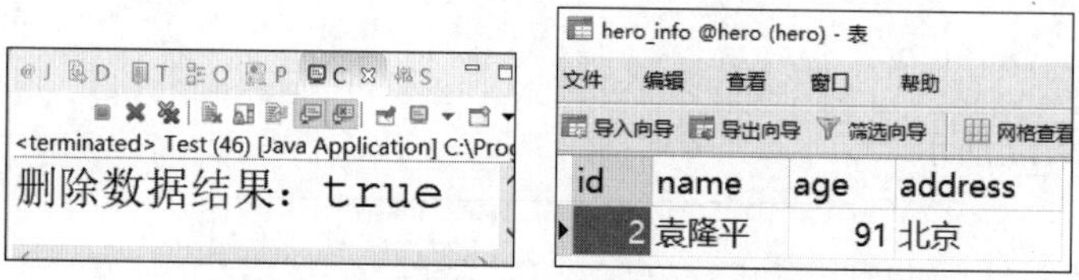

图9.19　删除数据成功

上机实操　修改数据

◆ 上机要求

请按以下要求修改数据库中的数据，并使用测试类进行测试。

（1）数据表 hero_info 如图 9.20 所示，通过 Java 应用程序修改该数据表中 id=1 的数据，将 name 字段修改为“钱学森”，age 字段修改为“98”，address 字段修改为“上海”。

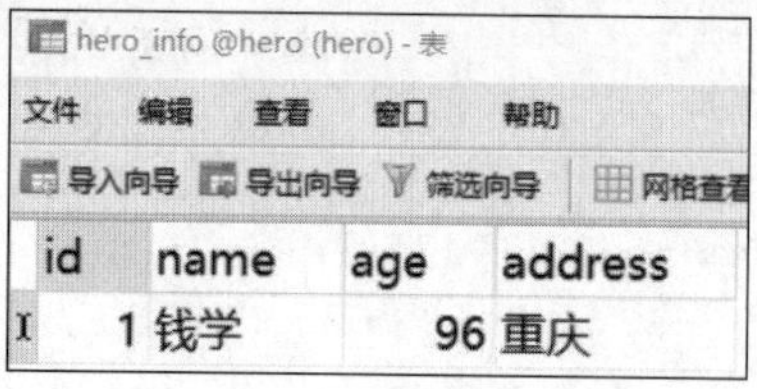

图9.20　数据表hero_info

（2）通过测试类在控制台输出是否修改数据成功。

运行结果如图 9.21 所示。

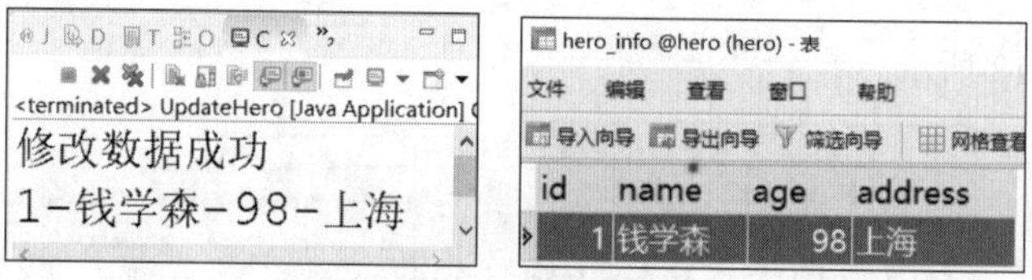

图9.21　程序运行结果

◆ 实现思路

第 1 步　定义数据库连接类 DBConnection，如例 9-1 所示。

第 2 步 定义实体类 Hero，如例 9-2 所示。

第 3 步 在例 9-4 的 Operate 工具类中，定义 public static boolean update(Hero hero) 方法，用于修改数据，该方法中包括：获取连接，定义 sql 语句，创建 PreparedStatement 对象，为占位符赋值，执行 sql 语句，关闭资源。

第 4 步 创建测试类 Test，在该类中定义 main() 方法进行测试，在该方法中：

（1）创建 Hero 对象，并通过 setter() 方法为对象属性赋值；

（2）调用 update() 静态方法，并通过返回值来判断数据是否修改成功。

◆ 参考代码

实现以上程序运行结果的代码如下，具体可参考学习资源中的“源代码 \ 第 9 章 \ 代码 9-6”。

```
public class Operate {
  // 修改数据方法
  public static boolean update(Hero hero) {
          //1. 获取连接
          Connection conn=DBConnection.getConnection();
          //2. sql 语句
          String sql="update hero_info set name=?,age=?,address=? where id=?";
          //3. 创建 PreparedStatement 对象
          PreparedStatement ps=null;
          int result=0;
          try {
                  ps = conn.prepareStatement(sql);
                  //4. 赋值
                  ps.setString(1, hero.getName());
                  ps.setInt(2, hero.getAge());
                  ps.setString(3, hero.getAddress());
                  ps.setInt(4, hero.getId());

                  //5. 执行 sql 语句
                  result=ps.executeUpdate();
          } catch (SQLException e) {
                  e.printStackTrace();
          }finally {
                  //6. 关闭资源
                  try {
                          if(ps!=null) {
                                  ps.close();
                          }
                          if(conn!=null) {
```

```
                        conn.close();
                    }
                } catch (SQLException e) {
                    e.printStackTrace();
                }
            }
            if(result>0) {
                return true;
            }else {
                return false;
            }

    }
    public static void main(String[] args) {
            Hero h1=new Hero();
            // 修改数据
            h1.setName(" 钱学森 ");
            h1.setAge(98);
            h1.setAddress(" 上海 ");
            h1.setId(1);
            // 调用 update() 静态方法
            boolean flag=UpdateHero.update(h1);
            if(flag) {
                System.out.println(" 修改数据成功 ");
                System.out.println(h1);
            }else {
                System.out.println(" 修改数据失败 ");
            }
    }
}
```

AI 学习问答 JDBC 编码注意事项

学习完前面的内容，接下来我们使用 AI 工具讯飞星火来了解一下 JDBC 编码要注意哪些事项。

◎ 提示词：请表述一下 JDBC 编码的注意事项。

◎ 讯飞星火回答：

在使用 Java 的 JDBC 进行数据库连接和操作时，需要关注以下几个关键点。

（1）加载数据库驱动：在使用 JDBC 连接数据库之前，首先需要加载相应的数据库驱动。这通常通过调用 Class.forName() 方法来实现。

（2）建立数据库连接：加载驱动后，就可以建立到数据库的连接了。这可以通过使用 DriverManager 类的 getConnection() 方法来实现。

（3）执行 SQL 语句：当与数据库建立连接后，就可以执行 SQL 语句了。这通常通过创建 Statement 或 PreparedStatement 对象，并调用其 executeQuery() 或 executeUpdate() 方法来实现。

（4）处理结果集：如果执行的是查询操作，那么就需要处理返回的结果集。这通常是通过创建 ResultSet 对象，并使用其 next()、getXxx() 等方法来遍历结果集。

（5）关闭资源：完成对数据库的操作后，一定要及时释放占用的资源，包括 ResultSet、Statement 和 Connection 对象。这可以通过调用它们的 close() 方法来实现。

此外，需要注意的是，要解决 Java 中数据库数据乱码问题，可以通过设置数据库连接字符集、设置数据库表和字段的字符集、使用 PreparedStatement 预编译语句及字符编码转换等方法来实现。在实际应用中，我们可以根据具体情况选择合适的方法来解决乱码问题，确保数据的正确显示和存储。

讯飞星火描述了 JDBC 编码的注意事项，在使用 JDBC 进行编码时，需要注意数据库连接、执行 SQL 语句、预编译语句、关闭资源、处理结果集等问题。遵循良好的编码规范可以提高代码的质量和可维护性。

同步训练 设计一个英雄管理系统

训练要求

请按以下要求设计英雄管理系统。

（1）在 MySQL 数据库中新建数据库 hero，在 hero 数据库中定义数据表 hero_info，用于存储英雄的信息，其表结构如表 9.6 所示。

表 9.6 hero_info 表结构

列名	含义	数据类型	长度	允许空值	备注
id	序号	int	11	not	主键，自动增长
name	姓名	varchar	5	not	
age	年龄	int	3	not	
address	出生地	varchar	20	not	

（2）对 hero_info 表中的数据进行新增、修改、删除和查询操作，其中查询包括全查、按序号查询、按姓名查询、按年龄查询和按出生地查询，并在控制台进行相应操作。

由于操作较多，此处只显示部分操作过程，运行结果如图 9.22 所示。

```
欢迎来到英雄管理系统
***************************
1. 添加数据；2. 删除数据；3. 修改数据；4. 查询数据；5. 退出
请输入选项：1
请输入英雄序号：
1
请输入英雄姓名：
鲁迅
请输入英雄年龄：
55
请输入英雄出生地：
浙江
添加成功
[1-鲁迅-55-浙江]
1. 添加数据；2. 删除数据；3. 修改数据；4. 查询数据；5. 退出
请输入选项：1
请输入英雄序号：
2
请输入英雄姓名：
焦裕禄
请输入英雄年龄：
42
请输入英雄出生地：
河南
添加成功
[1-鲁迅-55-浙江, 2-焦裕禄-42-河南]
1. 添加数据；2. 删除数据；3. 修改数据；4. 查询数据；5. 退出
请输入选项：1
请输入英雄序号：
3
请输入英雄姓名：
王进喜
请输入英雄年龄：
47
请输入英雄出生地：
甘肃
添加成功
[1-鲁迅-55-浙江, 2-焦裕禄-42-河南, 3-王进喜-47-甘肃]
1. 添加数据；2. 删除数据；3. 修改数据；4. 查询数据；5. 退出
请输入选项：3
请输入修改的英雄序号：
2
请输入英雄新姓名：
焦裕禄
请输入英雄新年龄：
42
请输入英雄新地址：
山东
修改成功
[1-鲁迅-55-浙江, 2-焦裕禄-42-山东, 3-王进喜-47-甘肃]
1. 添加数据；2. 删除数据；3. 修改数据；4. 查询数据；5. 退出
请输入选项：4
【1】按序号查询【2】按姓名查询【3】按年龄查询【4】按出生地查询
1
请输入要查询的序号：
3
[3-王进喜-47-甘肃]
1. 添加数据；2. 删除数据；3. 修改数据；4. 查询数据；5. 退出
请输入选项：4
【1】按序号查询【2】按姓名查询【3】按年龄查询【4】按出生地查询
4
请输入要查询的地址：
山东
[2-焦裕禄-42-山东]
1. 添加数据；2. 删除数据；3. 修改数据；4. 查询数据；5. 退出
请输入选项：2
请输入要删除的序号：
3
删除成功
[1-鲁迅-55-浙江, 2-焦裕禄-42-山东]
1. 添加数据；2. 删除数据；3. 修改数据；4. 查询数据；5. 退出
请输入选项：5
谢谢使用
```

图9.22　程序运行结果

实现思路

（1）加载驱动文件 jar 包。

（2）创建相应的包和类，分别如下。

- com.java.hero：Hero 实体类。
- com.java.db：DBConnection 类，用于实现数据库连接和关闭资源。
- com.java.dao：BaseOperate 父类和其子类 Operate，用于实现增删改查操作。
- com.java.test：Test 类，用于测试。

（3）在 Hero 类中，其属性和数据表 hero_info 中的字段一一匹配，定义 getter() 和 setter() 方法，并重写 toString() 方法。

（4）在 DBConnection 类中，使用 Class.forName() 加载驱动，并定义如下方法。

- getConnetion() 方法：用于连接数据库。
- close(ResultSet rs,PreparedStatement ps,Connection conn) 方法：用于关闭相应资源。

（5）在 BaseOperate 类中，定义的方法如下。

- updateFun(String sql,Object...objects) 方法：该方法为增删改操作的共用方法。
- selectFun(String sql,Object...objects) 方法：该方法为查询操作的共用方法。

（6）Operate 类继承 BaseOperate 类，定义的方法如下。

- insert(Hero hero) 方法：用于添加数据。
- delete(int id) 方法：根据 id 删除数据。
- update(Hero hero) 方法：修改数据。
- selectAll() 方法：查询所有数据。
- selectId(int id) 方法：根据 id 查询数据。
- selectName(String name) 方法：根据 name 查询数据。
- selectAge(int age) 方法：根据 age 查询数据。
- selectAddress(String address) 方法：根据 address 查询数据。

（7）在 Test 类中，按照运行结果定义的方法如下。

- insertMain() 方法：用于在控制台添加具体数据。
- deleteMain() 方法：用于在控制台删除数据。
- updateMain() 方法：用于在控制台修改数据。
- selectMain() 方法：用于在控制台查询数据，其中采用 switch-case 的方式选择查询方式。
- main() 方法：用于测试。

程序代码

实现以上程序运行结果的代码如下，具体可参考学习资源中的“源代码 \ 第 9 章 \ 代码 9-7”。

```
// 实体类 Hero
public class Hero {
    // 私有属性
    private int id;
    private String name;
    private int age;
```

```
    private String address;
    //getter() 和 setter() 方法
    public int getId() {
            return id;
    }
    public void setId(int id) {
            this.id = id;
    }
    public String getName() {
            return name;
    }
    public void setName(String name) {
            this.name = name;
    }
    public int getAge() {
            return age;
    }
    public void setAge(int age) {
            this.age = age;
    }
    public String getAddress() {
            return address;
    }
    public void setAddress(String address) {
            this.address = address;
    }
    // 为了在控制台输出信息易读，重写 toString() 方法
    @Override
    public String toString() {
            return id+"-"+name+"-"+age+"-"+address;
    }
}

// 数据库连接
public class DBConnection {
    // 定义常量
    // 驱动
    public static final String DRIVER="com.mysql.cj.jdbc.Driver";
    //url
```

```
public static final String URL="jdbc:mysql://localhost:3306/hero?server Timezone=UTC";
// 数据库账号
private static final String NAME="root";
// 数据库密码
private static final String PWD="123456";

// 加载驱动
static {
        try {
                Class.forName(DRIVER);
        } catch (ClassNotFoundException e) {
                // TODO Auto-generated catch block
                e.printStackTrace();
        }
}

// 连接数据库
public static Connection getConnection() {
        Connection conn=null;
        try {
                conn=DriverManager.getConnection(URL, NAME, PWD);
        } catch (SQLException e) {
                e.printStackTrace();
        }
        return conn;
}

// 关闭资源，注意关闭资源的顺序
public static void close(ResultSet rs,PreparedStatement ps,Connection conn) {
        try {
                if(rs!=null) {
                        rs.close();
                }
                if(ps!=null) {
                        ps.close();
                }
                if(conn!=null) {
                        conn.close();
                }
```

```
            } catch (SQLException e) {
                e.printStackTrace();
            }
    }
}

//共用方法类
public class BaseOperate {
    //增删改的共用方法
    public static boolean updateFun(String sql,Object...objects) {
        //1. 连接数据库
        Connection conn=DBConnection.getConnection();
        //2. 创建 ps
        PreparedStatement ps=null;
        int result=0;
        try {
            ps=conn.prepareStatement(sql);
            //3. 为 sql 语句中的"?"占位符赋值
            if(objects!=null) {
                for(int i=0;i<objects.length;i++) {
                    ps.setObject(i+1, objects[i]);
                }
            }
            //4. 执行操作
            result=ps.executeUpdate();
        } catch (SQLException e) {
            // TODO Auto-generated catch block
            e.printStackTrace();
        }finally {
            DBConnection.close(null, ps, conn);
        }
        return result>0?true:false;
    }

    public static ArrayList<Hero> selectFun(String sql,Object...objects){
        //1. 创建集合，用于存放对象
        ArrayList<Hero> list=new ArrayList<Hero>();
        //2. 连接数据库
        Connection conn=DBConnection.getConnection();
```

```
            //3. 创建 ps
            PreparedStatement ps=null;
            ResultSet rs=null;
            try {
            ps=conn.prepareStatement(sql);
            //4. sql 语句中如果有占位符，则赋值
            if(objects!=null) {
            for(int i=0;i<objects.length;i++) {
                    ps.setObject(i+1, objects[i]);
            }
                    }
            //5. 执行
            rs=ps.executeQuery();
            //6. 将结果集中的数据存放到集合中
            while(rs.next()) {
            Hero h=new Hero();
            h.setId(rs.getInt("id"));
            h.setName(rs.getString("name"));
            h.setAge(rs.getInt("age"));
            h.setAddress(rs.getString("address"));
            list.add(h);
            }
            } catch (SQLException e) {
                    e.printStackTrace();
            }finally {
                    DBConnection.close(rs, ps, conn);
            }
            return list;
    }
}

// 增删改查方法类 Operate，该类继承父类 BaseOperate
public class Operate extends BaseOperate{
  // 添加数据方法
  public static boolean insert(Hero hero) {
            String sql="insert into hero_info values(?,?,?,?)";
            boolean res=updateFun(sql, hero.getId(),hero.getName(),hero.getAge (),hero.getAddress());
            return res;
  }
```

```
// 删除数据
public static boolean delete(int id) {
        String sql="delete from hero_info where id=?";
        boolean res=updateFun(sql, id);
        return res;
}
// 修改数据
public static boolean update(Hero hero) {
        String sql="update hero_info set name=?,age=?,address=? where id=?";
        return updateFun(sql, hero.getName(),hero.getAge(),hero.getAddress (),hero.getId());
}

// 查询所有数据
public static ArrayList<Hero> selectAll(){
        String sql="select * from hero_info";
        return selectFun(sql, null);
}

// 根据 id 查询数据
public static ArrayList<Hero> selectId(int id){
        String sql="select * from hero_info where id=?";
        return selectFun(sql,id);
}
// 根据姓名条件查询数据
public static ArrayList<Hero> selectName(String name){
        String sql="select * from hero_info where name=?";
        return selectFun(sql,name);
}
// 根据年龄条件查询一条数据
public static ArrayList<Hero> selectAge(int age){
        String sql="select * from hero_info where age=?";
        return selectFun(sql,age);
}
// 根据地址条件查询一条数据
public static ArrayList<Hero> selectAddress(String address){
        String sql="select * from hero_info where address=?";
        return selectFun(sql,address);
}
```

```
}

// 测试类
public class Test {
    static Scanner sc=new Scanner(System.in);
    // 添加具体数据
    public static void insertMain() {
            System.out.println(" 请输入英雄序号：");
            int id=sc.nextInt();
            System.out.println(" 请输入英雄姓名：");
            String name=sc.next();
            System.out.println(" 请输入英雄年龄：");
            int age=sc.nextInt();
            System.out.println(" 请输入英雄出生地：");
            String address=sc.next();
            // 创建英雄对象，并设置其属性
            Hero h=new Hero();
            h.setId(id);
            h.setName(name);
            h.setAge(age);
            h.setAddress(address);
            // 调用添加数据方法
            boolean res= Operate.insert(h);
            if(res) {
                    System.out.println(" 添加成功 ");
                    // 调用查询所有数据方法
                    System.out.println(Operate.selectAll());
            }else {
                    System.out.println(" 添加失败 ");
            }
    }

    // 删除数据
    public static void deleteMain() {
            System.out.println(" 请输入要删除的序号：");
            int id=sc.nextInt();
            boolean res=Operate.delete(id);// 调用删除方法
            if(res) {
                    System.out.println(" 删除成功 ");
```

```
                System.out.println(Operate.selectAll());
            }else {
                System.out.println(" 删除失败 ");
            }
    }

    // 修改数据
    public static void updateMain() {
            System.out.println(" 请输入修改的英雄序号：");
            int id=sc.nextInt();
            System.out.println(" 请输入英雄新姓名：");
            String name=sc.next();
            System.out.println(" 请输入英雄新年龄：");
            int age=sc.nextInt();
            System.out.println(" 请输入英雄新地址：");
            String address=sc.next();
            Hero h=new Hero();
            h.setId(id);
            h.setName(name);
            h.setAge(age);
            h.setAddress(address);
            boolean res=Operate.update(h);
            if(res) {
                System.out.println(" 修改成功 ");
                System.out.println(Operate.selectAll());
            }else {
                System.out.println(" 修改失败 ");
            }
    }

    // 查询数据
    public static void selectMain() {
            System.out.println("【1】按序号查询【2】按姓名查询【3】按年龄查询【4】按出
生地查询 ");
            int choose=sc.nextInt();
            switch (choose) {
            case 1:
            {
                System.out.println(" 请输入要查询的序号：");
```

```
                int id=sc.nextInt();
                System.out.println(Operate.selectId(id));
                break;
            }
            case 2:
            {
                System.out.println(" 请输入要查询的姓名：");
                String name=sc.next();
                System.out.println(Operate.selectName(name));
                break;
            }
            case 3:
            {
                System.out.println(" 请输入要查询的年龄：");
                int age=sc.nextInt();
                System.out.println(Operate.selectAge(age));
                break;
            }
            case 4:
            {
                System.out.println(" 请输入要查询的地址：");
                String address=sc.next();
                System.out.println(Operate.selectAddress(address));
                break;
            }
            default:
                break;
            }
    }
    // 主方法
    public static void main(String[] args) {
        System.out.println(" 欢迎来到英雄管理系统 ");
        System.out.println("****************************");
        int choose;
        do {
            System.out.println("1. 添加数据；2. 删除数据；3. 修改数据；4. 查询数据；
5. 退出 ");
            System.out.print(" 请输入选项：");
            choose=sc.nextInt();
```

```
            switch (choose) {
                case 1:
                    insertMain();
                    break;
                case 2:
                    deleteMain();
                    break;
                case 3:
                    updateMain();
                    break;
                case 4:
                    selectMain();
                    break;
                case 5:
                    System.out.println(" 谢谢使用 ");
                    break;

                default:
                    System.out.println(" 输入错误，谢谢使用 ");
                    break;
            }
        }while(choose!=5);
    }
}
```

小结

本章首先介绍了 JDBC 的作用、常用的 API 和 JDBC 的一般编程步骤；其次通过示例演示了 Java 应用程序连接 MySQL 数据库和对数据库表中的数据进行新增、修改、删除和查询的操作；最后演示如何将 JDBC 编码简化，从而实现了代码复用和便于管理。

10

第 10 章 打造互动界面：图形用户界面设计

在前面章节中，所有 Java 程序显示内容都在控制台中，无法让用户拥有良好的体验效果。为此 Java 提供了 Java Swing 技术，用于支持图形用户界面（Graphical User Interface，GUI），如窗口、图标、按钮、菜单、文本框、表格等。

课前思政

小明在观看了《长安三万里》后，心潮澎湃，隐藏在记忆中的诗篇不断冒出来，如《将进酒》《黄鹤楼》《别董大》《望岳》《静夜思》《相思》等。小明希望身边的人也能记住这些可爱的诗人和他们的诗篇，故此决定开发一款诗歌程序。这款程序的设计涉及图形用户界面设计，好的图形用户界面设计能够带给用户良好的体验。这款程序通过对诗人及其代表作品等的介绍，让更多的人了解他们豁达的心胸、忧国忧民的惆怅、离别的感伤、相逢的喜悦和保家卫国的一往无前等，并以此激发人们对诗歌文化的热爱和民族自豪感。

学习目标

1. 知识目标

- 理解组件继承关系。
- 掌握常用组件。
- 掌握常用布局管理器。
- 掌握事件处理。

2. 能力目标

- 能选用合适的布局管理器对界面合理布局。
- 能运用组件设计复杂界面。
- 能利用事件让界面具有交互能力。
- 能使用插件快速开发界面。

3. 素质目标

- 在围绕诗歌的学习过程中，激发学生对诗歌文化的热爱和民族自豪感。
- 了解组件、布局、事件、JDBC、数据库、插件开发等，将知识碎片进行融合，从而具备较强的实战能力，并保持持续的探索欲。

任务10.1 Swing概述

采用控制台方式开发诗歌程序，信息显示不直观，用户使用起来也不方便。为了提高用户体验，使用户通过可视化图形界面交互，小明准备学习 Java Swing 来开发一款诗歌桌面软件。

本任务的目的是开发一个带有诗歌图标的窗口，并在其中显示相关的诗人。

AI 工具助力学习

帮助生成一个 Java Swing 窗口

在学习之前，我们先让 AI 工具帮助生成一个可视化窗口，提前接触一下 Java Swing 的入门知识。下面以 AI 工具 ChatGPT 为例，让它提供一个窗口界面示例代码。

- 提示词：请帮助生成一个 Java Swing 窗口。
- ChatGPT 回答：

当然！我可以帮你生成一个简单的 Java Swing 窗口。这是一个基础示例：

```
import javax.swing.JFrame;
import javax.swing.JLabel;
public class SwingWindowExample {
  public static void main(String[] args) {
    // 创建 JFrame 实例
    JFrame frame = new JFrame("Swing 窗口示例 ");
    // 设置窗口的宽度和高度
    frame.setSize(400, 300);
    // 创建一个标签，用于显示文本
    JLabel label = new JLabel("Hello, World!" );
    // 将标签添加到窗口中
    frame.add(label);
    // 设置窗口可见
    frame.setVisible(true);
  }
}
```

在上面的回答中，创建了一个名为“Swing 窗口示例”的窗口，该窗口的像素大小为 400 × 300。窗口中包含一个标签，标签的文本为“Hello, World!”。

10.1.1 Swing 介绍

Java Swing 组件在 javax.swing 包下，为了让读者后续能很好地使用组件，必须了解 Java Swing 的继承关系，如图 10.1 所示。

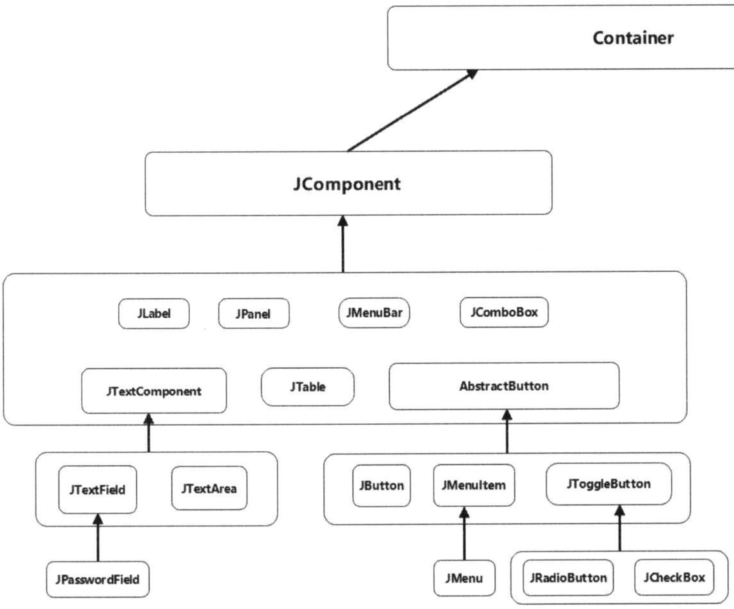

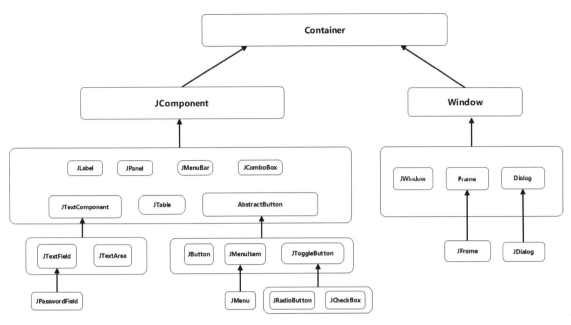

图10.1　Swing组件继承关系

从图 10.1 中可知，Container 类扩展了 2 个主要分支，分别是容器分支（Window）和组件分支（Jcomponent）。其中，容器分支为图形用户界面提供了顶级窗口，而组件分支提供了向容器中填充的组件，使图形用户界面丰富多彩。

10.1.2 Swing 顶级容器

窗口作为最外层容器，其他组件直接或间接放在窗口中。从图 10.1 中可以看出，Swing 提供了 3 个顶级容器，即 JWindow、JFrame、JDialog，其中 JFrame 是最常用的顶级容器窗口。

JFrame 是独立存在的，虽然不能放置在其他容器之中，但可以向 JFrame 容器中存放其他组件。JFrame 支持窗口所有的功能，比如设置窗口的位置、大小、标题、最小化、最大化、关闭等。

在创建 JFrame 窗口时，窗口初始位置是 (0，0)，默认是不可见，需要开发者通过编码 setVisible(true) 让其可见。

创建 JFrame 窗口对象的两种方式如下。

```
JFrame frame = new JFrame();              //方式 1，无标题
JFrame frame = new JFrame(" 诗歌 ");       //方式 2，有标题
```

JFrame 常用方法如表 10.1 所示。

表 10.1　JFrame 常用方法

方法	描述	返回类型
setTitle(String title)	设置当前窗口的标题	void
setBounds(int x,int y,int width, int hight)	设置当前窗口距离桌面坐标原点的位置（x 代表横坐标，y 代表纵坐标），以及当前窗口的大小（width 代表窗口的宽，height 代表窗口的高）	void
setSize(int width,int height)	设置当前窗口的宽（width）和高（height）	void
setIconImage	设置当前窗口的图标	void
setVisible(boolean b)	参数值为 true 表示可以见，为 false（默认）则表示隐藏当前窗口	void

续表

方法	描述	返回类型
add(Component c)	将指定组件添加至当前窗口中	Component
getContentPane()	返回此窗口的容器对象	Container
setBackground(Color c)	设置窗口的背景颜色	void
setLayout(LayoutManager manager)	设置当前窗口使用的布局管理器。设置为 null 表示绝对布局，需要为每个组件指定一个位置和大小	void

例 10-1 定义一个窗口类 FirstFrame，创建一个带图标的窗口并显示喜爱的诗人，具体代码如下，可参考学习资源中的“源代码\第 10 章\代码 10-1”。

```
public class FirstFrame {
    public static void main(String[] args) {
        // 创建 JFrame 实例
        JFrame frame = new JFrame();
        // 设置标题
        frame.setTitle(" 我的第一个窗口 ");
        // 设置窗口的位置和大小
        frame.setBounds(600, 400,450, 300);
        // 设置图标
        ImageIcon image=new ImageIcon("E://poem.png");
        frame.setIconImage(image.getImage());
        // 创建一个标签组件，用于显示文本
        JLabel label = new JLabel(" 诗人——李白 ");
        // 将组件放入顶级窗口 JFrame 中
        frame.add(label);
        // 单击窗口“关闭”按钮时，关闭程序
        frame.setDefaultCloseOperation( frame.EXIT_ON_CLOSE );
        // 设置窗口可见
        frame.setVisible(true);
    }
}
```

运行结果如图 10.2 所示。

图10.2 例10-1的运行结果

上机实操 创建一个 JFrame 窗口

◆ 上机要求

请按以下要求设计一个 JFrame 窗口。

（1）采用继承 JFrame 方式创建窗口。

（2）在构造方法中设置窗口标题“诗篇”。

（3）在构造方法中设置窗口位置坐标为 (600, 400)，大小为 450 × 300。

（4）在构造方法中设置窗口背景色为粉红色。

运行结果如图 10.3 所示。

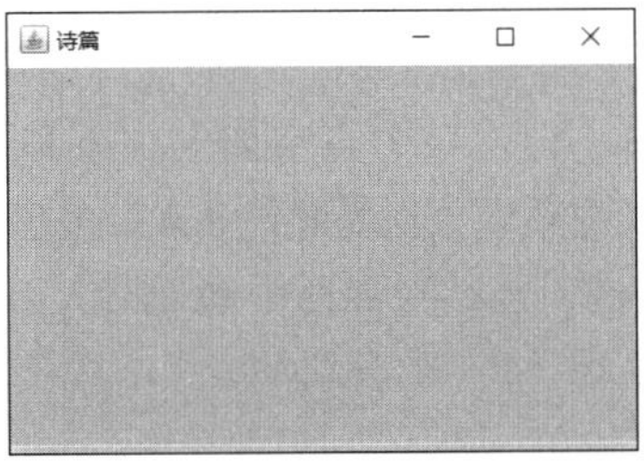

图10.3　JFrame窗口运行结果

◆ 实现思路

第 1 步　创建 JFrameDemo 类并继承 JFrame。

第 2 步　在无参构造方法中，使用关键字 this 设置窗口的标题、位置、大小和背景色。

第 3 步　在该类中定义 main() 方法创建窗口。

◆ 参考代码

实现以上程序运行结果的代码如下，具体可参考学习资源中的“源代码 \ 第 10 章 \ 代码 10-2”。

```
public class JFrameDemo extends JFrame{
    public JFrameDemo(){
        // 设置标题
        this.setTitle(" 诗篇 ");
        // 设置窗口的位置和大小
        this.setBounds(600, 400,450, 300);
        // 设置背景色
        Color c=new Color( 255, 175, 175 );
        this.getContentPane().setBackground(c);
        // 单击窗口“关闭”按钮时，关闭程序
        this.setDefaultCloseOperation( this.EXIT_ON_CLOSE );
        // 设置窗口可见
        this.setVisible(true);
    }
    public static void main(String[] args) {
```

```
        // 创建窗口
        JFrameDemo demo=new JFrameDemo();
    }
}
```

任务10.2 常用组件

小明已经学会了创建一个窗口，但窗口中空空如也。还需要进一步学习使用 Java Swing 提供的组件，比如图像、按钮、菜单、表格等，让界面变得丰富多彩。

本任务的目的是学习常用的组件，能够在界面中展现诗人诗歌信息。

AI 工具助力学习

Java Swing 的常用组件

这里我们向AI工具进行咨询，通过AI回答了解Java Swing的常用组件，并且通过多轮对话的方式，为我们提供组件的示例代码，让读者快速入门。下面以 AI 工具文心一言为例进行提问。

- 提示词：请介绍一下 Java Swing 的常用组件有哪些。
- 文心一言回答：

Java Swing 常用的组件包括以下几种。

（1）容器组件。

- JFrame：带标题的顶层窗口，是 Frame 的子类，属于顶层容器类组件。
- JPanel：面板容器，是一般轻量级容器。
- JScrollPane：可滚动窗格。
- JSplitPane：分割窗格。
- JToolBar：工具栏。

（2）控件组件。

- JLabel：标签。
- JTextField：文本框。
- JPasswordField：密码框。
- JTextArea：文本区域。
- JButton：按钮。
- JToggleButton：切换按钮。
- JRadioButton：单选按钮。
- JCheckBox：复选框。
- JComboBox：下拉式列表和组合框。
- JList：列表框。

这些是 Java Swing 的常用组件，它们可以用于构建各种用户界面。

- 提示词：请提供 JLabel 的示例代码。
- 文心一言回答：

```
import javax.swing.*;
public class JLabelExample {
    public static void main(String[] args) {
        // 创建 JFrame 窗口
        JFrame frame = new JFrame("JLabel Example");
        frame.setDefaultCloseOperation(JFrame.EXIT_ON_CLOSE);
        frame.setSize(300, 200);
        // 创建 JLabel 并设置文本
        JLabel label = new JLabel("Hello, World!");
        label.setFont(new Font("Serif", Font.BOLD, 24));
        label.setHorizontalAlignment(JLabel.CENTER);
        // 将 JLabel 添加到 JFrame 中
        frame.getContentPane().add(label);
        // 显示窗口
        frame.setVisible(true);
    }
}
```

读者还可以继续以聊天的方式和 AI 进行交互，获取更多组件的使用方法。当然，AI 的回答可能并不完全正确，还需读者深入学习本章任务，让自己具备代码鉴别能力。

10.2.1 标签组件

JLabel 标签组件除了可以显示文字，还可以显示图片，其构造方法如表 10.2 所示。

表 10.2　JLabel 构造方法

方法	描述
JLabel()	创建一个没有图像的 JLabel 实例，标题为空字符串
JLabel(Icon image)	使用指定的图像创建一个 JLabel 实例
JLabel(Icon image, int horizontalAlignment)	创建一个具有指定图像和水平对齐的 JLabel 实例
JLabel(String text)	使用指定的标题创建一个 JLabel 实例
JLabel(String text, Icon icon, int horizontalAlignment)	创建具有指定标题、图像和水平对齐的 JLabel 实例
JLabel(String text, int horizontalAlignment)	创建一个具有指定标题和水平对齐的 JLabel 实例

例 10-2　定义一个标签示例类 LabelDemo，通过标签组件展示文字和图片，具体代码如下，可参考学习资源中的“源代码 \ 第 10 章 \ 代码 10-3”。

```
public class LabelDemo extends JFrame {
    public LabelDemo() {
    //1. 创建第一个 JLabel 组件，显示图片
    ImageIcon icon=new ImageIcon("E://libai.png");
    JLabel label1=new JLabel(icon);
    label1.setBounds(112, 5, 173, 233);
    label1.setToolTipText(" 浪漫主义诗人 ");      // 提示文字
    //2. 创建第二个 JLabel 组件，显示文字
    JLabel label2=new JLabel(" 李白 ");
    label2.setBounds(290, 112, 30, 18);
    //3. 将组件添加到窗口中
    this.setLayout(null);
    this.add(label1);
    this.add(label2);
    this.setBounds(600, 400,450 , 350);
    this.setDefaultCloseOperation(  this.EXIT_ON_CLOSE );
    this.setVisible(true);
    }
    public static void main(String[] args) {
    // 创建窗口
    LabelDemo t=new LabelDemo();
    }
}
```

运行结果如图 10.4 所示。

图10.4　例10-2的运行结果

10.2.2 文本组件

文本组件用于接收用户输入的信息。这些文本组件继承自 JTextComponent，常用的有 JTextField 文本框、JTextArea 文本域。同时 JPasswordField 密码框继承自 JTextField，因此其操作方法与 JTextField 相同。JTextComponent 的常用方法如表 10.3 所示。

表 10.3　JTextComponent 的常用方法

方法	描述	返回类型
getText()	返回文本组件中的文本内容	String
setText(String t)	设置文本组件中的文本内容	void
setEditable(boolean b)	是否可编辑	void
isEditable()	返回是否可编辑的布尔值	boolean

例 10-3 定义一个文本示例类 TextDemo，在窗口中展示文本框、密码框和文本域组件，具体代码如下，可参考学习资源中的“源代码\第 10 章\代码 10-4”。

```
public class TextDemo extends JFrame {
  public TextDemo() {
  //1. JLabel 标签显示标题
  JLabel label1 = new JLabel(" 用户名 :");
  label1.setBounds(61, 44, 72, 18);
  this.add(label1);
  JLabel label2 = new JLabel(" 密码 :");
  label2.setBounds(61, 115, 72, 18);
  this.add(label2);
  JLabel label3 = new JLabel(" 个人介绍 :");
  label3.setBounds(61, 189, 72, 18);
  this.add(label3);

  //2. 文本框
  JTextField textField = new JTextField();
  textField.setBounds(150, 41, 367, 32);
  this.add(textField);

  //3. 密码框
  JPasswordField passwordField = new JPasswordField();
  passwordField.setBounds(150, 112, 365, 32);
  this.add(passwordField);

  //4. 文本域
  JTextArea textArea = new JTextArea();
  textArea.setBounds(149, 227, 367, 132);
  this.add(textArea);
```

```
    //5. 窗口的设置
    this.setLayout(null);        // 绝对布局
    setDefaultCloseOperation(JFrame.EXIT_ON_CLOSE);
    setBounds(100, 100, 613, 478);
    setVisible(true);
    }
    public static void main(String[] args) {
    TextDemo demo = new TextDemo();
    }
}
```

运行结果如图 10.5 所示。

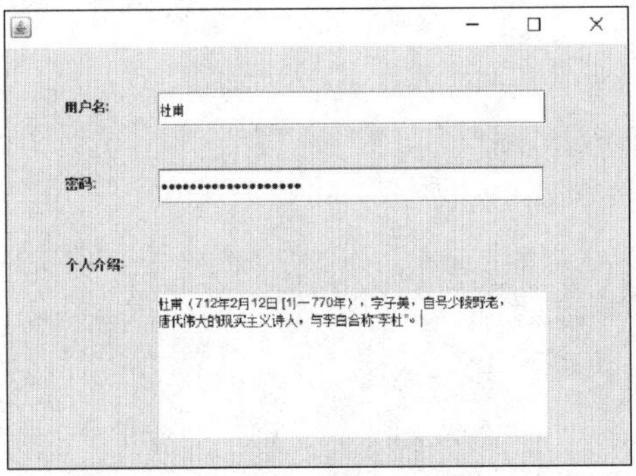

图10.5　例10-3的运行结果

10.2.3 按钮组件

按钮组件继承自 AbstractButton。常用的按钮组件有 JButton 普通按钮、JRadioButton 单选按钮、JCheckBox 复选框等。AbstractButton 的常用方法如表 10.4 所示。

表 10.4　AbstractButton 的常用方法

方法	描述	返回类型
getIcon()	返回按钮图标	Icon
getText()	返回按钮的文字	String
isSelected()	返回按钮选中状态，选中为 true	boolean
setEnabled(boolean b)	启用（或禁用）按钮	void
setHorizontalAlignment(int alignment)	设置图标和文字的水平对齐方式	void
setSelected(boolean b)	设置按钮的选中状态	void
setText(String text)	设置按钮的文本	void

例 10-4　定义一个按钮示例类 ButtonDemo，在窗口中展示单选按钮、复选框和普通按钮组件，具体代码如下，可参考学习资源中的“源代码 \ 第 10 章 \ 代码 10-5”。

```
public class ButtonDemo extends JFrame{
  public ButtonDemo() {
```

```
//1. JLabel 标签组件
JLabel label1 = new JLabel(" 姓名 :");
label1.setBounds(127, 96, 72, 18);
this.add(label1);
JLabel label2 = new JLabel(" 性别 :");
label2.setBounds(127, 184, 72, 18);
this.add(label2);
JLabel label3 = new JLabel(" 爱好 :");
label3.setBounds(127, 279, 72, 18);
this.add(label3);

//2. 文本框，禁用状态
JTextField textField = new JTextField();
textField.setBounds(189, 93, 178, 24);
this.add(textField);
textField.setColumns(10);
textField.setText(" 高适 ");
textField.setEnabled(false);

//3. 单选按钮，展示性别
JRadioButton radio1 = new JRadioButton(" 男 ");
radio1.setBounds(189, 180, 64, 27);
this.add(radio1);
JRadioButton radio2 = new JRadioButton(" 女 ");
radio2.setBounds(291, 180, 72, 27);
this.add(radio2);
//ButtonGroup 是一个不可见组件，使多个单选按钮之间互斥
ButtonGroup group=new ButtonGroup();
group.add(radio1);
group.add(radio2);

//4. 复选框，展示爱好
JCheckBox check1 = new JCheckBox(" 咏诗 ");
check1.setBounds(189, 275, 64, 27);
this.add(check1);
JCheckBox check2 = new JCheckBox(" 作曲 ");
check2.setBounds(259, 275, 59, 27);
this.add(check2);
JCheckBox check3 = new JCheckBox(" 踏青 ");
```

```
    check3.setBounds(335, 275, 133, 27);
    check3.setSelected(true);    // 设置选中状态
    check3.setEnabled(false);    // 设置禁用
    this.add(check3);

    //5. 按钮
    JButton button = new JButton("New button");
    button.setBounds(127, 336, 257, 40);
    Icon icon=new ImageIcon("E://submit.png");
    button.setIcon(icon);
    button.setText(" 添加 ");
    button.setBackground(Color.white);
    this.add(button);

    //6. 设置窗口可见
    this.setDefaultCloseOperation(JFrame.EXIT_ON_CLOSE);
    this.setBounds(100, 100, 503, 453);
    this.setLayout(null);
    this.setVisible(true);
    }
    public static void main(String[] args) {
    ButtonDemo demo=new ButtonDemo();
    }
}
```

运行结果如图 10.6 所示。

图10.6　例10-4的运行结果

10.2.4 下拉框组件

下拉框由 JComboBox 表示，其特点是将所有的选项折叠收藏，并默认显示第一个选项。当用户单击下拉框会展开折叠选项，用户可从中选择其中一项。JComboBox 的常用方法如表 10.5 所示。

表 10.5　JComboBox 的常用方法

方法	描述	返回类型
addItem(E item)	将选项添加到下拉框	void
getItemAt(int index)	返回指定索引处的选项	E
getItemCount()	返回下拉框中的选项数	int
getSelectedItem()	返回当前选项	Object
removeAllItems()	从下拉框中删除所有选项	void
removeItem(Object anObject)	从下拉框中删除指定的选项	void
removeItemAt(int anIndex)	从下拉框中删除指定索引的选项	void
setEditable(boolean aFlag)	设置是否可编辑	void
setMaximumRowCount(int count)	设置 JComboBox 显示的最大行数	void

例 10-5　定义一个下拉框示例类 JComboBoxDemo，通过下拉框选择其中一首诗歌，具体代码如下，可参考学习资源中的“源代码 \ 第 10 章 \ 代码 10-6”。

```
public class JComboBoxDemo extends JFrame{
  public JComboBoxDemo() {

  //1. JLabel 标签组件
  JLabel lblNewLabel = new JLabel(" 诗歌 :");
  lblNewLabel.setBounds(48, 51, 58, 18);
  this.add(lblNewLabel);

  //2. 诗歌的下拉框
  JComboBox comboBox = new JComboBox();
  comboBox.setBounds(120, 48, 120, 24);
  // 为下拉框添加下拉选项
  comboBox.addItem("--- 请选择 ---");
  comboBox.addItem(" 将进酒 ");
  comboBox.addItem(" 黄鹤楼 ");
  comboBox.addItem(" 别董大 ");
  comboBox.addItem(" 望岳 ");
  comboBox.addItem(" 静夜思 ");
  // 设置下拉框最多显示 5 行
  comboBox.setMaximumRowCount(5);
  this.add(comboBox);

  //3. 窗口设置
  this.setDefaultCloseOperation(JFrame.EXIT_ON_CLOSE);
```

```
        this.setBounds(100, 100, 450, 300);
        this.setLayout(null);
        this.setVisible(true);
    }
    public static void main(String[] args) {
        JComboBoxDemo demo=new JComboBoxDemo();
    }
}
```

运行结果如图 10.7 所示。

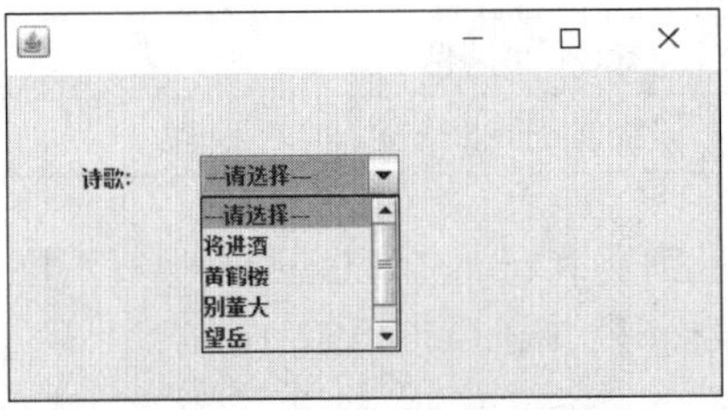

图10.7　例10-5的运行结果

10.2.5 菜单组件

在 Java Swing 中，菜单通过三个组件共同实现，具体如下。

（1）JMenuBar：菜单工具栏，可以向其中添加多个 JMenu 菜单条。

（2）JMenu：菜单条，可以向其中添加多个 JMenuItem 菜单项。

（3）JMenuItem：菜单项。

创建菜单时还可以通过 setMnemonic() 方法设置快捷方式，如下所示（快捷方式为“M”，在界面中使用 Alt+M 可快捷打开菜单）。

```
menu.setMnemonic('M');      // 设置快捷方式 M
```

例 10-6　定义一个菜单示例类 MenuDemo，创建诗歌菜单栏。具体代码如下，可参考学习资源中的“源代码 \ 第 10 章 \ 代码 10-7”。

```
public class MenuDemo extends JFrame{
    public MenuDemo() {

        //1. 创建菜单工具
        JMenuBar  menuBar=new JMenuBar();

        //2. 创建菜单条
        JMenu menu1=new JMenu(" 诗单 (P)");
        menu1.setMnemonic('P');
        JMenu menu2=new JMenu(" 朗诵 (R)");
        menu2.setMnemonic('R');
        JMenu menu3=new JMenu(" 我的 (M)");
```

```
    menu3.setMnemonic('M');

    //3. 为 菜单 "我的" 创建多个菜单项
    JMenuItem item1=new JMenuItem(" 我的收藏 (C)");
    item1.setMnemonic('C');
    JMenuItem item2=new JMenuItem(" 个人中心 (I)");
    item1.setMnemonic('I');

    //4. 将菜单项添加至对应的菜单条中
    menu3.add(item1);
    menu3.add(item2);

    //5. 将菜单条添加至菜单工具栏中
    menuBar.add(menu1);
    menuBar.add(menu2);
    menuBar.add(menu3);

    //6. 将菜单工具栏加入窗体口中
    this.setJMenuBar(menuBar);
    this.setBounds(600, 300, 450, 300);
    this.setDefaultCloseOperation(this.EXIT_ON_CLOSE);
    this.setVisible(true);
    }
    public static void main(String[] args) {
    MenuDemo demo=new MenuDemo();
    }
}
```

运行结果如图 10.8 所示。

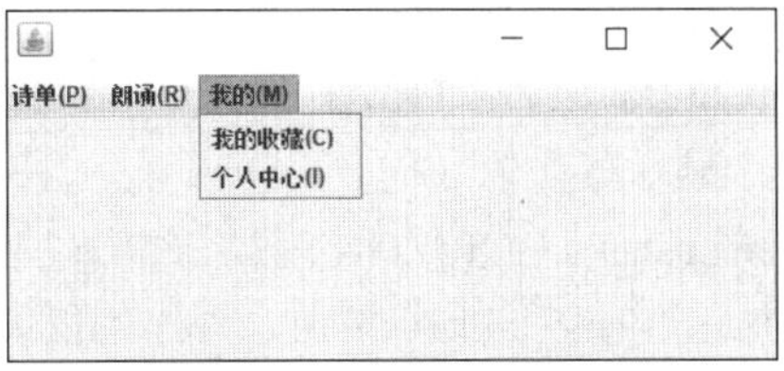

图10.8 例10-6的运行结果

10.2.6 表格组件

JTable 组件用于显示表格数据，JTable 常用的构造方法如下。

```
JTable(Object[][] rowData, Object[] columnNames)
```

在上面的构造方法中，rowData 是一个二维数组，包含要显示的信息。columnNames 是一个一维数组，指明表头的列名。JTable 组件使用的具体步骤如下。

第 1 步 创建一个 JTable 对象。

第 2 步 创建一个滚动面板 ScrollPane 对象。

第 3 步 将表格添加到滚动面板。

第 4 步 将滚动面板添加到窗口中。

例 10-7 定义一个表格示例类 TableDemo，展示喜爱的诗人信息列表，具体代码如下，可参考学习资源中的“源代码 \ 第 10 章 \ 代码 10-8”。

```
public class TableDemo extends JFrame{
  public TableDemo() {
   // 定义表格的表头信息
   String[] columnNames= {" 姓名 "," 字 "," 代表作 "};
   // 定义表格显示信息
   String[][] rowData= {
                     {" 李白 "," 太白 ","《蜀道难》《将进酒》《早发白帝城》等 "},
                     {" 杜甫 "," 子美 ","《登高》《春望》《北征》等 "},
                     {" 高适 "," 达夫 ","《别韦参军》《燕歌行》《别董大》等 "},
                     {" 王维 "," 摩诘 ","《相思》《山居秋暝》等 "},
                     {" 王昌龄 "," 少伯 ","《从军行》《出塞》《闺怨》等 "},
                     {" 白居易 "," 乐天 ","《琵琶行》《长恨歌》等 "}
   };
   //1. 创建一个 JTable 对象
   JTable table=new JTable(rowData, columnNames);
   table.setRowHeight(50);
   // 设置单元格内容的居中对齐
   DefaultTableCellRenderer centerRenderer = new DefaultTableCellRenderer();
   centerRenderer.setHorizontalAlignment(JLabel.CENTER);
   table.setDefaultRenderer(Object.class, centerRenderer);
   //2. 创建一个滚动面板 ScrollPane 对象，并将表格添加到滚动面板
   // 表格内容纵向超出时，显示滚动条
   int vsbPolicy=ScrollPaneConstants.VERTICAL_SCROLLBAR_AS_NEEDED;
   // 表格内容横向超出时，显示滚动条
   int hsbPolicy=ScrollPaneConstants.HORIZONTAL_SCROLLBAR_AS_NEEDED;
   JScrollPane scroll=new JScrollPane(table,vsbPolicy, hsbPolicy);

   //3. 将滚动面板添加到窗口中
   this.add(scroll);
   //4. 窗口设置
   this.setBounds(600, 300, 850, 350);
   this.setDefaultCloseOperation(this.EXIT_ON_CLOSE);
```

```
        this.setVisible(true);
    }
    public static void main(String[] args) {
    TableDemo demo=new TableDemo();
    }
}
```

运行结果如图 10.9 所示。

图10.9 例10-7的运行结果

上机实操 设计诗歌搜索界面

◆ 上机要求

请按以下要求设计一个诗歌搜索界面。

（1）标签组件显示“诗歌名称”。

（2）文本框可以输入要搜索的诗歌名称。

（3）普通按钮显示“查询”。

（4）表格中列出“诗歌名称”“作者”“抒发情感”等信息。

（5）表格内容过多，显示滚动条。

运行结果如图 10.10 所示。

图10.10 诗歌搜索运行结果

◆ 实现思路

第 1 步 组件作为类属性应事先声明。

第 2 步 构造方法中分别创建组件对象，包括以下几种。

• 创建标签组件，显示“诗歌名称”。

- 创建文本框。
- 创建普通按钮，显示“查询”。
- 创建滚动面板，设置内容超出面板时显示横纵滚动条。
- 定义表格头信息和表格显示信息。
- 将表格添加至滚动面板中。
- 将滚动面板添加至窗口中。

第3步 在该类中定义 main() 方法，创建诗歌搜索界面。

◆ 参考代码

实现以上程序运行结果的部分代码如下，具体可参考学习资源中的“源代码\第10章\代码10-9”。

```
public class PoemFrame extends JFrame {
    private JLabel label;
    private JTextField textField;
    private JButton btn;
    private JScrollPane scrollPane;
    private JTable table;

    public PoemFrame() {
            label = new JLabel(" 诗歌名称 :");
            label.setBounds(164, 63, 72, 18);
            this.add(label);

            textField = new JTextField();
            textField.setBounds(274, 60, 191, 24);
            this.add(textField);
            textField.setColumns(10);

            btn = new JButton(" 查询 ");
            btn.setBounds(514, 59, 113, 27);
            this.add(btn);
            // 定义表格的表头信息
            String[] columnNames = { " 诗歌名称 ", " 作者 ", " 抒发情感 " };
            // 定义表格显示信息
            String[][] rowData = {
                    { " 蜀道难 ", " 李白 ", " 蜀道艰险暗喻仕途坎坷 " },
                    { " 登高 "," 杜甫 "," 凄清的秋景，抒发了诗人年迈多病、感时伤世 " },
                    { " 别董大 ", " 高适 ", " 友人远行的依依惜别之情，也展现出诗人豪迈豁
达的胸襟 " },
```

```
                    {"相思","王维","诗人对朋友的相思之情"},
                    {"出塞","王昌龄","洋溢着诗人的爱国之情"},
                    {"琵琶行","白居易","抒发了诗人对自己无辜被贬的愤懑之情"},
                    {"寒食帖","苏轼","表达了诗人惆怅孤独的心情"},
                    {"示儿","陆游","表达了诗人临终时复杂的思想情绪和忧国忧民的爱
国情怀"}
    };
      //省略了表格组件代码
    }
  }
```

任务10.3 布局管理器

在前面任务中容器组件的摆放位置是通过设置坐标来实现的。在 Java Swing 中，也可以使用 setLayout() 方法设置布局管理器来摆放容器组件，以提高用户体验。

本任务的目的是学习布局管理器进行界面布局，使之调整界面大小时可自动进行组件的布局。

AI 工具助力学习

帮助列举常见的布局管理器

Java Swing 提供了多种组件布局方式。作为初学者，可以向 AI 工具咨询常见的布局管理器有哪些，还可以根据它提供的布局管理器，进一步要求提供示例代码。例如，下面以 AI 工具讯飞星火为例，进行多轮提问。

- 提示词：列举常见的 Java Swing 布局管理器。
- 讯飞星火回答：

Java Swing 提供了多种布局管理器，以下是其中一些常见的类型。

（1）边框布局管理器（BorderLayout）：这是 Window、JFrame 和 JDialog 的默认布局管理器，它将窗口分为五个区域：North、South、East、West 和 Center。其中，North 表示北，将占据面板的上方；South 表示南，将占据面板的下方；East 表示东，将占据面板的右侧；West 表示西，将占据面板的左侧；中间区域 Center 是在东、南、西、北都填满后剩下的区域。

（2）流式布局管理器（FlowLayout）：这种布局管理器会将组件按照添加顺序从左到右、从上到下进行放置。具体来说，流式布局管理器是最基本的布局管理器，在整个容器中的布局正如其名，像流一样从左到右摆放组件，直到占据了这一行的所有空间，然后再向下移动一行。默认情况下，组件在每一行都是居中排列的，但是通过设置也可以更改组件在每一行上的排列位置。

（3）网格布局管理器（GridLayout）：这种布局管理器将容器划分为网格，每个组件占据一个网格。可以指定网格的行数和列数，并可以选择是否允许组件跨越多个网格。

- 提示词：请提供 BorderLayout 的示例代码。
- 讯飞星火回答：

```
public class BorderLayoutExample {
```

```
    public static void main(String[] args) {
        JFrame frame = new JFrame("BorderLayout Example");
        frame.setDefaultCloseOperation(JFrame.EXIT_ON_CLOSE);
        frame.setSize(400, 300);
        // 创建面板并设置布局管理器为 BorderLayout
        JPanel panel = new JPanel();
        panel.setLayout(new BorderLayout());
        // 添加组件到不同的区域
        panel.add(new JButton("North"), BorderLayout.NORTH);
        panel.add(new JButton("South"), BorderLayout.SOUTH);
        panel.add(new JButton("East"), BorderLayout.EAST);
        panel.add(new JButton("West"), BorderLayout.WEST);
        panel.add(new JButton("Center"), BorderLayout.CENTER);
        // 将面板添加到窗口中并显示窗口
        frame.add(panel);
        frame.setVisible(true);
    }
}
```

读者还可以继续以聊天的方式和 AI 进行交互，学习更多的布局管理器的使用。在上述回答中，AI 只提到了 3 种布局管理器，但本章共介绍 4 种布局管理器，除了 AI 提供的 3 种，还会介绍 GridBagLayout 网格包布局管理器，它是 GridLayout 的加强版。

10.3.1 FlowLayout 布局管理器

FlowLayout 为流式布局管理器，会将组件按照添加顺序从左到右依次排列组件，当一行放不下时会自动换行。这些组件可以按左对齐、居中对齐（默认方式）或右对齐的方式排列。FlowLayout 构造方法如表 10.6 所示。

表 10.6 FlowLayout 构造方法

构造方法	说明
FlowLayout()	组件默认居中对齐。组件之间水平、垂直间距默认为 5 个单位
FlowLayout(int align)	指定组件对齐方式。组件之间水平、垂直间距默认为 5 个单位 例如，setLayout(new FlowLayout(FlowLayout.RIGHT));
FlowLayout(int align,int hgap,int vgap)	指定组件对齐方式和水平、垂直间距。 例如，setLayout(new FlowLayout(FlowLayout.LEFT,10,20));

例 10-8 定义一个流式布局示例类 FlowLayoutDemo，创建 100 个复选框，并要求从左到右、从上到下进行布局，具体代码如下，可参考学习资源中的“源代码 \ 第 10 章 \ 代码 10-10”。

```
public class FlowLayoutDemo {
```

```
    public static void main(String[] args) {
        JFrame frame = new JFrame(" 流式布局管理器 ");
        // 创建 FlowLayout 流式布局管理器
        FlowLayout manager = new FlowLayout(FlowLayout.LEFT);
        // 为窗口指定布局管理器
        frame.setLayout(manager);
        // 创建多个复选框
        for (int i = 0; i < 100; i++) {
            JCheckBox check = new JCheckBox("" + i);
            frame.add(check);
        }
        frame.setBounds(600, 300, 550, 350);
        frame.setDefaultCloseOperation(frame.EXIT_ON_CLOSE);
        frame.setVisible(true);
    }
}
```

运行结果如图 10.11 和图 10.12 所示。

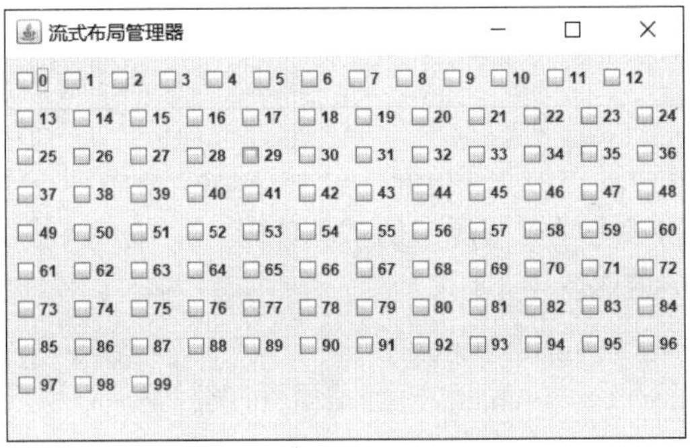

图10.11 例10-8的运行结果

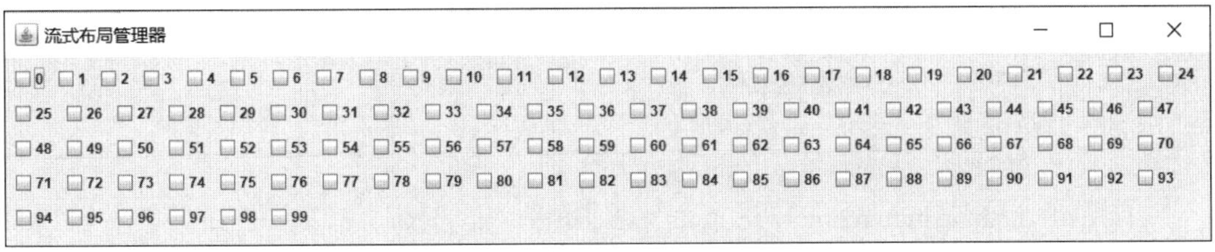

图10.12 例10-8中窗口拉宽的效果

在流式布局下，界面具有响应式能力。组件的位置跟随着界面大小而改变。前面任务中的布局为 setLayout(null)（绝对布局），通过设置组件坐标确定组件位置，这样组件位置不会随着界面大小的改变而改变。

10.3.2 BorderLayout 布局管理器

BorderLayout 为边框布局管理器，将容器内空间分为东、西、南、北、中 5 个区域，分别用

EAST、WEST、SOUTH、NORTH、CENTER 表示。

向容器中加入组件时，需要指明将其放在容器的哪个区域，如果某个区域没有分配组件，则其他组件可以占据该区域。布局效果如图 10.13 所示。

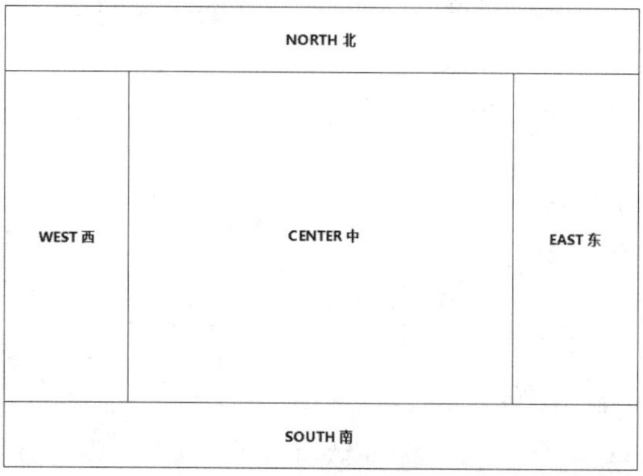

图10.13 边框布局效果

BorderLayout 构造方法如表 10.7 所示。

表 10.7 BorderLayout 构造方法

构造方法	说明
BorderLayout()	构建边框布局，组件间没有间隙
BorderLayout(int hgap,int vgap)	构造组件之间具有指定水平和垂直间隙的边框布局

例 10-9 定义一个边框布局示例类 BorderLayoutDemo，创建 5 个按钮分别放置在边框布局的 5 个方位，具体代码如下，可参考学习资源中的“源代码 \ 第 10 章 \ 代码 10-11”。

```
public class BorderLayoutDemo {
  public static void main(String[] args) {
        JFrame frame=new JFrame(" 边框布局管理器 ");
        // 创建 BorderLayout 边框布局管理器
        BorderLayout manager=new BorderLayout();
        // 为窗口指定布局管理器
        frame.setLayout(manager);
        // 创建 5 个按钮
        JButton button1=new JButton("EAST 东 ");
        JButton button2=new JButton("SOUTH 南 ");
        JButton button3=new JButton("WEST 西 ");
        JButton button4=new JButton("NORTH 北 ");
        JButton button5=new JButton("CENTER 中 ");
        // 按钮组件放置在不同方位
        frame.add(button1,BorderLayout.EAST);
        frame.add(button2,BorderLayout.SOUTH);
        frame.add(button3,BorderLayout.WEST);
```

```
            frame.add(button4,BorderLayout.NORTH);
            frame.add(button5,BorderLayout.CENTER);
            frame.setBounds(600, 300, 550, 350);
            frame.setDefaultCloseOperation(frame.EXIT_ON_CLOSE);
            frame.setVisible(true);
    }
}
```

运行结果如图 10.14 所示。

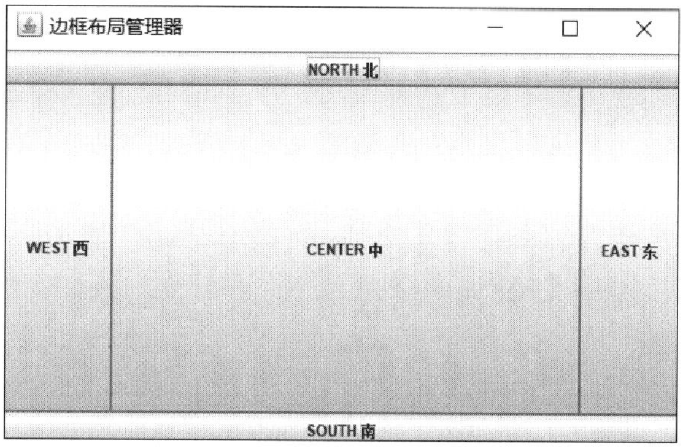

图10.14　例10-9的运行结果

10.3.3 GridLayout 布局管理器

GridLayout 为网格布局管理器，将容器分成 n 行 m 列个大小相等的网格，每个网格中放置一个组件。按照由左至右、由上而下的顺序，依次将组件填充到每个网格，并将自动占据网格的整个区域。GridLayout 构造方法如表 10.8 所示。

表 10.8　GridLayout 构造方法

构造方法	说明
GridLayout()	创建一个一行一列的网格布局
GridLayout(int rows, int cols)	创建具有指定行数和列数的网格布局
GridLayout(int rows, int cols, int hgap, int vgap)	创建具有指定行数、列数和各组件之间相互间隔的的网格布局

例 10-10　定义一个网格布局示例类 GridLayoutDemo，创建 8 个按钮放置在 3×3 的网格中，其中最后一个网格不放组件。具体代码如下，可参考学习资源中的“源代码 \ 第 10 章 \ 代码 10-12”。

```
public class GridLayoutDemo {
    public static void main(String[] args) {
            JFrame frame=new JFrame(" 网格布局管理器 ");
            // 创建 GridLayout 网格布局管理器
            GridLayout manager=new GridLayout(3,3,5,5);
            // 指定布局管理器
            frame.setLayout(manager);
```

```
            //创建 8 个按钮
            for (int i = 0; i < 8; i++) {
                JButton button = new JButton(" 按钮 " + (i+1));
                frame.add(button);
            }
            frame.setBounds(600, 300, 550, 350);
            frame.setDefaultCloseOperation(frame.EXIT_ON_CLOSE);
            frame.setVisible(true);
    }
}
```

运行结果如图 10.15 所示。

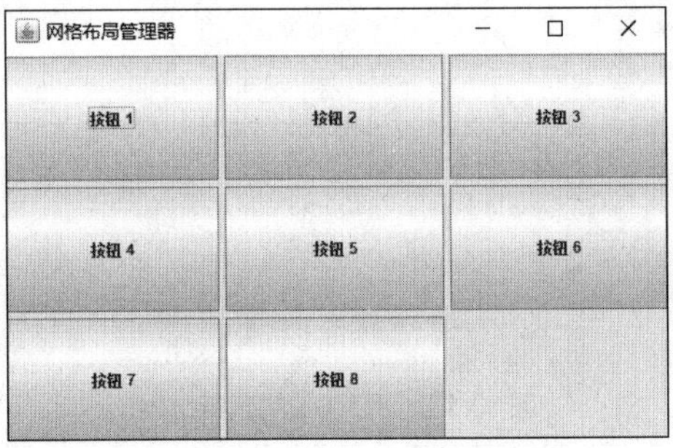

图10.15　例10-10的运行结果

10.3.4 GridBagLayout 布局管理器

GridBagLayout 为网格包布局管理器，是一种灵活的网格布局管理器，允许一个组件跨越一个或者多个网格。使用网格包布局管理器的关键在于 GridBagConstraints 对象，它用于指定组件在网格上的显示位置。GridBagConstraints 类中有很多用于设置约束条件的属性，如表 10.9 所示。

表 10.9　GridBagConstraints 属性

属性	说明
gridx	设置组件所在网格的横向索引（即所在的行）
gridy	设置组件所在网格的纵向索引（即所在的列）
gridwidth	设置组件横向跨越几个网格，默认值为 1
gridheight	设置组件纵向跨越几个网格，默认值为 1
fill	如果组件所有区域有空闲，设置填充方式如下。 NONE：默认，不改变组件大小。 HORIZONTAL：使组件水平方向填充空闲区域，但是高度不变。 VERTICAL：使组件垂直方向填充空闲区域，但宽度不变。 BOTH：水平垂直均匀填充，占满整个区域
weightx	设置在水平方向的组件占据多余空白的比例。假设容器的水平方向放置 2 个组件，2 个组件的 weightx 属性值分别为 1、2，当容器宽度增加 30 个像素时，这 2 个容器分别增加 10、20 像素。默认值是 0，即不占据水平方向多余的空间
weighty	设置在垂直方向的组件占据多余空白的比例

值得注意的是，如果将 gridx 和 gridy 的值设置为 GridBagConstraints.RELATIVE（默认值），则表示当前组件紧跟在上一个组件后面。gridwidth 和 gridheight 这两个属性的值设为 GridBagConstraints.REMAINER，则表示组件在当前行或列上为最后一个组件。

例 10-11 定义一个网格包布局示例类 GridBagLayoutDemo，创建具有跨行跨列的网格布局，具体代码如下，可参考学习资源中的“源代码 \ 第 10 章 \ 代码 10-13”。

```
public class GridBagLayoutDemo {
  public static void main(String[] args) {
            JFrame frame=new JFrame(" 网格包布局管理器 ");
            // 创建 GridBagLayout 网格包布局管理器
            GridBagLayout manager=new GridBagLayout();
            // 创建网格包约束
            GridBagConstraints constraints=new GridBagConstraints();
            // 为窗口指定布局管理器
            frame.setLayout(manager);
            constraints.fill=GridBagConstraints.BOTH; // 组件占满网格空余区域

            // 网格第一行
            constraints.weightx=1;               // 占据窗口水平方向多余的空间
            constraints.weighty=1;               // 占据窗口垂直方向多余的空间
            JButton btn1=new JButton(" 按钮 1");
            manager.setConstraints(btn1, constraints);
            frame.add(btn1);
            JButton btn2=new JButton(" 按钮 2");
            manager.setConstraints(btn2, constraints);
            frame.add(btn2);
            // 第一行最后一个组件
            constraints.gridwidth=GridBagConstraints.REMAINDER;
            JButton btn3=new JButton(" 按钮 3");
            manager.setConstraints(btn3, constraints);
            frame.add(btn3);

            // 网格第二行
            constraints.gridwidth=1;              // 取消最后一个组件约束
            constraints.gridheight=2;             // “按钮 4”纵向跨越 2 列
            JButton btn4=new JButton(" 按钮 4");
            manager.setConstraints(btn4, constraints);
            frame.add(btn4);

            constraints.gridheight=1;             // “按钮 5”纵向跨越 1 列
```

```
            JButton btn5=new JButton(" 按钮 5");
            manager.setConstraints(btn5, constraints);
            frame.add(btn5);
            // 第二行最后一个组件
            constraints.gridwidth=GridBagConstraints.REMAINDER;
            JButton btn6=new JButton(" 按钮 6");
            manager.setConstraints(btn6, constraints);
            frame.add(btn6);

            // 网格第三行（最后一个组件）
            constraints.gridwidth=GridBagConstraints.REMAINDER;
            JButton btn7=new JButton(" 按钮 7");
            manager.setConstraints(btn7, constraints);
            frame.add(btn7);

            // 网格第四行（最后一个组件）
            JButton btn8=new JButton(" 按钮 8");
            manager.setConstraints(btn8, constraints);
            frame.add(btn8);

            frame.setBounds(600, 300, 550, 350);
            frame.setDefaultCloseOperation(frame.EXIT_ON_CLOSE);
            frame.setVisible(true);
    }
}
```

运行结果如图 10.16 和图 10.17 所示。

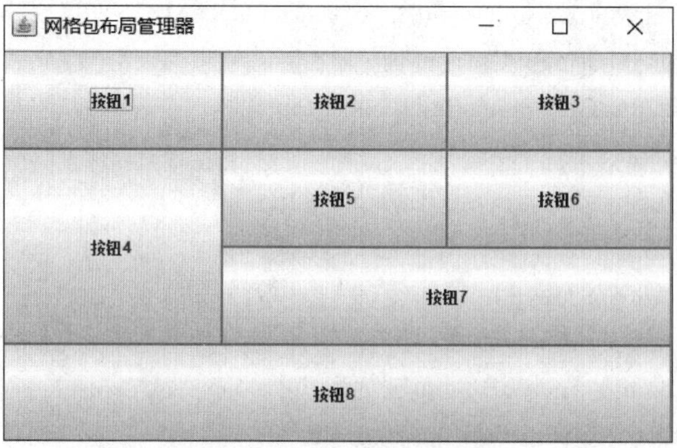

图10.16　例10-11 的运行结果

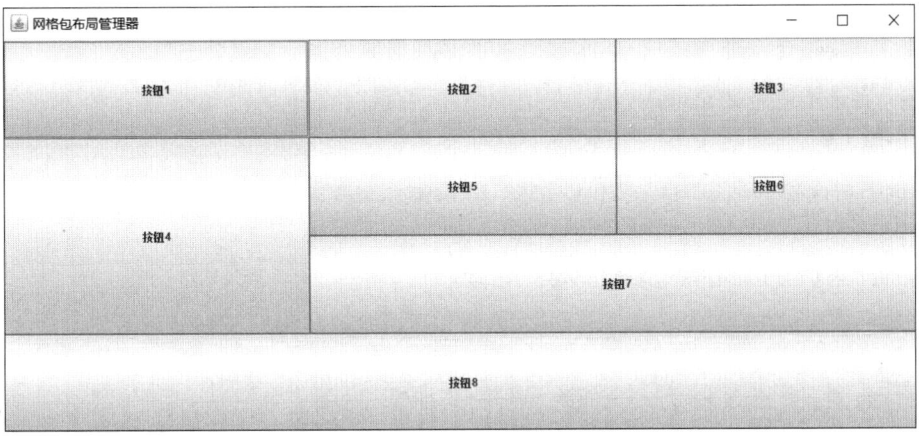

图10.17　例10-11的窗口拉宽效果

在上述示例中，网格包中的组件如果要随着窗口增大而增大，必须同时设置 fill、weightx 和 weighty 属性。

上机实操　设计计算器界面

◆ 上机要求

请按以下要求设计一个计算器界面。

（1）计算器界面整体使用边框布局。

（2）上面区域创建面板组件使用流式布局，面板中包含文本域和“清空”按钮。

（3）中央区域创建面板组件使用网格布局，面板包含 16 个按钮用以展示数字和操作符号。

运行结果如图 10.18 所示。

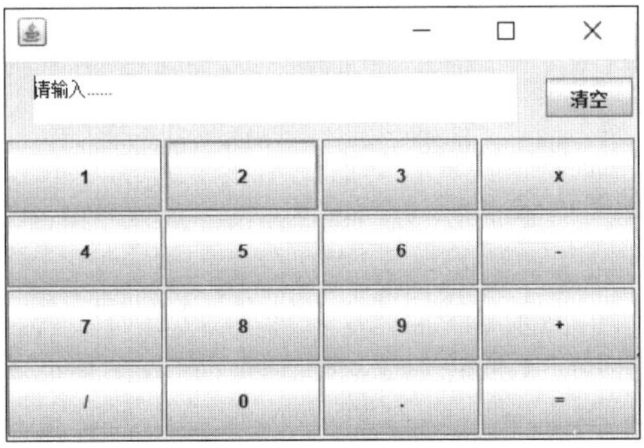

图10.18　计算器运行结果

◆ 实现思路

第 1 步　组件作为类属性应事先声明。

第 2 步　在构造方法中分别创建组件对象，包括以下内容。

- 创建本文域组件，用于显示计算公式。
- 创建按钮，显示“清空”。
- 创建面板 1，设置流式布局。包含文本域和“清空”按钮。
- 创建数字按钮和操作符号按钮。

- 创建面板 2，设置网格布局。包含数字按钮和操作符号按钮。
- 将窗口设置为边框布局，包含面板 1 和面板 2。

第 3 步 在该类中定义 main() 方法，创建计算器界面。

◆ 参考代码

实现以上程序运行结果的核心代码如下，具体可参考学习资源中的“源代码 \ 第 10 章 \ 代码 10-14”。

```
public class CalculatorFrame extends JFrame{
    private JPanel panel1;
    private JPanel panel2;
    private JTextArea textArea;
    private JButton clearBtn;
    private JButton btn1,btn2,btn3,btn4,btn5,btn6,btn7,btn8,btn9,btn10,btn11,btn12,btn13,btn14,btn15,
btn16;
    public CalculatorFrame() {
            // 创建 BorderLayout 边框布局管理器
            BorderLayout borderLayout=new BorderLayout();
            // 为窗口指定布局管理器
            this.setLayout(borderLayout);

            // 创建第一个面板，用于展示数字计算
            panel1=new JPanel();
            FlowLayout flow=new FlowLayout(FlowLayout.LEFT, 20,10);
            panel1.setLayout(  flow );
            // 在第一个面板中添加组件
            textArea=new JTextArea(" 请输入 ......", 2, 30);
            panel1.add(textArea);
            clearBtn=new JButton(" 清空 ");
            panel1.add(clearBtn);
            // 将第一个面板放在窗口上方
            this.add(panel1,BorderLayout.NORTH);

            // 创建第二个面板，用于展示数字按钮
            panel2=new JPanel();
            GridLayout grid=new GridLayout(4, 4,2,2);
            panel2.setLayout(grid);

            // 创建按钮并添加到第二个面板中，此处省略了其他 15 个按钮组件
            btn1=new JButton("1");
            panel2.add(btn1);
```

```
            //将第二个面板放在窗口下方
            this.add(panel2,BorderLayout.CENTER);
    }
}
```

任务10.4 事件处理

经过前面任务的学习，虽然我们可以运用布局管理器和常用组件设计出丰富的界面效果，但设计出来的界面并不具有与用户交互的能力，还是一个静态的界面。

本任务的目的是学习添加事件处理机制让界面具有交互能力，使界面“活”起来。

AI 工具助力学习

使用 Java Swing 编写登录信息校验功能

登录界面的账号密码校验是一个常见需求。不管是文本框失焦检验还是单击登录按钮校验，都需要在界面中添加事件机制。那么在 Java Swing 中如何添加事件呢？可以先让 AI 工具帮助编写登录信息校验功能，提前了解事件处理机制，然后我们再进行详细的学习。下面以 AI 工具文心一言为例进行提问。

- 提示词：使用 Java Swing 编写登录信息校验功能。
- 文心一言回答：

```
import javax.swing.*;
import java.awt.*;
import java.awt.event.*;
public class LoginApp extends JFrame {
    private JTextField usernameField;
    private JPasswordField passwordField;
    private JButton loginButton;

    public LoginApp() {
        // 创建 UI 组件
        usernameField = new JTextField(20);
        passwordField = new JPasswordField(20);
        loginButton = new JButton("Login");
        // 添加事件监听器
        loginButton.addActionListener(new ActionListener() {
            public void actionPerformed(ActionEvent e) {
                String username = usernameField.getText();
                String password = new String(passwordField.getPassword());
                // 检查用户名和密码是否匹配预设的用户名和密码
```

```
                if ("admin".equals(username) && "password".equals (password)) {
                    JOptionPane.showMessageDialog(LoginApp.this, "Login successful!");
                } else {
                    JOptionPane.showMessageDialog(LoginApp.this, "Invalid username or password.");
                }
            }
        });
        // 添加组件到窗口并设置布局管理器
        setLayout(new FlowLayout());
        add(new JLabel("Username:"));
        add(usernameField);
        add(new JLabel("Password:"));
        add(passwordField);
        add(loginButton);
        // 设置窗口标题和大小，并显示窗口
        setTitle("Login App");
        setSize(300, 150);
        setDefaultCloseOperation(JFrame.EXIT_ON_CLOSE);
        setVisible(true);
    }
    public static void main(String[] args) {
        new LoginApp();
    }
}
```

根据上面的示例代码，可以创建一个登录界面，包含账号、密码和“登录”按钮。单击“登录”按钮，如果输入账号为“admin”，密码为“password”，则表示登录成功，提示“Login successful!”，否则提示“Invalid username or password!”。而能够实现这种检验能力，其原因是在按钮上绑定了ActionListener进行动作事件监听。

10.4.1 事件处理机制

在Java Swing事件处理的过程中主要涉及三个对象，具体如下。

（1）事件源（Event Source）：产生事件的对象，如按钮、文本框、菜单等组件。

（2）事件（Event）：用户在事件源上进行的操作，如单击按钮、文本框失焦等。

（3）事件监听器（Event Listener）：负责监听事件源上发生的事件，并对各种事件做出相应处理。

以下是Java Swing事件处理的一般步骤。

第1步 注册事件监听器，通过使用事件源的addXxxListener()方法，将事件监听器注册到事件源上，例如按钮的addActionListener()方法。

第2步 创建事件监听器，例如ActionListener、KeyListener，重写相应的方法。

第 3 步 实现事件处理逻辑，在事件监听器的相应方法内编写事件处理逻辑。

第 4 步 触发事件，当用户在事件源上进行操作时，事件源会检测到事件发生，并将事件对象传递给注册的事件监听器。

第 5 步 事件监听器处理事件，注册的事件监听器接收到事件对象后，执行相应的处理逻辑。

10.4.2 常用事件

JDK 中通过大量的事件监听器接口实现监听不同类型的事件，这些事件可以分为动作事件、键盘事件、焦点事件等。

1. 动作事件

ActionEvent 是用于处理事件源上发生的动作，表示一个动作发生了，常用于单击按钮、选择菜单项和文本框按回车键等动作。由于在“AI 工具助力学习”中使用 Java Swing 编写登录信息校验功能的代码中已经使用过动作事件，这里就不再累述了。

2. 键盘事件

用户经常使用键盘对界面进行操作，这些操作被定义为键盘事件，比如键盘上的键被按下、释放。Java 提供了一个 KeyEvent 类表示键盘事件，并通过 KeyListener 监听事件。

例 10-12 定义一个键盘事件示例类 KeyEventExample，在文本框中输入内容，当按回车键后，弹出对话框显示输入内容，具体代码如下，可参考学习资源中的“源代码 \ 第 10 章 \ 代码 10-15”。

```
public class KeyEventExample extends JFrame{
  private JTextField textField;
  public KeyEventExample() {
        this.setBounds(600, 300, 450, 250);
        this.setDefaultCloseOperation(this.EXIT_ON_CLOSE);
        getContentPane().setLayout(new FlowLayout(FlowLayout.CENTER, 10, 10));
        // 创建文本框
        textField = new JTextField();
        textField.setColumns(30);
        this.add(textField);
        // 为文本框添加键盘监听事件，按回车键后弹出对话框
        textField.addKeyListener(new KeyListener() {
              @Override
              public void keyTyped(KeyEvent e) {
              }
              public void keyReleased(KeyEvent e) {
              }
              public void keyPressed(KeyEvent e) {
                    // 获取键盘字符编码
                    int keyCode = e.getKeyCode();
                    // 按回车键，弹出提示框
                    if(keyCode==10) {
```

```
                                        JOptionPane.showMessageDialog(KeyEventExample.this,
                                                " 文本框内容 : "+textField.getText(), " 提示 ",
JOptionPane.INFORMATION_MESSAGE);
                                }
                        }
                });
                this.setVisible(true);
        }
        public static void main(String[] args) {
                KeyEventExample example=new KeyEventExample();
        }
}
```

运行结果如图 10.19 所示。

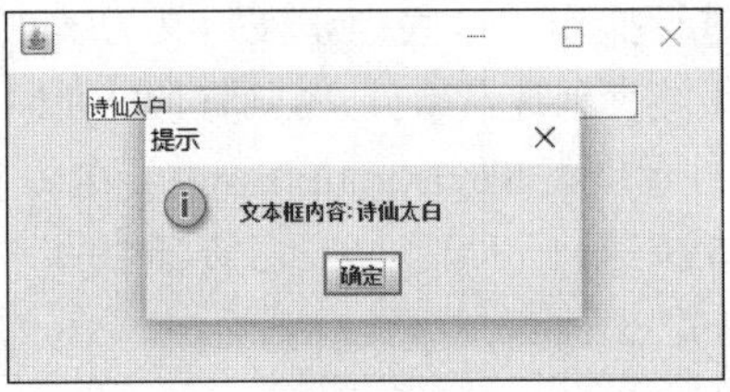

图10.19　例10-12的运行结果

3. 焦点事件

Java 提供了一个 FocusEvent 类表示焦点事件，并通过 FocusListener 监听组件获得或失去焦点。

例 10-13　定义一个焦点事件示例类 FocusEventExample。当光标聚焦在文本框时，文本框背景色变为 RGB(22,155,213)。当单击按钮时，文本框失去焦点，背景色变为白色。具体代码如下，可参考学习资源中的“源代码\第 10 章\代码 10-16”。

```
public class FocusEventExample extends JFrame {
    public FocusEventExample() {
            this.setBounds(600, 300, 550, 350);
            this.setDefaultCloseOperation(this.EXIT_ON_CLOSE);
            getContentPane().setLayout(null);
            JTextField textField = new JTextField();
            textField.setBounds(136, 67, 295, 41);
            getContentPane().add(textField);
            textField.setColumns(10);

            textField.addFocusListener(new FocusListener() {
                    // 失去焦点
                    public void focusLost(FocusEvent e) {
                            textField.setBackground( Color.white  );
```

```
                }
                // 获得焦点
                public void focusGained(FocusEvent e) {
                        textField.setBackground(new Color(22,155,213));
                }
            });
            JButton btnNewButton = new JButton(" 点我呀 ");
            btnNewButton.setBounds(231, 158, 113, 35);
            getContentPane().add(btnNewButton);
            this.setVisible(true);
    }
    public static void main(String[] args) {
            FocusEventExample example=new FocusEventExample();
    }
}
```

运行结果如图 10.20 和图 10.21 所示。

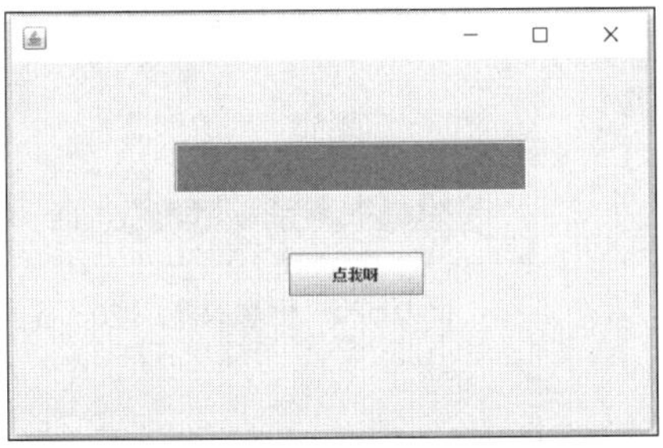

图10.20　例10-13的聚焦运行结果

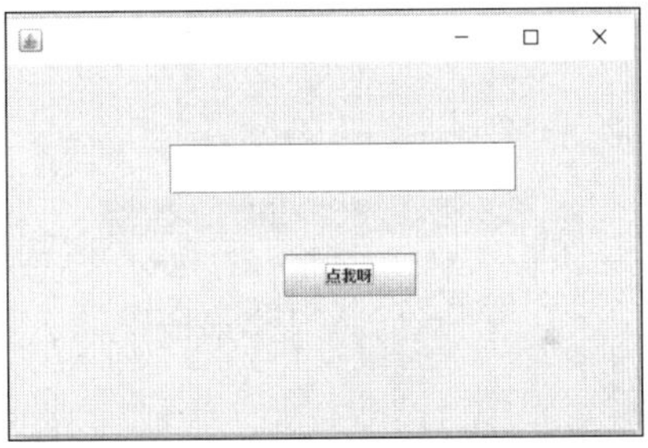

图10.21　例10-13的失焦运行结果

上机实操　诗人信息收集页

◆ 上机要求

请按以下要求设计一个诗人信息收集界面。

（1）界面整体使用绝对布局。

（2）收集信息包括姓名、享年、字、号、性别、代表作。其中要求如下：

- 姓名必填；
- 享年必填，且只能输入大于 0 且小于 200 的整数；
- 字与号文本框可以为空；
- 性别默认选中“男”；
- 代表作使用文本域，为必填项且长度不超过 100。

（3）如果不满足第要求（2），需要在对应的组件后进行相关提示。

（4）整体窗口背景色设置为白色。

（5）单击“开始收集”按钮，开始对界面信息进行校验。

运行结果如图 10.22 ~ 图 10.25 所示。

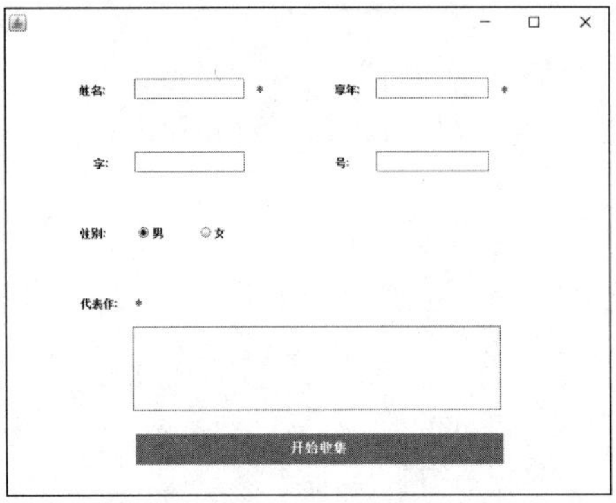

图10.22　初始界面

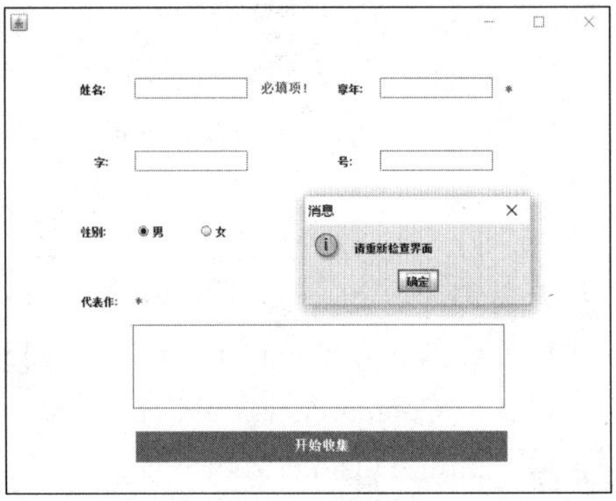

图10.23　姓名未填

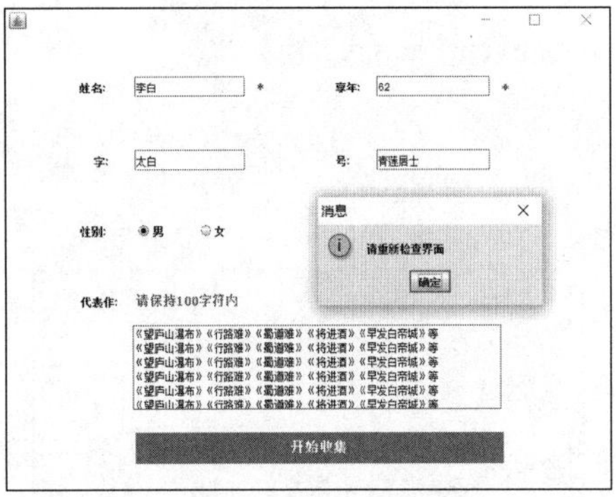

图10.24　代表作字数超出

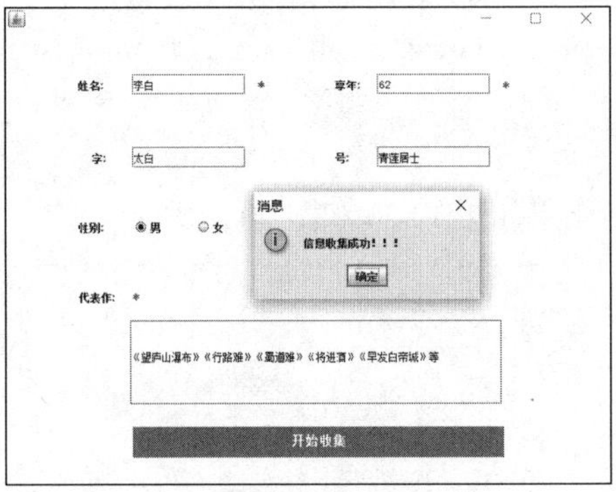

图10.25　信息收集成功

◆ 实现思路

第 1 步　组件作为类属性应事先进行声明。

第 2 步　构造方法中分别创建组件对象，包括如下几点。

- 创建姓名、享年、字、号、性别、代表作等标签组件。
- 在姓名、享年、字、号等标签后创建文本框组件。
- 创建性别对应的单选按钮：男和女。
- 创建代表作对应的文本域。
- 创建标签组件“开始收集”，设置其文字为白色并居中，背景色为 RGB (22,155,213)。
- 在姓名、享年、代表作后分别添加标签组件，用于显示校验不通过的提示信息。

第 3 步　在该类中定义 main() 方法，创建信息收集界面。

◆ 参考代码

实现以上程序运行结果的核心代码如下，具体可参考学习资源中的“源代码 \ 第 10 章 \ 代码 10-17”。

```
    // 校验姓名是否为空
    public boolean checkName() {
            requiredLabel1.setText("*");
```

```
        String name=nameTextField.getText();
        if("".equals(name)) {
                requiredLabel1.setText(" 必填项 !");
                return true;
        }
        return false;
}
// 校验年龄是否为空，以及是否处于正确的年龄范围
public boolean  checkAge() {
        requiredLabel2.setText("*");
        String ageStr=ageTextField.getText();
        if("".equals(ageStr)) {
                requiredLabel2.setText(" 必填项 !");
                return true;
        }
        try {
                int age=Integer.parseInt(ageStr);
                if(age>0 && age<200) {
                        return false;
                }else {
                        requiredLabel2.setText(" 享年 0 ~ 200");
                        return true;
                }
        }catch (NumberFormatException e) {
                requiredLabel2.setText(" 请录入整数 ");
                return true;
        }
}
// 代表作不能为空，且字数不超过 100
public boolean checkTextArea() {
        requiredLabel3.setText("*");
        String textArea=worksTextArea.getText();
        if("".equals(textArea)) {
                requiredLabel3.setText(" 必填项 !");
                return true;
        }
        if(textArea.length()>100) {
                requiredLabel3.setText(" 请保持在 100 个字符内 ");
                return true;
```

```
        }
        return false;
    }
```

任务10.5 WindowBuilder插件

在实际的开发过程中，界面往往很复杂，为了提高开发效率，可以使用插件辅助开发。WindowBuilder 是一款基于 Eclipse 的 GUI 插件。开发人员可以轻松拖放组件来创建窗口和组件，并自动生成相应的 Java 代码。

本任务的目的是学习 WindowBuilder 插件使用，以组件拖曳方式搭建复杂界面。

AI 工具助力学习

提供 WindowBuilder 插件安装教程

初学者刚刚接触使用插件开发图形用户界面，如果不知道如何安装 WindowBuilder 插件，那么可以向 AI 工具进行咨询获得帮助。例如，下面以 AI 工具 ChatGPT 为例，提供 WindowBuilder 插件安装教程。

- 提示词：提供一下 WindowBuilder 插件安装教程。
- ChatGPT 回答：

当下主流的 WindowBuilder 插件是在 Eclipse 上使用的，下面是 WindowBuilder 插件的安装教程。

步骤 1：打开 Eclipse IDE。首先，请确保您已经成功安装并打开了 Eclipse IDE。

步骤 2：打开 Eclipse Marketplace。在 Eclipse IDE 的菜单栏中，选择“Help”（帮助）选项，然后在下拉菜单中选择“Eclipse Marketplace”（Eclipse 市场）选项。这将打开 Eclipse Marketplace。

步骤 3：搜索 WindowBuilder。在 Eclipse Marketplace 中，你可以看到一个搜索框。在搜索框中输入“WindowBuilder”，然后单击“搜索”按钮。

步骤 4：选择 WindowBuilder 插件 。在搜索结果中，你会看到 WindowBuilder 插件的选项。单击“Go to the Marketplace”（前往市场）按钮，然后选择最新版本的 WindowBuilder 插件。

步骤 5：安装 WindowBuilder 插件。在 WindowBuilder 插件页面中，你会看到一个“Install”（安装）按钮。单击该按钮开始安装插件。

步骤 6：选择安装方式。在弹出的安装窗口中，你可以选择以“Eclipse IDE for Java Developers”（Java 开发者版）或“Eclipse IDE for Java EE Developers”（Java EE 开发者版）等其他版本进行安装。选择适合你的版本，然后单击“Confirm”（确认）按钮。

步骤 7：阅读和接受许可协议。在安装过程中，你将会看到一个许可协议页面。请仔细阅读协议内容，并选中“I accept the terms of the license agreement”（我接受许可协议的条款）选项。然后单击“Finish”（完成）按钮继续安装过程。

步骤 8：重启 Eclipse。安装完成后，建议重启 Eclipse IDE 以使插件生效。在重启后，你将能够在 Eclipse 的工具栏中找到 WindowBuilder 相关的视图和选项。

以上就是安装 WindowBuilder 插件的基本步骤，希望对你有所帮助。

通过在 Eclipse 市场搜索 WindowBuilder 插件，进行在线下载安装。在下载安装过程中需要读者耐心等待一段时间。如果下载安装过程中失败，可能有以下两个原因。

（1）JDK 版本低于 1.8。

（2）Eclipse 版本比较低，需要升级到较高版本。

10.5.1 插件设计界面

WindowBuilder 插件安装成功后，可选中 Java 工程下的包，右击后在弹出的快捷菜单中选择【New】→【Other】命令。在 Eclipse IDE 的 New 向导中会产生一个单独的向导模板，如图 10.26 所示。

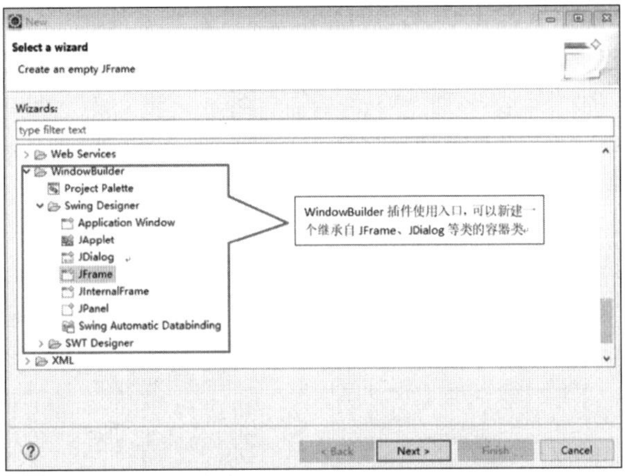

图10.26 WindowBuilder向导模板

在图 10.26 中选择【JFrame】，创建一个继承 JFrame 的类，命名为 MyFrame。该类提供了一个初始的窗口界面代码，默认处于【Source】源码模式。可在其左下角切换至【Design】设计模式，如图 10.27 所示。

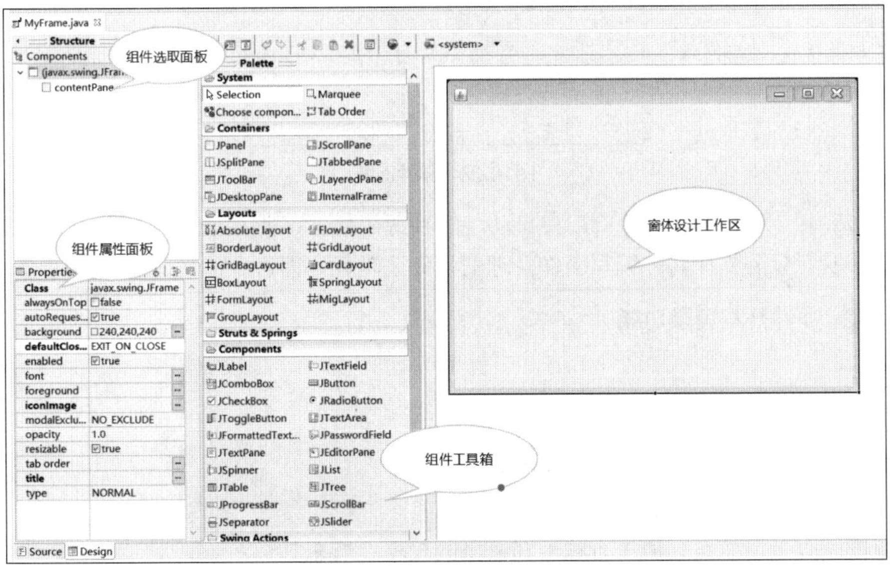

图10.27 设计模式

在图 10.27 中，可以在【组件工具箱】中选择所需的组件，然后拖曳到【窗体设计工作区】，比如按钮 JButton。同时在【组件选取面板】会生成这个按钮信息。在【组件选取面板】中选取该按钮，则可以在【组件属性面板】中设置该按钮的属性。

10.5.2 组件添加监听器

在设计模式下，【组件工具箱】中提供了各种各样的组件，比如标签、文本框、文本域、下拉框、单选按钮、复选框、滚动面板和表格等。而且还可以通过【组件属性面板】设置组件属性，比如布局管理器、文本、背景色、字体、位置和大小等。通过该面板可以快速地设计一个复杂的界面效果。同时在【组件属性面板】中还可以为组件添加事件处理，如图 10.28 所示。

图10.28 事件面板

在图 10.28 中，双击某个事件项，将自动跳转到源码模式，并在该组件上自动生成事件监听相关的代码，开发者只需要在其中编写事件处理的业务逻辑代码即可。

上机实操 插件开发登录功能

◆ 上机要求

请按以下要求设计一个登录功能。

（1）使用 WindowBuilder 插件进行组件拖曳。

（2）窗口布局为绝对布局。

（3）单击“登录”按钮，需进行账号和密码的校验，要求如下：

- 账号必填；
- 密码必填，且不能超过 6 位。

运行结果如图 10.29 ~ 图 10.32 所示。

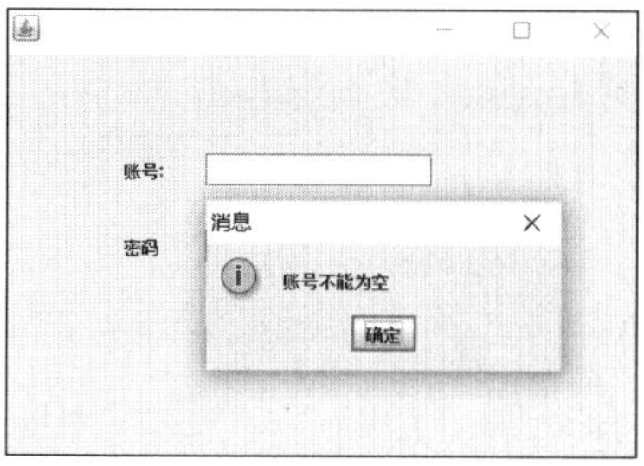

图10.29　账号未填

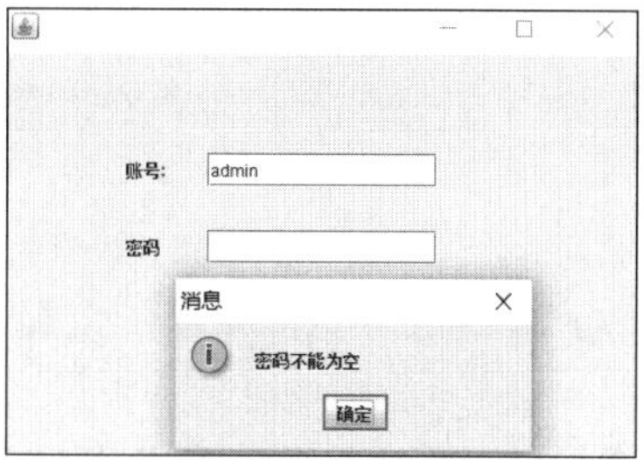

图10.30　密码未填

图10.31　密码超出6位

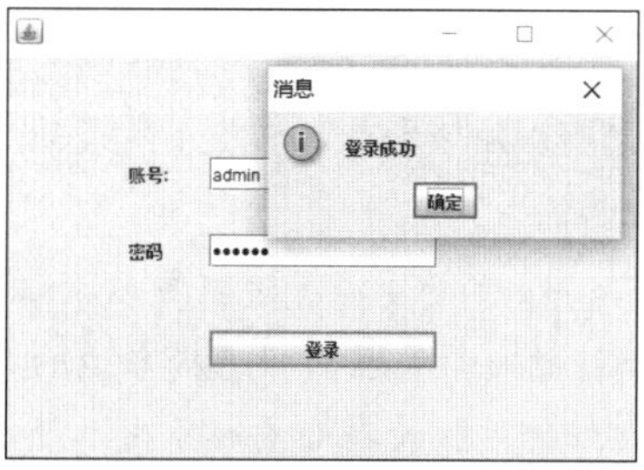

图10.32　登录成功

◆ 实现思路

第 1 步　从【组件工具箱】中拖曳 2 个标签组件，分别为“账号”和“密码”。

第 2 步　从【组件工具箱】中拖曳 1 个文本框组件和 1 个密码框组件。

第 3 步　从【组件工具箱】中拖曳 1 个按钮，修改属性命名为“登录”。

第 4 步　选取“登录”按钮，切换到事件面板中，为按钮添加动作事件，并编写账号、密码校验的业务代码。

◆ 参考代码

实现以上程序运行结果的核心代码如下，具体可参考学习资源中的“源代码\第 10 章\代码 10-18”。

```
JButton btnNewButton = new JButton(" 登录 ");
  btnNewButton.addActionListener(new ActionListener() {
  public void actionPerformed(ActionEvent e) {
          // 获取账号
          String username=textField.getText();
          // 获取密码
          String password=passwordField.getText();
          if("".equals(username)) {
                  JOptionPane.showMessageDialog(null, " 账号不能为空 ");
          }else if("".equals(password)) {
                  JOptionPane.showMessageDialog(null, " 密码不能为空 ");
          }else if(  password.length()>6 ) {
```

```
                    JOptionPane.showMessageDialog(null, " 密码长度不能超过 6 位 ");
            }else {
                    JOptionPane.showMessageDialog(null, " 登录成功 ");
            }
    }
});
```

AI 学习问答 如何让 Java Swing 界面变得美观

学习完前面的内容，读者会发现 Java Swing 的图形用户界面整体上并不美观。有哪些方式能让界面变得美观呢？我们可以向 AI 工具寻求帮助。下面以 AI 工具讯飞星火为例进行提问。

◎ 提示词：如何让 Java Swing 界面变得美观？

◎ 讯飞星火回答：

要让 Java Swing 界面变得美观，可以采取以下几种方法。

（1）使用合适的布局管理器：选择合适的布局管理器（如 BorderLayout、GridLayout、FlowLayout 等）来组织组件，使界面看起来更加整洁和有序。

（2）设置合适的字体和颜色：为文本组件设置合适的字体和颜色，以增强可读性和视觉吸引力。

（3）使用图标和图片：为按钮和其他组件添加图标或图片，可以使界面更加生动和有趣。

（4）自定义组件样式：通过继承 Swing 组件并重写相应的方法，可以实现自定义的组件样式，如圆角边框、渐变背景等。

（5）使用透明的窗口装饰：通过设置窗口的透明度和无边框效果，可以使界面看起来更加简洁和现代。

（6）添加动画效果：为界面添加一些动画效果，如过渡动画、鼠标悬停效果等，可以增加界面的交互性和吸引力。

（7）优化界面性能：避免过多的重叠组件、减少不必要的绘制操作等，可以提高界面的响应速度和性能。

◎ 提示词：有哪些第三方的包可以让 Java Swing 界面变得美观？

◎ 讯飞星火回答：

在 Java Swing 中，存在许多优秀的第三方包，它们可以帮助你美化并提升界面的观感。

（1）Substance：Substance 是一款被广泛使用的 Java Swing 外观实现。它提供了多种主题和样式，可以让你的 Swing 应用程序拥有更具吸引力和专业感的外观。无论是 Windows、macOS X 还是 Gnome 等操作系统，都能找到合适的主题。

（2）JGoodies：JGoodies 是一个提供了一系列 Swing 组件的第三方库。这些组件包括对话框、窗口、表格和树形结构等，它们的设计精美且使用方便，能让你的 Swing 应用的用户界面和用户体验得到大幅提升。

（3）jtattoo：jtattoo 是一款专注于 Swing 美化的第三方包。通过使用这个包，你可以给 Swing 添加更多个性化的元素，例如更换主题功能。

（4）BeautyEye：BeautyEye 同样是一款 Java Swing 跨平台外观实现。与其他外观不同，BeautyEye

的实现得益于 Android 的 GUI 基础技术。此外，BeautyEye 是完全免费的，你可以进行研究、学习甚至将其用于商业用途。

从上面的 AI 工具对话中可以得知，要想让界面变得精美，开发者可以自己通过设置字体颜色、合适的布局、图标和图片等方式，也可以引入三方的包，这两种方式都需要掌握。本书的最后一章将会开发一个微考试系统，引入 BeautyEye.jar 让界面整体变得精美，并对界面细节进行美化处理。

同步训练 实现用户登录跳转主界面

» 训练要求

请按以下要求设计一个登录界面，能跳转到主界面中。

（1）账号和密码必填，单击“登录”按钮，如果有一项没填就会弹出提示框。

（2）根据账号和密码查询数据库用户表，单击“登录”按钮，若存在该用户，则跳转到主界面，否则弹出提示框。

（3）登录成功，需要在主界面显示登录用户名。

运行结果图 10.33 ~ 图 10.37 所示。

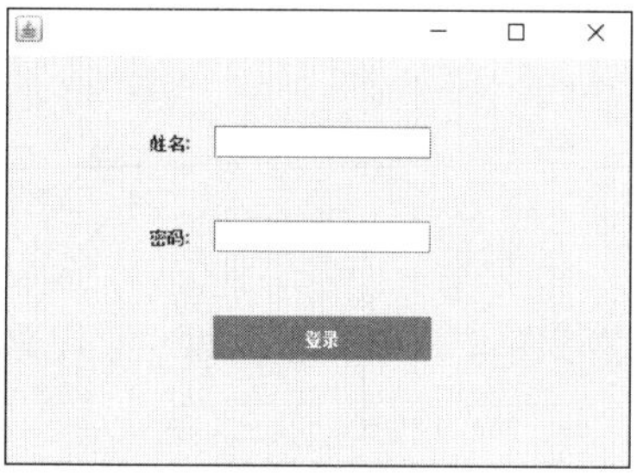

图10.33 登录界面

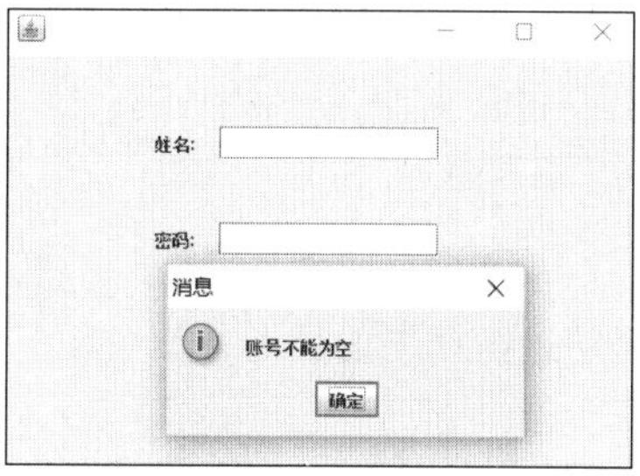

图10.34 账号未填

图10.35 密码未填

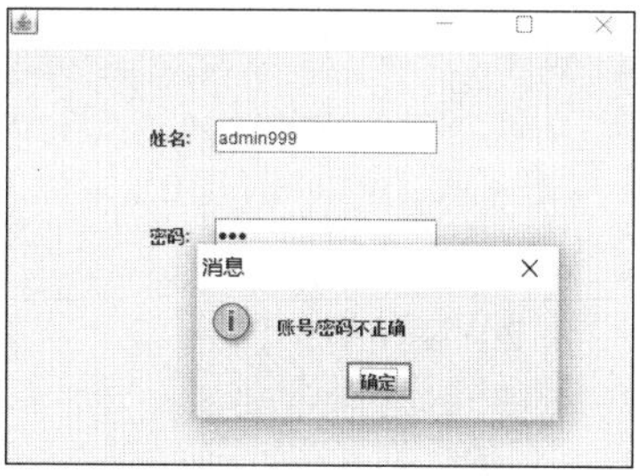

图10.36 账号/密码错误

图10.37 登录成功

» 实现思路

第 1 步 设计登录界面，具体操作如下：

- 从【组件工具箱】中拖曳 2 个标签组件，分别为“账号”和“密码”；
- 从【组件工具箱】中拖曳 1 个文本框组件和 1 个密码框组件；
- 从【组件工具箱】中拖曳一个标签组件创建“登录”按钮，设置其文字为白色并居中，背景色为 (22,155,213)。

第 2 步 事件监听，具体操作如下：

- 选取“登录”标签组件，切换到【事件面板】中，为按钮添加鼠标单击事件；
- 编写账号、密码校验的业务代码；
- 引入 JDBC 技术查询数据库用户表进行登录。

第 3 步 设计主界面，具体操作如下：

- 从【组件工具箱】中拖曳 1 个标签组件，显示“欢迎您”；
- 从【组件工具箱】中拖曳 1 个标签组件，用于显示登录的用户名；
- 通过构造方法传入登录用户名。

第 4 步 登录跳转到主界面，具体操作如下：

- 创建主界面对象，传入登录用户名；
- 关闭当前登录界面。

» 程序代码

实现以上程序运行结果的核心代码如下，具体可参考学习资源中的“源代码 \ 第 10 章 \ 代码 10-19”。

```
//sql 脚本
DROP TABLE IF EXISTS `t_user`;
CREATE TABLE `t_user` (
 `id` int(11) NOT NULL AUTO_INCREMENT,
 `username` varchar(10) NOT NULL,
 `password` varchar(10) NOT NULL,
 `nick` varchar(20) DEFAULT NULL,
 `hobby` varchar(255) DEFAULT NULL,
 PRIMARY KEY (`id`)
) ENGINE=InnoDB AUTO_INCREMENT=3 DEFAULT CHARSET=utf8mb4;

 // 根据账号和密码查询用户信息
 public User findUser(String username,String password ) {
     ResultSet rs=null;
     PreparedStatement stat=null;
     Connection conn=null;

     User user=null;
```

```
        try {
          // 编写查询 sql 语句
          String sql="select * from t_user where username=? and password=?";
          // 连接数据库
          conn = DBConnection.getConnection();
          // 预处理 sql 语句
          stat= conn.prepareStatement(sql);
          // 为 "?" 赋值
          stat.setString( 1 , username);
          stat.setString( 2 , password);

          // 执行 sql, 获取结果集
          rs= stat.executeQuery();

          // 遍历结果集
          while( rs.next() ){
            // 通过列名获取对应记录值
            String name = rs.getString("username");
            String pwd = rs.getString("password");

            user=new User();
            user.setUsername(name);
            user.setPassword(pwd);
            break;
          }
        }catch (Exception e) {
              e.printStackTrace();
            }finally {
                    try {
                            DBConnection.close(conn);
                    } catch (SQLException e) {
                            e.printStackTrace();
                    }
            }

        return  user;
    }

// 在登录界面中单击 "登录" 按钮
```

```
JLabel submitLabel = new JLabel(" 登录 ");
        submitLabel.addMouseListener(new MouseAdapter() {
            @Override
            public void mouseClicked(MouseEvent e) {
                // 获取账号
                String username=textField.getText();
                // 获取密码
                String password=passwordField.getText();
                if("".equals(username)) {
                  JOptionPane.showMessageDialog(null, " 账号不能为空 ");
                }else if("".equals(password)) {
                  JOptionPane.showMessageDialog(null, " 密码不能为空 ");
                }else {
                // 查询数据库是否存在该用户
                User user=dao.findUser(username, password);
                if( user !=null ) {
                   // 打开新界面
                   IndexFrame index = new IndexFrame(user. getUsername());
                   index.setVisible(true);
                   // 关闭当前界面
                   frame.dispose();
                }else {
                   JOptionPane.showMessageDialog(null, " 账号 / 密码不正确 ");
                      }
                }
            }
        });
```

小结

本章主要讲解了使用 Java Swing 组件来编写 GUI 图形用户界面。首先讲解了 Swing 组件继承关系，使用 JFrame 创建顶级窗口；其次讲解 Swing 常用的组件，包括标签组件、文本组件、按钮组件等；然后讲解了布局管理器，包括 FlowLayout、BorderLayout、GridLayout 等；再其次讲解了事件处理机制，以及常见的事件；最后讲解了在 Eclipse 中使用 WindowBuilder 插件提高开发效率。通过本章的学习，读者将具有开发桌面应用软件的能力。

11

第 11 章 并行编程技巧：多线程

Java 中的多线程是指通过同时运行多个线程来实现并发编程的机制。它通过同时执行多个任务，利用多核处理器和并行计算资源，提高项目的处理能力和响应速度；在多用户同时访问共享资源的情况下，使用多线程来确保数据的一致性和正确性，可以避免数据竞争问题；Java 提供的锁机制和线程同步工具，可以帮助解决死锁问题，并确保线程安全。不过多线程编程也存在一些挑战，如线程安全、性能调优、线程间通信等问题。在实践中，需要仔细设计和管理线程，避免出现线程安全问题，同时优化线程的并发性能。本章我们将学习多线程在项目中的应用。

课前思政

在某软件公司，程序员李明和王华肩负着开发一款在线教育平台的重任。这款平台需要处理大量用户请求，因此他们决定运用多线程技术，极大提升系统的处理能力，确保数据的一致性与正确性。

为了避免数据竞争和死锁，他们巧妙地使用了 Java 的线程同步机制，充分利用团队的智慧与经验。在反复的调试与优化中，他们成功平衡了 CPU 负载，使平台在高峰期也能稳定流畅地运行。

经过不懈的努力，在线教育平台终于顺利上线，为用户提供了无缝的学习体验。李明和王华的成功故事不但体现出了并行编程的技巧，而且生动地诠释了团队合作与技术创新的力量，激励着更多人勇敢追求卓越，克服挑战，创造美好未来。

学习目标

1. 知识目标

- 理解多线程并发编程机制。
- 掌握 Thread 类和 Runnable 接口。
- 掌握多线程编程流程。

2. 能力目标

- 能使用 Thread 类和 Runnable 接口来创建和管理线程。
- 能理解多线程机制。
- 能正确使用 synchronized 关键字。
- 能重写 run() 方法。
- 能使用 start() 方法。

3. 素质目标

- 培养学生的团队意识与应对挑战的能力。
- 培养学生的合作精神与发散思维。

任务11.1 线程概述

Java 是一种多线程的编程语言，支持多线程编程的主要原因是 Java 应用程序可以运行在不同的平台上，并且可以充分利用多核处理器的性能优势。

本任务的目的是如何使用进程和线程。

AI 工具助力学习

进程和线程的定义

进程和线程之间存在一定的区别和权衡。进程间的切换开销较大，线程间的共享数据需要考虑同步和互斥的问题。在多线程编程时，我们要注意它们的区别和联系，因此我们先使用 AI 工具 ChatGPT 来帮我们了解一下 Java 中进程和线程的概念。

- 提示词：请描述 Java 中进程和线程的概念是什么？
- ChatGPT 回答：

在 Java 中，进程和线程都是多任务并发处理的方式，但它们之间有较大的区别和联系。

进程是指计算机中正在运行的程序，是操作系统资源分配和调度的基本单位，具有独立的内存空间、代码、数据和文件资源，是由操作系统加载、初始化和调度的。在 Java 中，每个进程都有自己的 Java 虚拟机实例，可以通过执行 Java 命令来启动一个 Java 进程。一个 Java 进程可以包括多个线程。

线程是指程序中独立执行的代码片段，是程序中的执行单元，是由操作系统调度的最小单位。与进程不同，所有线程共享进程的内存空间和资源，并且线程之间可以共享变量和对象。在 Java 中，线程是通过 Thread 类来实现的，可以通过继承 Thread 类或实现 Runnable 接口来创建线程并执行任务。

Java 中的进程和线程都是基于操作系统提供的进程和线程，但是 Java 的线程机制与操作系统线程相比更具有灵活性和控制性，Java 提供了线程同步机制，如 synchronized 关键字和 Lock 接口，并且还提供了线程池、线程优先级等高层次的线程管理工具，可以更好地满足复杂的多线程编程需求，并提高程序的性能和可靠性。

在多线程编程时，需要注意线程安全和正确的资源共享，防止数据竞争和出现死锁问题。

ChatGPT 描述了进程和线程的概念，同时介绍了它们的区别和联系。但是在现代操作系统中，通常会允许多个线程共享同一个进程的内存空间，这就是所谓的“共享进程”。这样做的目的是提高内存利用率和系统性能。下面我们将更详细地介绍进程和线程。

11.1.1 什么是进程

进程是指计算机系统中正在运行的一个程序的实例。每个进程都有自己独立的内存空间和资源，它是操作系统资源分配和调度的基本单位。Java 提供了标准类库 Runtime 和 ProcessBuilder 来创建和管理进程。

1. Runtime 类

通过 Runtime 类，可以创建和控制进程。例如，调用 Runtime 类的 exec() 方法，可以创建一个新的进程。exec() 方法接收一个字符串参数，该参数指定要执行的命令或程序。

例 11-1 使用 Runtime 类创建进程。具体代码如下，可参考学习资源中的“源代码 \ 第 11 章 \ 代码 11-1”。

```
import java.io.BufferedReader;
import java.io.IOException;
import java.io.InputStreamReader;

public class ProcessDemo {
  public static void main(String[] args) {
    try {
      // 创建 Runtime 对象
      Runtime runtime = Runtime.getRuntime();

      // 执行命令或程序
      Process process = runtime.exec("ping www.baidu.com");

      // 处理进程的输出流
      BufferedReader reader = new BufferedReader(new InputStream Reader(process.
getInputStream()));
      String line;
      while ((line = reader.readLine()) != null) {
        System.out.println(line);
      }

      // 等待进程结束并获取退出状态码
      int exitCode = process.waitFor();
      System.out.println("Process exited with code: " + exitCode);
    } catch (IOException | InterruptedException e) {
      e.printStackTrace();
    }
  }
}
```

运行结果如图 11.1 所示。

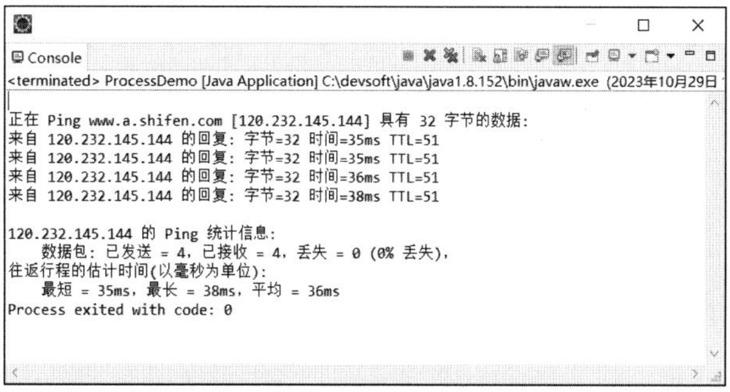

图11.1 Runtime类创建进程示例结果

2. ProcessBuilder 类

ProcessBuilder 类提供了更灵活和方便的方式来创建并控制进程。可以通过使用 ProcessBuilder 类的构造函数和方法来设置要执行的命令和参数，并通过调用 start() 方法来启动进程。

例 11-2 使用 ProcessBuilder 类创建进程。具体代码如下，可参考学习资源中的“源代码 \ 第 11 章 \ 代码 11-2”。

```
import java.io.BufferedReader;
import java.io.IOException;
import java.io.InputStreamReader;

public class ProcessBuilderDemo {
    public static void main(String[] args) {
        try {
            // 创建 ProcessBuilder 对象并指定要执行的命令
            ProcessBuilder processBuilder = new ProcessBuilder("ping", "www.baidu.com");

            // 启动进程
            Process process = processBuilder.start();

            // 处理进程的输出流
            BufferedReader reader = new BufferedReader(new InputStream Reader(process.
getInputStream()));
            String line;
            while ((line = reader.readLine()) != null) {
                System.out.println(line);
            }

            // 等待进程结束并获取退出状态码
            int exitCode = process.waitFor();
            System.out.println("Process exited with code: " + exitCode);
        } catch (IOException | InterruptedException e) {
            e.printStackTrace();
        }
    }
}
```

运行结果如图 11.2 所示。

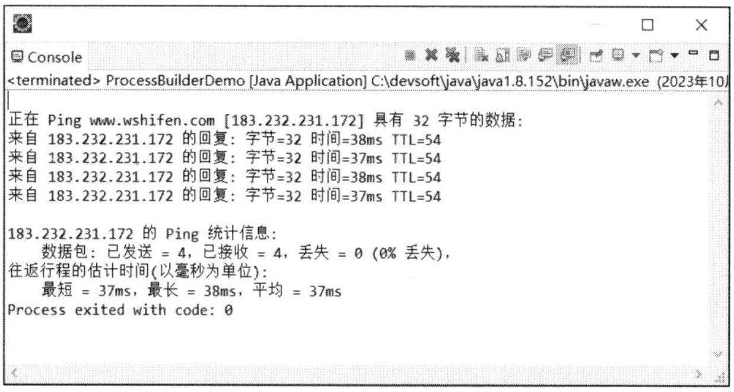

图11.2 ProcessBuilder类创建进程示例结果

除了 Java 的标准库，还可以使用第三方库来创建和管理进程，例如 Apache Commons Exec 库等。

创建进程后，可以使用 Process 对象来与进程进行交互，例如获取进程的输入 / 输出流、等待进程结束、获取进程的退出状态码等。

进程的创建和使用可能涉及操作系统的特定功能和限制。因此，在使用进程相关的功能时，需要仔细了解和处理与操作系统相关的问题，并确保能够正确处理进程的输入 / 输出、异常情况及资源的释放等。

11.1.2 什么是线程

线程是指程序中独立执行的代码片段，是程序中的执行单元，是由操作系统调度的最小单位。程序允许同时执行多个线程。Java 中可以使用以下类和接口来创建和操作线程。

（1）Thread 类：Thread 类是 Java 中最基本的线程类。可以通过继承 Thread 类或者通过传递 Runnable 接口实现类的实例来创建线程对象。使用 Thread 类可以定义线程的行为，并通过 start() 方法启动线程。

（2）Runnable 接口：Runnable 接口是一个函数式接口，定义了一个单独的任务。通过实现 Runnable 接口可以创建线程，将 Runnable 实例传递给 Thread 类的构造方法可以创建线程对象。

（3）Callable 接口：Callable 接口类似于 Runnable 接口，但它可以返回一个结果，并且可以抛出异常。通过实现 Callable 接口和使用 ExecutorService，可以执行线程。

（4）Executor 框架：Executor 框架提供了一种执行和管理线程的高级方法，它包括 Executor、ExecutorService、ScheduledExecutorService 等接口和实现类，可以方便地创建和管理线程池，实现任务的异步执行和调度。

（5）ThreadPoolExecutor 类：ThreadPoolExecutor 是 Executor 框架的一个具体实现类，用于创建和管理线程池。通过使用 ThreadPoolExecutor 类，可以控制线程池的大小、监视池中的线程、设置任务队列等。

（6）CompletionService 接口：CompletionService 接口用于提交任务，并异步获取已完成任务的结果。它在多个任务执行完成后，按照完成的顺序返回结果，可以方便地处理并发任务的结果。

例 11-3 创建和使用线程。具体代码如下，可参考学习资源中的“源代码 \ 第 11 章 \ 代码 11-3”。

```
public class MyThread implements Runnable {
    public void run() {
        for (int i = 0; i < 10; i++) {
```

```
            System.out.println(" 线程运行中 ...");
            try {
                Thread.sleep(1000); // 休眠 1 秒
            } catch (InterruptedException e) {
                e.printStackTrace();
            }
        }
    }
    public static void main(String[] args) {
        MyThread myThread = new MyThread();
        Thread thread = new Thread(myThread); // 创建一个 Thread 对象
        thread.start(); // 启动线程
    }
}
```

运行结果如图 11.3 所示。

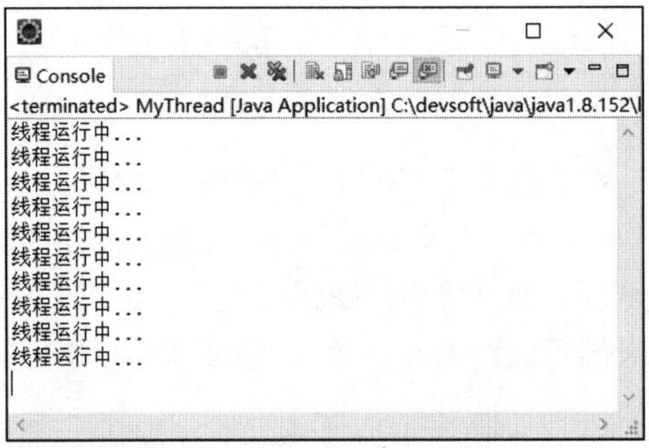

图11.3　线程示例显示结果

通过这些类和接口，可以更灵活地创建和操作线程，实现并发执行任务、多线程处理、线程池管理等需求。在执行时，需要注意线程安全性、资源管理、线程间通信等问题，以确保多线程操作的正确性和效率。在后续章节我们将详细介绍 Thread 类和 Runnable 接口创建和操作线程。

上机实操　编码实现打开记事本的一个进程

◆ 上机要求

编写一个类，实现打开记事本进程，运行结果如图 11.4 所示。

图11.4　创建及打开记事本进程

◆ 实现思路

第 1 步 创建类 RuntimeDemo。

第 2 步 使用 Runtime.getRuntime() 方法获取 Runtime 对象。

第 3 步 调用 exec() 方法创建一个进程并执行命令 notepad.exe（打开记事本应用程序）。

第 4 步 使用 waitFor() 方法等待记事本进程结束，并通过 exitValue() 方法获取进程的退出状态码。（单击 Console 窗口红色按钮可停止进程）

◆ 参考代码

实现以上程序运行结果的代码如下，具体可参考学习资源中的“源代码\第 11 章\代码 11-4”。

```
import java.io.IOException;

public class RuntimeDemo {
    public static void main(String[] args) {
        try {
            // 获取 Runtime 对象
            Runtime runtime = Runtime.getRuntime();

            // 创建进程并执行命令
            Process process = runtime.exec("notepad.exe");

            // 等待记事本进程结束
            int exitCode = process.waitFor();
            System.out.println("Notepad process exited with code: " + exitCode);
        } catch (IOException | InterruptedException e) {
            e.printStackTrace();
        }
    }
}
```

任务11.2 线程的创建

在多 CPU 系统中，使用多线程可以充分利用 CPU 资源，提高 CPU 利用率；相比于启动新的进程，启动一个线程所花费的空间和时间都更少，这有助于降低程序的开销；对于耗时操作，使用多线程可以异步处理任务，提高应用程序的响应速度。在编写多线程程序时，一定要注意线程安全和资源同步问题，以避免出现诸如死锁、竞争等问题。

本任务的目的是采用 Thread 类和 Runnable 接口创建多线程。

AI 工具助力学习

创建多线程的方法

Java 中创建线程的类和接口很多，如何选择？下面我们让 AI 工具文心一言来帮我们了解一下创建多线程的方法有哪些。

- 提示词：Java 中创建多线程的方法有哪些？
- 文心一言回答：

在 Java 中，主要有以下三种方式来创建多线程。

（1）继承 Thread 类：定义一个类，继承 Thread 类，并重写 run() 方法。run() 方法的内容为该线程要执行的任务。使用 Thread 类的 start() 方法启动线程。

（2）实现 Runnable 接口：定义一个类，实现 Runnable 接口，并重写该接口的 run() 方法，run() 方法体仍然是执行体。调用 Thread 类实例的 start() 方法启动线程。

（3）实现 Callable 接口：定义一个类 A，实现 Callable 接口，并重写该接口的 call() 方法，call() 方法体仍然是执行体，call() 方法有返回值。

文心一言大概介绍了 Java 中创建多线程的方法，有继承 Thread 类、实现 Runnable 接口和实现 Callable 接口，你可以继续提问文心一言，让它详细举例介绍实现多线程的案例。下面我们就继承 Thread 类、实现 Runnable 接口两种方法进行详细说明。

11.2.1 继承 Thread 类创建多线程

Thread 类是 Java 中最基本的线程类，创建多线程可以通过继承自 Thread 类，重写 run() 方法，然后调用 start() 方法启动线程。

例 11-4 使用 Thread 类创建线程。具体代码如下，可参考学习资源中的“源代码\第 11 章\代码 11-5”。

```
package chapter11;
public class MyThreadDemo extends Thread {
    private String name;
        public MyThreadDemo(String name) {
        this.name = name;
    }

    public void run() {
        System.out.println("Thread " + name + " is running");
        try {
            Thread.sleep(2000);
        } catch (InterruptedException e) {
            e.printStackTrace();
        }
        System.out.println("Thread " + name + " is finished");
    }
```

```
    public static void main(String[] args) {
        MyThreadDemo thread1 = new MyThreadDemo("Thread 1");
        MyThreadDemo thread2 = new MyThreadDemo("Thread 2");

        thread1.start();
        thread2.start();

        // 主线程继续执行其他任务
        System.out.println("Main thread is running");

        try {
            thread1.join();
            thread2.join();
        } catch (InterruptedException e) {
            e.printStackTrace();
        }

        System.out.println("All threads are finished");
    }
}
```

运行结果如图 11.5 所示。

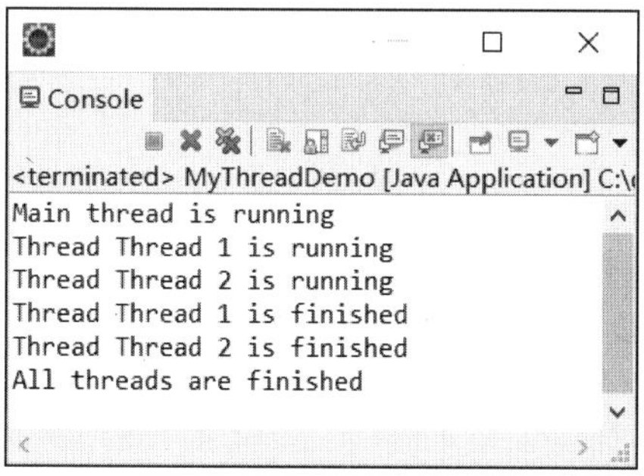

图11.5　Thread类创建多线程运行结果

11.2.2 实现 Runnable 接口创建多线程

Runnable 接口是 Java 中的一个基本接口，被用来定义一个可执行的线程。它只有一个必须实现的方法，即 run() 方法。当一个线程启动时，run() 方法将被执行。要创建一个线程，可以先创建一个实现 Runnable 接口的类，再将其实例作为参数传递给 Thread 类的构造函数，然后调用 Thread 类的 start() 方法来启动线程。

例 11-5 使用 Runnable 接口创建一个线程。具体代码如下，可参考学习资源中的“源代码 \ 第 11 章 \ 代码 11-6”。

```java
package chapter11;

public class MyRunnable implements Runnable {
    private String name;

    public MyRunnable(String name) {
        this.name = name;
    }

    public void run() {
        System.out.println("Thread " + name + " is running");
        try {
            Thread.sleep(2000);
        } catch (InterruptedException e) {
            e.printStackTrace();
        }
        System.out.println("Thread " + name + " is finished");
    }

    public static void main(String[] args) {
        Thread thread1 = new Thread(new MyRunnable("Thread 1"));
        Thread thread2 = new Thread(new MyRunnable("Thread 2"));

        thread1.start();
        thread2.start();

        // 主线程继续执行其他任务
        System.out.println("Main thread is running");

        try {
            thread1.join();
            thread2.join();
        } catch (InterruptedException e) {
            e.printStackTrace();
        }

        System.out.println("All threads are finished");
    }
}
```

运行结果如图 11.6 所示。

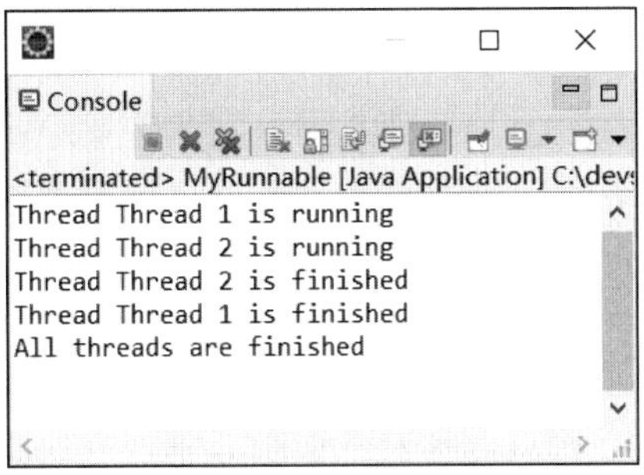

图11.6　Runnable接口创建多线程运行结果

在这个例子中，MyRunnable 类实现了 Runnable 接口，并重写了 run() 方法来定义线程的具体逻辑。在 run() 方法内部，线程打印一条开始执行的消息，然后休眠 2 秒，最后打印一条执行结束的消息。在 main() 方法中创建了两个 Thread 实例，将 MyRunnable 的实例作为参数传递给 Thread 构造函数，然后启动这两个线程。

11.2.3 两种方式的对比

使用 Runnable 接口和 Thread 类创建多线程都有各自的优缺点，如表 11.1 所示。

表 11.1　创建多线程方式对比

创建多线程方式	优点	缺点
Runnable 接口创建多线程	（1）避免单继承限制：在 Java 中，一个类只能继承自一个父类，但是可以实现多个接口。因此，使用 Runnable 接口创建多线程可以避免因为继承了 Thread 类而无法继承其他类的局限。 （2）提高代码的可复用性：多个线程可以共享同一个 Runnable 实例，这样可以避免在每个线程中重复创建和管理多个线程对象，节省了资源。 （3）支持线程池技术：Runnable 接口可以用于线程池，线程池可以更好地管理和调度线程	（1）相对复杂：与使用 Thread 类相比，使用 Runnable 接口需要单独定义一个实现类，并在实现类中实现 run() 方法，相对而言，代码可能会更加烦琐。 （2）无法直接访问线程的方法和属性：与 Thread 对象相比，Runnable 对象无法直接访问 Thread 类的方法和属性，因此在某些情况下可能需要通过其他方式传递参数或共享数据
Thread 类创建多线程	（1）直接简单：使用 Thread 类创建多线程最为直接简单，只需要继承 Thread 类并重写 run() 方法即可创建线程。 （2）可直接访问线程的方法和属性：Thread 类具有丰富的方法和属性，可以方便地进行调用和管理	（1）类继承限制：在 Java 中，一个类只能继承自一个父类，所以使用 Thread 类创建多线程可能会受到类继承的限制。 （2）缺乏代码复用性：每创建一个新的线程，都需要实例化一个新的 Thread 对象，相对而言，代码复用性较差。 （3）难以集中管理：在多个线程实例中，无法集中管理和控制，可能需要手动处理线程之间的同步和协调问题

综上所述，使用 Runnable 接口和 Thread 类创建多线程各有特点，可以根据具体需求选择合适的方式。如果需要更好地管理和调度多个线程，使用 Runnable 接口可能更适合；如果简单地创建一个线程，并且需要直接访问线程的方法和属性，使用 Thread 类可能更为方便。

上机实操　编码实现创建多个线程并进行并发执行

◆ 上机要求

创建一个名为 WorkerThread 的类，表示线程要执行的任务，WorkerThread 继承 Runnable 接口，重写 WorkerThread 中的 run() 方法，run() 方法中存放具体任务逻辑；在 main() 方法中使用 threads 数组存放多个线程对象，使用 join() 方法等待各线程完成。运行结果如图 11.7 所示。

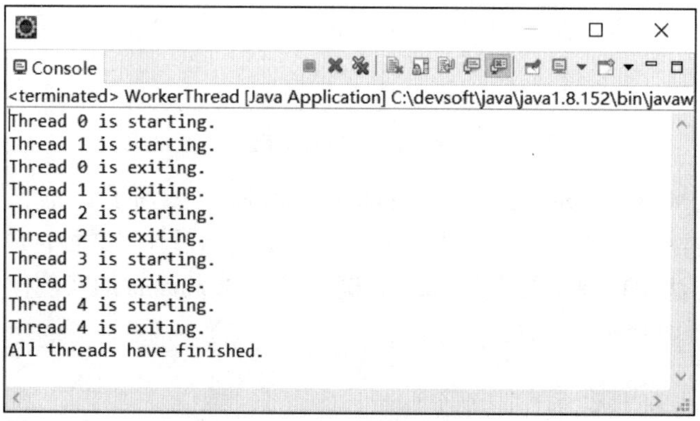

图11.7　多线程程序运行结果

◆ 实现思路

第 1 步　创建一个名为 WorkerThread 的类，表示线程要执行的任务，WorkerThread 继承 Runnable 接口。

第 2 步　重写 run() 方法实现具体的任务逻辑。

第 3 步　在 main() 方法中，创建了一个线程数组 threads。

第 4 步　使用 new Thread(new WorkerThread(i)) 创建多个线程对象，并将其存储在数组中。

第 5 步　使用 start() 方法启动每个线程。

第 6 步　使用 join() 方法等待每个线程完成执行。（join() 方法用于等待一个线程的结束，确保所有线程都执行完毕后，继续执行主线程。）

第 7 步　输出“All threads have finished”，表示所有线程执行完成。

◆ 参考代码

实现以上程序运行结果的代码如下，具体可参考学习资源中的“源代码 \ 第 11 章 \ 代码 11-7”。

```
package chapter11;
class WorkerThread implements Runnable {
    private int threadNum;

    public WorkerThread(int threadNum) {
        this.threadNum = threadNum;
    }

    @Override
```

```
    public void run() {
        System.out.println("Thread " + threadNum + " is starting.");
        // 执行任务
        System.out.println("Thread " + threadNum + " is exiting.");
    }
    public static void main(String[] args) {
        // 创建线程数组
        Thread[] threads = new Thread[5];

        // 创建并启动多个线程
        for (int i = 0; i < 5; i++) {
            threads[i] = new Thread(new WorkerThread(i));
            threads[i].start();
        }

        // 等待所有线程完成
        for (int i = 0; i < 5; i++) {
            try {
                threads[i].join();
            } catch (InterruptedException e) {
                e.printStackTrace();
            }
        }

        System.out.println("All threads have finished.");
    }
}
```

任务11.3 线程的调度

线程的调度是指操作系统为每个线程分配时间。在多线程程序中，当有多个线程处于可执行状态时，操作系统需要进行合理的调度来分配 CPU 时间，使得所有线程都可以得到执行，从而实现并发执行。

Java 中的线程调度是由 JVM 和操作系统共同实现的。JVM 先将 Java 线程映射到本地操作系统的线程，并使用操作系统提供的调度机制来分配 CPU 时间。然后 Java 线程通过 Thread 类提供的 yield()、sleep()、wait() 等方法来主动放弃 CPU 时间，从而让其他线程执行。

本任务的目的是学习如何完成线程调度。

AI 工具助力学习

实现线程的生命周期

在 Java 编程中，需要对线程进行合理的管理和调度，防止线程出现死锁、竞争等问题，并优化线程的执行效率，因此了解线程的生命周期至关重要。我们首先使用 AI 工具 ChatGPT 来帮助我们了解一下线程的生命周期包括哪些状态。

- 提示词：请描述 Java 中线程的生命周期有哪些状态。
- ChatGPT 回答：

线程的生命周期包括以下几种状态。

（1）新建状态（New）：当新建一个线程对象时，该线程处于新建状态。

（2）运行状态（Runnable）：当调用 start() 方法之后，线程处于就绪状态。当获取到 CPU 时间片并开始执行 run() 方法时，线程处于运行状态。

（3）阻塞状态（Blocked）：当线程等待某些条件，如等待 I/O 操作或获取对象锁等待其他线程释放锁时，线程处于阻塞状态。

（4）等待状态（Waiting）：调用 wait() 方法等待某些条件时，线程处于等待状态。

（5）超时等待状态（Timed Waiting）：调用 sleep()、join()、LockSupport.parkNanos() 或 LockSupport.parkUntil() 等方法时，线程处于超时等待状态。

（6）终止状态（Terminated）：当线程执行完 run() 方法或者发生异常导致 run() 方法提前结束时，线程进入终止状态。

ChatGPT 为我们介绍了线程生命周期的 6 个状态，线程生命周期中的状态并没有严格的顺序要求，线程的状态会随着运行时的不同条件和事件而不断转换。同时，线程的状态图不包括线程并发执行时可能带来的数据竞争、死锁等问题，需要使用更高级的技术来处理。下面我们用具体案例来学习线程的生命周期。

11.3.1 线程的生命周期

例 11-6 创建一个简单的案例来演示线程的生命周期。具体代码如下，可参考学习资源中的“源代码 \ 第 11 章 \ 代码 11-8”。

```
package chapter11;

public class ThreadLifecycleDemo {
    public static void main(String[] args) throws Exception {
        // 创建一个新线程对象
        Thread thread = new Thread(() -> {
            System.out.println(" 线程开始执行 ");
            try {
                // 让线程休眠 5 秒
                Thread.sleep(5000);
```

```
            } catch (InterruptedException e) {
                e.printStackTrace();
            }
            System.out.println(" 线程执行完成 ");
        });
        // 打印线程状态：NEW（新建）
        System.out.println(" 线程状态 : " + thread.getState());
        // 启动线程
        thread.start();
        // 打印线程状态：RUNNABLE（运行中）
        System.out.println(" 线程状态 : " + thread.getState());
        // 等待线程完成
        thread.join();
        // 打印线程状态：TERMINATED（终止）
        System.out.println(" 线程状态 : " + thread.getState());
    }
}
```

运行结果如图 11.8 所示

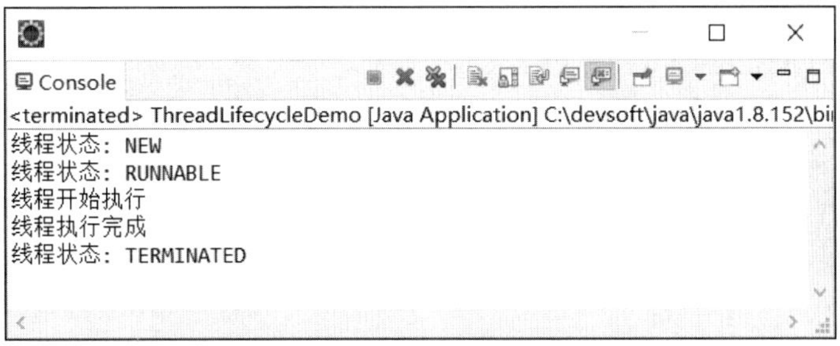

图11.8　线程生命周期显示结果

在程序中，我们创建一个新的线程对象，启动线程并等待线程完成。线程执行 run() 方法时，会先打印“线程开始执行”，然后休眠 5 秒后打印“线程执行完成”。在不同时间段内，线程状态不同。在打印线程状态时，我们使用了线程状态的 getState() 方法。

11.3.2 线程的优先级

线程优先级是线程调度的一个重要因素。在 Java 中，线程优先级被分为 10 个等级，从 MIN_PRIORITY(1) 到 MAX_PRIORITY(10)。默认情况下，所有线程的优先级都是 NORM_PRIORITY(5)。Thread.setPriority() 方法可以更改线程的优先级，但受操作系统和虚拟机版本影响，当可运行的线程数超过了可用的 CPU 数目时，线程调度器更偏向于去执行那些拥有更高优先级的线程，线程优先级是一个可以用来影响线程执行顺序的因素，但它并不是唯一的因素。在实际应用中，需要根据具体的应用场景和需求来选择合适的线程优先级设置。

例 11-7 下面是设置线程优先级的案例。具体代码如下，可参考学习资源中的“源代码 \ 第 11 章 \ 代码 11-9”。

```
package chapter11;

public class ThreadPriorityDemo {
    public static void main(String[] args) throws Exception {
        // 创建 3 个线程对象，分别设置优先级
        Thread t1 = new Thread(() -> {
            for (int i = 0; i < 10; i++) {
                System.out.println(" 线程 1 执行，优先级为：" + Thread.current Thread().
getPriority());
            }
        });
        t1.setPriority(Thread.MIN_PRIORITY);

        Thread t2 = new Thread(() -> {
            for (int i = 0; i < 10; i++) {
                System.out.println(" 线程 2 执行，优先级为：" + Thread.current Thread().
getPriority());
            }
        });
        t2.setPriority(Thread.NORM_PRIORITY);

        Thread t3 = new Thread(() -> {
            for (int i = 0; i < 10; i++) {
                System.out.println(" 线程 3 执行，优先级为：" + Thread.current Thread().
getPriority());
            }
        });
        t3.setPriority(Thread.MAX_PRIORITY);

        // 启动 3 个线程
        t1.start();
        t2.start();
        t3.start();
    }
}
```

运行结果如图 11.9 所示。

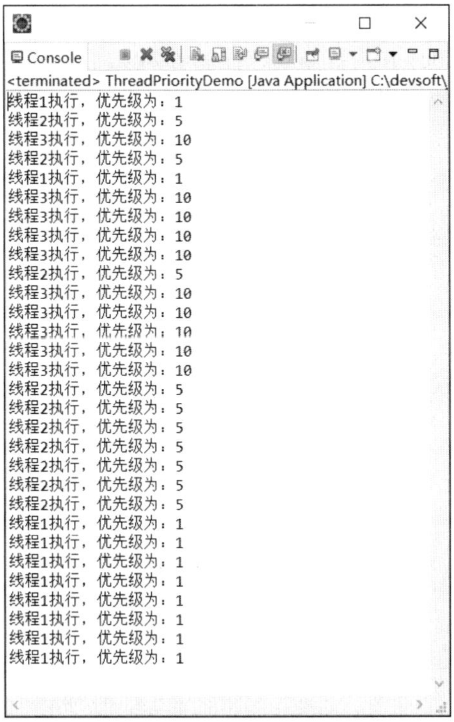

图11.9　线程优先级案例显示结果

在程序中，创建了 3 个线程对象，分别设置优先级为 1、5、10，并启动这 3 个线程。在运行过程中，优先级较高的线程执行更多的时间片，但并不一定始终如此，这取决于操作系统的具体实现。

注　意　线程优先级确定不了程序的执行顺序，只是让高优先级的线程有更多的机会获得 CPU 时间片，但并不保证一定执行。

11.3.3 线程休眠

线程休眠是指让当前线程暂停执行一段时间，进入阻塞状态，释放 CPU 资源，以供其他线程调度执行。线程休眠通常是通过调用 sleep() 方法来实现的。sleep() 方法需要传入一个参数，用于指定该线程休眠的时间，单位为毫秒。在休眠期间，该线程不会执行任何操作，直到休眠时间结束才会重新进入就绪状态，等待被调度器选中执行。

使用线程休眠可以控制线程的执行顺序和干涉 CPU 执行的时间。

例 11-8　下面是使用线程休眠的案例。具体代码如下，可参考学习资源中的“源代码 \ 第 11 章 \ 代码 11-10”。

```
package chapter11;
public class ThreadSleepDemo {
    public static void main(String[] args) throws Exception {
        // 创建线程对象，输出当前时间，休眠 2 秒后再次输出当前时间
        Thread t = new Thread(() -> {
            System.out.println(" 开始休眠 ");
```

```
            try {
                Thread.sleep(2000); // 休眠 2000 毫秒（2 秒）
                System.out.println(" 休眠 2 秒 ......");
            } catch (InterruptedException e) {
                e.printStackTrace();
            }
            System.out.println(" 休眠结束 ");
        });
        t.start();
    }
}
```

运行结果如图 11.10 所示。

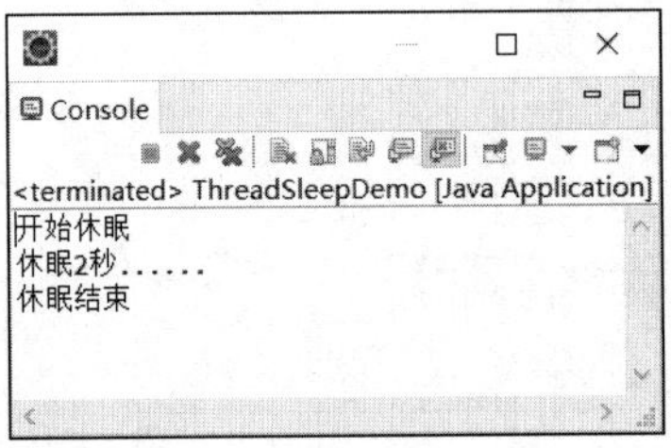

图11.10　休眠运行结果

在程序中，线程对象 t 启动后输出“开始休眠”，休眠 2 秒后再输出“休眠结束”。

注 意　sleep() 方法在执行期间会阻塞当前线程，确保线程暂停一定的时间，但并不保证一定休眠精确到毫秒级别，因为实际休眠时间取决于系统调度算法和线程调度算法。

11.3.4 线程让步

线程让步是指线程主动放弃当前的 CPU 执行时间，使得其他优先级相同或更高的线程有机会执行。在 Java 中，线程让步可以通过调用 Thread 类的静态方法 yield() 来实现。

例 11-9　下面是使用线程让步的案例。具体代码如下，可参考学习资源中的“源代码 \ 第 11 章 \ 代码 11-11”。

```
package chapter11;

public class ThreadYieldDemo {
    public static void main(String[] args) {
        // 创建两个线程对象
        Thread t1 = new Thread(() -> {
            for (int i = 0; i < 5; i++) {
                System.out.println(" 线程 1 执行，i=" + i);
                Thread.yield(); // 线程 1 执行时让步
            }
        });
```

```
        Thread t2 = new Thread(() -> {
            for (int i = 0; i < 5; i++) {
                System.out.println(" 线程 2 执行， i=" + i);
                Thread.yield(); // 线程 2 执行时让步
            }
        });

        // 启动两个线程
        t1.start();
        t2.start();
    }
}
```

运行结果如图 11.11 所示。

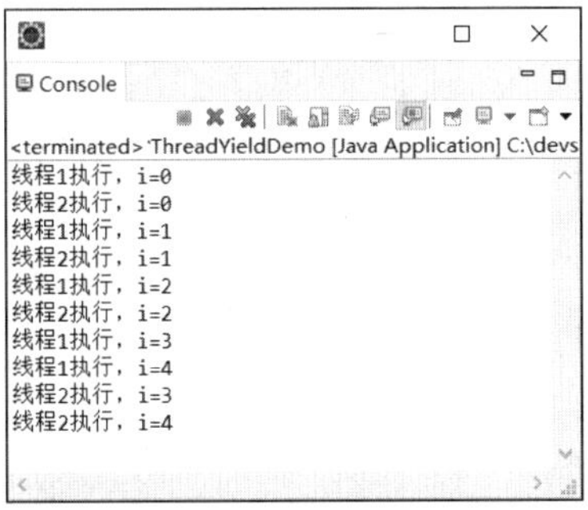

图11.11 线程让步运行结果

在程序中创建了两个线程对象 t1 和 t2，在各自的执行过程中，通过调用 Thread.yield() 方法进行线程让步。当一个线程执行到该方法时，它会暂停一小段时间，以便其他线程有机会执行。线程让步只是给其他线程一个执行的机会，并不能保证其他线程一定会得到执行时间。具体线程的调度顺序取决于操作系统和线程调度算法。

11.3.5 线程插队

在多线程编程中，线程插队是指一个线程等待另一个线程执行完毕后再继续执行。在 Java 中，可以使用 Thread 类的 join() 方法实现线程插队。以下是一个简单的 Java 多线程程序，演示线程插队。

例 11-10 下面是使用线程插队的案例。具体代码如下，可参考学习资源中的“源代码 \ 第 11 章 \ 代码 11-12”。

```
package chapter11;
public class ThreadJoinDemo {
    public static void main(String[] args) throws InterruptedException {
        // 创建线程对象
        Thread t1 = new Thread(() -> {
            for (int i = 0; i < 5; i++) {
```

```
                System.out.println(" 线程 1 执行，i=" + i);
            }
        });
        Thread t2 = new Thread(() -> {
            try {
                t1.join(); // 线程 2 等待线程 1 执行完毕
            } catch (InterruptedException e) {
                e.printStackTrace();
            }
            for (int i = 0; i < 5; i++) {
                System.out.println(" 线程 2 执行，i=" + i);
            }
        });
        // 启动线程 t2
        t2.start();

        // 启动线程 t1
        t1.start();

        // 等待 t2 线程执行完毕
        t2.join();

        System.out.println(" 主线程执行完毕 ");
    }
}
```

运行结果如图 11.12 所示。

图11.12　线程插队运行结果

在程序中，创建了两个线程对象 t1 和 t2。t2 线程调用 t1.join() 方法，意味着 t2 线程会等待 t1 线程执行完毕后才继续执行。主线程通过调用 t2.join() 方法，等待 t2 线程执行完毕。调用 join() 方法会使当前线程进入阻塞状态，直到被等待的线程执行完毕才会继续执行。

上机实操 完成线程整个生命周期流程

◆ 上机要求

定义一个 MyThread 的线程类，继承自 Thread 类，重写了 run() 方法，具体要求如下。

（1）在 run() 方法中，线程会反复输出一条消息，然后暂停 500 毫秒。通过检查 Thread.currentThread().isInterrupted() 来判断线程是否被中断，如果被中断，则终止线程的执行。

（2）main() 方法要求。首先创建一个 MyThread 线程对象 t，启动线程。然后暂停主线程 1 秒，之后调用 t.interrupt() 中断线程。最后使用 t.join() 阻塞主线程，等待 MyThread 线程执行完毕。当 MyThread 线程被中断后，跳出循环，并输出一条结束消息。

运行结果如图 11.13 所示。

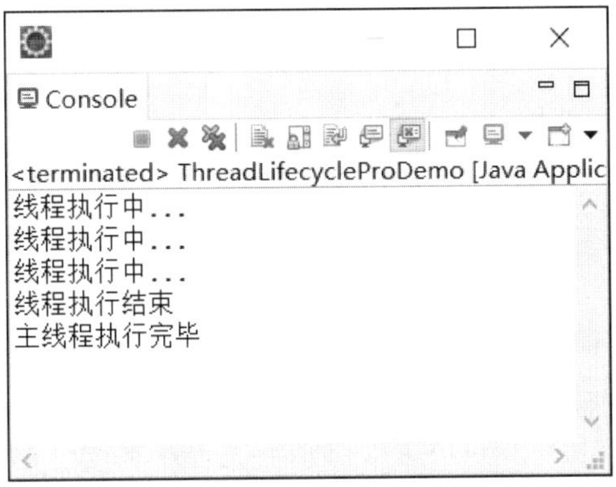

图11.13　多线程程序运行结果

◆ 实现思路

第 1 步　创建线程对象并启动线程。

第 2 步　暂停主线程 1 秒。

第 3 步　调用 t.interrupt() 中断线程。

第 4 步　使用 t.join() 阻塞主线程，等待 MyThread 线程执行完毕。

第 5 步　MyThread 线程执行中，循环输出消息。

第 6 步　MyThread 线程被中断，跳出循环，输出结束消息。

第 7 步　主线程执行完毕。

◆ 参考代码

实现以上程序运行结果的代码如下，具体可参考学习资源中的“源代码\第 11 章\代码 11-13”。

```
package chapter11;

public class ThreadLifecycleProDemo {
  public static void main(String[] args) {
      // 创建线程对象
      Thread t = new MyThread();
```

```
        // 启动线程
        t.start();

        // 暂停主线程 1 秒
        try {
            Thread.sleep(1000);
        } catch (InterruptedException e) {
            e.printStackTrace();
        }

        // 中断线程
        t.interrupt();

        // 等待线程终止
        try {
            t.join();
        } catch (InterruptedException e) {
            e.printStackTrace();
        }

        System.out.println(" 主线程执行完毕 ");
    }
    static class MyThread extends Thread {
        @Override
        public void run() {
            while (!Thread.currentThread().isInterrupted()) {
                System.out.println(" 线程执行中 ...");
                try {
                    Thread.sleep(500);
                } catch (InterruptedException e) {
                    // 捕获中断异常，终止线程
                    Thread.currentThread().interrupt();
                }
            }
            System.out.println(" 线程执行结束 ");
        }
    }
}
```

任务11.4 多线程同步

在多线程编程中，当多个线程同时访问共享资源时，可能会导致数据不一致或线程间的竞争条件。为了确保线程安全，需要进行多线程同步。

本任务的目的是学习多线程同步的常用方法。

AI 工具助力学习

实现多线程同步

在 Java 编程中，多个线程同时访问共享资源时可能导致数据不一致或者出现其他问题。如何解决这个问题，可以使用 synchronized 关键字或者 Lock 接口来实现线程同步。为了学习多线程同步，我们可以先使用 AI 工具讯飞星火来帮助我们了解一下多线程同步有哪些方法。

- 提示词：请描述多线程同步的方法有哪些？
- 讯飞星火回答：

在 Java 编程中，多线程同步的方法主要有以下几种。

（1）互斥锁：互斥锁强调资源之间的访问互斥性。每个线程在对共享资源操作前都会尝试先加锁，只有加锁成功才能进行操作，操作结束后才会解锁。当某个线程对互斥量加锁后，其他试图再对互斥量加锁的线程都将被阻塞，直到当前线程释放该互斥锁。

（2）条件变量：条件变量是用来解决多线程之间的协作问题。一个线程在某个条件不满足时会等待这个条件变量，而另一个线程则会在适当的时机改变这个条件并唤醒等待的线程。

（3）读写锁：读写锁允许多个线程同时读取共享资源，但在写入或修改资源时只允许一个线程操作，这样能有效提高并发性能。

（4）信号量：信号量主要用于控制同时访问特定资源的线程数量，它可以用于实现各种同步机制，包括互斥锁和条件变量。

（5）重入锁：重入锁是一种递归锁，它允许一个线程多次获取同一把锁。重入锁同样支持公平和非公平两种模式。

（6）特殊域变量：特殊域变量可以保证线程间的可见性，但无法保证原子性操作。

（7）局部变量：局部变量是一种线程独有的变量，它可以实现线程间的数据隔离，以此来实现线程同步。

（8）原子变量：原子变量是一种用于原子操作的整数类，它能保证在并发环境下进行的操作是原子性的。

讯飞星火模型给出了多线程同步方法，这些同步方法可以根据具体的需求和场景来选择，并结合合适的线程间通信方式，如等待 / 通知机制或消息传递等。正确使用多线程同步方法可以避免竞争条件和数据不一致问题，提高程序的并发性和可靠性。需要注意的是，过度的同步可能导致性能问题，因此应根据需求和性能要求来进行权衡和选择。

11.4.1 线程的安全问题

在多线程编程中，当多个线程同时访问共享资源时，可能产生数据不一致、存在竞争和产生死锁等问题，因此线程安全是我们必须重视的问题。

例 11-11 下面是一个解决线程安全问题的案例，统计一个整型数组中的质数个数（质数又被称为素数，是指一个大于 1 的自然数，除了 1 和它自身外，不能被其他自然数整除）。具体代码如下，可参考学习资源中的“源代码 \ 第 11 章 \ 代码 11-14”。

```
package chapter11;

import java.util.concurrent.atomic.AtomicInteger;
public class PrimeCounter {
    private int[] nums;
    private final AtomicInteger count = new AtomicInteger(0);
    public PrimeCounter(int[] nums) {
        this.nums = nums;
    }

    public int countPrimes() throws InterruptedException {
        int len = nums.length;
        int threads = Runtime.getRuntime().availableProcessors();
        Thread[] workers = new Thread[threads];
        int chunkSize = len / threads;

        for (int i = 0; i < workers.length; i++) {
            int start = i * chunkSize;
            int end = (i == (workers.length - 1)) ? (len - 1) : (start + chunkSize - 1);
            workers[i] = new Thread(() -> {
                for (int j = start; j <= end; j++) {
                    if (isPrime(nums[j])) {
                        count.incrementAndGet();
                    }
                }
            });
            workers[i].start();
        }

        for (int i = 0; i < workers.length; i++) {
            workers[i].join();
        }

        return count.get();
    }
```

```
    private boolean isPrime(int n) {
        if (n <= 1) {
            return false;
        }
        for (int i = 2; i * i <= n; i++) {
            if (n % i == 0) {
                return false;
            }
        }
        return true;
    }
  public static void main(String[] args) {
    int[] nums= {1,12,13,11,23,14,56};                          // 定义数组 nums
    PrimeCounter primeCounter=new PrimeCounter(nums);           // 实例化对象 primeCounter
    try {
            int coutnum=primeCounter.countPrimes();             // 使用 countPrimes() 方法
            System.out.println(" 质子数的个数有： "+coutnum);
    } catch (InterruptedException e) {
            // TODO Auto-generated catch block
            e.printStackTrace();
    }
  }
}
```

运行结果如图 11.14 所示。

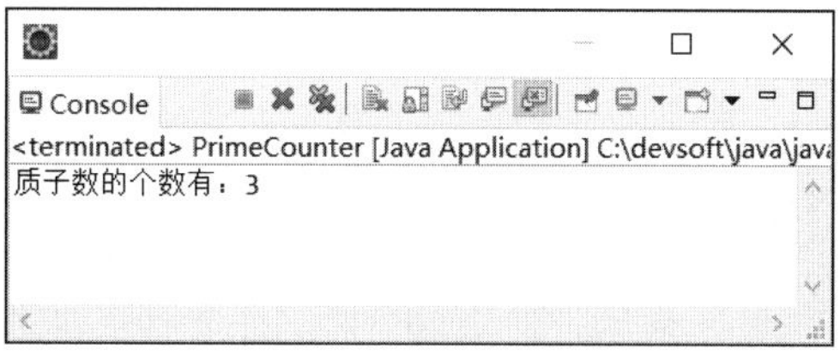

图11.14　质数统计结果

在该案例中，实例化 PrimeCounter 类时传入了一个整型数组 nums 作为参数，该类的一个实例方法 countPrimes() 用于统计 nums 数组中的质数个数。该方法内部使用多线程处理，将 nums 数组分为多个子数组，每个子数组由一个线程处理。线程内部使用 isPrime() 方法判断元素是否为质数，如果是，则使用 AtomicIntger 的 incrementAndGet() 方法增加 count 变量的值。最后返回所有线程处理的结果总和。由于 count 变量被多个线程共享，需要保证线程安全，避免创建过多线程导致系统资源的浪费。

11.4.2 同步代码块及方法

同步代码块是一种在多线程环境下使用的同步机制，用于保护共享资源，确保多个线程对共享资源的访问具有原子性和一致性。

当一个方法被声明为 synchronized 时，它被称为同步方法。同步方法会自动获取对象的锁，确保在同一时刻只有一个线程可以执行该方法，从而实现对共享数据的安全访问。

例 11-12 下面是一个使用同步代码块及方法的示例，展示了线程如何安全地修改共享变量 count 的值。具体代码如下，可参考学习资源中的“源代码 \ 第 11 章 \ 代码 11-15”。

```
package chapter11;

public class SynchronizedDemo {
    private int count = 0;
    private Object lock = new Object();

    public void increment() {
        synchronized (lock) {
            count++;
        }
    }

    public void decrement() {
        synchronized (lock) {
            count--;
        }
    }

    public int getCount() {
        synchronized (lock) {
            return count;
        }
    }

    public static void main(String[] args) throws InterruptedException {
            SynchronizedDemo example = new SynchronizedDemo();

        Thread thread1 = new Thread(() -> {
            for (int i = 0; i < 10000; i++) {
                example.increment();
            }
```

```
        });

        Thread thread2 = new Thread(() -> {
            for (int i = 0; i < 10000; i++) {
                example.decrement();
            }
        });

        thread1.start();
        thread2.start();

        thread1.join();
        thread2.join();

        System.out.println("Final count is: " + example.getCount());
    }
}
```

运行结果如图 11.15 所示。

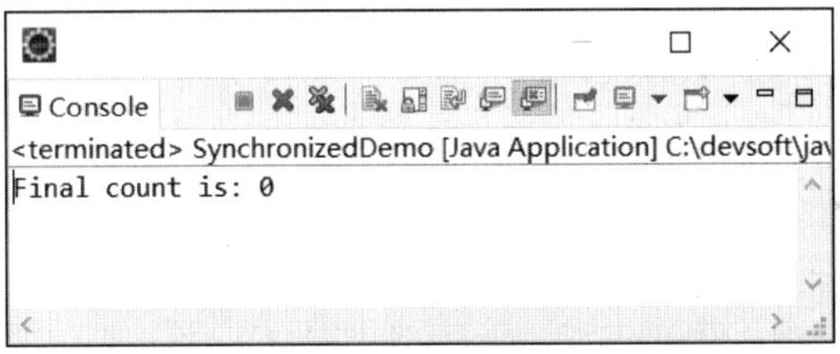

图11.15 同步代码运行结果

在这个示例中，count 是一个共享变量，多个线程可以通过调用 increment() 和 decrement() 方法来对其进行操作。在这两个方法中，使用同步代码块，锁对象为 lock，确保在执行 count++ 和 count-- 操作时只有一个线程能够访问变量 count，getCount() 方法也用了同步代码块，以确保对 count 的读取操作也是原子的和线程安全的。通过使用同步代码块，可以保证在多线程环境下对共享资源的访问是安全的，避免了数据竞争和不一致性的问题。

11.4.3 死锁问题

发生死锁是多个线程互相等待对方释放锁而陷入无法继续执行的状态，从而导致程序停滞不前。

例 11-13 下面是一个死锁示例展示。具体代码如下，可参考学习资源中的“源代码 \ 第 11 章 \ 代码 11-16”。

```
package chapter11;

public class DeadlockExample {
```

```
    private static final Object LOCK1 = new Object();
    private static final Object LOCK2 = new Object();

    public static void main(String[] args) {
        Thread thread1 = new Thread(() -> {
            synchronized (LOCK1) {
                System.out.println("Thread 1 acquired lock 1");
                try {
                    Thread.sleep(1000);
                } catch (InterruptedException e) {
                    e.printStackTrace();
                }
                synchronized (LOCK2) {
                    System.out.println("Thread 1 acquired lock 2");
                }
            }
        });

        Thread thread2 = new Thread(() -> {
            synchronized (LOCK2) {
                System.out.println("Thread 2 acquired lock 2");
                try {
                    Thread.sleep(1000);
                } catch (InterruptedException e) {
                    e.printStackTrace();
                }
                synchronized (LOCK1) {
                    System.out.println("Thread 2 acquired lock 1");
                }
            }
        });

        thread1.start();
        thread2.start();
    }
}
```

运行结果如图 11.16 所示。

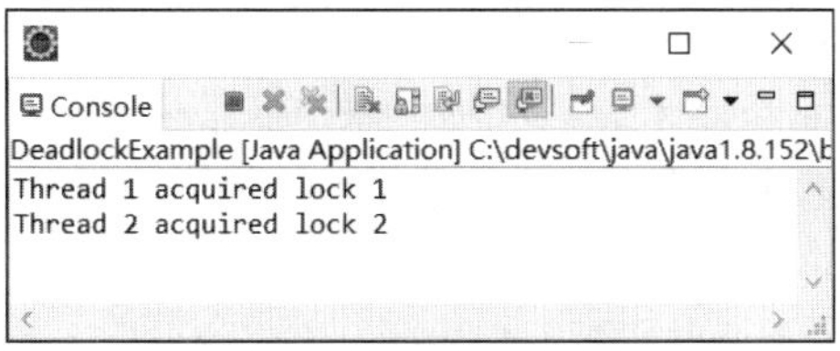

图11.16　死锁运行结果

本示例首先定义了两个对象锁 LOCK1 和 LOCK2，两个线程 thread1 和 thread2 分别获取了这两个锁，但它们的获取顺序不同。thread1 先获取 LOCK1 锁，然后尝试获取 LOCK2 锁，而 thread2 先获取 LOCK2 锁，然后尝试获取 LOCK1 锁。如果两个线程的执行交替进行，那么它们可能不会发生死锁，但如果它们恰好同时请求另一个线程持有的锁，就会发生死锁。在本示例中，thread1 和 thread2 几乎同时启动，它们可能会同时请求另一个持有者的锁，这可能会导致它们陷入死锁状态。如果发生死锁，程序将无法继续执行，需要手动中止程序（单击图 11.16 中的■按钮）。在实际开发中，避免出现死锁要尽可能地避免获取多个锁，或在获取多个锁时确保它们的获取顺序一致。同时，还可以使用一些工具来检测代码中可能存在的死锁问题。

上机实操　编码实现使用同步机制确保两个线程的工作

◆ 上机要求

定义一个普通对象锁 LOCK 和两个线程 thread1 和 thread2。要求使用同步机制来确保两个线程的完整工作，主要是通过 wait() 和 notifyAll() 方法来实现。

运行结果如图 11.17 所示。

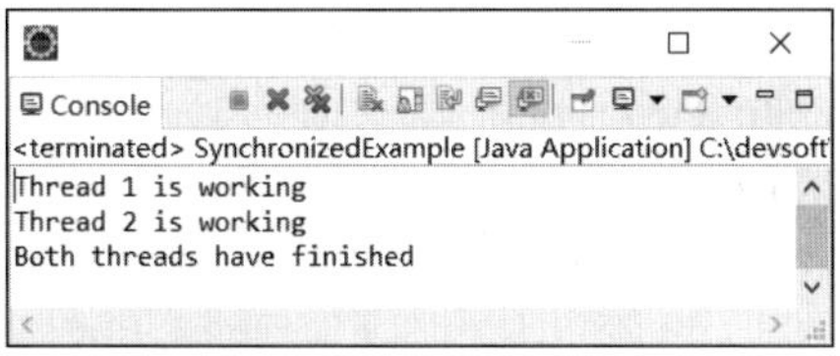

图11.17　同步机制程序运行结果

◆ 实现思路

第 1 步　定义一个普通对象锁 LOCK。

第 2 步　定义两个线程 thread1 和 thread2 同时请求这个锁。

第 3 步　thread1 获取锁后执行一些工作，然后将 isDone1 标志设置为 true 并调用 notifyAll() 通知其他可能正在等待锁的线程。

第 4 步　thread2 在获取锁后进入循环，等待 isDone1 标志被设置为 true。

第 5 步　thread2 继续执行另一些工作，设置 isDone2 标志并调用 notifyAll()。

第 6 步　main() 方法等待 isDone2 标志被设置为 true 并输出 “Both threads have finished”。

◆ 参考代码

实现以上程序运行结果的代码如下，具体可参考学习资源中的 “源代码 \ 第 11 章 \ 代码 11-17”。

```
package chapter11;
```

```
public class SynchronizedExample {

    private static final Object LOCK = new Object();
    private static volatile boolean isDone1 = false;
    private static volatile boolean isDone2 = false;

    public static void main(String[] args) {
        Thread thread1 = new Thread(() -> {
            synchronized (LOCK) {
                // 执行一些工作
                System.out.println("Thread 1 is working");
                try {
                    Thread.sleep(1000);
                } catch (InterruptedException e) {
                    e.printStackTrace();
                }
                isDone1 = true;
                LOCK.notifyAll();
            }
        });

        Thread thread2 = new Thread(() -> {
            synchronized (LOCK) {
                while (!isDone1) {
                    try {
                        LOCK.wait();
                    } catch (InterruptedException e) {
                        e.printStackTrace();
                    }
                }
                // 线程 thread 1 完成后执行的一些工作
                System.out.println("Thread 2 is working");
                try {
                    Thread.sleep(1000);
                } catch (InterruptedException e) {
                    e.printStackTrace();
                }
                isDone2 = true;
                LOCK.notifyAll();
```

```
            }
        });

        thread1.start();
        thread2.start();

        // 等待线程结束
        try {
            synchronized (LOCK) {
                while (!isDone2) {
                    LOCK.wait();
                }
            }
        } catch (InterruptedException e) {
            e.printStackTrace();
        }

        System.out.println("Both threads have finished");
    }
}
```

AI 学习问答　如何避免死锁

Java 编程中如果出现死锁会导致程序无法正常执行和运行，会对程序的性能、稳定性和可靠性造成很大的危害。在学习完前面的内容后，让 AI 工具 ChatGPT 帮助我们了解一下在实际工作中如何避免死锁的发生。

◎ 提示词：请描述在开发中如何避免死锁。

◎ ChatGPT 回答：

Java 开发中避免死锁的发生，主要涉及以下几点。

（1）避免嵌套锁，即避免在锁内部获取另外一个锁，因为这样可能会导致死锁的发生。

（2）使用定时锁，即锁定一段时间内释放锁，定期检查锁是否被占用，以避免某些情况下的死锁发生。

（3）同步块中不要放大量的代码，尽可能缩小同步代码块的范围，减少阻塞时间，以减少死锁的可能性。

（4）使用 Lock 接口和 Condition 接口来代替 synchronized 关键字，因为它们提供了更加灵活的锁定和同步机制，并且可以使用条件变量来处理线程间的通信和协调。

（5）尽量使用并发包中提供的数据结构，如 ConcurrentHashMap、ConcurrentLinkedQueue 等，这些数据结构内部实现了线程安全的机制，能够避免死锁。

（6）尽量同时使用多个锁，即多个线程同时拥有自己的锁，避免竞争同一个锁，从而减少死锁的可能。

ChatGPT 介绍了避免死锁发生的六点建议，总的来说，避免死锁的发生需要在设计和开发过程中充分考虑并发和同步机制，尽量避免设计复杂的锁定关系和依赖关系，同时利用并发包和多线程编程的经验来降低死锁的概率。同时，如果确实发生了死锁，可以使用工具来定位和解决死锁问题，例如 JConsole、VisualVM 等。

同步训练 编码实现银行存款程序设计

» 训练要求

请按以下要求设计一个银行账户 BankAccount，并使用测试类进行测试。

（1）定义一个银行类 BankAccount，其中包含以下属性。

- balance ：账户余额。
- withdraw() 方法：模拟取款操作。

（2）定义一个测试类 Customer，实例化银行客户，调用 withdraw() 方法进行取款操作。运行结果如图 11.18 所示。

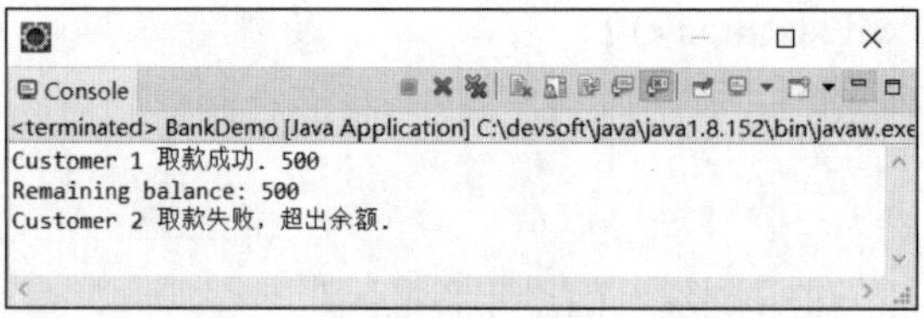

图11.18　银行取款案例运行结果

» 实现思路

第 1 步　创建银行账户类 BankAccount，该类包含一个 balance 属性用于表示账户余额，创建 withdraw() 方法用于模拟取款操作，使用 synchronized 关键字进行同步，以确保线程安全。

第 2 步　创建银行客户类 Customer，继承 Runnable 接口，在 run() 方法中，调用 BankAccount 中的 withdraw() 方法进行取款操作。

第 3 步　在测试类 BankDemo 的 main() 方法中，创建了两个客户线程，分别代表两个银行客户。每个客户线程都针对同一个银行账户进行取款操作。

第 4 步　运行程序，两个客户线程将并发地使用 synchronized 关键字同步地进行取款操作。如果账户余额足够且顺序执行取款操作，那么每个客户都会成功取款，并能输出剩余的余额。如果账户余额不足，则会输出取款失败的消息。

» 程序代码

实现以上程序运行结果的代码如下，具体可参考学习资源中的“源代码 \ 第 11 章 \ 代码 11-18”。

（1）BankAccount 类。

```
package chapter11;

class BankAccount {
    private int balance;

    public BankAccount(int balance) {
```

```
        this.balance = balance;
    }

    public synchronized void withdraw(int amount) {
        if (balance >= amount) {
            System.out.println(Thread.currentThread().getName() + " is withdrawing " + amount);
            balance -= amount;
            System.out.println("Remaining balance: " + balance);
        } else {
            System.out.println(Thread.currentThread().getName() + " failed to withdraw. Insufficient
balance.");
        }
    }
}
```

（2）Customer 类。

```
package chapter11;

class Customer implements Runnable {
    private BankAccount account;
    private int amount;

    public Customer(BankAccount account, int amount) {
        this.account = account;
        this.amount = amount;
    }

    public void run() {
        account.withdraw(amount);
    }
}
```

（3）BankDemo 类。

```
package chapter11;

public class BankDemo {
    public static void main(String[] args) {
        BankAccount account = new BankAccount(1000);

        Thread thread1 = new Thread(new Customer(account, 500), "Customer 1");
        Thread thread2 = new Thread(new Customer(account, 800), "Customer 2");
```

```
        thread1.start();
        thread2.start();
    }
}
```

小结

本章首先介绍了进程和线程类的概念，然后讲解了线程的创建，在编写多线程程序时，一定要注意线程安全和资源同步问题，以避免出现诸如死锁、竞态条件等问题。随后针对实际工作中的多线程问题，对线程调度、多线程同步及如何避免死锁等方面进行了讲解。

12

第 12 章 实操演练：开发一个微考试系统

通过前面章节的学习，相信读者已经掌握了 Java 相关的基础知识。但知识点比较碎片化，还需要将这些知识进行融合，运用到项目中解决实际的业务问题，提升软件开发能力，锻炼编程思维。下面运用前面章节所学内容开发一个微考试系统。

课前思政

临近期末，很多同学对所学课程掌握不牢固。作为班长的小明看在眼里，很是着急，于是决定开发一款微考试系统。通过模拟考试，大量刷题，进行自我检测，以此巩固知识点。

通过该微考试系统，老师也可以查看学生对技能的掌握情况，并及时对薄弱点进行讲解。让学生能更好地掌握课程，更有信心且诚信地通过期末考试。

学习目标

1. 知识目标

- 了解项目开发流程。
- 理解项目需求分析。
- 掌握数据库设计。
- 掌握项目模块化设计开发。

2. 能力目标

- 能根据需求进行原型图设计。
- 能根据需求进行数据库设计。
- 能利用所学知识开发功能模块。

3. 素质目标

- 在原型工具使用中，引导学生根据需求自行设计界面，培养学生的创新能力。
- 组队开发考试系统形式，培养学生的集体荣誉感和团队合作精神。
- 加强学生诚信考试的自觉性。

任务12.1　项目介绍

12.1.1 需求分析

为帮助学生巩固课堂知识点，方便老师检查学生对技能的掌握情况，同时为学生提供一个自我测评的平台，在教学过程中引入一款微型的桌面考试系统，随时发布考试，阶段性检测学生的学习情况，为老师掌握学生的学习状态提供一种参考。

“我的微考试系统”是一款基于 Java Swing 的在线考试系统，该系统满足如下需求。

- 提供风格统一的操作界面，具有良好的用户体验。
- 老师可以统一账号登录。
- 老师可以录入试题、发布考试和查看考试详情。
- 学生可以注册、登录。
- 学生可以参加考试、查看成绩。
- 具有考试搜索功能。
- 系统运行稳定。

12.1.2 功能模块

“我的微考试系统”分为学生功能模块和老师功能模块两大部分，功能示意图如图 12.1 和图 12.2 所示。

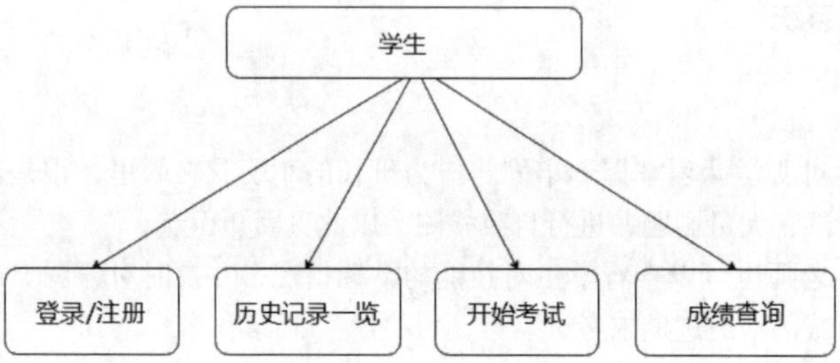

图12.1　学生功能模块

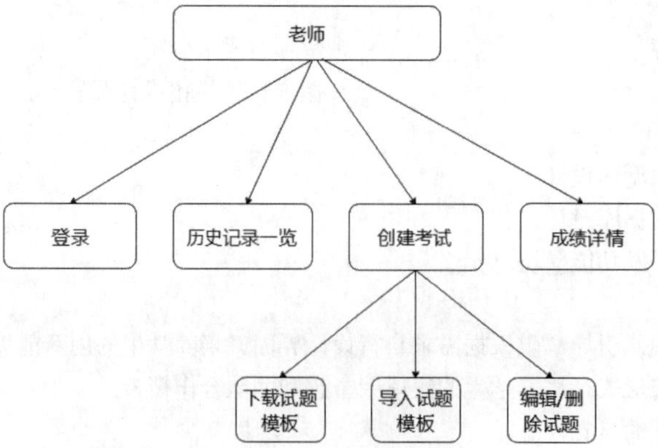

图12.2　老师功能模块

12.1.3 设计原型图

原型图可以帮助开发人员清晰地了解界面的布局、功能和交互效果，减少开发过程中的沟通和理解成本。此外，原型图还可以作为开发人员的参考，帮助他们更快地进行编码和实现。通过 Axure RP 这款专业的快速原型设计工具来设计项目界面，具体设计要求与效果参考如下。

（1）首先是登录界面。如果是老师登录，提供统一的账号 admin，不显示注册账号，如图 12.3 所示。如果是学生登录，则界面显示注册账号，如图 12.4 所示。

图12.3　老师登录界面

图12.4　学生登录界面

（2）若【权限】选择老师，进行登录即可进入后台管理界面，如图 12.5 所示。

（3）单击【创建考试】按钮，即可添加试题和发布考试，如图 12.6 所示。单击【历史记录】按钮，可查询每场考试的信息，如图 12.7 所示。

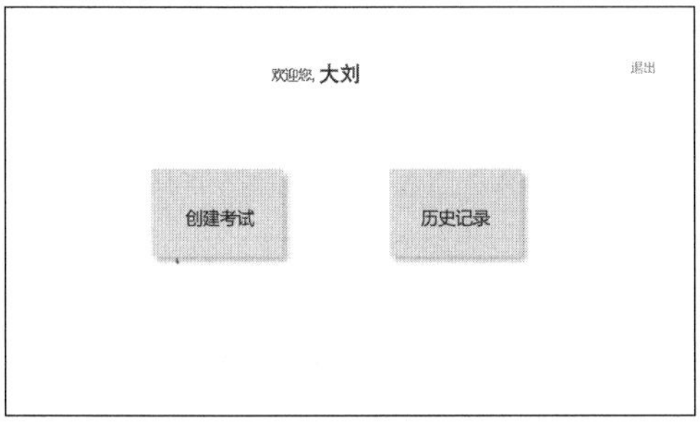

图12.5　后台首页

图12.6　创建考试

图12.7　历史记录

（4）在图 12.6 中，单击【添加试题】按钮可以手动添加一道试题，单击【导入试题模板】按钮，可以一次性将准备好的试题添加进来。然后单击【发布考试】按钮，即可进入考试的信息输入，如图 12.8 所示。

图12.8　发布考试

（5）在图 12.7 中，单击【考试结束】的记录，可查看参加该场考试的学生成绩情况，如图 12.9 所示。

学号	姓名	性别	分数
202207089	大黑	男	99
202207090	小白	女	90
202207091	张三	男	88
202207092	李四	女	86
202207093	王五	男	80
202207094	赵六	男	69

图12.9　考试详情

（6）在图 12.4 中，若在【权限】中选择学生，单击【注册】按钮，即可进入注册界面，如图 12.10 所示。

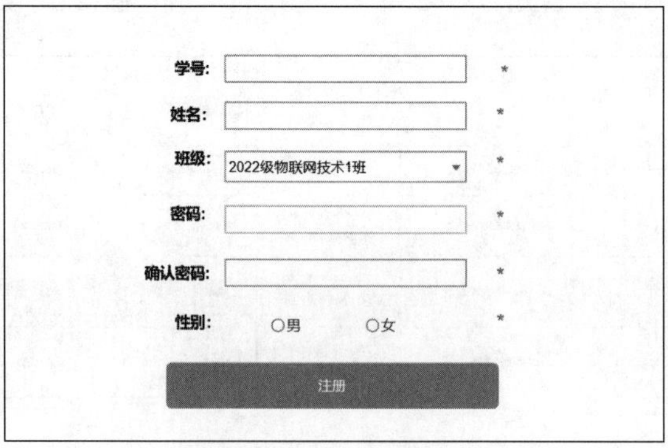

图12.10　学生账号注册

（7）在图 12.4 中输入注册的账号和密码并单击【登录】选项，即可进入前台考试的【历史记录一览】界面，可以根据考试标题查询考试记录，或者单击【我参加的考试】按钮，查看学生参加过的考试记录，如图 12.11 所示。

图12.11　前台考试历史记录一览界面

（8）在图 12.11 中，单击【正在考试】状态的记录，即可开始考试，如图 12.12 所示。

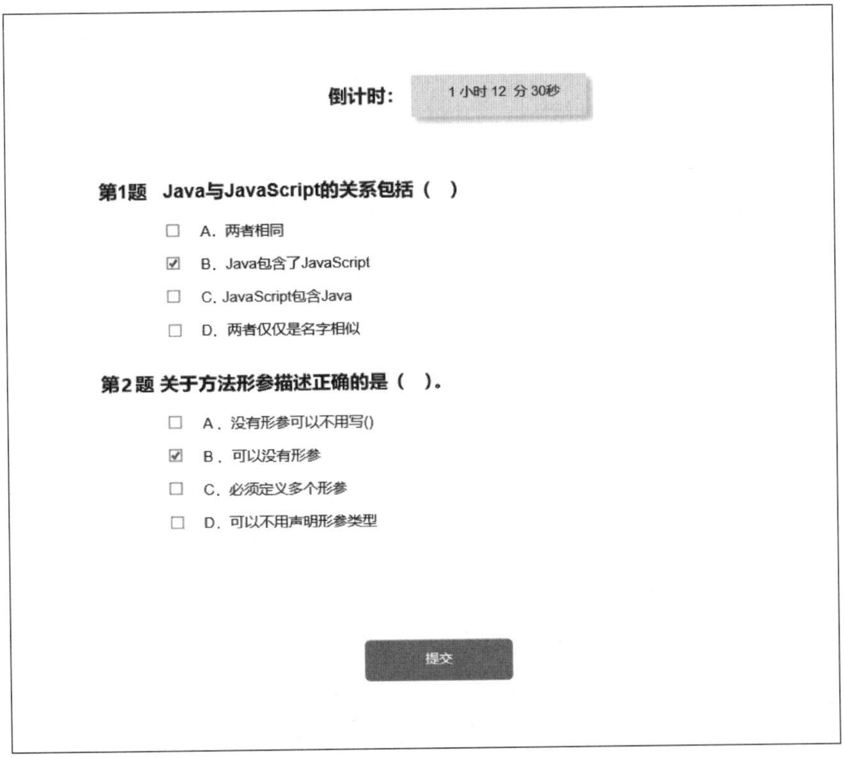

图12.12　开始考试

（9）在图 12.11 中，单击【考试结束】的记录，即可查看个人考试情况，如图 12.13 所示。

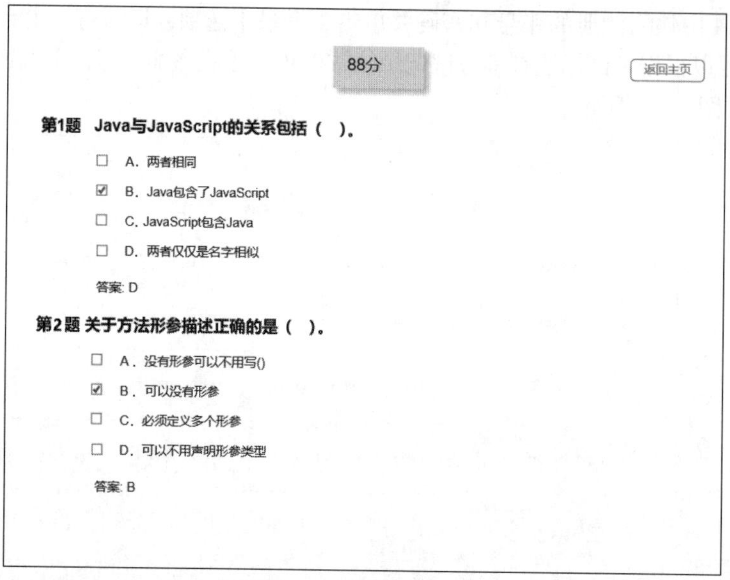

图12.13　成绩查询

任务12.2　数据库设计

在开发“我的微考试系统”前，根据项目的功能需求对数据库进行设计。本任务将从E-R图和数据库表结构讲解项目数据库的设计。

12.2.1 E-R图设计

E-R图，也称为实体-关系图，是一种用来描述现实世界概念模型的图形工具。在创建数据库之前，通过E-R图来描述“我的微考试系统”中有哪些实体对象，以及实体对象之间的关系，帮助开发人员更好地理解和管理项目。

根据项目的需求并结合原型图，下面进行数据库表的E-R图设计。

（1）用户实体（user）的E-R图，如图12.14所示。

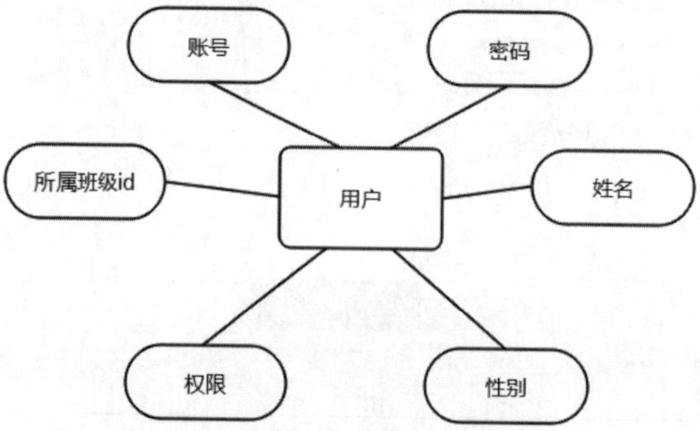

图12.14　用户实体（user）的E-R图

（2）考试实体（exam）的E-R图，如图12.15所示。

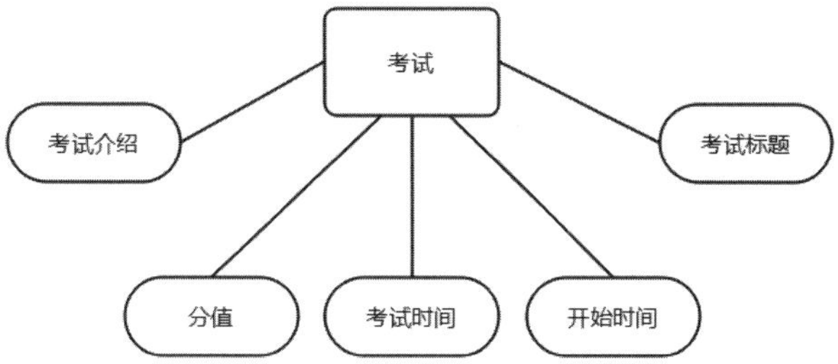

图12.15 考试实体（exam）的E-R图

（3）试题实体（question）的 E-R 图，如图 12.16 所示。

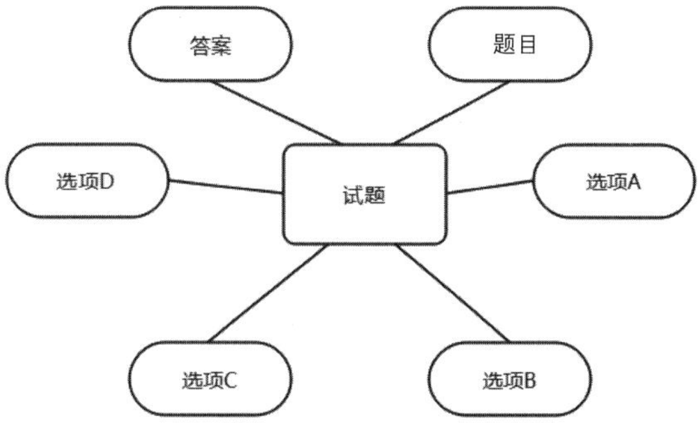

图12.16 试题实体（question）的E-R图

（4）班级实体（classes）的 E-R 图，如图 12.17 所示。

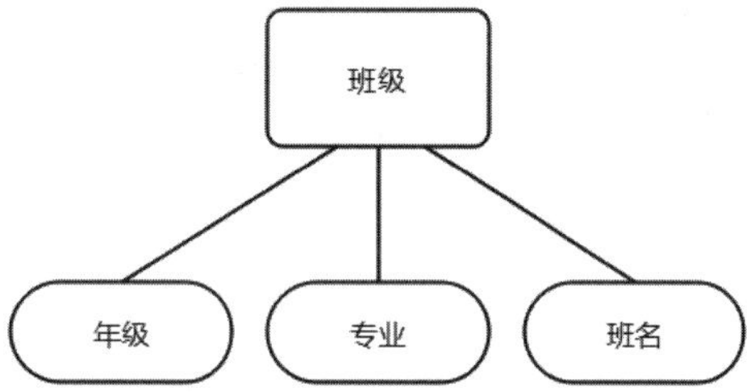

图12.17 班级实体（classes）的E-R图

（5）学生考试详情实体（exam_user）的 E-R 图，如图 12.18 所示。

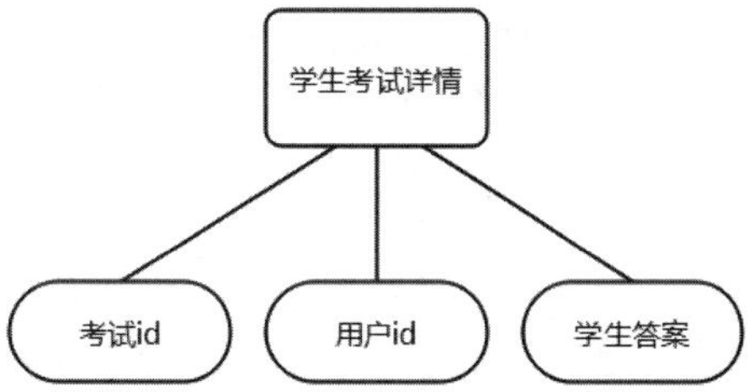

图12.18 学生考试详情实体（exam_user）的E-R图

（6）考试试题详情实体（exam_question）的 E-R 图，如图 12.19 所示。

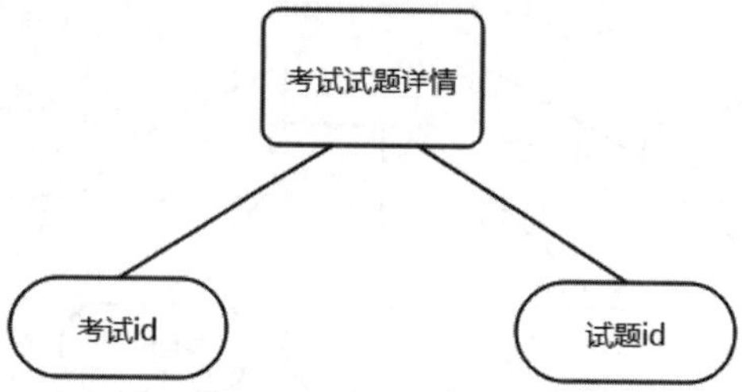

图12.19　考试试题详情实体（exam_question）的E-R图

12.2.2 数据库表结构设计

参考 E-R 图进行数据库表的结构设计，具体参考如下。

（1）用户表（user）。用于保存老师和学生的信息，表结构如表 12.1 所示。

表 12.1　user 表结构

字段名称	类型	允许为空	是否主键	说明
id	int (11)	否	是	主键
username	varchar (20)	否	否	账号
password	varchar (20)	否	否	密码
name	varchar(10)	否	否	姓名
sex	char (1)	否	否	性别
role	int (1)	否	否	0：学生　1：老师
classid	int (11)	是	否	所在班级

（2）考试表（exam）。用于保存考试标题、时间等相关的信息，表结构如表 12.2 所示。

表 12.2　exam 表结构

字段名称	类型	允许为空	是否主键	说明
id	int (11)	否	是	主键
title	varchar (50)	否	否	考试标题
starttime	datetime	否	否	考试开始时间
duration	int (6)	否	否	考试时间（单位：分钟）
score	int (3)	否	否	分值
desc	int (255)	是	否	试卷说明

（3）试题表（question）。用于保存一道考试题的相关信息，表结构如表 12.3 所示。

表 12.3　question 表结构

字段名称	类型	允许为空	是否主键	说明
id	int (11)	否	是	主键
title	varchar (1024)	否	否	题目
A	varchar (255)	否	否	选项 A
B	varchar (255)	否	否	选项 B
C	varchar (255)	否	否	选项 C
D	varchar (255)	否	否	选项 D
answer	varchar (255)	否	否	正确答案 多选题答案格式：ABC

（4）班级表（classes）。用于保存一个班的年级、专业、班级名称等信息，表结构如表 12.4 所示。

表 12.4 classes 表结构

字段名称	类型	允许为空	是否主键	说明
id	int (11)	否	是	主键
year	varchar (5)	否	否	年级
major	varchar (50)	否	否	专业
classname	varchar (50)	是	否	班名

（5）学生考试详情表（exam_user）。用于保存学生参加了考试的详情，表结构如表 12.5 所示。

表 12.5 exam_user 表结构

字段名称	类型	允许为空	是否主键	说明
id	int (11)	否	是	主键
examid	int (11)	否	否	考试 id，对应 exam 表
userid	int (11)	否	否	用户 id，对应 user 表
result	varchar (255)	是	否	学生试卷答案 用逗号隔开：A，B，C，D

（6）考试试题详情表（exam_question）。用于保存一场考试对应的试题的详情，表结构如表 12.6 所示。

表 12.6 exam_question 表结构

字段名称	类型	允许为空	是否主键	说明
id	int (11)	否	是	主键
examid	int (11)	否	否	考试 id，对应 exam 表
questionid	int (11)	否	否	试题 id，对应 question 表

读者可以在数据库 examsys 中根据表结构自行创建数据库表，也可以使用配套项目源代码中提供的 SQL 脚本创建数据库表，具体可参考学习资源中的“源代码 \ 第 12 章 \examsys.sql”。

任务12.3 项目环境准备

在开发功能模块之前，应该先检查设备是否达到开发要求，检查项目知识储备是否足够，以及确认项目是否需要引入第三方的包。接下来分别进行讲解，具体如下。

12.3.1 设备要求

要开发本项目，需要用户先搭建好开发环境，具体准备和要求如下。

- 操作系统：Windows 10/11。
- Java 开发工具包：JDK 8。
- 数据库：MySQL 5.5+ 。

- 数据库管理工具：Navicat 10+ 。
- Java 集成开发环境（IDE）：Eclipse 2020+ / IntelliJ IEDA 2020+。
- 原型设计工具：Axure RP。

12.3.2 知识储备

要开发本项目，需要用户掌握以下知识储备。

- Java 语言基础：包括数据类型、运算符、控制语句、异常处理等。
- 常用 Java 类库：如 String 类、Object 类、Date 类等。
- 集合框架：List、Set、Map 等接口及其实现类的运用。
- I/O 流：理解 Java 中的 I/O 流概念及其使用方法。
- 数据库操作：熟悉 SQL 语言及 JDBC 操作数据库。
- UI 设计和布局：使用 Swing 组件设计丰富界面。
- 布局管理器：掌握如何使用布局管理器来控制组件的布局。
- 事件处理：熟悉 Java 事件处理机制，能够处理各种用户界面事件。

12.3.3 Java 项目工程文件的创建

创建 Java 工程 MyMicroExamSys，将项目所需的 JAR 包导入项目的 lib 文件夹中。本项目涉及使用 JDBC 连接 MySQL 数据库，美化 Java Swing 外观和解析 Excel 文档。因此需要的 JAR 包，如图 12.20 所示。

在工程的 src 源文件夹下创建包 util、entity、dao、examJFrame，以此更好地组织和管理代码，并实现模块化设计，如图 12.21 所示。

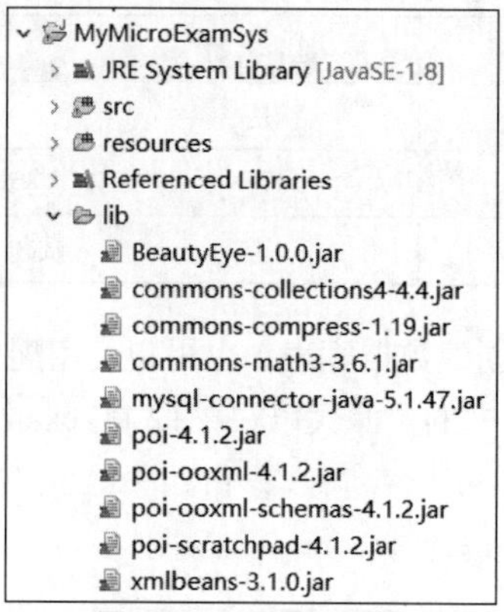

图12.20　项目JAR包

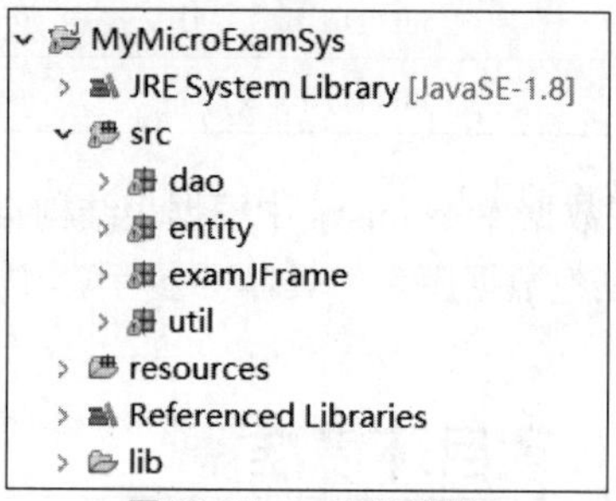

图12.21　src目录结构

任务12.4　项目编码实现

经过需求分析、原型图绘制、数据库设计，以及项目环境搭建等，就可以开始着手进行代码的编写了。

12.4.1 创建实体类

针对数据库表分别进行实体类的编写，由于实体类简单且篇幅有限，因此本任务不展示实体类的代码。

1）用户实体类

在 entity 包下新建 User 类，用于描述用户实体。在 User 类中声明属性 id、username、password、name、sex、role、classid，并编写构造方法及属性对应的 getter 和 setter 方法。

2）考试实体类

在 entity 包下新建 Exam 类，用于描述考试实体。在 Exam 类中声明属性 id、title、starttime、duration、score、desc，并编写构造方法及属性对应的 getter 和 setter 方法。

3）试题实体类

在 entity 包下新建 Question 类，用于描述试题实体。在 Question 类中声明属性 id、title、A、B、C、D、answer。并编写构造方法及属性对应的 getter 和 setter 方法。

4）班级实体类

在 entity 包下新建 Classes 类，用于描述班级实体。在 Classes 类中声明属性 id、year、major、classname，并编写构造方法及属性对应的 getter 和 setter 方法。

5）学生考试详情实体类

在 entity 包下新建 ExamUser 类，用于描述学生考试详情实体。在 ExamUser 类中声明属性 id、examid、userid、result，并编写构造方法及属性对应的 getter 和 setter 方法。

6）考试试题详情实体类

在 entity 包下新建 ExamQuestion 类，用于描述考试试题详情实体。在 ExamQuestion 类中声明属性 id、examid、questionid，并编写构造方法及属性对应的 getter 和 setter 方法。

12.4.2 设计工具类

在项目开发中，经常会使用某些功能，将这些常用的功能代码封装在工具类中，可以简化开发过程，提高工作效率，并降低项目风险和依赖。

工具类放在项目 util 包下，下面分别介绍工具类的设计。

1. DBConnection 类

在 util 包下新建 DBConnection 类，用于获取数据库连接和关闭数据库连接。DBConnection 类的具体实现代码如下所示。

```
public class DBConnection {
    //1. 连接数据库相关参数
    private static final String DRIVERNAME="com.mysql.jdbc.Driver";
    private static final String URL="jdbc:mysql://localhost:3306/examsys";
    private static final String USER="root";
    private static final String PASSWORD="123456";
    //2. 加载驱动
    static {
      try {
                Class.forName(DRIVERNAME);
        } catch (ClassNotFoundException e) {
                e.printStackTrace();
```

```
            }
    }
    //3. 获取数据库连接
    public static Connection getConnection(){
                try {
                        return DriverManager.getConnection(URL, USER, PASSWORD);
                } catch (SQLException e) {
                        e.printStackTrace();
                }
                return null;
    }
    //4. 关闭连接
    public  static void close(Connection conn ){
            if(conn!=null) {
                try {
                        conn.close();
                } catch (SQLException e) {
                        e.printStackTrace();
                }
            }
    }
}
```

在上述代码中，DRIVERNAME、URL、USER、PASSWORD 为连接数据库的 4 个必要参数。通过 Class.forName(DRIVERNAME) 加载 MySQL 数据库驱动，并提供了连接数据库方法 getConnection() 和关闭数据库连接方法 close()。

2. MyToolUtil 类

在 util 包下新建 MyToolUtil 类，用于提供项目常用的功能，比如获取用户登录信息、获取屏幕高宽、日期类型判断、字符串解析为日期等。MyToolUtil 类的具体实现代码如下所示。

```
public class MyToolUtil {
    // 保留用户登录信息
    private static User user;
    // 获取屏幕宽
    public static int getScreenWidth() {
            Dimension screenSize = Toolkit.getDefaultToolkit().getScreenSize();
            return (int)screenSize.getWidth();
    }
    // 获取屏幕高
    public static int getScreenHeight() {
```

```
        Dimension screenSize = Toolkit.getDefaultToolkit().getScreenSize();
        return (int)screenSize.getHeight();
}
// 获取用户信息
public static User getUser() {
        return user;
}
// 设置用户信息
public static void setUser(User user) {
        MyToolUtil.user = user;
}
// 整数判断
public static  boolean  strToInt(String numberStr) {
    return  numberStr.matches("\\d+");
}
// 日期判断
public static boolean  strToDate(String dateStr) {
        SimpleDateFormat sdf=new SimpleDateFormat("yyyy-MM-dd HH:mm");
        try {
                Date date=sdf.parse(dateStr);
                return true;
        } catch (ParseException e) {
                return false;
        }
}
// 字符串解析为日期
public static Date strParseDate(String strDate) {
        SimpleDateFormat sdf=new SimpleDateFormat("yyyy-MM-dd HH:mm");
        try {
                return sdf.parse(strDate);
        } catch (ParseException e) {
                e.printStackTrace();
                return null;
        }
}
// 日期格式化
public static String formatDateStr(Date date) {
        SimpleDateFormat sdf=new SimpleDateFormat("yyyy-MM-dd HH:mm");
```

```
            return sdf.format(date);
        }
    }
```

在上述代码中，getScreenWidth() 与 getScreenHeight() 用于获取屏幕的宽高；getUser() 与 setUser (User user) 用于获取登录的用户信息和保存用户登录信息；StrToInt() 用于判断字符串是否整数内容；strToDate() 用于将字符串解析为“年 - 月 - 日 时 : 分”的格式。formatDateStr() 用于将日期转为“年 - 月 - 日 时 : 分”的格式。

至此，项目的前期准备就已经完成了。下面将针对老师和学生模块界面进行讲解。由于项目代码量大，而篇幅有限，在讲解功能模块时，只展示关键性的代码。完整的项目代码可参考学习资源中的“源代码 \ 第 12 章 \MyMicroExamSys”。

12.4.3 注册界面功能实现

学生可以在登录界面单击【注册】按钮跳转到注册界面，进行学生信息采集，最终将学生信息保存到用户表中。

从图 12.22 中可以看出，注册信息每项都是必填，同时要求班级信息需要从数据库班级表中查询，其次密码和确认密码要求一致。

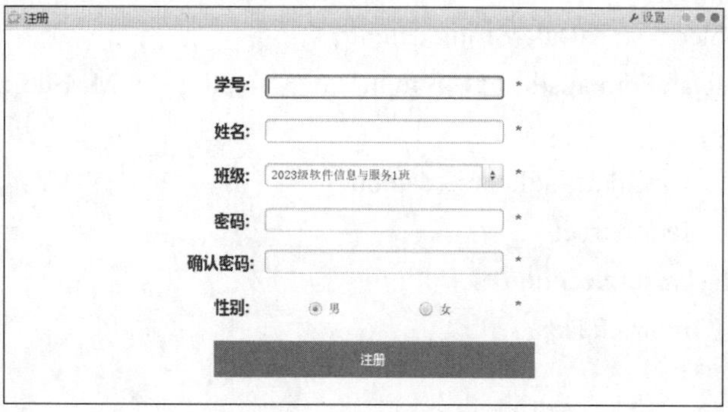

图12.22 注册界面

1. 编写注册界面

在 examJFrame 包中新建 Register 类，在该类中编写文本框、密码框、下拉框、单选按钮等组件构建注册界面。由于页面代码量较大，因此这里只讲解窗体屏幕居中显示、班级信息获取、学生账号注册等方面的内容。核心代码如下所示。

```
    // 窗体居中显示，大小为屏幕的 1/2
    setBounds(MyToolUtil.getScreenWidth()/4, MyToolUtil.getScreenHeight()/4, MyToolUtil.
getScreenWidth()/2, MyToolUtil.getScreenHeight()/2);

    // 下拉框的项，从数据库班级表获取
    classComboBox = new JComboBox();
    classComboBox.setBounds(331, 162, 299, 28);
    List<Classes> classList=classesDao.findClass();
    for(Classes cls  : classList ) {
```

```
        String itemStr=cls.getYear()+cls.getMajor()+cls.getClassname();
        classComboBox.addItem( itemStr  );
    }

    // 注册组件
    JLabel registerLabel = new JLabel(" 注册 ");
    registerLabel.setBackground(new Color(22,155,213));
    registerLabel.setFont(new Font(" 微软雅黑 ", Font.BOLD, 16));
    registerLabel.setForeground(Color.WHITE);
    registerLabel.setHorizontalAlignment(SwingConstants.CENTER);
    registerLabel.setBounds(266, 379, 403, 45);
    registerLabel.setOpaque(true);
```

上述代码中“注册”使用的并不是 JButton 按钮组件，而是 JLabel 标签组件。默认情况下，JLabel 是透明的，这意味着它不会覆盖其父组件的背景。但是，通过调用 setOpaque(true)，可以将 JLabel 设置为不透明，从而覆盖其父组件的背景。同时设置标签组件的背景色，字体颜色让其看起来像一个按钮。

2. 编写注册监听器

填写注册信息之后，单击【注册】按钮。首先对所填注册信息的正确性、完整性进行判断。无误后向数据库保存用户信息。【注册】监听器的实现代码如下所示。

```
registerLabel.addMouseListener(new MouseAdapter() {
    @Override
    public void mouseClicked(MouseEvent e) {
            // 校验注册信息
            User user=checkRegisterInfo();
            if(user==null) {
                    return;
            }
            // 查询班级对应的 id 值
            String className=classComboBox.getSelectedItem().toString();
            List<Classes> classList = classesDao.findClass();
            int classId=0;
            for(int i=0;i<classList.size();i++) {
                    String dbYear=classList.get(i).getYear();
                    String dbMajor=classList.get(i).getMajor();
                    String dbclassName=classList.get(i).getClassname();
                    if( className.equals( dbYear+dbMajor+dbclassName ) ) {
                            user.setClassId( classList.get(i).getId() );
                            break;
```

```
            }
        }
        // 开始注册
        UserDao userDao=new UserDao();
        boolean result=userDao.addUser(user);
        // 注册结果
        if(result) {
            JOptionPane.showMessageDialog(null," 注册成功 !");
            // 跳转回登录界面
            try {
                // 引入 beautyeye.jar 美化窗体外观
                org.jb2011.lnf.beautyeye.BeautyEyeLNFHelper.launch BeautyEyeLNF();
                Login login = new Login();
                login.setVisible(true);
            } catch (Exception exception) {
                exception.printStackTrace();
            }
            // 关闭当前界面
            register.dispose();
        }else {
            JOptionPane.showMessageDialog(null," 注册失败 !");
            }
        }
});
```

上述代码中主要实现的功能有：校验注册信息；查询数据库班级信息，获取注册的班级 id；将采集信息进行注册，新增记录到用户表；注册成功跳转至登录界面。

3. 编写 dao 层

在 dao 包中新建 ClassesDao 类，在 ClassesDao 类中编写 findClass() 方法，用于查询班级信息。findClass() 方法的实现代码如下所示。

```
public List<Classes> findClass(){
    ResultSet  rs=null;
    PreparedStatement stat=null;
    Connection conn=null;
    List<Classes> classList=new ArrayList<Classes>();
    try {
      // 查询数据库的 sql 语句
      String sql="select * from classes order by year desc";
      // 连接数据库
```

```
        conn = DBConnection.getConnection();
        // 预处理 sql 语句
        stat= conn.prepareStatement(sql);
        // 执行 sql 语句，获取结果集
        rs= stat.executeQuery();
        // 遍历结果集
        while( rs.next() ){
          // 通过列名获取对应的记录值
            int id=rs.getInt("id");
            String year=rs.getString("year");
          String major = rs.getString("major");
          String classname = rs.getString("classname");
          // 将该条记录放在实体对象中
          Classes classOne=new Classes(id,year,major,classname);
          classList.add(classOne);
        }
      }catch (Exception e) {
            e.printStackTrace();
          }finally {
                DBConnection.close(conn);
          }
      return  classList;
    }
```

上述代码中查询班级表 classes，以年级 year 进行降序排序，并将查询出来的班级信息保存在 List 集合。

在 dao 包中新建 UserDao 类，在 UserDao 类中编写 addUser() 方法，用于完成学生信息注册。addUser() 方法的实现代码如下所示。

```
    public boolean addUser(User user){
      PreparedStatement stat=null;
      Connection conn=null;
      boolean result = false;
      try {
        // 查询数据库的 sql 语句
        String sql="insert into user values (null,?,?,?, ?, ?, ?)";
        // 连接数据库
        conn = DBConnection.getConnection();
        // 预处理 sql 语句
        stat= conn.prepareStatement(sql);
```

```
        //为“?”赋值
        stat.setString( 1, user.getUserName());
        stat.setString( 2, user.getPassword());
        stat.setString( 3, user.getName());
        stat.setString( 4, user.getSex());
        stat.setInt( 5, user.getRole());
        stat.setInt( 6,user.getClassId());
        //执行 sql 语句
        int i= stat.executeUpdate();
        result= i>0?true :false;
    }catch (Exception e) {
            e.printStackTrace();
    }finally {
            DBConnection.close(conn);
    }
    return  result;
}
```

上述代码将用户信息添加到用户表 user 中。如果注册成功，则返回 ture；注册失败则返回 false。

12.4.4 登录界面功能实现

从图 12.23 和图 12.24 中可以看出，如果在【权限】中选择“学生”，登录界面中会有【注册】按钮，学生可以先注册账号成功，再进行登录操作。如果在【权限】中选择“老师”，登录界面中不会有【注册】按钮，统一提供 admin 账号给老师登录后台。

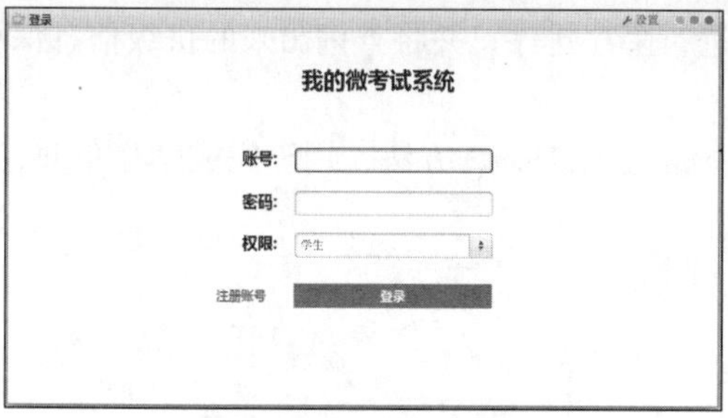

图12.23　学生登录界面

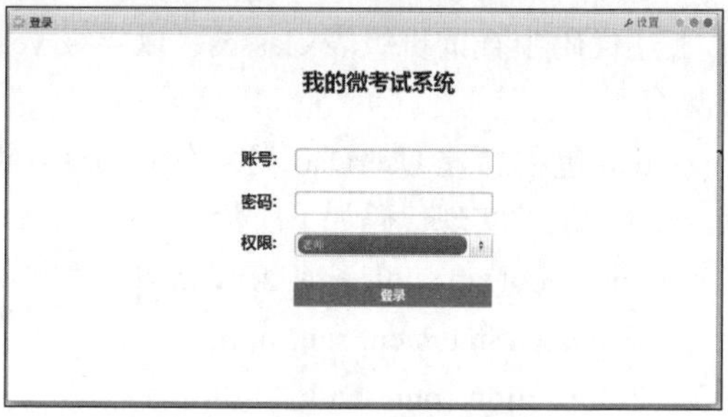

图12.24　老师登录界面

在 examJFrame 包中新建 Login 类，在该类中编写文本框、密码框、下拉框、标签等组件构建登录界面。界面组件代码的编写比较简单，这里主要讲解登录监听器的实现。

1. 编写登录监听器

登录监听器的实现代码如下所示。

```
loginLabel.addMouseListener(new MouseAdapter() {
    @Override
    public void mouseClicked(MouseEvent e) {
```

```
            //校验登录信息
            User loginInfo=checkLoginInfo();
            if(loginInfo==null) {
                    return;
            }
            //查询用户表
            User user=userDao.findUser(loginInfo);
            if( user==null ) {
                    JOptionPane.showMessageDialog(null, " 账号 / 密码不正确！ ");
                    return;
            }

            //登录成功，跳转
            EventQueue.invokeLater(new Runnable() {
                    public void run() {
                            try {
                                    //引入 beautyeye.jar 美化窗体外观
                            org.jb2011.lnf.beautyeye.BeautyEyeLNFHelper.launchBeautyEyeLNF();
                                    //保存用户信息
                                    MyToolUtil.setUser(user);
                                    //学生登录前台考试
                                    if(loginInfo.getRole()==0) {
                                            FrontHistorys frame = new FrontHistorys();
                                            frame.setVisible(true);
                                    }
                                    //老师登录后台管理
                                    if(loginInfo.getRole()==1){
                                            AdminIndex frame = new AdminIndex();
                                            frame.setVisible(true);
                                    }
                            } catch (Exception e) {
                                    e.printStackTrace();
                            }
                    }
            });
            //关闭当前界面
            login.dispose();
    }
});
```

```
public User  checkLoginInfo() {
        // 获取账号
        String username=usernameField.getText();
        // 获取密码
        //JPasswordField.getText() 方法已被弃用，改用 getPassword() 方法
        char[] chrs= passwordField.getPassword();
        String password=new String(chrs);
        // 获取角色
        int role=roleComboBox.getSelectedIndex();
        // 检验账号和密码是否填入
        if( "".equals(username) || "".equals(password)  ) {
            JOptionPane.showMessageDialog(null, " 账号 / 密码必填！ ");
            return null;
        }
        User user=new User();
        user.setUserName(username);
        user.setPassword(password);
        user.setRole(role);
        return user;
}
```

上述代码中主要实现的功能有：校验账号、密码和权限信息是否必填；根据账号、密码和权限查询数据库用户表，判断是否登录成功；登录成功，跳转界面，学生跳转到前台考试的【历史记录】界面，老师跳转到后台主界面；在登录成功时，保存用户信息。

2. 编写 dao 层

在 dao 包的 UserDao 类中编写 findUser() 方法，用于根据账号、密码和权限查询用户信息，以此判断是否登录成功。findUser() 方法的实现代码如下所示。

```
public User findUser(User loginInfo){
    ResultSet  rs=null;
    PreparedStatement stat=null;
    Connection conn=null;
    User user=null;
    try {
      // 查询数据库的 sql 语句
      String sql="select * from user where username=? and password=? and role=?";
      // 连接数据库
      conn = DBConnection.getConnection();
      // 预处理 sql 语句
      stat= conn.prepareStatement(sql);
```

```
    //为 "?" 赋值
    stat.setString( 1, loginInfo.getUserName());
    stat.setString( 2, loginInfo.getPassword());
    stat.setInt( 3, loginInfo.getRole());
    //执行 sql 语句，获取结果集
    rs= stat.executeQuery();
    //遍历结果集
    if( rs.next() ){
      //通过列名获取对应记录值
      int id=rs.getInt("id");
      String userName = rs.getString("username");
      String pwd = rs.getString("password");
      String name=rs.getString("name");
      String sex=rs.getString("sex");
      int rl=rs.getInt("role");
      int classId=rs.getInt("classid");
      //将该条记录放在实体对象中
      user=new User();
      user.setId(id);
      user.setUserName(userName);
      user.setPassword(pwd);
      user.setName(name);
      user.setSex(sex);
      user.setRole(rl);
      user.setClassId(classId);
    }
  }catch (Exception e) {
       e.printStackTrace();
       }finally {
              DBConnection.close(conn);
       }
  return  user;
}
```

上述代码中，根据账号、密码和权限来查询用户表。如果能够查询该用户信息，则返回用户对象。如果查询不到，则返回 null。

12.4.5 老师的后台主界面功能实现

老师登录进入后台主界面，可以看到有【创建考试】按钮和【历史记录】按钮，并且可以单击【退出】按钮回到登录界面，如图 12.25 所示。

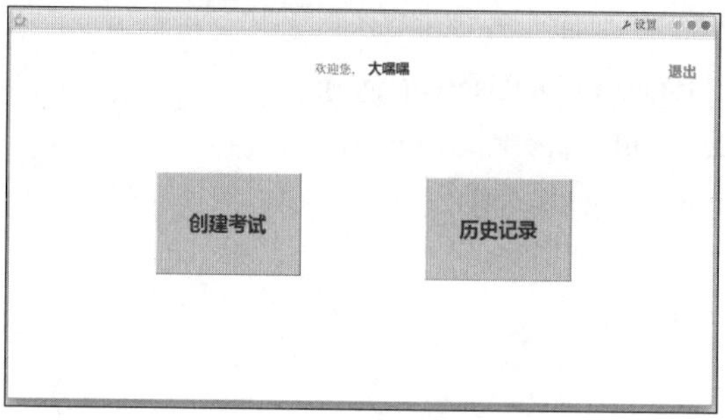

图12.25 后台主界面

1. 编写后台主界面

在 examJFrame 包中新建 AdminIndex 类，这里讲解如何显示用户名、退出和创建考试，代码如下所示。

```
JLabel createExamLabel = new JLabel(" 创建考试 ");
createExamLabel.setBackground( Color.ORANGE );
createExamLabel.setFont(new Font(" 微软雅黑 ", Font.BOLD, 25));
createExamLabel.setOpaque(true);
createExamLabel.setHorizontalAlignment(SwingConstants.CENTER);
createExamLabel.setBounds(189, 171, 188, 129);
createExamLabel.setBorder( new SoftBevelBorder( SoftBevelBorder.RAISED) );
contentPane.add(createExamLabel);

JLabel userLabel = new JLabel();
userLabel.setText( MyToolUtil.getUser().getName() );
userLabel.setFont(new Font(" 微软雅黑 ", Font.BOLD, 18));
userLabel.setBounds(461, 18, 87, 42);
contentPane.add(userLabel);
// 退出
JLabel exitLabel = new JLabel(" 退出 ");
exitLabel.setFont(new Font(" 微软雅黑 ", Font.BOLD, 18));
exitLabel.setForeground(new Color(22, 155, 213));
exitLabel.setBounds(847, 27, 65, 24);
contentPane.add(exitLabel);
```

MyToolUtil.getUser().getName() 表示通过工具类获取登录用户信息。

2. 编写退出监听器

老师单击【退出】按钮，即可跳转到登录界面。其实现代码如下所示。

```
exitLabel.addMouseListener(new MouseAdapter() {
  @Override
  public void mouseClicked(MouseEvent e) {
```

```
            //退出，将登录信息删除
            MyToolUtil.setUser(null);
            //跳转到登录界面
      try {
                    //引入 beautyeye.jar 美化窗体外观。
                    org.jb2011.lnf.beautyeye.BeautyEyeLNFHelper.launchBeautyEyeLNF();
                            Login login = new Login();
                            login.setVisible(true);
                    } catch (Exception exception) {
                            exception.printStackTrace();
            }
            //关闭当前界面
            adminIndex.dispose();
    }
});
```

在退出时，不仅跳转到登录界面，还需将登录信息删除，即 MyToolUtil.setUser(null)。

3. 编写创建考试监听器

老师单击【创建考试】按钮，将会跳转至试题输入界面，其实现代码如下所示。

```
createExamLabel.addMouseListener(new MouseAdapter() {
    @Override
    public void mouseClicked(MouseEvent e) {
            try {
                    //引入 beautyeye.jar 美化窗体外观
                    org.jb2011.lnf.beautyeye.BeautyEyeLNFHelper.launch BeautyEyeLNF();
                    AdminExamQuestions frame = new AdminExam Questions();
                    frame.setVisible(true);
            } catch (Exception exception) {
                    exception.printStackTrace();
            }
            //关闭当前界面
            adminIndex.dispose();
    }
});
```

12.4.6 老师的添加试题界面功能实现

老师登录进入后台主界面，单击【创建考试】按钮跳转到试题输入界面。在该界面中可以单击【添加试题】按钮进行试题的输入。也可以先单击【下载试题模板】选项将 .xls 文档下载到本地，根据模板要求完善题库，然后通过【导入试题模板】按钮批量添加试题。试题将在下方区域显示，如图 12.26 和图 12.27 所示，并且还提供了【编辑】与【删除】功能。

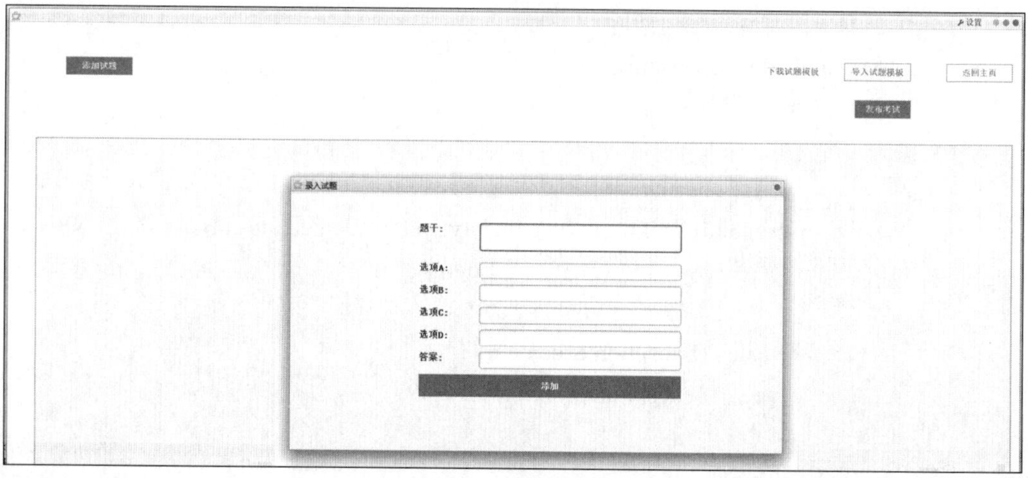

图12.26　添加试题对话框

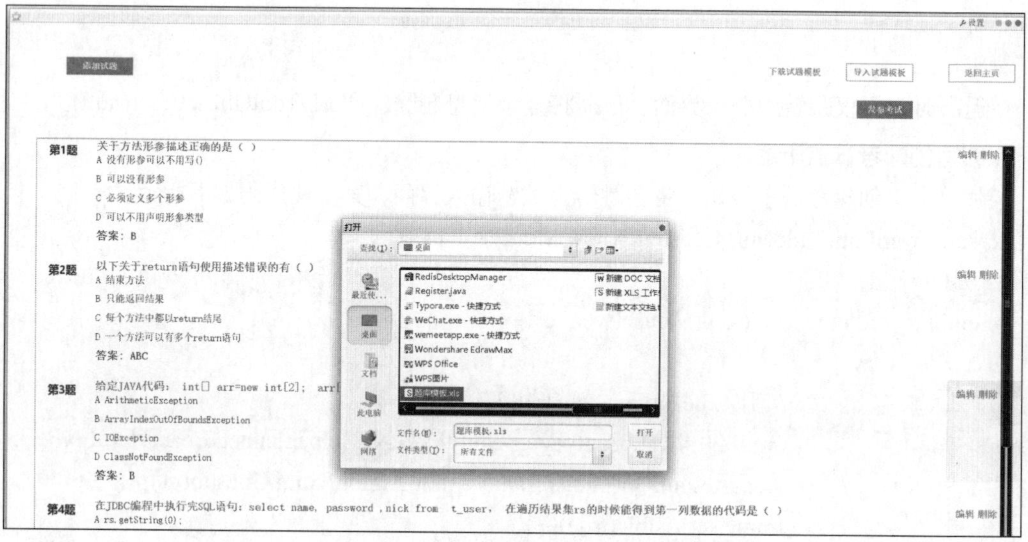

图12.27　导入试题模板对话框

在 examJFrame 包中新建 AdminExamQuestions 类，在该类中编写标签、对话框、面板、滚动面板、文件选择器等组件构建试题输入界面。因为该界面中包含了【添加试题】、【下载试题模板】、【导入试题模板】、【返回主页】和【发布考试】等功能，代码量较大。这里只对【导入试题模板】的核心代码进行讲解，让读者能够掌握 poi.jar 第三方包解析 Excel 文件。详细代码可参考学习资源中项目配套的源代码。

通过 JFileChooser 文件选择器读取本地题库模板 .xls，并对其内容进行解析，然后将试题显示在滚动面板中。核心代码如下所示。

```
JLabel upLoadLabel = new JLabel(" 导入试题模板 ");
upLoadLabel.setBorder(new LineBorder(new Color(22, 155, 213)));
upLoadLabel.setHorizontalAlignment(SwingConstants.CENTER);
upLoadLabel.setForeground(new Color(22, 155, 213));
```

```
upLoadLabel.setFont(new Font(" 宋体 ", Font.BOLD, 15));
upLoadLabel.setBounds(1540, 56, 122, 32);
// 单击导入题库
upLoadLabel.addMouseListener(new MouseAdapter() {
  @Override
  public void mouseClicked(MouseEvent e) {
  JFileChooser fileChooser=new JFileChooser();
  // 弹出一个【打开文件】文件选择器默认对话框
  fileChooser.showOpenDialog(null);
  // 设置【保存文件】文件选择器对话框的标题
  fileChooser.setDialogTitle(" 导入 ......");
  // 获取导入的题库 .xls
  File file = fileChooser.getSelectedFile();
  // 通过 POI.jar 解析 Excel 文件
  try {
          List<Question> questionsXls = parseXls(file);
          // 清空原有试题
          questionList.clear();
          // 将导入试题添加到试题集
          for( Question item :questionsXls) {
                          questionList.add(item);
          }
          // 显示试题
          showQuestionList();
          } catch (Exception e1) {
                  e1.printStackTrace();
          }
  }
});
```

上述代码中使用 JFileChooser 弹出一个文件选择器对话框。在对话框中选择导入的文件（题库模板 .xls）。通过 parseXls() 方法读取“题库模板 .xls”中的试题信息。通过 showQuestionList() 方法将试题显示在滚动面板中。下面是 parseXls() 的代码。

```
public List<Question> parseXls( File file) throws Exception{
  // 保存解析的试题
  List<Question> questions=new ArrayList<Question>();
  //workbook 表示整个 Excel 文件
  Workbook workbook=new HSSFWorkbook(  new FileInputStream(file) );
  // 获取 Excel 文件的第一个工作簿（考试题所在的工作簿）
  Sheet sheet = workbook.getSheetAt(0);
```

```
        // 遍历该工作簿，每行对应一道题（行首此外）
        for(int i=sheet.getFirstRowNum()+1;i<=sheet.getLastRowNum();i++) {
                Row row = sheet.getRow(i);
                Question question=new Question();
                question.setTitle(row.getCell(0).getStringCellValue());
                question.setA(row.getCell(1).getStringCellValue());
                question.setB(row.getCell(2).getStringCellValue());
                question.setC(row.getCell(3).getStringCellValue());
                question.setD(row.getCell(4).getStringCellValue());
                question.setAnswer(row.getCell(5).getStringCellValue().trim().toUpperCase());
                // 试题存放集合
                questions.add(question);
        }
        return questions;
    }
```

输入试题只保存在试题集合中，并没有添加到数据库表中，还需要在发布考试界面设置好考试标题、考试时间、时长等信息后才将相关的数据添加至数据库表中。

12.4.7 老师的发布考试界面功能实现

老师输入试题后，单击【发布考试】按钮进入发布考试界面。从图 12.28 中可以看出，老师需要填写考试标题、考试时间段、卷面分值和试卷说明，并且要求【开始时间】需要满足日期格式 yyyy-MM-dd HH:mm；【时长（分）】与【设置分值】需要为整数；【试题总分】由输入的试题数量和分值的乘积决定。

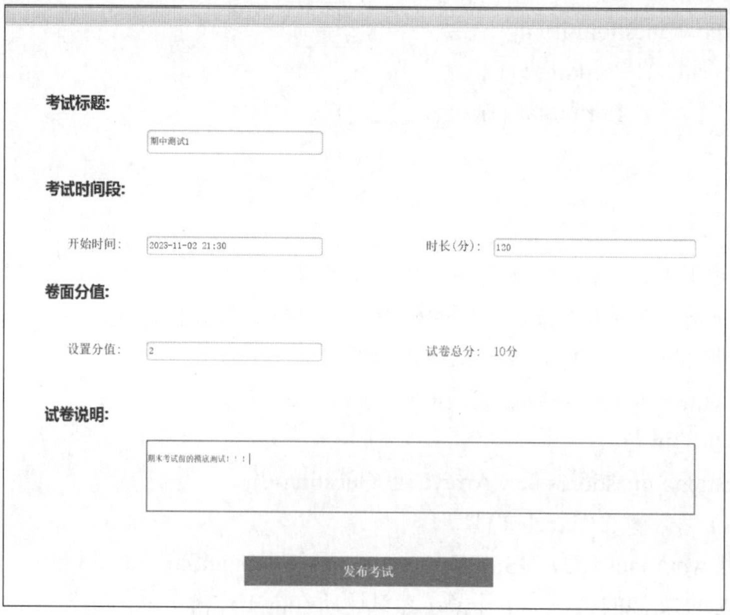

图12.28　发布考试界面

1. 编写发布考试界面

在 examJFrame 包中新建 AdminPublishExam 类，这里只讲解【发布考试】按钮和构造方法参数设置，代码如下所示。

```
public class AdminPublishExam extends JFrame {
    public AdminPublishExam(List<Question> questionList ) {
            JLabel createExamLabel = new JLabel(" 发布考试 ");
            createExamLabel.setFont(new Font(" 宋体 ", Font.BOLD, 20));
            createExamLabel.setForeground(Color.WHITE);
            createExamLabel.setOpaque(true);
            createExamLabel.setHorizontalAlignment(SwingConstants.CENTER);
            createExamLabel.setBackground(new Color(22, 155, 213));
            createExamLabel.setBounds(714, 834, 405, 47);
            contentPane.add(createExamLabel);
    }
}
```

上述代码中，其构造方法设置了形参 (List<Question> questionList)，该参数代表试题集合。当用户从上一个界面跳转至该界面时，将试题保存在 questionList 变量中。

2. 编写发布考试监听器

在填写考试信息的过程中，使用失焦事件监听开始时间、时长与设置分值数据是否满足要求。由于篇幅原因，这里主要讲解发布考试功能，代码如下所示。

```
createExamLabel.addMouseListener(new MouseAdapter() {
    @Override
    public void mouseClicked(MouseEvent e) {
            // 获取界面信息
            String title=titleTextField.getText();
            String startDate=dateTextField.getText();
            String duration=durationTextField.getText();
            String score=scoreTextField.getText();
            String description=descTextArea.getText();
            if("".equals(title) || "".equals(startDate) || "".equals (duration) || "".equals(score) ||
                "".equals(description) ) {
                    JOptionPane.showMessageDialog(null, " 考试录入项均为必填 !");
                    return;
            }
            // 将字符串解析为日期
            Date date = MyToolUtil.strParseDate(startDate);
            Exam exam=new Exam();
            exam.setTitle(title);
            exam.setStarttime( date==null ? new Date() : date );
```

```
            exam.setDuration( Integer.parseInt(duration) );
            exam.setScore( Integer.parseInt(score)  );
            exam.setDesc(description);

            //exam 表添加记录
            ExamDao examDao=new ExamDao();
            int examId=examDao.addExam(exam);

            // 试题集 questionList 添加到 question 表
            QuestionDao questionDao=new QuestionDao();
            List<Integer> questionIds=new ArrayList<Integer>();// 试题自增 id
            for(Question question  : questionList ) {
                    int questionId=questionDao.addQuestion(question);
                    questionIds.add(questionId);
            }

            //exam-question 表添加记录
            ExamQuestionDao eqDao=new ExamQuestionDao();
            for( Integer qid : questionIds) {
                    ExamQuestion eq=new ExamQuestion();
                    eq.setExamid(examId);
                    eq.setQuestionid(qid);
                    eqDao.addQuestion(eq);
            }

            // 跳转到历史记录界面
            try {
                    // 引入 beautyeye.jar 美化窗体外观
                    org.jb2011.lnf.beautyeye.BeautyEyeLNFHelper.launchBeauty EyeLNF();

                    AdminHistorys frame = new AdminHistorys();
                    frame.setVisible(true);
            } catch (Exception exception) {
                    exception.printStackTrace();
            }
            // 关闭当前界面
            adminCreateExam.dispose();
    }
});
```

上述代码主要实现的功能有：获取界面录入信息；向数据库 exma 表中添加记录；向数据库 question 表中添加该场考试对应的试题集；向数据库 exam-question 表中添加记录；跳转至考试的【历史记录一览】界面。

3. 编写 dao 层

在 dao 包中新建 ExamDao 类，在 ExamDao 类中编写 addExam() 方法，用于添加考试信息，并返回该记录自增的 id。addExam() 方法的实现代码如下所示。

```
public int addExam(Exam exam){
  int generatId = 0;  // 表示未添加记录
  PreparedStatement stat=null;
  Connection conn=null;
  try {
    // 查询数据库的 sql 语句
    String sql="insert into exam values (null, ?, ?, ?, ?, ?)";
    // 连接数据库
    conn = DBConnection.getConnection();
    // 预处理 sql 语句，Statement.RETURN_GENERATED_KEYS 确保返回自增 id 值
    stat= conn.prepareStatement(sql,Statement.RETURN_GENERATED_KEYS);
    // 为 sql 语句中的参数赋值
    stat.setString(1, exam.getTitle());
    stat.setTimestamp(2,new java.sql.Timestamp(exam.getStarttime().getTime()));
    stat.setInt(3, exam.getDuration());
    stat.setInt(4, exam.getScore());
    stat.setString(5, exam.getDesc());
    // 执行 sql 语句，获取结果集
    int i= stat.executeUpdate();
    if(i >0  ) {
      // 获取自增的 id 值
      ResultSet rs = stat.getGeneratedKeys();
      if( rs.next()) {
          generatId=rs.getInt(1);
      }
    }
  }catch (Exception e) {
          e.printStackTrace();
  }finally {
          DBConnection.close(conn);
  }
  return  generatId;
}
```

上述代码中向 exam 表中添加记录，并通过 Statement.RETURN_GENERATED_KEYS 和 get GeneratedKeys() 获取数据库自增的 id 值。

在 dao 包中新建 QuestionDao 类，在 QuestionDao 类中编写 addQuestion() 方法，用于添加该场考试对应的试题，并返回该记录自增的 id。addQuestion() 方法的实现代码如下所示。

```
public int addQuestion(Question question){
  int generatId = 0;  // 表示未添加记录
  PreparedStatement stat=null;
  Connection conn=null;
  try {
    // 查询数据库的 sql 语句
    String sql="insert into question values (null, ?, ?, ?, ?, ?,?)";
    // 连接数据库
    conn = DBConnection.getConnection();
    // 预处理 sql 语句，Statement.RETURN_GENERATED_KEYS 确保返回自增的 id 值
    stat= conn.prepareStatement(sql,Statement.RETURN_GENERATED_ KEYS);
    // 为 sql 语句中的参数赋值
    stat.setString( 1, question.getTitle());
    stat.setString( 2, question.getA());
    stat.setString( 3, question.getB());
    stat.setString( 4, question.getC());
    stat.setString( 5, question.getD());
    stat.setString( 6, question.getAnswer());
    // 执行 sql 语句，获取结果集
    int i= stat.executeUpdate();
    if(i >0  ) {
          // 获取自增的 id 值
          ResultSet rs = stat.getGeneratedKeys();
          if( rs.next()) {
                   generatId=rs.getInt(1);
          }
    }

  }catch (Exception e) {
          e.printStackTrace();
  }finally {
          DBConnection.close(conn);
  }
  return  generatId;
```

```
}
```

在 dao 包中新建 ExamQuestionDao 类，在 ExamQuestionDao 类中编写 addQuestion() 方法，用于描述考试对应试题 1 ： n 关系的记录。addQuestion() 方法的实现代码如下所示。

```
public boolean addQuestion(ExamQuestion eq){
    PreparedStatement stat=null;
    Connection conn=null;
    boolean result=false;
    try {
      // 查询数据库的 sql 语句
      String sql="insert into exam_question values (null, ?, ?)";
      // 连接数据库
      conn = DBConnection.getConnection();
      // 预处理 sql 语句
      stat= conn.prepareStatement(sql);
      // 为 sql 语句中的参数赋值
      stat.setInt( 1, eq.getExamid());
      stat.setInt( 2, eq.getQuestionid());
      // 执行 sql，获取结果集
      int i= stat.executeUpdate();
      result= i>0?true:false;
    }catch (Exception e) {
          e.printStackTrace();
          }finally {
                    DBConnection.close(conn);
          }
    return  result;
  }
```

12.4.8 老师的历史记录一览界面功能实现

老师登录进入后台主界面，单击【历史记录】按钮或是发布考试成功，均会跳转到【历史记录一览】界面。从图 12.29 中可以看出，表格中列出来了老师发布的所有考试记录，同时可以在搜索栏中搜索考试标题。

历史记录一览
设置
考试标题：
查询
返回主页
序号
考试标题
考试时间段
试卷介绍
考试状态
1
期中测试1
2023-11-02 21:30`2023-11-02 23:30
期末考试前的摸底测试！！！
正在考试
2
期末测试1
2023-11-01 10:00`2023-11-01 14:00
期末考试前的摸底测试
考试结束
3
期中测试2
2023-10-31 20:01`2023-10-31 22:01
这是一个期中考前测试2
考试结束
4
期中模拟测试1
2023-10-30 13:30`2023-10-30 15:30
这是期中前的一次摸底测试
考试结束

图12.29 【历史记录一览】界面

1. 编写【历史记录一览】界面

在 examJFrame 包中新建 AdminHistorys 类，在该类中编写文本框、标签、滚动面板、表格等组件构建【历史记录一览】界面。这里只讲解历史记录表格，代码如下所示。

```
public class AdminHistorys extends JFrame {
    private List<Integer> idList=new ArrayList<Integer>(); // 维护表格行 id 集
    private ExamDao examDao=new ExamDao();
    private List<Exam> examList ;
    private JScrollPane scrollPane ;

    public AdminHistorys() {
            JScrollPane scrollPane = new JScrollPane();
            scrollPane.setBounds(0, 124, MyToolUtil.getScreenWidth()-18, My ToolUtil.
getScreenHeight()-247);
            contentPane.add(scrollPane);
            // 表头信息
            String[] heads= {" 序号 "," 考试标题 "," 考试时间段 "," 试卷介绍 "," 考试状态 "};
            Object[][] data= {
    {1," 期中测试 1","2023-11-01 8:30~2023-11-01 9:30"," 一次模拟测试 "," 考试结束 "},
    {2," 期中测试 2","2023-11-02 8:30~2023-11-02 9:30"," 二次模拟测试 "," 正在考试 "},
    {3," 期中测试 3","2023-11-03 8:30~2023-11-03 9:30"," 三次模拟测试 "," 未开考 "},
            };
            historyTable = new JTable(data,heads);
            historyTable.setRowHeight(40);
            scrollPane.setViewportView(historyTable);
    }
}
```

上述代码执行后，界面显示 3 条模拟考试信息数据。因为考试信息并不是从数据库查询而来，所以接下来需要查询考试表，并使用 JTable 表格组件进行展示。

2. 编写表格

在表格中显示考试信息，并按照考试开始时间倒序排序。如果考试内容很多，将会显示滚动条。代码如下所示。

```
            // 表头信息
            String[] heads= {" 序号 "," 考试标题 "," 考试时间段 "," 试卷介绍 "," 考试状态 "};
            // 查询 exam 表的考试历史记录
            examList = examDao.findExamAll();
            Object[][] data=generateTableData(examList);
            historyTable = new JTable(data,heads);
            historyTable.setRowHeight(40);
```

```
        scrollPane.setViewportView(historyTable);
    public Object[][] generateTableData( List<Exam> examList) {
        //定义表数据
        Object[][] data=new Object[ examList.size() ][5];
        for(int i=0;i<data.length;i++) {
            //一条考试记录 = 一条表数据
            String orderNo=(i+1)+"";
            String title=examList.get(i).getTitle();
            //根据开始考试时间和时长，得到时间段：2023-05-06 8:30~2023-05-06 10:30
            Date starttime=examList.get(i).getStarttime();
            int duration=examList.get(i).getDuration();
            String t1=MyToolUtil.formatDateStr(starttime);
            //统一单位（毫秒）：开始考试时间 + 时长 = 结束考试时间
            long start1=starttime.getTime();
            long start2=duration*60*1000+start1;
            String t2=MyToolUtil.formatDateStr(new Date(start2));
            String tt=t1+"~"+t2;
            String desc=examList.get(i).getDesc();
            //考试状态：未开考、正在考试、考试结束
            String statusStr=" 未开考 ";
            long currentTime=System.currentTimeMillis();
            if(currentTime < start1) { // 当前时间小于开考时间
                statusStr=" 未开考 ";
            }else if(currentTime >= start1 && currentTime <=start2) {
             /* 当前时间在考试时间范围内 */
                statusStr=" 正在考试 ";
            }else {
                statusStr=" 考试结束 ";
            }
            String[]  dateItem= new String[]{orderNo,title,tt,desc,statusStr};
            //按表格行顺序保存其 id 值
            idList.add(examList.get(i).getId());
            //二维数据保存表数据
        data[i]=dateItem;
      }
     return data;
    }
```

上述代码中包含的主要的功能如下。

（1）根据开始考试时间和时长得到考试时间段。比如考试开始时间为 2023-05-06 08:30，时长

为 120 分钟，考试时间段为 2023-05-06 08:30~2023-05-06 10:30。

（2）获取当前时间，并判断是否在考试时间段之间，以此获得考试状态（未开考、正在考试和考试结束）。

（3）将考试信息保存在二维数组中，用于在表格中进行展示。

3. 编写表格选择监听器

在考试信息列表中，单击其中一行。如果考试状态为未开考和正在考试，则提示“请考试结束后查看详情”。如果考试状态为“考试结束”，则跳转到成绩详情界面。实现代码如下所示。

```
    public void tableListener(AdminHistorys adminHistorys) {
        // 获取表格的选择模型
        ListSelectionModel tableModel = historyTable.getSelectionModel();
        // 添加一个列表选择监听器
        tableModel.addListSelectionListener(new ListSelectionListener() {
                @Override
                public void valueChanged(ListSelectionEvent e) {
                        // 处理单击事件
                        int selectRow=historyTable.getSelectedRow();
                        if(selectRow<0) {
                                JOptionPane.showMessageDialog(null, " 没有行被选中 !");
                        }else {
                                // 获取选定行的标题
                                String selectRowTitle=(String) historyTable.getValueAt
                                                (selectRow, 1);
                                // 获取选定行的状态
                                String stausStr=(String) historyTable.getValueAt( selectRow, 4);
                                if(" 未开考 ".equals(stausStr)) {
                                        JOptionPane.showMessageDialog(null, " 请考试结
                                                        束后查看详情 ");
                                }else if(" 正在考试 ".equals(stausStr)) {
                                        JOptionPane.showMessageDialog(null, " 请考试结
                                                        束后查看详情 ");
                                }else if(" 考试结束 ".equals(stausStr)) {
                                        // 跳转学生成绩
                                        try {
                                                // 引入 beautyeye.jar 美化窗体外观
org.jb2011.lnf.beautyeye.BeautyEyeLNFHelper.launchBeautyEyeLNF();
                                                int examId=idList.get(selectRow);
                                                    // 该行的考试 id
                                                AdminHistoryDetail frame = new
```

```
AdminHistoryDetail( examId,selectRowTitle);
                                        frame.setVisible(true);
                                    } catch (Exception exception) {
                                        exception.printStackTrace();
                                    }
                                    // 关闭当前界面
                                    adminHistorys.dispose();
                              }else {
                                    JOptionPane.showMessageDialog(null, " 考试状态
                                            有误，请联系开发者 ");
                              }
                        }
                  }
            });
      }
```

4. 编写 dao 层

在 ExamDao 类中编写 findExamAll() 方法，用于查询发布的所有考试信息。findExamAll() 方法的实现代码如下所示。

```
public List<Exam> findExamAll(){
    ResultSet  rs=null;
    PreparedStatement stat=null;
    Connection conn=null;
    List<Exam> examList=new ArrayList<Exam>();
    try {
      // 查询数据库的 sql 语句
      String sql="select * from exam order by starttime desc";
      // 连接数据库
      conn = DBConnection.getConnection();
      // 预处理 sql 语句
      stat= conn.prepareStatement(sql);
      // 为 sql 语句中的参数赋值
      // 执行 sql 语句，获取结果集
      rs= stat.executeQuery();
      // 遍历结果集
      while( rs.next() ){
        // 通过列名获取对应的记录值
        int id =rs.getInt("id");
        String title=rs.getString("title");
```

```
            Timestamp starttime = rs.getTimestamp("starttime");
            int duration=rs.getInt("duration");
            String desc=rs.getString("desc");
            // 将该条记录放在实体对象中
            Exam exam=new Exam();
            exam.setId(id);
            exam.setTitle(title);
            exam.setStarttime(starttime);
            exam.setDuration(duration);
            exam.setDesc(desc);
            examList.add(exam);
        }
    }catch (Exception e) {
            e.printStackTrace();
        }finally {
                DBConnection.close(conn);
        }
    return  examList;
}
```

上述代码中查询考试表 exam，以考试开始时间 starttime 进行降序排序，并将查询出来的考试信息保存在集合中。

12.4.9 老师的考试详情界面功能实现

学生考试结束后，老师可以在成绩详情界面中查看学生的考试情况。从图 12.30 中可以看出，界面显示了考试标题、参考人数、返回主页、成绩列表。

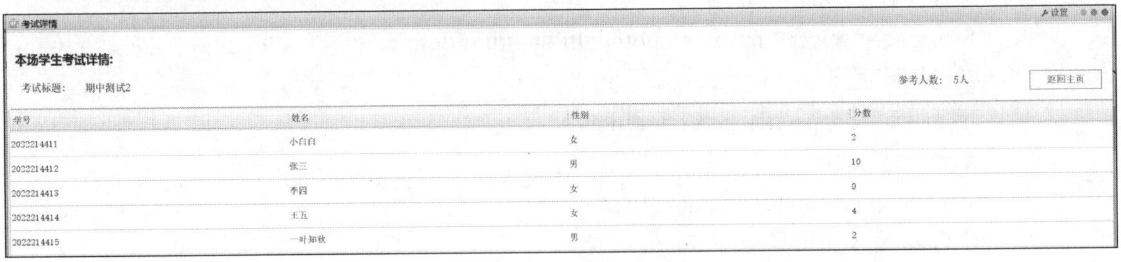

考试详情
设置
本场学生考试详情:
考试标题:
期中测试2
参考人数: 5人
返回主页
学号
姓名
性别
分数
2022214411
小白白
女
2
2022214412
张三
男
10
2022214413
李四
女
0
2022214414
王五
女
4
2022214415
一叶知秋
男
2

图12.30　考试详情界面

1. 编写考试详情界面

在 examJFrame 包中新建 AdminHistoryDetail 类。由于在前面章节已经讲过成绩列表的类似功能，这里不再赘述，这里主要讲解如何显示考试标题和参考人数，代码如下所示。

```
public class AdminHistoryDetail extends JFrame {
    public AdminHistoryDetail(int examId,String selectRowTitle) {
            lblNewLabel_1 = new JLabel(" 考试标题 : ");
```

```
        lblNewLabel_1.setFont(new Font(" 宋体 ", Font.PLAIN, 17));
        lblNewLabel_1.setBounds(24, 81, 101, 18);
        contentPane.add(lblNewLabel_1);

        titleLabel = new JLabel();
        titleLabel.setText(selectRowTitle);
        titleLabel.setFont(new Font(" 宋体 ", Font.PLAIN, 17));
        titleLabel.setBounds(132, 82, 550, 18);
        contentPane.add(titleLabel);

        lblNewLabel_2 = new JLabel(" 参考人数 : ");
        lblNewLabel_2.setFont(new Font(" 宋体 ", Font.PLAIN, 17));
        lblNewLabel_2.setBounds(1504, 81, 101, 18);
        contentPane.add(lblNewLabel_2);

        // 查询该场考试学生
        List<ExamUser> examUserList = examUserDao.findByExamId(examId);
        countLabel = new JLabel();
        countLabel.setText(examUserList.size()+ " 人 " );
        countLabel.setFont(new Font(" 宋体 ", Font.PLAIN, 17));
        countLabel.setBounds(1597, 81, 101, 18);
        contentPane.add(countLabel);
    }
}
```

2. 编写 dao 层

在 ExamUserDao 类中编写 findByExamId() 方法，根据考试 id 查询参加本场考试的学生成绩。findByExamId() 方法的实现代码如下所示。

```
public List<ExamUser> findByExamId(int examId){
    ResultSet  rs=null;
    PreparedStatement stat=null;
    Connection conn=null;
    List<ExamUser> examUserList=new ArrayList<ExamUser>();
    try {
      // 查询数据库的 sql 语句
      String sql="select * from exam_user where examid=? order by userid";
      // 连接数据库
      conn = DBConnection.getConnection();
      // 预处理 sql 语句
```

```
            stat= conn.prepareStatement(sql);
            // 为 sql 语句中的参数赋值
            stat.setInt(1, examId);
            // 执行 sql 语句，获取结果集
            rs= stat.executeQuery();
            // 遍历结果集
            while( rs.next() ){
                // 通过列名获取对应记录值
                int userid=rs.getInt("userid");
                String result=rs.getString("result");
                // 将该条记录放在实体对象中
                ExamUser examUser=new ExamUser();
                examUser.setExamid(examId);
                examUser.setUserid(userid);
                examUser.setResult(result);
                examUserList.add(examUser);
            }
        }catch (Exception e) {
                e.printStackTrace();
            }finally {
                    DBConnection.close(conn);
            }
        return  examUserList;
    }
```

12.4.10 学生的【历史记录一览】界面功能实现

学生登录成功后，跳转到【历史记录一览】界面。从图 12.31 中可以看出，学生可以在考试列表区查看老师发布的考试情况，还可以按考试标题进行搜索，也可以单击【我参加的考试】按钮查看学生曾经参加的考试记录。

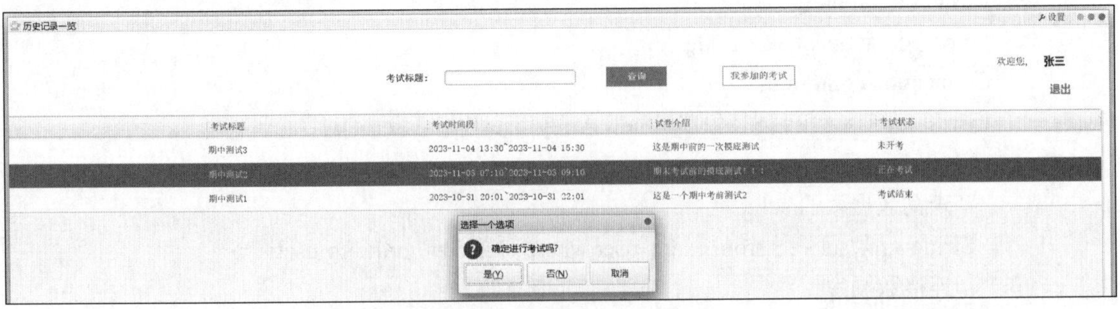

图12.31 【历史记录一览】界面

如果考试状态为“未开考”，则提示“还未开考，不能参加考试”；如果考试状态为“正在考试”，则提示“确定进行考试吗？”，此时学生可以选择进行考试；如果考试状态为“考试结束”，则跳转到成绩查询界面，查看本次考试的分数和答案详情情况。

学生的【历史记录一览】界面与老师的【历史记录一览】界面类似，只是处理考试状态有所不同。这里不再详细讲解。

12.4.11 学生的开始考试界面功能实现

学生在【历史记录一览】界面中选择状态为“正在考试”的考试记录，可跳转到开始考试界面进行考试。从图 12.32 中可以看出，学生可以在滚动面板中进行答题，并且界面上方有倒计时显示，提醒学生把握时间。

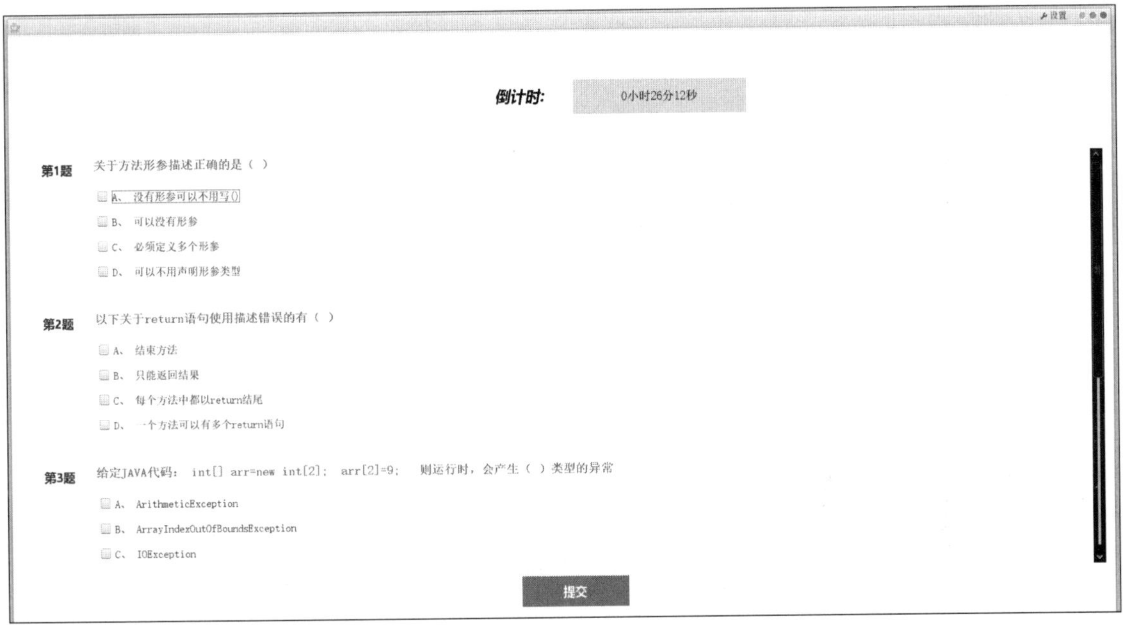

图12.32 开始考试界面

1. 实现开始考试界面

在 examJFrame 包中新建 FrontTestPaper 类，在该类中编写复选框、标签等组件的代码构建开始考试界面。代码如下所示。

```
public class FrontTestPaper extends JFrame {
private JPanel contentPane;
// 试题显示区
private JScrollPane mainScrollPane ;
public FrontTestPaper(long endTime,int examId) {
    this.setTitle(" 开始考试 ");
    FrontTestPaper frontTestPaper=this;
    setDefaultCloseOperation(JFrame.EXIT_ON_CLOSE);
    // 窗体大小全屏
```

```
setBounds(0,0, MyToolUtil.getScreenWidth(), MyToolUtil.getScreen Height());
contentPane = new JPanel();
contentPane.setBackground(Color.WHITE);
setContentPane(contentPane);
contentPane.setLayout(null);

JPanel headPanel = new JPanel();
headPanel.setBackground(Color.WHITE);
headPanel.setBounds(0, 0, MyToolUtil.getScreenWidth()-18, 200);
contentPane.add(headPanel);
headPanel.setLayout(null);

JLabel lblNewLabel = new JLabel(" 倒计时 :");
lblNewLabel.setForeground(Color.BLACK);
lblNewLabel.setFont(new Font(" 微软雅黑 ", Font.BOLD | Font.ITALIC, 25));
lblNewLabel.setHorizontalAlignment(SwingConstants.CENTER);
lblNewLabel.setBounds(804, 88, 117, 32);
headPanel.add(lblNewLabel);
JLabel countdownLabel = new JLabel();

countdownLabel.setOpaque(true);
countdownLabel.setHorizontalAlignment(SwingConstants.CENTER);
countdownLabel.setForeground(Color.BLACK);
countdownLabel.setFont(new Font(" 宋体 ", Font.PLAIN, 20));
countdownLabel.setBackground( new Color(255, 223, 37));
countdownLabel.setBounds(951, 78, 292, 57);
headPanel.add(countdownLabel);

mainScrollPane = new JScrollPane();
// 取消滚动面板的边框
mainScrollPane.setBorder(null);
mainScrollPane.setBounds(50, 200, MyToolUtil.getScreenWidth()- 120, MyToolUtil.
                getScreenHeight()-400);
contentPane.add(mainScrollPane);
// 尾部面板
JPanel footPanel = new JPanel();
footPanel.setBackground(Color.WHITE);
footPanel.setOpaque(true);
footPanel.setBounds(0, MyToolUtil.getScreenHeight()-200, MyToolUtil. getScreenWidth()-18, 200);
```

```
        contentPane.add(footPanel);
        footPanel.setLayout(null);

        JLabel submitLabel = new JLabel(" 提交 ");
        submitLabel.setOpaque(true);
        submitLabel.setHorizontalAlignment(SwingConstants.CENTER);
        submitLabel.setForeground(Color.WHITE);
        submitLabel.setFont(new Font(" 微软雅黑 ", Font.BOLD, 20));
        submitLabel.setBackground(new Color(22, 155, 213));
        submitLabel.setBounds(858, 13, 179, 50);
        footPanel.add(submitLabel);
    }
}
```

上述代码中，构造方法有两个参数：long endTime 和 int examId。endTime 表示考试结束时间；examId 表示本场考试 id。

2. 编写计时器组件

在进入考试后，需要根据当前时间计算距离考试结束的时间，并使用计数器组件进行读秒倒计时，提醒学生注意时间的把控。实现代码如下。

```
Timer timer = new Timer(1000, new ActionListener() {
    @Override
    public void actionPerformed(ActionEvent e) {
        long currenTime=System.currentTimeMillis();
        long time=endTime-currenTime;// 计时初始值
        // 将倒计时毫秒转为 时分秒格式
        Duration duration = Duration.ofMillis(time);
        long hours = duration.toHours();
        duration = duration.minusHours(hours);
        long minutes = duration.toMinutes();
        duration = duration.minusMinutes(minutes);
        long seconds = duration.getSeconds();
        countdownLabel.setText( hours+" 小时 "+minutes+" 分 "+ seconds+" 秒 " );
        if (time <= 0) {
        ((Timer) e.getSource()).stop(); // 倒计时为 0，停止计时
        JOptionPane.showMessageDialog(null, " 考试结束，已提交试卷 ");
        // 提交试卷
        submitAnswer( examId) ;
        // 关闭当前界面
        frontTestPaper.dispose();
```

```
            }
        }
    });
    timer.start();
```

3. 编写提交监听器

学生答完试题之后，单击【提交】按钮结束本场考试。提交监听器的实现代码如下所示。

```
submitLabel.addMouseListener(new MouseAdapter() {
    @Override
    public void mouseClicked(MouseEvent e) {
    // 遍历每个试题面板的复选框选择情况，获取“我”的答案
    for( JPanel panel : questionPanelList) {
            String answerItem="";
            for (Component checkBox : panel.getComponents()) {
                    if(checkBox instanceof  JCheckBox) {
                            if(((JCheckBox) checkBox).isSelected()) {
                                    String checkBoxStr=((JCheckBox) checkBox).getText() ;
                                    String answerStr=checkBoxStr.split("、")[0].trim();
                                    answerItem+=answerStr;
                            }
                    }
            }
            // 遍历每个试题面板中“我”的答案并保存到 myAnswerList
            myAnswerList.add(answerItem);
    }
    // 更新数据库表 exam_user 的 result 字段
    ExamUser examUser=new ExamUser();
    examUser.setExamid(examId);
    examUser.setUserid(MyToolUtil.getUser().getId());
    examUser.setResult(String.join(",", myAnswerList));
    boolean isUpdate=examUserDao.updateMyscore(examUser);
    if(isUpdate) { // 提交成功
            JOptionPane.showMessageDialog(null, " 您的答案已提交 ");
            // 转发到历史记录界面，等待考试结束查看成绩
            try {
                    // 引入 beautyeye.jar 美化窗体外观
                    org.jb2011.lnf.beautyeye.BeautyEyeLNFHelper.launchBeauty EyeLNF();
                    FrontHistorys frame = new FrontHistorys();
                    frame.setVisible(true);
```

```
                } catch (Exception exception) {
                        exception.printStackTrace();
                }
                // 关闭当前界面
                frontTestPaper.dispose();
        }}
    });
```

上述代码中主要实现的功能包含：遍历每个试题面板的复选框选择情况，获取答案；将答案更新到数据库表 exam_user 的 result 字段；提交成功跳转至【历史记录一览】界面。

4. 编写 dao 层

在 ExamUserDao 类中编写 updateMyscore() 方法，用于更新学生提交的答案。updateMyscore() 方法的实现代码如下所示。

```
    public boolean updateMyscore(ExamUser examUser){
        PreparedStatement stat=null;
        Connection conn=null;
        try {
                // 查询数据库的 sql 语句
                String sql="update exam_user set result=? where examid=? and userid=?";
                // 连接数据库
                conn = DBConnection.getConnection();
                // 预处理 sql 语句
                stat= conn.prepareStatement(sql);
                // 为 sql 语句中的参数赋值
                stat.setString( 1, examUser.getResult());
                stat.setInt( 2,  examUser.getExamid()  );
                stat.setInt( 3, examUser.getUserid());
                // 执行 sql 语句，获取结果集
                int i= stat.executeUpdate();
                return i>0? true :false;
        }catch (Exception e) {
            e.printStackTrace();
                }finally {
                        DBConnection.close(conn);
                }
        return  false;
    }
```

上述代码中根据考试 id 和用户 id 更新 exam_user 表中的 result 字段，用于将学生的试卷答案保存下来。

12.4.12 学生的成绩查询界面功能实现

学生在【历史记录一览】界面中选择考试结束状态的记录，可查看考试成绩和每题的答案情况，如图12.33所示。

图12.33　成绩查询界面

1. 编写成绩查询界面

在examJFrame包中新建FrontMyScore类，该类组件与开始考试界面中的组件类似，这里不再赘述。

2. 查询学生成绩

打开成绩查询界面时，需在构造方法中计算学生的成绩并显示，其核心代码如下所示。

```
// 获取这场考试的试题 id
ExamQuestionDao eqDao=new ExamQuestionDao();
List<Integer> questionidList = eqDao.findByExamId(examId);
// 查询本场考试试题
QuestionDao questionDao=new QuestionDao();
List<Question> questions = questionDao.findById(questionidList);
// 获取学生答案
ExamUser examUser=examUserDao.findExamUserId(examId, MyToolUtil.getUser().getId());
String[] answers = examUser.getResult().split(","); // 学生答案 : [A,B,C]
// 获取此考试的分值
ExamDao examDao=new ExamDao();
Exam exam=examDao.findById(examId);
// 获取此考试正确答案
int sum=0;
for(int i=0;i<answers.length;i++ ) {
    if(answers[i].equals(questions.get(i).getAnswer() )) {
            sum+=exam.getScore();
```

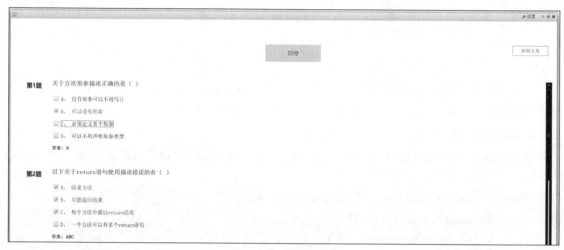

```
    }
}
// 在界面显示分数
scoreLabel.setText(sum+" 分 ");
```

上述代码中主要实现的功能有：获取本场考试的所有试题的正确答案；获取学生的试卷答案；获取此次考试的试题分值；通过正确答案与学生提交答案对比，以及试题分值计算，最后计算出学生成绩总分。

上述代码中涉及的 dao 层方法已经在前面界面功能中编写完毕。

任务12.5 项目测试

为了保证读者编写的项目代码正常运行，且能满足业务需求，表 12.7 提供了测试用例。读者可依据测试用例对项目进行检测。由于篇幅原因，下面只展示部分用例，详细测试用例可参考学习资源中的“源代码 \ 第 12 章 \ 测试用例 .xlsx”。

表 12.7 测试用例

用例编号	用例标题	界面 / 模块	优先级	前置条件	测试步骤	测试数据	预期结果	实际结果
exam_login_001	老师登录成功	登录界面	p0	1. 打开登录界面 2. admin 账号存在	1. 输入账号 2. 输入密码 3. 选择权限：老师 4. 单击登录	1. 账号：admin 2. 密码：123 3. 权限：老师	登录成功，跳转到后台主界面	
exam_login_002	老师登录失败（账号为空）	登录界面	p1	打开登录界面	1. 输入密码 2. 选择权限：老师 3. 单击登录	1. 账号：空 2. 密码：123 3. 权限：老师	登录失败，提示：账号 / 密码必填	
exam_login_003	老师登录失败（密码为空）	登录界面	p1	1. 打开登录界面 2. admin 账号存在	1. 输入账号 2. 选择权限：老师 3. 单击登录	1. 账号：admin 2. 密码：空 3. 权限：老师	登录失败，提示：账号 / 密码必填	
exam_login_004	老师登录失败（密码错误）	登录界面	p1	1. 打开登录界面 2. admin 账号存在	1. 输入账号 2. 输入密码 3. 选择权限：老师 4. 单击登录	1. 账号：admin 2. 密码：错误密码 1234 3. 权限：老师	登录失败，提示：账号 / 密码不正确	
exam_login_005	学生登录成功	登录界面	p0	1. 打开登录界面 2. 账号已注册	1. 输入账号 2. 输入密码 3. 选择权限：学生 4. 单击登录	1. 账号：2023214412 2. 密码：123 3. 权限：学生	登录成功，跳转到前台历史记录界面	
exam_login_006	学生登录失败（账号为空）	登录界面	p1	打开登录界面	1. 输入密码 2. 选择权限：学生 3. 单击登录	1. 账号：空 2. 密码：123 3. 权限：学生	登录失败，提示：账号 / 密码必填	
exam_login_007	学生登录失败（密码为空）	登录界面	p1	1. 打开登录界面 2. 账号已注册	1. 输入账号 2. 选择权限：学生 3. 单击登录	1. 账号：2023214412 2. 密码：空 3. 权限：学生	登录失败，提示：账号 / 密码必填	

小结

本章综合运用前面所讲的知识，设计开发了一个综合项目“我的微考试系统”，帮助读者熟悉软件开发流程，并将前面所讲知识进行融合。

在开发这个项目的过程中，首先根据需求设计功能模块，并使用 Axure RP 原型设计工具进行原型设计，让项目界面具体化，同时设计 E-R 图和数据库表，整理项目实体之间的关系。然后分别设计每个界面功能所需要的类。最后分步骤实现每个功能。